Mathias Hattermann

Der Zugmodus in 3D-dynamischen Geometriesystemen (DGS)

VIEWEG+TEUBNER RESEARCH

Perspektiven der Mathematikdidaktik

Herausgegeben von:

Prof. Dr. Gabriele Kaiser, Universität Hamburg
Prof. Dr. Rita Borromeo Ferri, Universität Kassel
Prof. Dr. Werner Blum, Universität Kassel

In der Reihe werden Arbeiten zu aktuellen didaktischen Ansätzen zum Lehren und Lernen von Mathematik publiziert, die diese Felder empirisch untersuchen, qualitativ oder quantitativ orientiert. Die Publikationen sollen daher auch Antworten zu drängenden Fragen der Mathematikdidaktik und zu offenen Problemfeldern wie der Wirksamkeit der Lehrerausbildung oder der Implementierung von Innovationen im Mathematikunterricht anbieten. Damit leistet die Reihe einen Beitrag zur empirischen Fundierung der Mathematikdidaktik und zu sich daraus ergebenden Forschungsperspektiven.

Mathias Hattermann

Der Zugmodus in 3D-dynamischen Geometriesystemen (DGS)

Analyse von Nutzerverhalten und Typenbildung

Mit einem Geleitwort von Prof. Dr. Rudolf Sträßer

VIEWEG+TEUBNER RESEARCH

Bibliografische Information der Deutschen Nationalbibliothek
Die Deutsche Nationalbibliothek verzeichnet diese Publikation in der Deutschen Nationalbibliografie; detaillierte bibliografische Daten sind im Internet über <http://dnb.d-nb.de> abrufbar.

Diese Veröffentlichung ist Teil einer Promotion zum Doktor der Naturwissenschaften (Dr. rer. nat.) durch den Fachbereich Mathematik und Informatik, Physik, Geographie der Justus-Liebig-Universität Gießen (Deutschland), 2011. Die Dissertation wurde unter dem Titel „Explorative Studie zur Hypothesengewinnung von Nutzungsweisen des Zugmodus in dreidimensionalen dynamischen Geometriesoftwaresystemen" eingereicht.

D 26

1. Auflage 2011

Lektorat: Ute Wrasmann | Britta Göhrisch-Radmacher

Vieweg+Teubner Verlag ist eine Marke von Springer Fachmedien.
Springer Fachmedien ist Teil der Fachverlagsgruppe Springer Science+Business Media.
www.viewegteubner.de

Umschlaggestaltung: KünkelLopka Medienentwicklung, Heidelberg
Gedruckt auf säurefreiem und chlorfrei gebleichtem Papier
Printed in Germany

ISBN 978-3-8348-1625-2

Geleitwort

Geometrie ist die Lehre vom Raum und von der Form. So konnte im 19. Jahrhundert noch der Gegenstand der Geometrie für jede Frau und jeden Mann umschrieben werden. Mindestens innerhalb der Wissenschaftsdisziplin Mathematik ist diese Beschreibung seit den Forschungen zu nicht–euklidischen Geometrien und der Axiomatisierung der Geometrie durch David Hilbert eher fragwürdig geworden. Vielmehr sah sich die Geometrie bei einem formalistischen Verständnis von Mathematik eher an den Rand gedrängt und spielte folglich in den Bemühungen um eine „Neue Mathematik“ in der zweiten Hälfte des 20. Jahrhunderts allenfalls eine Nebenrolle. Sie passte nicht in die formale, axiomatische Mathematik. Warum verschwand sie aber nie aus dem Unterricht der allgemeinbildenden Schulen in Deutschland? Ich denke, weil sie eben immer auch noch die Lehre von Raum und Form war und ist – und weil sie dafür gebraucht wird, Dinge und Verhältnisse des täglichen Lebens, aber auch der komplizierten technisch geprägten Gesellschaft unserer Tage zu beschreiben, zu planen und kontrollieren. Und dabei ist dann die Gebrauchsgeometrie meistens nicht wie die Schulgeometrie zwei-, sondern eben dreidimensional, eine echt räumliche Geometrie.

So war es dann nicht verwunderlich, dass nach Software-Systemen für die ebene Geometrie, insbesondere den dynamischen Geometrie–Systemen für die ebene Geometrie, auch dynamische Geometrie–Systeme für räumliche Geometrie geschaffen wurden. Allerdings wusste und weiß die Didaktik der Geometrie in deutscher Sprache zwar seit langem aus der Ausbildung für technische Zeichnerinnen und Zeichner, dass räumliche Geometrie durchaus schwer zu lehren und lernen ist. Aber man konnte ja hoffen, dass die optimistischen Einschätzungen bzgl. ebener dynamischer Geometrie–Software auf räumliche Geometrie–Systeme übertragbar sind.

Genau hier setzt die vorliegende Arbeit von Mathias Hattermann an: In detailliert dokumentierten empirischen Studien geht er der Frage nach, ob und inwieweit Studierende, die bereits eine Ausbildung sowohl in ebener Geometrie als auch in der Nutzung entsprechender Software-Systeme haben, einfache Fragestellungen aus der räumlichen Geometrie mit den vorhandenen für die Raumgeometrie geschaffenen dynamischen Software–Systemen bearbeiten können und ob ihnen dabei ihre Vorerfahrungen aus der Arbeit mit ebenen dynamischen Software–Systemen helfen. Gleichzeit erhalten wir in diesen Studien einen Einblick in das Raumvorstellungsvermögen dieser jungen Erwachsenen, die im Vergleich zu ihren Altersgenossen ein relativ entwickeltes Geometrie–Verständnis haben. Die sorgfältig dokumentierten Untersuchungen und Ergebnisse der Arbeit von Mathias Hattermann zeigen allerdings, dass es den Studierenden nicht umstandslos gelingt, ihre Erfahrungen und Kenntnisse aus der ebenen Geometrie und der Nutzung entsprechender Software auf die räumlichen Fragestellungen und Software–Systeme zu übertragen. Offensichtlich erfordern auch so intuitive Software-Systeme wie *Cabri–3D* und/oder *Archimedes Geo3D* immer noch eine explizite Anleitung und auch gewisse Übung, bevor sie problemlos und aufgabengerecht benutzt werden können.

Wenn Mathematikdidaktikerinnen und –didaktiker wie auch Lehrerinnen und Lehrer diese Botschaft aus der Dissertation von Mathias Hattermann mitnehmen, so haben sie über die innovativen Aufgabenstellungen in der Arbeit hinaus wesentliche Erkenntnisse gewonnen. Diese Erkenntnis möchte man auch Verantwortlichen in der Schulverwaltung wünschen, damit die Lehre von Raum und Form in den Bildungsstandards nicht nur als „Leitidee“ genannt wird, sondern auch einen angemessenen Platz im Mathematikunterricht der allgemeinbildenden Schulen findet. Die vorliegende Arbeit kann hier eine gut dokumentierte und aspektreiche Argumentationshilfe sein. Lehrerinnen und Lehrer werden darüber hinaus Anregungen für ihren Unterricht in räumlicher Geometrie erhalten, während Mathematikdidaktikerinnen und -didaktiker auch an den Methoden der Dokumentation und Analyse der Problemlösungen der Studierenden interessiert sein werden.

Gießen im Mai 2011 Rudolf Sträßer

Danksagung

Die Entscheidung für die Durchführung eines Dissertationsvorhabens geschieht zu einem Zeitpunkt, zu dem die wenigsten Promovierenden wissen, was sie erwartet und wie die weitere Entwicklung vorangehen wird. So erging es auch mir. Man begibt sich auf einen spannenden aber undurchsichtigen Weg mit verschwommen erscheinendem Ziel, dessen weitere Begehung ab und an doch mühsam ist. Gelegentlich begegnet man auf diesem Weg auch steileren Passagen, manchmal sogar Bergen, bei deren Erreichen folgende Meldung des Routenplaners zu vernehmen ist: „Es konnte keine Ausweichroute berechnet werden!“ In solchen Situationen bedarf es der Motivation bzw. konkreten Hilfe von Menschen, denen ich für ihre Unterstützung in den letzten Jahren sehr dankbar bin.

Besonderer Dank gebührt meinem Doktorvater, Herrn Rudolf Sträßer, mit dessen professioneller Unterstützung ich zu jeder Zeit des Projektes rechnen konnte und dessen Ratschläge bzw. Hinweise mir immer einen Weg wiesen.

Ebenso gilt mein Dank Frau Colette Laborde, die sich für die Durchführung eines vierwöchigen Forschungsaufenthaltes an der *Université Joseph-Fourier* in Grenoble für mich einsetzte und darüber hinaus bereit war, als Zweitgutachterin zu fungieren. Herzlichen Dank dafür!

Frau Angela Restrepo danke ich für die vielen Stunden in Grenoble, welche sie mit mir teilte und die Diskussionen über den Einsatz dynamischer Geometrie, derer sie nie müde wurde.

Einen weiteren Forschungsaufenthalt an der *University of Bristol* ermöglichte mir Frau Rosamund Sutherland, der ich für ihr Engagement und ihre Zeit danken möchte.

Frau You-Wen Allison Lu bin ich für die Einladung nach Cambridge und den wissenschaftlichen Austausch ebenfalls zu Dank verpflichtet.

Allen Kollegen des Gießener Institutes danke ich an dieser Stelle herzlich für die immer sehr kollegiale Arbeitsatmosphäre, die anregenden Gespräche und die Unterstützung, die ich während der gesamten Zeit erfahren durfte.

Meinem neuen Chef, Herrn Rudolf vom Hofe, danke ich für die mir zugestandenen Freiräume zur endgültigen Fertigstellung der Dissertation.

Allen Probanden, ohne deren Bereitschaft dieses Dissertationsprojekt nicht hätte durchgeführt werden können, soll mein Dank an dieser Stelle nicht vorenthalten bleiben.

Auch im privaten Umfeld konnte ich viel Interesse an meiner Arbeit und Unterstützung erfahren, sodass auch meinen engen Freunden ein besonderer Dank gebührt.

Ich danke Frau Janine Weigel für ihre konstruktiven kritischen Anmerkungen und Kommentare zu meinen Ideen, zudem für ihr Verständnis hinsichtlich der ihr entgangenen Zeit aufgrund meiner Arbeit in den vergangenen Monaten.

Frau Christina Collet danke ich für die aufbauenden Gespräche und ihre Motivation zur Aufrechterhaltung der seit langem bestehenden Fernfreundschaft.

Danken möchte ich ebenso Frau Nina Kawasaki, die mir in den letzten Jahren immer eine feste Stütze war und deren außergewöhnliche Persönlichkeit und rebellische Art mir immer wieder imponieren.

Herrn Marius Sappok danke ich für seine Bereitschaft, welche von Zeit zu Zeit bis in die frühen Morgenstunden in Anspruch genommen werden musste, um die ein oder andere bedeutende Frage des Lebens ausführlich mit einem Mathematiker zu diskutieren.

Ebenso danke ich den Familien Pawusch, Rivera und Scheerer für die lange Freundschaft und Unterstützung bei vielen Angelegenheiten des täglichen Lebens.

Der größte Dank gilt meinen Eltern, die mir jederzeit die Freiheit gewährten, meinen eigenen Lebensweg zu gehen, auch wenn dieser für sie persönlich mit Nachteilen verbunden gewesen sein mag. Auf ihre Unterstützung konnte ich immer uneingeschränkt zählen. Vielen Dank dafür!

Gießen im Januar 2011

Mathias Hattermann

Inhaltsverzeichnis

Abbildungsverzeichnis

Tabellenverzeichnis

1 Motivation und Forschungsfrage

An dieser Stelle wird die Motivation für das durchgeführte Forschungsvorhaben dargelegt und die Bedeutung der Beschäftigung mit dem Forschungsgegenstand der dynamischen Geometriesoftwaresysteme erläutert. Zunächst ist die wachsende Bedeutung von *Informations- und Kommunikationstechnologie*[1] bzw. digitalen Medien zu nennen, welche einen immer größeren Raum im Alltag und ebenso im täglichen Unterricht einnehmen (vgl. Müller [2006], Ruthven et al. [2004]), zur historischen Entwicklung von technologischen Hilfsmitteln vgl. Schubring [2010]. So sind in allen Altersstufen, den verschiedensten Schulformen und Unterrichtsfächern digitale Medien etabliert, welche ein effizientes Lernen zum Ziel haben, das sie jedoch nicht immer erreichen. Bereits für Kinder im Vorschulalter arbeiten Forscher[2], Pädagogen und Softwareentwickler an Ideen, Anforderungen, Möglichkeiten und Konzeptionen von Lernprogrammen, die auf das Lernen, speziell das mathematische Lernen, abzielen. Einen interessanten Überblick über die aktuelle Forschungslage im Bereich der Förderung von mathematischen Kompetenzen mithilfe von digitalen Technologien bei Kindern im Vorschulalter findet sich in Eagle et al. [2008]. Darüber hinaus kommen Kinder nahezu aller Altersstufen im schulischen wie im privaten Bereich bereits mit Computersoftware in Berührung und müssen sich in Computerumgebungen zurecht finden.

Alleine aus diesem Grund ist es bereits von Bedeutung, relativ neue Medien didaktisch-wissenschaftlich zu untersuchen, um so die Handhabung, Einflüsse auf kognitive Entwicklungen, Möglichkeiten der Anwender und zukünftige Softwarekonzeptionen besser beurteilen zu können. Mithilfe dieser Erkenntnisse lassen sich im Idealfall verbesserte Lernumgebungen generieren, welche kommenden Schülergenerationen von Nutzen sein werden.

---

[1] Die Abkürzung *ICT* ist in diesem Zusammenhang gebräuchlich.

[2] Zum Zweck der leichteren Lesbarkeit wird im gesamten Text die maskuline Form für Personen verwandt, falls nicht explizit erwähnt, sind alle Aussagen stets auf beide Geschlechter bezogen.

Digitale Medien erlauben neue Zugänge in nahezu allen Bereichen der Schulmathematik, von der Vorschule bis hin zur Sekundarstufe II, ja sogar der Hochschulmathematik, sodass sich zunächst die Frage stellt, ob Softwareumgebungen zur Algebra, Analysis, Geometrie oder Stochastik untersucht werden sollen.

Die Geometrie stellt ein Hauptfeld für das Erlernen des Problemlösens dar und dient des Weiteren als Paradebeispiel einer mathematischen Disziplin, in der verschiedenste mathematische Strukturen aufzufinden sind. Die Geometrie verkörpert einerseits die Umsetzung einer streng deduktiven Theorie auf mathematischer Ebene und erweist sich andererseits als Lehre des umgebenden Raumes von tragender Bedeutung für das tägliche Leben und Handeln, vgl. hierzu Holland [2007, S. 19ff.].

Daher ist die Raumgeometrie eines der entscheidenden Bindeglieder zwischen dem konkreten Erfahrungsraum des Menschen und der wissenschaftlichen Disziplin der Mathematik. So lassen sich Erkenntnisse und Gegebenheiten an Alltagsgegenständen und Vorstellungen verifizieren bzw. falsifizieren, um so auch Fähigkeiten, das räumliche Denken betreffend, zu schulen.

> „Perhaps the commonest expression of spatial ability is in orientation in space - the sense of direction. We all must learn to find our way about, first in our own surrounds, then in new places."
> [Harris, 1978, S. 410]

Zur Förderung der von Harris genannten Fähigkeiten ist der Beitrag des aktuellen Forschungsvorhabens darin zu sehen, den Zugang zu den Phänomenen des dreidimensionalen Raums mit relativ neu zur Verfügung stehenden Technologien zu untersuchen, um mehr über Schwierigkeiten und Möglichkeiten der aktuellen Software zu erfahren. Die Analyse von zu entwickelnden Werkzeugkompetenzen und das Verhalten von Probanden in Computerumgebungen ist im schulischen Bereich ebenso interessant wie erfolgversprechend. Aus diesem Grund steht das Forschungsinteresse bezüglich des Erlernens von Werkzeugkompetenzen zur adäquaten Benutzung (neuer) Medien im Einklang mit bereits bestehenden Strömungen der didaktischen Forschung, vgl. hierzu Drijvers & Trouche [2008], Rezat [2009] und Trouche [2003].

Nach Überzeugung des Autors bieten dreidimensionale-dynamische Geometriesoftwaresysteme, im Folgenden mit 3D-DGS abgekürzt, ein hohes Maß an Anschaulichkeit und Motivation für zukünftige Nutzer und besitzen das Potential, dem vernachlässigten Thema der Raumgeometrie an deutschen Schulen neue Impulse zu verleihen. Die Forderung von Lehrplänen nahezu aller Schulformen war seit jeher, das räumliche Vorstellungsvermögen zu thematisieren.

> „Raumvorstellung ist eine menschliche Qualifikation, der wegen ihrer lebenspraktischen Bedeutung mit Recht im Unterricht große Aufmerksamkeit gewidmet wird. Jedenfalls formulieren die Richtlinien unserer Bundesländer ausnahmslos Raumvorstellung als ein allgemeines Lernziel für den Mathematikunterricht."
> [Besuden, 1990, S. 461]

Diese Forderung erfährt mit der vertieften Auseinandersetzung mit der Geometrie und der Arbeit mit 3D-Programmen neue Möglichkeiten der Umsetzung, wobei man sich auch Verbesserungen bei der Bearbeitung von raumgeometrischen Fragestellungen in Intelligenztests erhofft. In Faktorenmodellen zum Aufbau und zur Struktur der menschlichen Intelligenz findet sich immer ein Faktor „Space", der oft unterschiedlich beschrieben und meist sogar differenzierter dargestellt wird. Erste Arbeiten hierzu finden sich bei Thurstone [1938, 1949, 1950], für eine Zusammenfassung und weitere Entwicklungen vgl. Maier [1999, S. 17ff.]. Aus diesem Grund ist eine wissenschaftliche Auseinandersetzung mit Teilen dieser Materie lohnenswert und sinnvoll, diesbezüglich kann der folgenden Argumentation von Ulshöfer zugestimmt werden:

> „Niemand kann redlich behaupten, er fördere die Intelligenz seiner Schüler nach bestem Wissen und Vermögen, wenn er das Raumanschauungsvermögen vergisst."
> [Ulshöfer, 1986, S. 74]

Leider war seit jeher die Raumgeometrie in Grund- und weiterführenden Schulen, trotz der expliziten Erwähnung in den Lehrplänen, das Stiefkind des Mathematikcurriculums.

> „Geometrieunterricht – insbesondere räumliche Geometrie – führt in den meisten Grundschulen nur ein Schattendasein."
> [Kessler, 1989, S. 1]

Dies ist wohl darin begründet, dass die Raumgeometrie außerhalb der reinen Vorstellung und expliziten im Raum vorhandenen Gegenständen nur über konkrete Modelle zugänglich ist. Modelle sind umständliche Gebilde, sie müssen gesucht bzw. hergestellt, transportiert, aufgestellt bzw. ausgeteilt werden. Sie sind von großem Nutzen, der hier keineswegs in Frage gestellt werden soll, jedoch fällt ihre Verwendung oft der Bequemlichkeit, Zeitnot oder dem einfachen Nichtvorhandensein zum Opfer.

Mithilfe der neuen dynamischen Geometriesoftwareprogramme eröffnen sich neue Möglichkeiten, die Raumgeometrie zu lehren. Viele erfolgversprechende Anregungen von dreidimensionalen Problemstellungen, welche auch im Unterricht Verwendung finden können, sind bei Schumann [2007] nachzulesen.

Wie erfolgreich und mit welchem Gehalt das Unterrichten von raumgeometrischen Fragestellungen mit der zur Verfügung stehenden Software möglich sein wird, muss die Zukunft zeigen, obwohl im Bereich der 2D-Geometrie bereits gute Vorarbeiten geleistet wurden, vgl. hierzu Hölzl [1994, 1995]. Die „Royal Road zur Geometrie“ (vgl. Heilbron [2003, S. 41]) ist, um mit den immer noch gültigen Worten Euklids zu sprechen, aufgrund der bloßen Erfindung von dynamischen Geometriesoftwaresystemen bestimmt noch nicht gefunden. Eine Aussage, die durch folgendes Zitat bekräftigt wird:

> „A lot of analytic and constructive work is still to be done to make use of DGS a success story in teaching and learning mathematics, especially Geometry.“
> [Sträßer, 2002, S. 65]

Zur Verwendung und Benutzung eines jeden Mediums ist eine gewisse „Werkzeugkompetenz“ von Nöten, welche es dem Nutzer erlaubt, mit dem Medium zu interagieren und eine Software adäquat zu bedienen. Gerade eine mehr oder weniger ausgeprägte Werkzeugkompetenz unterscheidet Laien von erfahrenen Benutzern in einer bestimmten Softwareumgebung bzw. der Handhabung eines speziellen Mediums allgemein. Aus diesem Grund ist die Untersuchung der Entwicklung von Werkzeugkompetenzen bzw. die deskriptive Beschreibung von vorliegenden Verwendungsweisen eines Werkzeugs eine bedeutende Aufgabe, der bei der Erforschung von speziellen Werkzeugkompetenzen in 3D-Systemen in der vorliegenden Dissertation nachgegangen wird.

3D-dynamische Geometriesysteme stellen zudem ein nahezu unerforschtes Gebiet der Mathematikdidaktik dar, in dem gerade die Verknüpfung von neuer Technologie, die Analyse von Werkzeugkompetenzen und der wohl ältesten mathematischen Disziplin, der Geometrie, ein spannendes Forschungsfeld generiert. Explizit werden in jüngster Zeit Forderungen von Mathematikdidaktikern laut, welche Langzeituntersuchungen mit dynamischen Geometriesystemen fordern. Zudem ist der Einfluss von 3D-Systemen auf geometrische Konzeptualisierungen von Lernern ein Anliegen der mathematikdidaktischen Forschung, was auch Hollebrands, Laborde & Sträßer [2008, S. 191] bekräftigen:

- „There is not yet a critical amount of research devoted to long-term teaching with regular use of DGS. Moreover, there is currently a lack of computer-supported geometry teaching. The situation may be changing, however, since researchers are beginning to conduct long-term experimental teaching based on the regular use of DGS.

- There is a need for research on the impact of such a long-term use of a DGS on the nature of students' geometric conceptions.
- There is a need for research on how DGS (or other computer-supported teaching and learning) may affect the learning of 3D-geometry."

Es ist unbestritten, dass der *Zugmodus* die entscheidende und bedeutendste Funktion in dynamischen Geometriesystemen darstellt, da er die dynamische Geometrie von der statisch geprägten Geometrie des Euklid unterscheidet. Die verschiedenen Funktionen des Zugmodus und das Erlernen seiner Handhabung ist jedoch bereits in 2D-Umgebungen alles andere als einfach, wie Restrepo in ihrer Untersuchung in einer 2D-Umgebung[3] bestätigt:

> „La genèse instrumentale du déplacement est un processus long et complexe et demande une mise en place organisée sur le long terme."
> [Restrepo, 2008, S. 247]

Als eine der fundamentalen Grundeigenschaften von dynamischer Geometriesoftware, gilt dem Zugmodus in 3D-Systemen besonderes Interesse. Als recht gut erforschtes Gebiet der Mathematikdidaktik gelten 2D-Systeme, wobei Studien zum Zugmodus ebenfalls bereits durchgeführt wurden und interessante Ergebnisse vorliegen, vgl. hierzu Abschnitt 2.3.3. Wie im Verlauf der vorliegenden Arbeit noch erläutert werden wird, ist die Handhabung des Zugmodus in 3D-Systemen mit der Verwendung in 2D-Systemen keinesfalls identisch.

Die Untersuchung von Werkzeugkompetenzen in dreidimensionalen dynamischen Geometriesystemen stellt ein Forschungsvorhaben dar, in dem nahezu keine Forschungsergebnisse bekannt sind, es liegen lediglich Fakten aus 2D-Systemen vor, die nicht ohne Weiteres auf 3D-Systeme übertragbar sind. Zur ersten Erschließung eines Forschungsgebietes, in dem nur wenige oder keine Forschungsergebnisse vorliegen, bietet sich ein qualitativer Zugang an, um im Verlauf des Forschungsvorhabens Fragestellungen anzupassen bzw. auszuschärfen und eventuell das Forschungsdesign neu zu konzeptualisieren.

Am Anfang eines solchen, auf qualitativen Methoden beruhenden, Forschungsvorhabens steht eine Sammlung von Fragen, welche einen ersten Zugang zum Gegenstand ermöglichen und das Forschungsfeld grob eingrenzen. Beschäftigt man sich mit dem Thema der dynamischen Geometriesoftware im 3D-Raum und speziell dem *Zugmodus*, so stellen sich mehrere, zunächst sehr

[3] mit *Cabri Géomètre*

offene Fragen. Potentiell interessante Leitfragen zu Beginn der Untersuchung lauten:

- Wie verhalten sich Probanden, wenn sie zum ersten Mal in 3D-Umgebungen arbeiten?
- Verwenden die Probanden den Zugmodus spontan, wenn sie bereits Erfahrungen in 2D-Umgebungen vorweisen können?
- Können verschiedene Zugmodi erkannt und deren Existenz mit existierenden Theorien (bspw. nach Arzarello) im 2D-Fall in Einklang gebracht bzw. erweitert werden?
- Sind gravierende Unterschiede im Verhalten in verschiedenen Softwareumgebungen zu konstatieren?
- Verwenden Probanden den Zugmodus zur Validierung von Lösungen in Konstruktionsaufgaben?
- Sind Entwicklungen im Gebrauch des Zugmodus innerhalb eines längeren Zeitraums festzustellen?
- Wie kann man den sinnvollen Einsatz des Zugmodus erlernen?
- Hat die Verwendung von 3D-Systemen im Unterricht einen positiven Effekt auf die Raumvorstellung?

Nicht alle der zunächst bewusst sehr offen formulierten Fragen werden beantwortet werden können, was im Übrigen auch nicht Anliegen der vorliegenden Arbeit sein kann. In den folgenden Kapiteln wird der Verlauf einer qualitativen Studie auf der methodologischen Basis einer *Grounded Theory* aufgezeigt, in der sich zunächst offene Fragen, wie die soeben formulierten, stellen. Ein Grundanliegen der *Grounded Theory* besteht in der Offenheit Fragestellungen im Verlauf des Forschungsprozesses zu verändern bzw. zu präzisieren und deren Diskussion bzw. Beantwortung in die laufende Untersuchung einzubetten. Ausgehend von diesen Fragen wird das Forschungsdesign im Verlauf der Studie immer wieder an die jeweils vorliegenden Ergebnisse angepasst. Dabei sind vorhandene Fragen zu präzisieren, eventuell sogar neu zu stellen.

Nach dem Durchlaufen des qualitativen Forschungsprozesses werden die folgenden Fragen zu beantworten sein:

1. Welche Zugmodi sind bei der Lösung von explorativen Aufgaben bzw. Konstruktionsaufgaben in einer *Cabri 3D*-Umgebung zu identifizieren?

2. Inwiefern können Veränderungen im Gebrauch des Zugmodus bei verschiedenen Probandengruppen über einen Zeitraum von 12 Wochen in einer *Cabri 3D*-Umgebung aufgezeigt werden?

3. Anhand welcher Bearbeitungsmerkmale kann eine Typisierung von Probandengruppen vorgenommen werden und inwiefern können diese Typen abstrahiert werden?

Zukünftige Nutzer werden von den Ergebnissen profitieren, da im Idealfall in naher Zukunft verbesserte Lernumgebungen entstehen und auch die Lehrenden selbst ein adäquates Problemverständnis für konkrete Schwierigkeiten der Anwender entwickeln können.

Bemerkung zu Quellenangaben:
In der vorliegenden Arbeit wird häufig auf Videodaten wie *S2/Gruppe/Datei Zeitabschnitt* verwiesen. Diese Daten können ebenso wie die Verlaufsprotokolle in Anhang A aufgrund von Datenschutzbestimmungen nicht vom Leser eingesehen werden. Die Verweise wurden nicht aus der Arbeit entfernt, um die Orientierung an wissenschaftlichen Standards aufzuzeigen. Auf die Anhänge B und C kann unter
http://www.viewegteubner.de/Buch/978-3-8348-1625-2/Der- Zugmodus-in-3D-dynamischen-Geometriesystemen.htm
im OnlinePLUS Programm des Vieweg+Teubner Verlags zugegriffen werden.

2 Theoretische Hintergründe

Im Kapitel *theoretische Hintergründe* werden theoretisch relevante Hintergründe zur Untersuchung des Zugmodus in 3D-DGS vorgestellt und erläutert. Der erste Abschnitt beschäftigt sich mit dem instrumentellen Ansatz der kognitiven Ergonomie nach Rabardel, welche eine Tätigkeitstheorie darstellt, die speziell für die Einbindung technologischer Hilfsmittel, als Vermittler zwischen einem handelnden Subjekt und einem Objekt konzipiert wurde. Im speziellen Fall ist die vermittelnde Wirkung von „Computerwerkzeugen" zwischen Computernutzer und der Geometrie als mathematischer Teildisziplin zu untersuchen.

Im zweiten Abschnitt des Kapitels werden dynamische Geometriesoftwaresysteme definiert und deren Entwicklung vorgestellt, bevor die Nennung und Diskussion wichtiger Forschungsergebnisse in DGS-Umgebungen und spezieller Theorien zu Problemen und Nutzungsweisen des Zugmodus erfolgt.

2.1 Instrumenteller Ansatz nach Rabardel

Der Einsatz von technologischen Hilfsmitteln wie Taschenrechnern, modernen Computeralgebrasystemen und Computersoftware allgemein, insbesondere auch DGS, erfordert einen theoretischen Rahmen, mit dessen Hilfe Interaktionen der Lernenden mit dem „Hilfsmittel" beschrieben, analysiert und Probleme erklärt bzw. gedeutet werden können. Forschungsberichte bestätigen, dass die Arbeit mit technologischen Hilfsmitteln aufgrund der veränderten Umgebungen neue Probleme aufwerfen. Der anfängliche Optimismus, der die Vorteile einer Separierung von technischem und konzeptuellem Verständnis bei Verwendung von technologischen Hilfsmitteln unterstellte, muss somit differenzierter gesehen werden.

> „At present, the optimism has taken on additional nuances. The research survey of Lagrange, Artigue, Laborde & Trouche [2003] indicates that difficulties arising while using technology for learning mathematics have gained considerable attention. These dif-

> ficulties on the one hand recognize the complexity of teaching and learning in general, but on the other hand reveal the subtlety of using tools for educational purposes.“
> [Drijvers & Trouche, 2008, S. 364]

Eine weitere Schwierigkeit beim Umgang mit technologischen Hilfsmitteln führen Hollebrands, Laborde & Sträßer [2008, S. 178] an:

> „Much research has shown that what is constructed by the learner is not necessarily what was intended by the designer of the environment or the teacher.“

Ähnlich argumentieren zu dieser Problematik Drijvers & Trouche [2008, S. 364]:

> „Apparently, the use of cognitive technological tools ... for the learning of mathematics, such as applets, graphing calculators, geometry software, and computer algebra systems, is not as easy as it might seem.“

Aufgrund der aktuellen Forschungslage hinsichtlich der Verwendung von technologischen Hilfsmitteln (vgl. Laborde & Sträßer [2010]) ist daher die „Benutzer-Werkzeug-Interaktion“ auch aus theoretischer Sicht näher zu untersuchen. Um die Benutzung eines allgemeinen Artefaktes durch ein Individuum aus Sicht der kognitiven Ergonomie beschreiben zu können, erarbeitet Rabardel [1995] in seiner Arbeit mit dem Titel „*Les Hommes et les Technologies - une approche cognitive des instruments contemporains*“ einen instrumentellen Ansatz, der als übergreifende Theorie zu verstehen ist und sich somit nicht nur auf technologische Umgebungen anwenden lässt.[1]

Instrumentell vermittelte Handlungen untersuchen neben der kognitiven Ergonomie auch die Ansätze der Tätigkeitstheorie bzw. soziokulturelle Ansätze, vgl. hierzu Engeström [1999] bzw. Wertsch [1998]. Rabardel baut auf Arbeiten zur Aktivitätstheorie Vygotskis (vgl. Vygotski [1978], Vygotski [1980]) und Leontievs (vgl. Leontiev & Hall [1978]) auf.

Vygotski verwendet die Begriffe „psychisches Werkzeug“ oder auch „Instrument“, die als künstliche Mittel dazu dienen, psychische Prozesse zu beherrschen. Als Beispiele nennt er u.a. die Sprache, die Schrift, mnemotechnische Mittel, Zeichnungen und algebraische Symbole, welche der Beherrschung von eigenen oder fremden psychischen Prozessen dienen, vgl. Vygotski [1980, S. 1].

---

[1] Vergleiche die Analyse zur Schulbuchnutzung auf Grundlage des Rabardelschen Ansatzes in Rezat [2009].

Das Werkzeug dient somit als

> „a new intermediary element situated between the object and the psychic operation directed at it."
> [Vygotski [1992, S. 49] zitiert nach Drijvers & Trouche [2008, S. 366]]

Mit dem Einbezug von „Werkzeugen" in den Verhaltensprozess lässt sich nun der instrumentelle Akt nach Vygotski beschreiben.

> „Die psychischen Prozesse insgesamt, die eine komplizierte strukturelle und funktionale Einheit darstellen, was das Gerichtetsein auf die Lösung der vom Objekt gestellten Aufgabe sowie die Stimmigkeit und die durch das Werkzeug vorgeschriebene Verlaufsweise anbelangt, bildet ein neues Ganzes, den instrumentellen Akt."
> [Vygotski, 1980, S. 4]

Das psychische Werkzeug im instrumentellen Akt tritt also zwischen das Objekt und die darauf gerichtete psychische Operation und übernimmt hierbei eine verbindende Funktion.

Vygotski wählt die Begriffe „psychische Werkzeuge" oder „Instrumente", da sie eine ähnliche Rolle der Vermittlung zwischen Subjekt und Objekt spielen wie das Arbeitswerkzeug, ohne jedoch in allen Merkmalen vergleichbar zu sein.

> „Das in den Verhaltensprozess eingeschlossene psychische Werkzeug bestimmt mit seinen Eigenschaften den Aufbau des instrumentellen Aktes und verändert den gesamten Verlauf sowie die gesamte Struktur der psychischen Funktionen in derselben Weise, wie technisches Werkzeug den Prozess der natürlichen Anpassung verändert, indem es die Form von Arbeitsoperationen bestimmt."
> [Vygotski, 1980, S. 1]

Das Arbeitswerkzeug zielt in seinem Gebrauch auf die Veränderung des Objektes ab, was jedoch für das psychische Werkzeug nicht zutrifft, wie Vygotski [1980, S. 313f.] bemerkt:

> „Der allerwesentlichste Unterschied des psychischen Werkzeugs vom technischen besteht darin, dass seine Aktion sich auf die Psyche und das Verhalten richtet, während das technische Werkzeug, das sich ebenfalls als Mittelglied zwischen die Tätigkeit des Menschen und das äußere Objekt schiebt, darauf gerichtet ist, irgendwelche Veränderungen am Objekt herbeizuführen; das psychische Werkzeug verändert am Objekt nichts; es ist ein Mittel

> der Einwirkung auf sich selbst (oder auf einen anderen), auf die Psyche, auf das Verhalten, nicht aber ein Mittel der Einwirkung auf das Objekt. Im instrumentellen Akt äußert sich folglich eine Aktivität im Hinblick auf sich selbst und nicht im Hinblick auf das Objekt."

Die entscheidende Erweiterung der Theorie des instrumentellen Ansatzes von Rabardel [1995] im Vergleich zu Vygotskis Arbeiten besteht in der zusätzlichen Unterscheidung der Begriffe *Artefakt* und *Instrument*, wobei das *Instrument* nach Rabardel im konstruktivistischen Sinn vom Nutzer gebildet werden muss.

> „An instrument cannot be confounded with an artifact. An artifact only becomes an instrument through the subject's activity. In this light, while an instrument is clearly a mediator between the subject and the object, it is also made up of the subject and the artifact."
> [Béguin & Rabardel, 2000, S. 175]

Somit ist das vermittelnde Objekt zunächst als reines Artefakt zu betrachten, welches erst durch das handelnde Subjekt zum Instrument wird.

> „The artifact is the "bare tool" the material or abstract object, which is available to the user to sustain a certain kind of activity, but which may be a meaningless object to the user as long as that person does not know what kinds of tasks the „thing" can support in which ways. Only after the user has become aware of how the artifact can extend one's capacities for a given kind of relevant tasks, and after the user has developed means of using the artifact for the specific purpose, does the artifact become part of a valuable and useful instrument that mediates the activity."
> [Drijvers & Trouche, 2008, S. 367]

Die Bildung eines Instrumentes ist ein bidirektionaler Prozess, in dem einerseits der Nutzer dem Artefakt Eigenschaften oder Formen der Nutzung zuschreibt bzw. diese erweitert, auf der anderen Seite das Artefakt aufgrund seiner Struktur und speziellen Beschaffenheit auf den Nutzer einwirkt und auf diese Weise die Möglichkeiten der Nutzung auf Seiten des Subjekts mitbestimmt. Rabardel unterscheidet in diesem Zusammenhang die Begriffe der *Instrumentalisierung* und *Instrumentierung*, wobei beide vom Subjekt ausgehen, sich jedoch in ihrer jeweiligen Gerichtetheit zum Artefakt bzw. zum Subjekt unterscheiden.

Der Prozess der Instrumentalisierung geht vom Subjekt aus und ist auf das Artefakt gerichtet.

> „L'instrumentalisation peut être définie comme un processus d'enrechissement des propriétés de l'artefact par le sujet. Un processus qui prend appui sur des caractéristiques et propriétés intrinsèques de l'artefact, et leur donne un statut en fonction de l'action en cours de la situation. [...] Au delà de l'action en cours, ces propriétés intrinsèques peuvent conserver le statut de fonction acquise. Elles constituent alors, pour le sujet, une caractéristique, une propriété permanente de l'artefact, ou plus exactement de la composante artefact de l'instrument. La fonction acquise est une propriété extrinsèque, attribué par le sujet pour que l'artefact puisse être constitutif d'un instrument."[2]
> [Rabardel, 1995, S. 114]

Drijvers & Trouche [2008, S. 369] beschreiben den Begriff der Instrumentalisierung ähnlich:

> „[...] the conceptions and preferences of the user change the ways in which he or she uses the artifact, and may even lead to changing or customizing it. [...] The artifact is shaped by the user and this is called instrumentalization."

Um den Begriff der Instrumentierung in seiner Allgemeinheit erfassen zu können, bedarf es zunächst der Begriffsbildung von „mentalen Schemata", welche zur Konstituierung eines Instrumentes erforderlich sind.

Um aus einem schlichten Artefakt ein Instrument zu konstruieren, ist die Ausbildung von „mentalen Schemata", den *mental schemes* oder *schèmes* im Originaltext Rabardels auf Seiten des Subjekts erforderlich, die es erlauben, das Artefakt hinsichtlich des Verwendungszwecks adäquat zur Ausführung einer Handlung als Instrument zu nutzen.

> „Nous pensons qi'il faut définir l'instrument comme une entité mixte, qui tient à la fois du sujet et de l'objet (au sens philosophique du terme): l'instrument est une entité composite qui comprend une composante artefact (un artefact, une fraction d'artefact ou un ensemble d'artefacts) et une composante schème (le ou

[2] „Instrumentalization can be defined as process in which the subject enriches the artifact's properties. This process is grounded in the artifact's intrinsic characteristics and properties, and gives them a status in line with the action underway and the situation." [Rabardel, 2002, S. 106]

> les schèmes d'utilisation, eux-mêmes souvent liés à des schèmes d'action plus généraux)."[3]
> [Rabardel, 1995, S. 95]

Verkürzt lässt sich der Zusammenhang in der folgenden Darstellung zusammenfassen:

$$\text{Instrument} = \text{Artefakt} + \text{mentales Schema},$$

wobei die Bildung eines Instruments von Seiten des Individuums nicht instantan mit dem Vorhandensein eines Artefaktes erfolgt. Die Phase der „Heranbildung" des Instruments, also die Phase des Erlernens der kompetenten Handhabung eines Artefaktes, aber auch das damit verbundene Erkennen von Unzulänglichkeiten oder Einschränkungen des Artefaktes hinsichtlich eines bestimmten Einsatzzwecks, wird als *instrumentelle Genese* bezeichnet.

> „The „birth" of an instrument requires a process of appropriation, which allows the artifact to mediate the activity. This complex process is called the instrumental genesis."
> [Drijvers & Trouche, 2008, S. 368]

Mit der *instrumentellen Genese* einher geht die Entwicklung von einem oder mehreren „mentalen Schemata", den sogenannten *Gebrauchsschemata*, deren Definition und Operationalisierbarkeit nicht trivial sind. Es stellen sich die Fragen, was genau ein *Gebrauchsschema* ist und welche Möglichkeiten der Beobachtung möglich sind. Auf zunächst sehr globalen Definitionen des Schemabegriffs Piagets (vgl. Piaget & Beth [1961]) baut Vergnaud auf, der ein Schema betrachtet als

> „une organisation invariante de la conduite pour une classe donnée de situations."
> [Vergnaud, 1996b, S. 177]

Weiterhin führt Vergnaud [1996a] aus:

> „le schème est une totalité dynamique fonctionelle - cela signifie en clair que le schème est une unité identifiable de l'activité du sujet, qui correspond à un but identifiable, qui se déroule selon un certain décours temporel (et donc une dynamique), et dont la

[3] „We propose defining the instrument as a mixed entity, born of both the subject and object (in the philosophical sense of the term): the instrument is a composite entity made up of an artifact component (an artifact, a fraction of an artifact or a set of artifacts) and a scheme component (one or more utilization schemes, often linked to more general action schemes)." [Rabardel, 2002, S. 86]

> fonctionalité repose sur un ensemble d'éléments peu dissociables les uns des autres."
> [Vergnaud [1996b, S. 283] zitiert nach Restrepo [2008, S. 39]]

Das Einwirken des Artefaktes auf den Nutzer beschreibt der Begriff der Instrumentierung. Drijvers & Trouche [2008, S. 368] liefern bereits eine handhabbare Erklärung des Begriffs, die auf die Verwendung des Schemabegriffs verzichtet.

> „[...] the possibilities and constraints of the artifact shape the techniques and the conceptual understanding of the user. Some approaches are quite natural in a specific environment, while others are discouraged because of the pecularities of the artifact. This is called the instrumentation process: The artifact shapes the thinking of the user."

Rabardel expliziert den Prozess der Instrumentierung mithilfe der Anpassung von *schèmes d'utilisations* (vgl. Rabardel [1995, S. 91]), den *Gebrauchsschemata* bzw. der Anwendung von bereits gebildeten *Gebrauchsschemata* auf neue Artefakte:

> „La genèse des schèmes, l'assimilation de nouveaux artefacts aux schèmes (donnant ainsi une nouvelle signification aux artefacts), l'accomodation des schèmes (contribuant à leurs changements de signification), sont constitutifs de cette seconde dimension de la genèse instrumentale: les processus d'instrumentation."[4]
> [Rabardel, 1995, S. 117]

Diese Gebrauchsschemata, welche sich noch in *schèmes d'usage* und *schèmes d'action instrumentée*, vgl. Rabardel [1995, S. 91] unterscheiden lassen, werden zunächst allgemein als vom Subjekt zu konstruierend definiert.

> „What we propose to call a utilization scheme [...] is an active structure into which past experiences are incorporated and organized, in such a way that it becomes a reference for interpreting new data. As such, a utilization scheme is a structure with a history, that changes as it is adapted to an expanding range of situations and is contingent upon the meanings attributed to the situations by the individual."
> [Béguin & Rabardel, 2000, S. 182f.]

[4] „The genesis of these schemes, the assimilation of new artifacts to schemes (thus giving new signification to artifacts), the adaption of schemes (contributing to their changes in signification), make up this second dimension of instrumental genesis: instrumentation processes." [Rabardel, 2002, S. 109]

Um eine Unterscheidung zwischen *schèmes d'usage*, welche an die Einschränkungen und Möglichkeiten des Artefakts direkt gebunden sind und den komplizierter aufgebauten *schèmes d'action instrumentée*, die auf eine Veränderung des Objekts der Tätigkeit direkt abzielen, nimmt Rabardel die folgende Differenzierung vor. Die *schèmes d'usage* sind direkt an das Artefakt gebunden:

> „Ils peuvent, comme dans notre exemple, se situer au niveau de schèmes élémentaires (au sens de non décomposables en unités plus petites susceptibles de répondre à un sous but identifiable), mais ce n'est nullement nécessaire: ils peuvent eux-mêmes être constitués en totalités articulant un ensemble de schèmes élémentaires. Ce qui les caractérise, c'est leur orientation vers les tâches secondes correspondant aux actions et activités spécifiques directement liées à l'artefact."[5]
> [Rabardel, 1995, S. 91]

Die *schèmes d'action instrumentée* sind direkt auf den Gegenstand der Aktion bezogen:

> „Les *schèmes d'action instrumentée*, qui consistent en totalités dont la signification est donnée par l'acte global ayant pour but d'opérer des transformations sur l'objet de l'activité. Ces schèmes, incorporent, à titre de constituants, les schèmes du premier niveau (les schèmes d'usage, M.H.). [...] Ils sont constitutifs de ce que Vygotsky appelait les "actes instrumentaux", pour lesquels il y a recomposition de l'activité dirigée vers le but principal du sujet du fait de l'insertion de l'instrument."[6]
> [Rabardel, 1995, S. 91]

Die *schèmes d'action instrumentée* sind hinsichtlich ihres Aufbaus meist deutlich komplexer als die *schèmes d'usage*, wobei ein *schème d'action instrumentée* oft aus der Kombination mehrerer *schèmes d'usage* resultiert.

---

5 „These can, as in our example, be located at the level of elementary schemes (meaning they cannot be broken down into smaller units liable to meet an identifiable sub-goal), but it is by no means necessary: they can themselves be constituted as wholes articulating a set of elementary schemes. Their distinctive feature is that they are orientated towards secondary tasks corresponding to the specific actions and activities directly related to the artifact." [Rabardel, 2002, S. 83]

6 „Instrument-mediated action schemes, which consist of wholes deriving their meaning from the global action which aims at operating transformations on the object of activity. These schemes incorporate usage schemes are constitutents. ... They make up what Vygotsky called "instrumental acts", which, due to the introduction of the instrument, involve a restructuring of the activity directed towards the subject's main goal." [Rabardel, 2002, S. 83]

Zur Diskussion der Begriffe „Instrumentierung" und „Instrumentalisierung" trägt Rezat [2009] bei, indem er das simultane Auftreten beider Prozesse bemerkt. Um diesen Verbund hervorzuheben prägt er den Begriff der *Instrumentation*, der die Begriffe *Instrumentierung* und *Instrumentalisierung* vereint und deren gemeinsames Auftreten betont, vgl. Rezat [2009, S. 31].

Am Beispiel des Artefaktes „Schraubendreher" werden die abstrakt definierten Begriffe nun veranschaulicht. Zunächst ist für einen Nutzer, der zum ersten Mal mit einem Schraubendreher in Berührung kommt, die Art der Handhabung dieses Artefaktes nicht sofort ersichtlich. Vorausgesetzt der Nutzer ist in der Lage, einen Hammer in herkömmlicher Weise zu bedienen, so kann er das dort erlernte Gebrauchsschema auf den Schraubendreher anwenden, um mit dessen Hilfe, nämlich indem er den Griff des Schraubendrehers benutzt, einen Nagel in die Wand schlagen. (Instrumentalisierung)

An diesem Beispiel werden auch allgemeine Eigenschaften der Kombination von Artefakten und Gebrauchsschemata deutlich. So kann ein an einem bestimmten Artefakt gebildetes Gebrauchsschema auf andere Artefakte angewandt werden, wobei jede Kombination dieses Gebrauchsschemas mit einem anderen Artefakt ein neues Instrument konstituiert. Als Beispiel dient das Gebrauchsschema des „Hämmerns" mit den Artefakten „Hammer" und „Schraubendreher". Ebenso ist die Kombination von verschiedenen Gebrauchsschemata mit dem gleichen Artefakt denkbar. Als Beispiel dient das Artefakt des „Schraubendrehers" mit den Gebrauchsschemata „Hämmern" und „Eindrehen von Schrauben", welche in Kombination mit dem „Schraubendreher" zwei unterschiedliche Instrumente im Sinne Rabardels bilden.

> „Les deux composantes de l'instrument artefact et schème, sont associées l'une à l'autre, mais elles sont également dans une relation d'indépendance relative. Un même schème d'utilisation peut s'appliquer à une multiplicité d'artefacts appartenant à la même classe [...] mais aussi relevant de classes voisines ou différentes [...]. Inversement un artefact est susceptible de s'insérer dans une multiplicité de schèmes d'utilisation qui vont lui attribuer des significations et parfois des fonctions différentes."[7]
> [Rabardel, 1995, S. 95]

[7] „The two components of the instrument, artifact and scheme, are associated with each other, but they also have a relationship of relative independence. A same utilization scheme can be applied to a range of artifacts belonging to the same class ... and also be relevant to to similar or different classes ... Conversely, an artifact is liable to be integrated into a range of utilization schemes, which will sometimes assign it different meanings and functions." [Rabardel, 2002, S. 87]

Die Beschaffenheit des Schraubendrehers an sich wirkt auf den Nutzer in der Weise ein, dass dieser sehr wahrscheinlich nicht bzw. nur mithilfe großer Phantasie die Möglichkeit in Erwägung ziehen wird, diesen Schraubendreher als Pinsel zu benutzen, um damit eine Wand zu streichen. Die Einschränkungen des Artefakts hinsichtlich der Benutzung zum Streichen einer Wand sind so gravierend, dass sie auf den Nutzer derart einwirken, dass dieser keine *Gebrauchsschemata* zum Streichen einer Wand mithilfe des Schraubendrehers bilden wird. Die Eigenheiten des Artefakts beeinflussen auf diese Weise das konzeptuelle Verständnis des Nutzers. (Instrumentierung)

Beispiele der Anwendung des Rabardelschen Ansatzes auf mathematikdidaktische Fragestellungen finden sich in Restrepo [2008], in der die *instrumentelle Genese* des Zugmodus in einer *Cabri-2D*-Umgebung mit der Ausbildung verschiedener *schèmes d'usage* und *schèmes d'action instrumentée* bei mehreren Schülerpaaren der Unterstufe analysiert wird. Rezat [2009] führt mithilfe des instrumentellen Ansatzes eine Nutzerstudie des Artefaktes „Schulbuch“ mit Schülern der Unter- und Oberstufe durch, welche eine Nutzertypologie des Schulbuchs zum Ziel hat. Trouche [2000] analysiert die Ausbildung von *schèmes d'action instrumentée* von 18-jährigen Schülern in Frankreich im Umgang mit graphischen Taschenrechnern beim Thema „Grenzwertbetrachtungen“ von Funktionen. Diese Analyse setzt sich in Trouche [2003] mit der Diskussion der *instrumental orchestration*, der Gesamtheit aller Maßnahmen, die ein Lehrer zur Förderung der *instrumentellen Genese* ergreift, mithilfe eines „Sherpa-Schülers“ fort. Drijvers et al. [2009] untersuchen mithilfe des theoretischen Rahmens der *instrumental orchestration* das Vorgehen von verschiedenen Lehrern und identifiziert sechs verschiedene Typen einer solchen „Orchestrierung“, die in Beziehung mit den individuellen Meinungen der Lehrer bezüglich des Lehrens und Lernens von Mathematik gesetzt werden können. Eine theoretische Darstellung der „instrumentellen Genese“ hinsichtlich der Entwicklung von Gebrauchsschemata von Schulbuch- und Computernutzern führt Sträßer [2009] durch. Einen historischen Überblick hinsichtlich des Einsatzes von „Werkzeugen“ und deren instrumenteller Genese bei mathematischen Fragestellungen geben Maschietto & Trouche [2010].

Relevanz für die vorliegende Arbeit

Der instrumentelle Ansatz Rabardels dient als Hintergrundtheorie für die theoretische Konzeptualisierung des Zugmodus in 3D-DGS. Der Zugmodus kann als Artefakt betrachtet werden, der aufgrund seiner Implementierung im System gewissen Einschränkungen unterworfen ist. So sind bestimmte Punkte nur auf einer Geraden oder in einer Ebene zu bewegen, während andere im gesamten Raum bewegt werden können. Somit kann das Ausbilden eines

Gebrauchsschemas, das dem Nutzer das Bewegen eines Punkts ermöglicht, als Anwendung eines *schèmes d'usage* in Zusammenhang mit dem Artefakt Zugmodus gedeutet werden, sodass durch diese Kombination ein Instrument im Sinne Rabardels gebildet wird. Nun existieren kompliziertere Formen des Zugmodus, die bspw. vom Nutzer so implementiert werden, dass Punkte nur auf Objekten bewegt werden können, wobei diese mathematischen Objekte eventuell wieder spezielle Eigenschaften wie bspw. Orthogonalität zu einem anderen Objekt aufweisen. Solche Kombinationen oder verschieden komplizierte Einbindungen des Zugmodus erfordern die Kombination von *schèmes d'usage* zu oder die Neubildung von *schèmes d'action instrumentée*, welche wiederum im Zusammenhang mit dem Artefakt Zugmodus verschiedene Instrumente bilden. Wie bereits bemerkt, treten Instrumentalisierungs- und Instrumentierungsprozesse immer gemeinsam auf, sodass das Werkzeug *Zugmodus* aufgrund seiner Beschaffenheit und seiner speziellen Verwendungsmöglichkeit auf den Nutzer einwirkt und somit seine Art der Verwendung bzw. den Aufbau von Gebrauchsschemata mitbestimmt. (Instrumentierung) Andererseits schreibt der Nutzer dem Werkzeug Zugmodus im Verlauf des Gebrauchs verschiedene Verwendungsmöglichkeiten zu, die zur Ausbildung von Gebrauchsschemata führen und in unterschiedlichen Instrumenten resultieren. (Instrumentalisierung)

Während der finale Gebrauch eines gebildeten Instruments, also die konkrete Verwendungsweise des Zugmodus im Handlungskontext beobachtbar ist, kann der Instrumentierungsprozess, also die Einwirkung des Artefaktes Zugmodus auf die Bildung von Gebrauchsschemata des Nutzers nicht direkt beobachtet werden. Somit ist das fertige Instrument in Handlungssituationen nachweisbar, wobei eine weitere Identifikation von *schèmes d'usage* und *schèmes d'action instrumentée* nach geeigneter Definition möglich ist. Der konkrete Verlauf der Bildung von Gebrauchsschemata hinsichtlich einer Differenzierung von Instrumentalisierungs- und Instrumentierungsprozessen ist aufgrund des gemeinsamen Auftretens der beiden Prozesse, deren Komplexität und kognitiven Struktur nicht möglich.

Im Verlauf der Dissertation werden in 3D-Umgebungen verschiedene Verwendungsweisen des Zugmodus im konkreten Datenmaterial identifiziert und teilweise neu definiert. Die genaue Analyse der instrumentellen Genese von einzelnen Zugmodi steht jedoch nicht im Fokus des Vorgehens, sodass zwar gebildete Instrumente, also nachgewiesene Verwendungsweisen des Zugmodus in ihrer Häufigkeit und gruppenspezifischen Verwendung erfasst und interpretiert werden, der Verlauf der Ausbildung von einzelnen Gebrauchsschemata im Sinne von Restrepo [2008] aufgrund der Beschaffenheit des Datenmaterials und der gewählten Analyseverfahren nicht durchgeführt wird.

2.1.1 Unterscheidung von Zeichnung und Figur

Parzysz [1988] untersucht Schwierigkeiten bei Sechstklässern in französischen Schulen bei der Interpretation zweidimensionaler Repräsentationen von dreidimensionalen Objekten. Hierbei stützt er sich auf die Unterscheidung der Begriffe *Figur* und *Zeichnung*. Währen die *Figur* das geometrische Objekt bezeichnet, das mithilfe eines Textes in idealer Weise als Produkt der reinen Vorstellung beschrieben werden kann, versteht er unter dem Begriff der *Zeichnung* das konkret vorliegende Produkt, welches mit einem Stift bzw. einem Computerprogramm erstellt werden kann. Diese Unterscheidung ist hinsichtlich der Verwendung von Computern im Geometrieunterricht bedeutsam, da DGSe es erlauben, die Unterschiede zwischen Figur und Zeichnung explizit zu machen. Dieser Aspekt wird im folgenden Abschnitt weiter verfolgt.

2.2 Geometrie und die Entwicklung von Werkzeugen

Die Geometrie ist eine der ältesten Teildisziplinen der Mathematik und jeder Einzelne hat ein gewisses Bild von dem, was speziell er unter Geometrie versteht. Im folgenden Abschnitt werden verschiedene epistemologische Perspektiven des Geometriebegriffs dargestellt und voneinander abgegrenzt, um ein begriffliches Fundament aufzubauen und die Breite des Feldes auszuloten, in dem man sich bei der Diskussion von konkreten Inhalten, Curricula, Methoden und Werkzeugen der Geometrie befindet.

Erste Anwendungen von Geometrie sind im mitteleuropäischen Raum bereits ca. 5000 v.Chr. zu belegen (vgl. Wußing [2008, S. 12f.]), wobei diese häufig mit der Formgestaltung keramischer Erzeugnisse, astronomischen Beobachtungen oder Ornamenten in Verbindung stehen. Das wohl bekannteste Beispiel der „Erdmessung“ stellt die Vermessung von Land nach den häufigen Nilüberschwemmungen in Ägypten ab ca. 3000 v.Chr. dar. Somit bietet die Geometrie in ihren Anfängen ausschließlich Möglichkeiten zur „praktischen Lebenshilfe“ (vgl. Weigand [2009, S. 266]), wobei sich dieses Anwendungsspektrum immer weiter ausdehnt und bis zur Berechnung von Umlaufbahnen von Planeten bzw. des Sonnendurchmessers im Mittelalter fortsetzt. Diese praktische Verwendung von Geometrie hat ihre Bedeutung im heutigen Zeitalter keineswegs verloren, wobei der Begriff der „deskriptiven Geometrie“ für den gesellschaftlichen Nutzen, wie der Beschreibung des physikalischen Raumes, der gewerblich-technischen Nutzung, graphischer Darstellungen usw. Verwendung findet, vgl. Sträßer [1992] sowie Kadunz & Sträßer [2007, S. 1ff.].

Zwischen dem sechsten und fünften Jahrhundert v.Chr. steht die Mathematik noch nicht als ausgebildete mathematische Theorie zur Verfügung, vgl. Scriba & Schreiber [2005, S. 29]. Anaximandros gibt im Bereich der griechischen Naturwissenschaften in der Mitte des fünften Jahrhunderts v.Chr. den Anstoß zur Ausbildung mathematischer Theorien, welche zur Analyse der in der Natur vorkommenden Strukturen dienen, vgl. Scriba & Schreiber [2005, S. 29ff.]. Dies ist der erste Versuch, Eigenbereiche der Mathematik zu generieren, welche als theoretisches Hilfsmittel genutzt werden können. Die Entwicklung von theoretischen Betrachtungen, deren Studium sich durch die Ablösung von konkret vorliegenden praktischen Problemen auszeichnet, verfolgen auch Thales, die Pythagoreer und Eudoxos, vgl. Scriba & Schreiber [2005, S. 31ff.]. Den Höhepunkt des Erkenntnisgewinns, welcher durch reines Denken ermöglicht wird und somit auf der Methodologie von Aristoteles bzw. der Philosophie Platons aufbaut (vgl. Scriba & Schreiber [2005, S. 50]), stellen ca. 300 v.Chr. *die Elemente* des Euklid dar (vgl. Euclides & Thaer [2005]), in denen eine axiomatische Festlegung der Geometrie erfolgt und Aussagen bzw. Sätze durch rein deduktives Vorgehen gewonnen werden. Weder die Anwendung noch eine Darstellung der Inhalte in der materialen Welt sind hierbei von Belang. Jedoch ist eine Orientierung an identifizierbaren Objekten wie Punkten und Geraden in Euklids Postulaten[8] noch gegeben, sodass *die Elemente* als Prototyp einer inhaltlich axiomatischen Theorie gelten. Hierbei werden zur Begründung von Wahrheiten relationale Beziehungen mathematischer Objekte untersucht, wobei rein deduktives Schließen den Erkenntnisgewinn sichert. Die Bedeutung und den Einfluss der Elemente auf spätere Generationen fasst Wußing [2008, S. 193] zusammen:

> „Die *Elemente* stellen das vielleicht einflussreichste Werk der gesamten mathematischen Literatur dar.“

Euklids Elemente bilden die Basis der *relationalen* Betrachtung von Geometrie, deren Intention der Untersuchung auf theoretische Strukturen und Zusammenhänge abzielt und für die der Anwendungsbezug nicht relevant ist. Bei Euklid sind zudem die ersten *Werkzeuge* festgelegt, welche zur Konstruktion benutzt werden dürfen. Hierbei handelt es sich um eine gerade Kante (ohne Längeneinteilung) und einen Zirkel.

Die nichteuklidischen Geometrien, die aus dem Infragestellen des Parallelenpostulates Euklids hervorgehen, sind ein weiterer Meilenstein in der Geschichte der Geometrie. Zudem motivieren diese Geometrien eine von der Anschauung unabhängigere Sicht der Dinge[9], vgl. Scriba & Schreiber [2005, S. 418ff.] sowie Mammana & Villani [1998].

[8] Im heutigen Sprachgebrauch wären die Postulate Euklids als Axiome zu bezeichnen.

[9] Hierzu ist anzumerken, dass diese nichteuklidischen Geometrien, welche zunächst jegli-

Im Zuge dieser Entdeckungen verschärft David Hilbert die Anforderungen an ein axiomatisches System in seinem formalistischen Programm in der Weise, dass es an keinerlei inhaltliche Anschauung mehr gebunden ist und nur den Forderungen von Widerspruchsfreiheit, Vollständigkeit und Unabhängigkeit genügen muss. Die Hoffnung auf die Durchsetzung dieses Programms für die gesamte Mathematik macht jedoch Kurt Gödel mit der Bekanntgabe seines Unvollständigkeitssatzes zunichte, vgl. Heintz [2000, S. 47], Bender [1985, S. 245ff.] sowie Yourgrau et al. [2005, S. 66ff.].

Im Sinne der soeben kurz beschriebenen Ursprünge und Entwicklungen von *deskriptiver* und *relationaler* Geometrie war der Unterricht in Schulen seit jeher durch diese beiden Sichtweisen von Geometrie geprägt und ist dies auch heute noch. Im Schulunterricht konnten sich der Einsatz eines Lineals mit Längenskala und die Verwendung eines Geodreiecks durchsetzen, durch dessen Hilfe das Zeichnen von Winkeln, Orthogonalen und Parallelen erheblich erleichtert wurde. Nach mehreren Reformen der Lehrpläne (für einen historischen Überblick vgl. Neubrand [1998]) und einer zeitweise einseitigen Ausrichtung auf die *relationale* Geometrie im Verlauf der *New Math*-Bewegung der 70er Jahre, welche aus den Arbeiten der *Bourbaki*– Gruppe entstand, fand schließlich der Computer als weiteres Werkzeug Einzug in den Geometrieunterricht.

Die Logo – basierte „Turtle-Geometrie“ zu Beginn der 80er Jahre stellte einen der ersten Versuche dar, digitale Medien zum Lernen von Geometrie zu verwenden, vgl. Laborde et al. [2006, S. 278]. Die Idee der dynamischen Konstruktion erfolgte Mitte der 90er Jahre in diesen Umgebungen. Im Zuge dieser Entwicklungen stellen moderne DGSe eine stetige Weiterentwicklung von „Werkzeugen“ dar, welche schon immer zum „Treiben von Geometrie“ genutzt wurden. Dabei bieten DGSe eine Möglichkeit, die *deskriptive* und die *relationale* Geometrie zu verbinden:

> „It is modern computer technology and appropriate software which can be successfully used to really explore and understand the underlying. . . mathematics.“
> [Sträßer, 2007, S. 169]

Hierbei muss die Bedeutung theoretischer Vorarbeiten hinsichtlich der Unterscheidung von *Figur* und *Zeichnung* erwähnt werden, welche diese Möglichkeiten erst eröffnen, vgl. Abschnitt 2.1.1. Im Verlauf dieser Entwicklungen ist sowohl ein wachsendes Interesse am Einsatz von Technologie, insbeson-

---

cher Anschauung entbehrten, im Bereich der allgemeinen Relativitätstheorie jedoch an konkreter Bedeutung gewinnen, in der die Riemannsche Geometrie die Krümmung der Raumzeit adäquat beschreibt.

dere von dynamischer Geometrie, auf nationaler als auch auf internationaler Ebene festzustellen. Die Relevanz und Aktualität dieses Themas lässt sich an Tagungsthemen, unterrichtspraktischen Veröffentlichungen und theoretischen Arbeiten zur Mathematikdidaktik belegen. Exemplarisch werden hierzu folgende Tagungsbände bzw. Buchpublikationen aufgeführt: Hischer [1993], Noss & Hoyles [1996], Hischer [1997], Hischer [1998], Herget [2001], Laborde et al. [2006] sowie Sutherland [2009].

2.3 Dynamische Geometriesysteme

Dynamische Geometriesysteme der Ebene sind eines der meist untersuchten Forschungsthemen in der internationalen Mathematikdidaktik und speziell der PME-Gruppe[10] [Sträßer, 2002]. Mit dynamischen Geometriesystemen ist jegliche Konstruktion, welche mit Papier, Zirkel, Lineal und Bleistift angefertigt werden kann, ebenso darstellbar. Darüber hinaus verfügen diese Systeme über eine breite Palette an Funktionen, die Grundkonstruktionen wie bspw. Geraden, Strecken, Kreise, Parallelen und Abbildungen umfassen. Mit Farben und Formen lassen sich ästhetisch anspruchsvolle Konstruktionen herstellen, ausdrucken und exportieren.

Die ersten dynamischen Geometriesoftwareprogramme waren *Cabri Géomètre*, das erstmals auf der ICME-6[11] in Budapest im Jahr 1988 vorgestellt und mittlerweile von *Cabri II Plus*[12] abgelöst wurde und *Geometer's Sketchpad*[13], das 1989 auf den Markt kam.

In Deutschland konnten sich DGS mittlerweile im Unterricht etablieren, auch wenn ihr Einsatz in der Mehrzahl der Lehrpläne noch nicht obligatorisch gefordert wird. Für eine Übersicht gängiger DGS im deutschsprachigen Raum vergleiche Hattermann & Sträßer [2006]. Die bekanntesten DGS in deutschen Klassenzimmern sind *Cinderella*[14], *Euklid DynaGeo*[15], *GeoGebra*[16], *Geonext*[17]und *Zirkel und Lineal*[18], wobei *GeoGebra* das erste algebraisch-dynamische Geometriesystem (ADGS) darstellt, welches über sich gegensei-

[10] The International Group for the Psychology of Mathematics Education (PME) ist eine Forschergruppe, welche auf dem International Congress on Mathematical Education-3 (ICME-3) im Jahr 1976 in Karlsruhe gegründet wurde.

[11] The International Congress on Mathematical Education-6 in Budapest, Ungarn

[12] http://www.cabri.com

[13] http://www.dynamicgeometry.com

[14] http://www.cinderella.de/tiki-index.php

[15] http://www.dynageo.de

[16] http://www.geogebra.org/cms/

[17] http://uni-bayreuth.de

[18] http://mathsrv.ku-eichstaett.de/MGF/homes/grothmann/java/zirkel/

tig interaktiv beeinflussende Algebra- und Geometriefenster verfügt. *GeoGebra* verbindet die mathematischen Teildisziplinen Geometrie, Algebra und Analysis dynamisch und ist somit über die Funktionen eines dynamischen Geometriesystems hinaus ausgestattet, wobei algebraische Umformungen, wie man sie von Computer-Algebra-Systemen (CAS) wie *Derive* kennt, momentan noch nicht implementiert sind, vgl. Hohenwarter, Jarvis & Lavicza [2011] sowie Lu [2008].

Mithilfe der Computersoftware gelingt es, Bewegung in die eher statisch geprägte Geometrie des Euklid einzubinden und mit deren Hilfe Konstruktionen zu validieren oder Vermutungen über Zusammenhänge bzw. Abhängigkeiten in Figuren und Beweisideen zu generieren. Bei der Arbeit mit dynamischen Geometriesystemen stößt der Anwender auf verschiedene „Punktarten“, die bei unzureichender Kenntnis konzeptuelle Probleme hervorrufen können. Hölzl [1994][S. 73] unterscheidet Basispunkte, Schnittpunkte und Objektpunkte, sodass in Kombination mit Betrachtungen von Restrepo [2008, S. 42] hinsichtlich indirekt beweglichen Punkten folgende Unterscheidungen von „Punktarten“ vorzunehmen sind:

- *freie Punkte oder Basispunkte*
  Freie Punkte besitzen in der jeweiligen Softwareumgebung einen maximalen Freiheitsgrad und können mithilfe des Zugmodus in der gesamten Ebene bewegt werden[19]. Sie sind unabhängig von der eventuell bereits durchgeführten Konstruktion und stehen somit in keiner Abhängigkeit zu bereits konstruierten Objekten, können diese jedoch bestimmen bzw. beeinflussen.

- *objektgebundene Punkte*
  Objektgebundene Punkte sind an mathematische Trägerobjekte wie Geraden, Kreise, Ebenen, Kugeloberflächen,... oder Strecken gebunden und können nur auf diesen bewegt werden. Der Freiheitsgrad von gebundenen Punkten ist kleiner als der maximal mögliche.

- *indirekt bewegliche Punkte*
  Unter indirekt beweglichen Punkten versteht man Punkte, welche nur durch Manipulation der sie definierenden Objekte bewegt werden können. Als Beispiele dienen hier Schnittpunkte von mathematischen Objekten oder Mittelpunkte von Strecken.

- *feste Punkte*
  Feste Punkte sind nicht mit dem Zugmodus zu verändern. Man versteht

[19] Der Begriff des *freien Punktes* in 3D-Umgebungen wird in Kapitel 6 eingehend diskutiert.

unter ihnen festgelegte Punkte, deren Koordinaten vom Anwender vorgegeben werden.

2.3.1 Definierende Eigenschaften

Nach Graumann et al. [1996][S. 197] (vgl. auch Capponi & Sträßer [1992]) werden dynamische Geometriesysteme im strengen Sinn über drei Eigenschaften definiert. Die Systeme müssen demnach, um als vollwertige DGSe angesehen zu werden, über den *Zugmodus* und sowohl die *Ortslinienfunktion* als auch eine *Makrokonstruktionsmöglichkeit* verfügen, für unterrichtspraktische Beispiele vgl. Barzel et al. [2005], Koepsell & Tönnies [2007], Kadunz & Sträßer [2007, S. 237ff.], Weigand & Weth [2002, S. 154ff.] sowie Weigand [2009].

1. Der Zugmodus
   Der Zugmodus ist die entscheidende und wichtigste Funktion in DGS, da mit dessen Hilfe unter anderem Objekte wie Punkte, Geraden und Kreise beweglich werden. Von entscheidender Bedeutung hierbei ist, dass vom Anwender in der Konstruktion eingebettete Relationen von Objekten bei Ausführung des Zugmodus erhalten bleiben. Ist eine Gerade a bspw. so definiert, dass sie auf einer anderen Geraden b im Punkt C senkrecht steht und wird Gerade b mithilfe des Zugmodus in ihrer Lage verändert, so bewegt sich Gerade a in der Weise mit, dass die Eigenschaft der Orthogonalität erhalten bleibt. Somit gehorchen in DGSen geometrische Objekte den Gesetzen der Geometrie, wie Objekte der irdischen Welt den Gesetzen der Physik unterworfen sind, vgl. Laborde et al. [2006, S. 284].

2. Die Ortslinienfunktion
   Die Ortslinien- oder Spurfunktion erlaubt die Aufzeichnung des Weges eines oder mehrerer Punkte, welche sich direkt oder indirekt mithilfe des Zugmodus bewegen. So ist es auch möglich, die Spur eines Punktes zu verfolgen, der nur indirekt von einem sich in Bewegung befindlichen Punkt abhängt. Als Beispiel kann man sich die Frage stellen, auf welcher algebraischen Kurve sich der Schwerpunkt eines Dreiecks ABC bewegt, wenn der Punkt C auf einer Parallelen zur Geraden durch A und B gezogen wird.[20] Eine Einführung der Ortslinienfunktion im Zusammenhang mit einer empirischen Untersuchung von geometrischen

[20] Die gesuchte Kurve ist eine Gerade, was man sich mithilfe des Satzes über den Schnittpunkt der Seitenhalbierenden verdeutlicht.

Abbildungen durch französische Schüler in einer *Cabri*-Umgebung liefert Jahn [2002]. Eine Untersuchung des Gebrauchs der Spurfunktion, die als punktweise Konstruktion der Ortslinie aufgefasst werden kann, erarbeitet Cha [2001] mit 15-jährigen Schülern in England.

3. Die Makroerstellung
   Mithilfe eines Makros ist es möglich, mehrere Konstruktionsschritte zusammenzufassen. Ein Makro kann nach der Herstellung in zukünftigen Konstruktionen beliebig oft verwendet werden. Zur Durchführung eines bereits konstruierten Makros genügt die Angabe der sogenannten *Startobjekte*, welche die *Zielobjekte* vollständig definieren müssen. So reicht nach der Implementierung eines Makros zur Konstruktion eines Quadrates die Angabe zweier Punkte (Anfangsobjekte) aus, mit deren Hilfe das Makro die Zielobjekte (zwei weitere Punkte und vier Strecken, also das Quadrat) vollständig konstruieren kann. Zur Herstellung eines Makros muss die Konstruktion einmal durchgeführt und die *Start-* und *Zielobjekte* definiert werden. So reicht bei einem bereits funktionsfähigen Makro zur Konstruktion des Höhenschnittpunkts eines Dreiecks die Angabe der drei Eckpunkte (Startobjekte) des Dreiecks aus. Auf diese Weise erleichtern Makros den Überblick in komplizierteren Konstruktionen, da von ihnen durchgeführte Hilfskonstruktionen, wie zum Beispiel die Konstruktion einzelner Höhen beim vorangehenden Beispiel, zunächst nur als versteckte Objekte angezeigt werden und somit die eigentliche Konstruktion nicht überdecken. Für eine didaktische Analyse von Makros bzw. einer Darstellung der Unterschiede von Makros und Modulen in der Informatik bzw. der Mathematikdidaktik vgl. Kadunz [2002].

2.3.2 Mathematische Sicht auf dynamische Geometriesysteme

Die Umsetzung der Beweglichkeit von mathematischen Objekten in ein DGS bringt erhebliche Schwierigkeiten mit sich, die auf die Mehrdeutigkeit von Konstruktionen zurückzuführen sind und die bereits bei elementaren Problemen, wie der Konstruktion einer Winkelhalbierenden auftauchen. Forderungen nach „stetigem“ und „deterministischem“ Verhalten eines DGS bei Verwendung des Zugmodus erscheinen zunächst als vernünftige Forderungen an eine moderne Software. Schließlich möchte man weder ein „Springen“ von Punkten noch ein abweichendes Verhalten der Zugfigur bei gleicher Gesamtkonfiguration beobachten und gleiche Ausgangskonfigurationen sollen bei wiederholter Anwendung des Zugmodus zum gleichen Ergebnis führen.

Dass diese Forderungen jedoch keinesfalls trivial sind und eine komplexe mathematische Fundierung von Nöten ist, die weit über elementare Geometrie- und Programmierkenntnisse hinausgeht, erkannte in den 80er Jahren bereits Jean-Marie Laborde[21], der forderte:

> „I think we need a real mathematical treatment of all consequences of stretching geometry in some way to a wider system. This system cannot be simply the projective one if we want to maximize the way the environment takes into account the special characteristics of non-static objects which are at the core of Dynamic Geometry."
> [Laborde, 1997].

Anschauliche Definitionen für deterministische und kontinuierliche Systeme, welche sich für eine phänomenologische und nicht zu formale Betrachtung eignen, finden sich bei Labs [2008, S. 49]:

Definition 2.3.1
Ein dynamisches Geometriesystem heißt deterministisch, wenn es für eine feste Menge von Eingabepositionen der Punkte immer die gleichen Ausgabepositionen liefert.

Bemerkung
Vergleiche hierzu die inhaltlich gleiche, formalere Definition 2.3.4 aus Gawlick [2001, S. 59].

Definition 2.3.2
Ein dynamisches Geometriesystem heißt kontinuierlich, wenn es das sogenannte Kontinuitätsprinzip verwirklicht: Kleine Änderungen in den Eingabepositionen der Punkte führen zu kleinen Änderungen in den Ausgabepositionen.

Bemerkung
Vergleiche hierzu die inhaltlich gleiche, formalere Definition 2.3.5 aus Gawlick [2001, S. 59] über stetige Geometriesysteme.

Als entscheidendes Ergebnis ist bereits an dieser Stelle festzuhalten, dass dynamische Geometriesysteme, welche komplexere Objekte wie Kreise oder Winkelhalbierende beinhalten, entweder deterministisch oder kontinuierlich

[21] Jean-Marie Laborde ist Entwickler und Gründer der Firma *Cabrilog*, die alle *Cabri*-Produkte vertreibt.

sind, niemals jedoch beide Forderungen erfüllen können, was der folgende Satz nach Labs [2008, S. 50] aussagt[22]. :

Satz 2.3.3 Finite Augmentation Theorem
Determinismus und Kontinuität sind nicht gleichzeitig für ein dynamisches Geometriesystem möglich.

Zunächst wird eine formale Darstellung der oben genannten Sachverhalte gewählt und im Anschluss die Aussage des *Finite Augmentation Theorems* am Beispiel veranschaulicht. Bei der folgenden Mathematisierung erfolgt eine Orientierung an Gawlick [2001].

Bei der Herstellung einer dynamischen Zugfigur $\mathcal{F}$ wird gewöhnlich ein Punkt P längs einer Kurve $\mathcal{C}$ gezogen und aus einer zum Zeitpunkt $t = t_0$ konkret vorhandenen Figur F_0 erhält man eine Familie von gezogenen Figuren F_t, wenn sich der gezogene Punkt P gerade an der Stelle C_t befindet, wobei $t \in I = [0, T]$. Somit ergibt sich die Zugfigur $\mathcal{F}$ als Zusammensetzung von einzelnen Figuren in der Zeichenebene E und lässt sich darstellen als

$$\mathcal{F} = \bigcup_{t \in I} \{t\} \times F_t \subset I \times E,$$

wobei F_t als Einbettung in $\{t\} \times E$ zu interpretieren ist. Die zeitabhängige Veränderung der dynamischen Zeichnung findet sich wieder in der Faserung π, wobei

$$\begin{aligned} \pi : \mathcal{F} &\to I \\ (t, x) &\mapsto t \end{aligned}$$

ist. Somit lässt sich die gezogene Figur als Faser über jedem Zeitpunkt $t \in I$ über die Umkehrabbildung π^{-1} durch

$$\pi^{-1}(t) = \{t\} \times F_t$$

wiederfinden.

Definition 2.3.4
Ein dynamisches Geometriesystem heißt deterministisch genau dann, wenn für jede Figur F und jede Parametrisierung γ der Zugkurve $\mathcal{C}$ gilt:

$$\forall s, t \in I : \gamma(s) = \gamma(t) \Rightarrow F_s = F_t.$$

[22] Einige der aktuell verfügbaren dynamischen Geometriesysteme verfügen über eine Umschaltfunktion, welche sie je nach Einstellung entweder als deterministisches oder stetiges System reagieren lässt.

Bemerkung
Erreicht der Zugpunkt P während des Ziehens mehrmals den gleichen Ort C der Zugkurve $\mathcal{C}$, so stellt obige Definition sicher, dass das Durchlaufen des gleichen Ortes C immer die gleiche Konfiguration der Gesamtfigur zur Folge hat. Daraus folgt sofort, dass nun zeitunabhängig jedem Punkt C der Zugkurve $\mathcal{C}$ eine eindeutig bestimmte Figur $\underline{F}_C := F_{\gamma(t)}$ zugeordnet werden kann, welche nur noch vom Punkt C abhängt. Dieses Verhalten ist keineswegs trivial und immer zu erwarten, wie am Beispiel der Winkelhalbierenden aufgezeigt werden kann.

Somit lässt sich für deterministische dynamische Geometriesysteme die zeitabhängige Zugfigur $\mathcal{F}$ als ortsabhängige Zugfigur $\underline{\mathcal{F}}$ durch

$$\underline{\mathcal{F}} := \bigcup_{C \in \mathcal{C}} \{C\} \times \underline{F}_C \subset \mathcal{C} \times E$$

betrachten.

Definition 2.3.5
Ein dynamisches Geometriesystem nennt man stetig, sofern für jede Figur F und jeden Weg γ die gezogenen Figuren F_t durch Gleichungen definiert sind, deren Koeffizienten stetig von t abhängen.

Am folgenden Beispiel kann demonstriert werden, dass die gleichzeitige Erfüllung von deterministischem und stetigem Verhalten für ein dynamisches Geometriesystem nicht möglich ist, vgl. auch Laborde [2001c].

In Abbildung 1 ist der Punkt C an die Kreislinie gebunden und auf dieser beweglich. Der Winkel $\angle BMC$ wird von der Geraden F_t halbiert. Das Interesse gilt dem Schnittpunkt S der Winkelhalbierenden F_t mit dem Kreis k, der im konkreten Fall die weiter oben beschriebene Zugkurve $\mathcal{C}$ darstellt, auf der sich der Punkt C bewegt.

Beim Ziehen des Punktes C im Gegenuhrzeigersinn wandert die Winkelhalbierende mit und man beobachtet in der Software *Euklid DynaGeo*, dass der grün markierte Punkt S in den diametral gegenüberliegenden Schnittpunkt umspringt, sobald der Punkt C den Punkt A erreicht. Dieses „Umspringen“ bewirkt, dass der grün markierte Schnittpunkt sich an der gleichen Stelle wie zuvor befindet, wenn C weiter im Gegenuhrzeigersinn bis zu seiner Ausgangsposition gezogen wird. Auf phänomenologischer Ebene ist nun gezeigt, dass es sich bei *Euklid DynaGeo* um ein deterministisches System handelt. Das „Umspringen“ des Schnittpunktes zeigt das nicht stetige Verhalten der Software.

Fordert man ein stetiges Verhalten des Schnittpunktes S, so wird an obiger Konstruktion deutlich, dass nach einem vollständigen Umlauf des Punktes

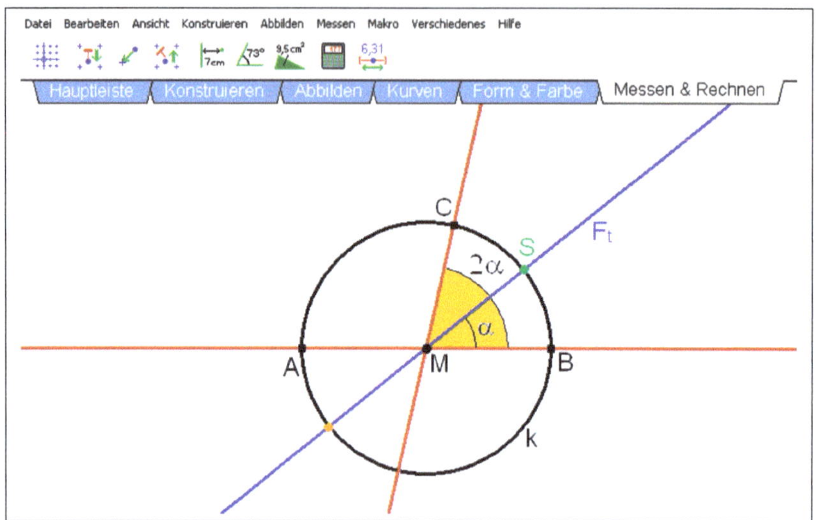

Abbildung 1: Lage der Schnittpunkte vor Verwendung des Zugmodus

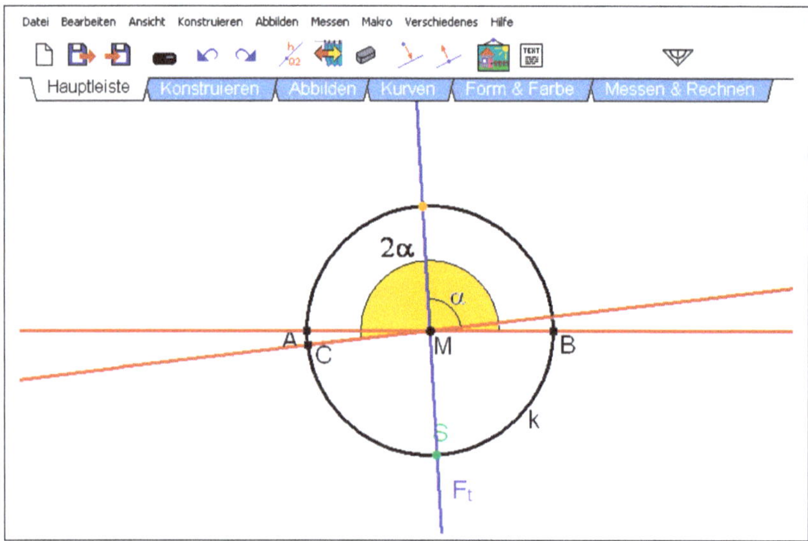

Abbildung 2: Lage der Schnittpunkte nach Verwendung des Zugmodus

C auf der Kreislinie, der Punkt S sich am diametral gegenüber liegenden Schnittpunkt seiner Ausgangsposition befinden würde und das System somit nicht deterministisch wäre.

Im Folgenden wird rein formal argumentiert, wobei der grün dargestellte Schnittpunkt S der Ausgangskonfiguration als Bezugspunkt zu betrachten ist. Der gezogene Punkt C_t, der im konkreten Beispiel treffender mit C_β bezeichnet werden sollte, definiert einen Schnitt $\mathcal{S}$ durch

$$\begin{aligned}\mathcal{S} : [0; 2\pi] &\to \mathcal{F} \\ \beta &\mapsto (\beta, S_t)\end{aligned}$$

der Faserung

$$\pi : \mathcal{F} \to [0; 2\pi].$$

Dieser Schnitt lässt sich nicht als stetiger Schnitt $\underline{\mathcal{S}} \to \underline{\mathcal{F}}$ betrachten, weil

$$S_{2\pi} = \lim_{\beta \to 2\pi} S_t = -S_0 \neq S_0.$$

Somit stellt sich für Programmierer die Wahl, entweder ein deterministisches oder ein stetiges Verhalten ihrer Software zu generieren. Sowohl *Euklid DynaGeo* als auch *Cabri II Plus* stellen deterministische Systeme dar, die eine nicht stetige Betrachtung von $\mathcal{S}$ bevorzugen und das Springen des Punktes S_t beim Erreichen des Winkels $2\alpha = \pi$ akzeptieren.
Die Programmierer von *Cinderella* implementieren in der Software ein nicht-deterministisches aber stetiges Verhalten von S bzw. S_t, für Details vgl. Kortenkamp [1999].

2.3.3 Forschungsergebnisse zum Zugmodus in der Ebene

Aus Gründen des eigenen Forschungsinteresses, nämlich den Nutzungsweisen des Zugmodus in 3D-Systemen, werden Forschungsresultate bzgl. der Zugmodusnutzung in 2D ausführlich dargestellt, um in den folgenden Abschnitten auf Ergebnisse und Erkenntnisse im zweidimensionalen Raum zurückgreifen und diese ausbauen zu können.

Erste Untersuchungen zum Umgang mit dem Zugmodus stellt Hölzl [1994, 1995] während einer Untersuchung mit neunten Klassen zweier Realschulen und eines Mädchengymnasiums in einer *Cabri*-Umgebung an. Er konstatiert, dass Lernende aus *Papier und Bleistift-Umgebungen*[23] keinerlei Vorerfahrungen bzgl. der in DGS auftretenden verschiedenen Punktarten (*Basispunkte, objektgebundene Punkte, indirekt bewegliche Punkte, freie Punkte*) hatten.

[23] Man bezeichnet mit diesem Begriff die klassische Lernumgebung mit Bleistift, Lineal, Papier und Zirkel, in Anlehnung an den englischen Begriff *paper and pencil environment*.

Während der kompletten Untersuchung, welche sich über mehrere Unterrichtsstunden erstreckte, traten durchgehend Probleme mit dem Verhalten von unterschiedlichen Punkten bei Verwendung des Zugmodus auf. Hölzl schließt daraus,[..]

> „dass der Zugmodus keinen didaktischen Vorzug zum Nulltarif mit sich bringt. Dem Zuwachs an Möglichkeiten, dem erweiterten Spielraum des Machbaren steht eine größere Unterrichtskomplexität entgegen."
> [Hölzl, 1995, S. 91]

und bestätigt somit die Vermutung von Capponi & Sträßer [1992]. Auf die gleiche Problematik weisen Talmon & Yerushalmy [2004, S. 110] hin:

> „Using a DGE for problem solving in learning geometry is based on the assumption that the dragging mode is intuitive and clear to the learners."

Rolet [1996] stellt bei der Arbeit mit DGS-Neulingen fest, dass der Zugmodus nur auf kleinem Raum und mit besonderer Vorsicht benutzt wird. Ein Ziehen auf einer relativ großen Fläche des Zeichenblattes findet hingegen nicht statt, stattdessen ist Zögern und behutsames Vorgehen zu beobachten. Die Schüler müssen zur Verwendung des Zugmodus ermuntert und ermutigt werden. Darüber hinaus ist eine deutliche Angst auf Schülerseite vor der möglichen Zerstörung, der bereits vorhandenen Konstruktion festzustellen. Die gleichen Probleme schildert Hölzl:

> „It is striking (for the observer) that the students mostly used their dynamic sheet as if it were static. This is particularly mostly surprising at those points where an expert would certainly use dynamic components, i.e. work in drag mode."
> [Hölzl, 2001, S. 82]

Ebenso beobachtet Sinclair [2003] bei einer Untersuchung mit bereits vorerfahrenen Probanden, dass der Zugmodus zwar eingesetzt, in der Folge allerdings der entscheidende Schluss aus einer statischen Figur abgeleitet wird, welche in vielen Fällen einen Spezialfall der Konfiguration darstellt. Somit ist das gewonnene Resultat meist nur für diesen Spezialfall richtig und besitzt keinerlei Allgemeingültigkeit.

Auch die besondere Rolle des Lehrers, der bei der Verwendung von DGS neue Funktionen übernehmen muss, wird bereits früh erkannt, vgl. Bellemain & Capponi [1992], Laborde [2001a] und Ruthven et al. [2008]. Die Gefahr, dass durch die dynamische Betrachtung geometrischer Objekte eine getrennte Wahrnehmung von „Papier-und Bleistift-Geometrie“ und „Computergeometrie“ auf Schülerseite erfolgt, erkennen Gomes & Vergnaud [2004] sowie Sourie-Lavergne [1998]. Healy [2000] untersucht den Einfluss von dynamischer Geometrie auf das Führen von Beweisen, wobei sie die Begriffe „soft“ und „robust“ für unter dem Zugmodus nicht invariante und invariante Konstruktionen prägt, vgl. auch Hoyles & Jones [1998] und Mariotti [2000].

Eltern-Kind-Beziehungen[24] sind ein weiteres Thema didaktischer Forschung, die auf relationalen Verbindungen von mathematischen Objekten beruhen. So sind bspw. zwei Punkte in der Ebene *die Eltern* der durch sie eindeutig bestimmten Geraden (*Kind*). In den aktuellen DGSen im deutschsprachigen Raum ist der Zugmodus in der Art und Weise implementiert, dass das Verhalten von *Eltern* Auswirkungen auf *die Kinder* hat, jedoch nicht umgekehrt[25]. So ist es dem Anwender im obigen Beispiel möglich, die definierenden Punkte in der Ebene mithilfe des Zugmodus zu bewegen und die durch die beweglichen Punkte definierte Gerade wird sich gleichzeitig verändern. Es gelingt jedoch beabsichtigter Weise nicht, die Gerade als eigenständiges mathematisches Objekt zu verschieben, um so die Koordinaten der sie eigentlich definierenden Punkte zu ändern. Somit beeinflussen *Eltern* das Verhalten ihrer *Kinder*, jedoch nicht umgekehrt. Mit dieser Tatsache sind DGS-Anfänger mit Beginn des Arbeitens konfrontiert und Talmon & Yerushalmy [2004] stellen fest, dass Schüler der junior high school und selbst graduate students oft eine umgekehrte Abhängigkeit der Objekte wahrnehmen und diese Fehlinterpretation über einen längeren Zeitraum beibehalten. Dynamisches Verhalten ist ein sehr komplexes Phänomen, das weiterer Forschung bedarf. Der Forderung von Talmon und Yerushalmy wird im aktuellen Forschungsvorhaben nachgekommen:

> „Different users develop different instruments for dragging and it is possible to identify common patterns of instrumentation. This study found that the hierarchical relation of the order of construction and its influence on dynamic behaviour are not clear to users, some of whom perceived them in a reverse order. A dynamic behaviour that is contrary to the dynamical order of geometric construction construes the child as affecting the parent. The diversity in design considerations and outcomes requires that re-

---

[24] Dieser Begriff ist wörtlich aus der englischsprachigen Literatur übersetzt, in der sich das Wort *parent-child-relations* eingebürgert hat.

[25] Die Software *Geometer's Sketchpad* erlaubt das Ziehen von *Kindern* oder abhängigen Objekten in Konstruktionen und die Software berechnet sofort die neuen Positionen *der Eltern*.

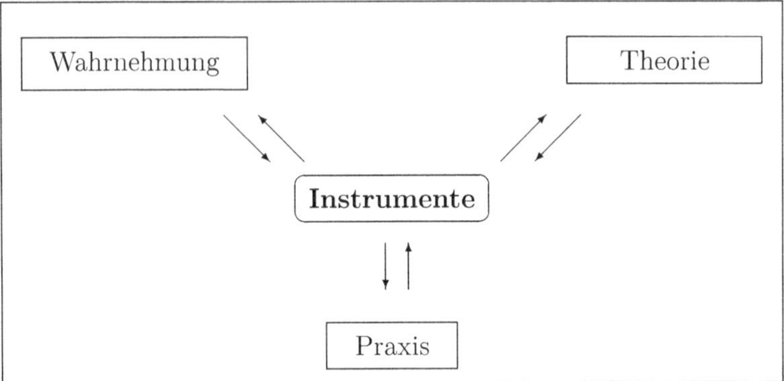

Abbildung 3: Instrumente als Vermittler zwischen Theorie und Wahrnehmung nach Arzarello et al. [2002, S. 67]

> searchers and educators learn more about the artifact of dragging, understand which patterns of instrumentation are developed by different users, and make assumptions about their origins.“
> [Talmon & Yerushalmy, 2004, S. 115]

Einen interessanten Beitrag, in dem der Zugmodus als Instrument zum Explorieren, Vermutungen aufstellen, Begründen und Bestätigen näher untersucht wird, leisten Arzarello et al. [2002], indem die Forschergruppe verschiedene „Zuginstrumente“ definiert, deren Verwendung Sichtweisen aus theoretischem und empirischem Blickwinkel ermöglichen. Das Zugmodusinstrument an sich dient durch die praktische Verwendung als Vermittler zwischen theoretischer und wahrnehmender Sichtweise von mathematischen Sachverhalten auf dem Bildschirm, vgl. hierzu Abbildung 3.

Nach Laborde [2005] ist eine graphische Darstellung in der Geometrie immer zweideutig, da sie sich einerseits auf theoretische Objekte bezieht, andererseits jedoch graphische und visuell wahrnehmbare Eigenschaften besitzt, welche vom Betrachter registriert und zur Problemlösung verwendet werden. Der Zugmodus spielt als Vermittler zwischen visuell wahrnehmbaren „Eigenschaften“ und tatsächlich vorhandenen theoretischen Beziehungen eine entscheidende Rolle. So können mithilfe des Zugmodus Vermutungen über Beziehungen angestellt und somit eine theoretische Hypothese formuliert werden. Ebenso ist es denkbar, dass der Anwender bereits eine Vermutung über mathematische Zusammenhänge in der speziellen Konstruktion besitzt und mithilfe des Zugmodus diese Vermutung überprüfen möchte. Nach Arzarello et al. [2002] ist es möglich, verschiedene Zugmodi kognitiven Entscheidungen des Benutzers zuzuordnen, die entweder von einer theoretisch abstrakten zu einer eher wahrnehmbaren Stufe oder umgekehrt verlaufen. Hierbei werden unterschieden:

- *Aufsteigende Prozesse*
  Hierunter versteht man Aktivitäten, welche von vorhandenen Zeichnungen ausgehen und eine theoretische Hypothese als Ziel haben. Mögliche Verwendungsweisen sind das Suchen nach Invarianten oder Regelmäßigkeiten in konkret vorhandenen Konstruktionen.

- *Absteigende Prozesse*
  Hierunter sind Aktivitäten zu verstehen, die von der theoretischen Ebene ausgehen und auf die konkrete Zeichnung abzielen. Als Beispiele sind das Ablehnen oder Validieren von Hypothesen bzw. das einfache Nachweisen von theoretischen Relationen in einer konkreten Zeichnung zu nennen.

Natürlich sind manche der folgenden Zugmodi nicht eindeutig zuzuordnen. Die Gruppe definiert folgende Zugmodi:

- *Wandering Dragging*
  Hierunter versteht man das zufällige und willkürliche Ziehen von Basispunkten in der gesamten Ebene, um interessante Konfigurationen oder Regelmäßigkeiten in der Zeichnung zu entdecken.

- *Bound Dragging*
  Hierunter versteht man das Ziehen von Punkten, welche an Objekte gebunden sind und somit nicht mehr maximalen Freiheitsgrad besitzen.

- *Guided Dragging*
  Hierunter versteht man die Anordnung von Basispunkten mithilfe des Zugmodus, sodass eine bestimmte, vorher intendierte, Konfiguration der Gesamtzeichnung erreicht wird.

- *Dummy locus Dragging*
  Hierunter versteht man das Ziehen eines bestimmten Punktes auf einer eventuell noch nicht bekannten Kurve, sodass eine bereits entdeckte Eigenschaft in der Zeichnung erhalten bleibt.

- *Line Dragging*
  Hierunter versteht man das Zeichnen neuer Punkte in einer Konstruktion (zum Beispiel mithilfe der Ortslinienfunktion) in der Weise, dass in der Konstruktion bereits erkannte Eigenschaften erhalten bleiben.

- *Linked Dragging*
  Hierunter versteht man das Binden eines Punktes an ein mathematisches Objekt und das anschließende Ziehen dieses Punktes.

- *Dragging Test*
  Hierunter versteht man das Ziehen an allen beweglichen Punkten der Zeichnung, um festzustellen, ob entscheidende Eigenschaften der Zeichnung während des Zugprozesses erhalten bleiben. Ist dies der Fall, so ist der Test bestanden, ansonsten müssen Fehler in der Konstruktion erkannt werden.

Ein konkretes Beispiel zur Problemlösung in einer *Cabri*-Umgebung, in dessen Verlauf alle aufgeführten Zugmodi vorkommen und erläutert sind, findet sich in Arzarello et al. [2002]. Diese Zugmodi werden auf- und absteigenden Prozessen zugeordnet, wobei einige Zugmodi Zwischenpositionen einnehmen, da sie in beiden Richtungen verwendet werden können. Die Hierarchie der verschiedenen Zugmodi in Abbildung 4 weist einzelnen Modi durch die Zuordnung zu aufsteigenden bzw. absteigenden Prozessen Vorgehensweisen während der Problemlösung zu, die es erlauben, auf kognitive Prozesse der Anwender zu schließen, indem eher von visuell wahrnehmbaren Veränderungen auf die mathematisch theoretische Ebene hin gearbeitet wird oder die Bearbeitungsrichtung umgekehrt verläuft. Das *Wandering Dragging* stellt einen typischen „Vertreter" eines kognitiv *aufsteigenden Prozesses* dar. Mithilfe dieses Zugmodus wird zunächst auf rein visueller Ebene versucht, einen theoretisch mathematischen Zusammenhang zu erkennen. Anders ist die Situation bei Verwendung des *Dragging Tests*, bei dessen Gebrauch der Anwender bereits eine theoretische Hypothese generiert hat und diese visuell überprüfen möchte. Er wechselt von einer theoretischen auf die visuell wahrnehmbare Ebene und durchläuft somit einen kognitiv *absteigenden* Prozess. Für eine kritische Betrachtung des *Dragging Tests* vergleiche Stylianides & Stylianides [2005].

Die soeben dargestellte Theorie der Zuordnung von Zugmodi zu kognitiven Prozessen des Anwenders verwendet die Unterscheidung von *Figur* und *Zeichnung* (vgl. Abschnitt 2.1.1), wobei Sträßer [1992] zum ersten Mal auf das Potential von dynamischer Geometriesoftware zwecks der Unterscheidung dieser Begrifflichkeiten hinweist.

Restrepo [2008] nimmt in ihrer Dissertation die Begrifflichkeiten von Arzarello et al. auf und verfeinert diese. Sie unterscheidet Verwendungsweisen des Zugmodus nach der eigentlichen Finalität, zu der sie verwendet werden und nach Einschränkungen des Artefaktes an sich, der eine Verwendung des Zugmodus immer unterliegt. Hierzu bildet sie zwei Kategorien, die *Aufgaben ersten Ranges* und die *Aufgaben zweiten Ranges*. Um in die Kategorie der

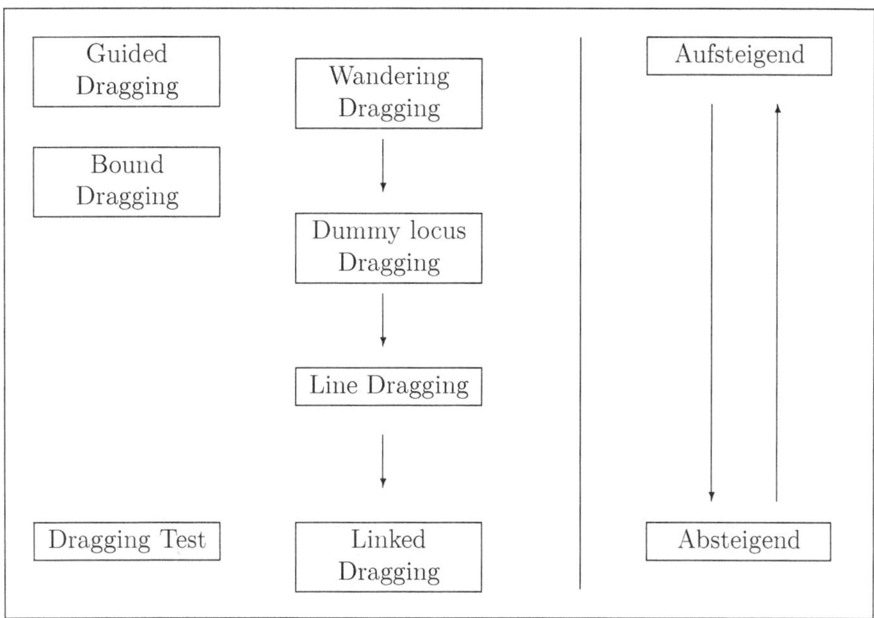

Abbildung 4: Hierarchie von auftretenden Zugmodi in 2D-DGS nach Arzarello et al. [2002, S. 69]

Aufgaben ersten Ranges aufgenommen zu werden, bildet im Sinn der Aktivitätstheorie eine Verwendung des Zugmodus mit einer erkennbaren mathematischen Intention eine Voraussetzung. Das im Folgenden noch zu definierende *Déplacement non-finalisé mathématiquement* bildet hier die Ausnahme. In die Kategorie *Aufgaben zweiten Ranges* werden Verwendungsweisen des Zugmodus eingeordnet, die auf Beschränkungen des Artefaktes an sich beruhen und deren Verwendung nicht unbedingt das Vorhandensein einer mathematischen Intention zugrunde liegt. In diese Kategorie der *Aufgaben zweiter Ordnung* ordnet Restrepo [2008, S. 43f.] ein:

- Aufgaben zweiten Ranges

  1. *Déplacement libre*
     Hierunter versteht man das freie Ziehen von Basispunkten in der gesamten Ebene.
  2. *Déplacement contraint ou limité* Bound Dragging
     Hierunter versteht man das Ziehen von Punkten, die an Objekte gebunden, auf diesen jedoch frei beweglich sind.

3. *Déplacement indirect*
   Hierunter versteht man das Ziehen von Punkten, welche die Position eines anderen, nicht direkt ziehbaren, Punktes P bestimmen. Schnittpunkte von Geraden dienen als Beispiel. Sei P der Schnittpunkt zweier Geraden, so kann P durch Veränderung einer Geraden indirekt gezogen werden.
4. *Photo-déplacement* oder *déplacement discret*
   Für eine genaue Begriffserklärung vgl. Seite 39.
5. *Cinéma-déplacement* oder *déplacement continu*
   Für eine genaue Begriffserklärung vgl. Seite 39.

- Aufgaben ersten Ranges

1. *Déplacement non-finalisé mathématiquement*
   Das Hauptziel bei der Verwendung des Zugmodus ist es, unvoreingenommen und ohne Erwartungen die Lage von Punkten zu verändern, um so einen ersten Eindruck vom „Verhalten" der Zeichnung zu bekommen. Dieses Zugverhalten ist nicht mit der Zugmodalität des *Wandering Dragging* nach Arzarello zu verwechseln, deren Verwendung ein Suchen nach Invarianten und Regelmäßigkeiten impliziert.
2. *Déplacement pour ajuster*
   Dieses Instrument wird verwendet, um mathematische Objekte an bereits vorhandene anzupassen. Als Beispiel dient die Anpassung der Länge einer Strecke an eine existierende, falls die Werkzeug- oder mathematische Kompetenz für robuste Konstruktionen nicht vorhanden ist oder der Anwender davon ausgeht, dass eine „Konstruktion durch Anpassen" ausreichend ist.
3. *Déplacement mou ou déplacement guidé* (*Guided Dragging*)
   Hierunter versteht man das Ziehen von Basispunkten, um der Gesamtkonfiguration eine spezielle Gestalt zu verleihen.
4. *Déplacements exploratoires*

   (a) *Déplacement pour identifier les invariants de la figure*
   Diese Verwendung dient dazu, in einer bereits vorhandenen Konstruktion, Invarianten und Regelmäßigkeiten durch das Ziehen von Basispunkten zu entdecken.

   (b) *Déplacement pour constater les variations au cours du mouvement*

Mithilfe dieses Einsatzes wird durch Ziehen an Punkten versucht, bereits erkannte Regelmäßigkeiten und Invarianten der Konstruktion zu verstehen und veränderliche und feste Objekte während des Zugprozesses zu identifizieren.

(c) *Déplacement pour trouver la trajectoire d'un point*
Hierunter versteht man das Ziehen eines Punktes, eventuell auf einer fest vorgegebenen algebraischen Kurve, um die Ortslinie eines anderen Punktes zu beobachten.

5. *Déplacement pour valider ou invalider*

   (a) *Déplacement pour valider une construction* (*Dragging Test*)
   Bei Verwendung dieses Zugmodus geht der Anwender von der Hypothese aus, dass seine Konstruktion richtig ist. Er zieht an allen möglichen Punkten und überprüft dabei die Korrektheit der Konstruktion, somit wird ein *cinéma-déplacement* verwendet.

   (b) *Déplacement pour invalider une construction*
   Im Gegensatz zur vorher beschriebenen Verwendung des Zugmodus geht es um die Bestätigung einer fehlerhaften Konstruktion. Der Nutzer vertritt die Hypothese, dass die vorliegende Konstruktion nicht korrekt ausgeführt wurde und versucht, mithilfe des Zugmodus eine spezielle Konfiguration der Konstruktion zu finden, aus der man einen vorliegenden Fehler möglichst offensichtlich erkennt. Somit wird ein *photo-déplacement* verwendet.

   (c) *Déplacement pour valider une conjecture/propriété*
   Dieser Zugmodus wird verwandt, um durch Ziehen an Punkten der Konstruktion einzelne Hypothesen oder Eigenschaften der Konstruktion zu überprüfen oder auch zu widerlegen. Die Vorgehensweise ist hier kleinschrittiger als bei den beiden zuvor beschriebenen Zugmodi und nicht derart ganzheitlich, also nicht auf die gesamte Konstruktion bezogen.

In diese Betrachtungen fließen weiterhin Ergebnisse von Olivero [2002] ein, die folgende Benutzung des Zugmodus unterscheidet.

- *Photo-déplacement* oder *déplacement discret*
„Modalities which suggest a discrete sequence of images over time: the subject looks at the initial and final state of the figure, without paying

attention to the intermediate instances. The aim is to get a particular figure."
[Olivero, 2002, S. 141]

- *Cinéma-déplacement* oder *déplacement continu*
  „Modalities which suggest a film: the subject looks at the variation of the figure while moving and the relationship among the elements of the figure. The aim of dragging is the variation of the figure itself."
  [Olivero, 2002, S. 141]

Baccaglini-Frank & Mariotti [2010] bauen auf den in diesem Abschnitt erläuterten Arbeiten zum Zugmodus auf und konstruieren ein kognitives Modell, welches die Generierung und Entwicklung von Vermutungen in einem 2D-DGS analysiert und zur Beschreibung bzw. Vorhersage von Nutzerverhalten dient.

2.3.4 Forschung in 2D-Systemen

Die Zahl an wissenschaftlichen und auf die praktische Anwendung ausgerichtete Publikationen bezüglich des Einsatzes von DGSen der Ebene ist immens. Aus diesem Grund erfolgt der Überblick der aktuellen Literatur anhand von ausgewählten Aspekten, um eine grobe Orientierung hinsichtlich von aktuellen nationalen sowie internationalen Beiträgen zur mathematikdidaktischen Forschung zu ermöglichen.

Ruthven [2010] beleuchtet mithilfe eines Lehrerinterviews am Beispiel der dynamischen Geometrie, welche Bedingungen hinsichtlich von Einstellungen, Curricula, zeitlichen Ressourcen und professioneller Anpassung im Alltag eines Lehrers gegeben sein müssen, um einen erfolgreichen Einsatz neuer Technologien im Unterricht zu ermöglichen.

Einen aktuellen Überblick über die theoretischen Perspektiven, welche die Einbindung neuer Technologien in den Mathematikunterricht betreffen, erlauben Drijvers et al. [2010].

Aufgrund der Vielfalt an momentan vorhandenen DGSen soll das europäische Projekt *Intergeo* eine Plattform zum Austausch von Materialien bilden und zur Kompatibilität der gängigsten DGSe beitragen, vgl. Trgalova et al. [2010] sowie Kortenkamp & Kreis [2010].

Die Rolle des Lehrers ändert sich bei der Arbeit mit DGSen hinsichtlich der Unterrichtsleitung bzw. -gestaltung. Darüber hinaus erfordert die Arbeit mit neuen Technologien auch erweiterte Kompetenzen zur Aufgabenkonzeption sowie methodische Anpassungen, was Bellemain & Capponi [1992] bereits erkannten. Dieser Forschungszweig der Lehrerkompetenz ist immer noch von Bedeutung. So untersuchen Kasten & Sinclair [2010], wie Lehrer das DGS *Geometer's Sketchpad* in der Mittelstufe nutzen, wobei sowohl Entscheidungen für den Einsatz neuer Technologien als auch die Motivation für die Verwendung bestimmter Aufgaben analysiert werden. Hierbei stellt sich die Vereinbarkeit mit Aufgaben des Schulbuchs als vordergründige Motivation heraus. Bretscher [2010] reflektiert die Rolle des Lehrers hinsichtlich der instrumentellen Genese bei der Handhabung des neuen Mediums DGS mithilfe der Untersuchung von Schüler-Lehrer-Interaktionen. Dabei werden drei praktische Vorgehensweisen diskutiert, welche die instrumentelle Genese des neuen Mediums unterstützen können.

Auch im Primarstufenbereich erfährt die neue Technologie aktuelle Beachtung. Sinclair et al. [2010] analysieren den Einsatz von *Geometer's Sketchpad* bei der Arbeit mit 5- bis 7-jährigen Probanden. Hierbei wird der Nutzen des DGSs hinsichtlich der Vorbereitung einer Propädeutik des Begriffs „parallel" untersucht.

Die Auswirkungen der Verwendung von DGSen in Beweisumgebungen standen bereits im Fokus mehrerer Studien, vgl. zum Beispiel Mariotti [2000] sowie Olivero [2002]. Auch dieser Forschungszweig verliert in aktuellen Untersuchungen nicht an Bedeutung. Prototypisches Verhalten von Probanden in 2D-DGS reflektieren Iranzo et al. [2010] hinsichtlich des Gebrauchs von deduktiven Schlussweisen und stellen dabei neue Zugmodi fest. Patsiomitou & Emvalotis [2010] analysieren Fähigkeiten des geometrischen Schließens in Verbindung mit dem Erreichen von Niveaustufen des geometrischen Denkens nach van Hiele bei Verwendung eines DGSs, vgl. van Hiele et al. [1959] bzw. van Hiele [1986]. Hierbei klassifizieren die griechischen Probanden der Sekundarstufe Figuren anhand von gemeinsamen und unterschiedlichen Eigenschaften, die in der Arbeit mit dem DGS festgestellt werden. Janzen [2010] führt eine empirische Studie zu zielgerichteten Hilfen beim Beweisen mit DGSen durch, wobei das Augenmerk auf die Interventionen des Lehrers gerichtet ist.

Auch im Bereich von universitärem Lehrstoff wird momentan der Einsatz von DGSen evaluiert. Tabaghi & Sinclair [2010] untersuchen am Beispiel der Eigenvektortheorie im $\mathbb{R}^2$ den Nutzen von *Geometer's Sketchpad*. Der Zugang erfolgt mithilfe eines Interviews, wobei der Proband, der die mathematische Theorie bereits kennt, mithilfe des dynamischen Zugangs zu neuen Einsichten gelangt.

Ebenso sind Softwareentwicklungen bzw. die Ergonomie von vorhandenen Systemen in aktuellen Forschungsprojekten relevant. In Bezug auf diesen Aspekt untersuchen Schimpf & Spannagel [2010] eine Reduktion der Oberfläche in DGSen, um die Auswirkungen eines übersichtlicheren Menüs auf den Lernprozess zu reflektieren. Haug [2008] analysiert heuristische Problemlösestrategien in DGSen innerhalb von interaktiven Lernumgebungen.

In den vergangenen Jahren waren DGSe der Ebene Inhalt mehrerer Dissertationen im Sekundarstufenbereich verschiedener Schulformen. Roth [2005] führt eine Studie zum *beweglichen Denken* im Geometrieunterricht einer siebten Klasse durch und stellt positive Auswirkungen besonders beim mittleren Leistungsdrittel der Schüler fest. Hierbei sind auch positive Einflüsse des Geometrieunterrichts auf Leistungen im Bereich der Algebra zu konstatieren. Mithilfe personenzentrierter Fallstudien untersucht Kittel [2007] den Einsatz von DGSen in der Hauptschule und zieht eine insgesamt positive Bilanz hinsichtlich der Verwendung des Zugmodus und des Einsatzes mathematischer Strategien. Mann [2008] entwirft eine interaktive Lernumgebung und analysiert deren Wirksamkeit hinsichtlich der Förderung von eigenverantwortlichem Lernen. Hierbei werden DGSe bei der Verwendung von Lösungsbeispielen zur Erarbeitung neuer geometrischer Inhalte verwandt.

2.3.5 Erste Ergebnisse in 3D-Systemen

In 3D-Systemen sind im Jahr 2010 immer noch wenige Forschungsergebnisse verfügbar. Kimiho et al. [2007] stellen fest, dass ein speziell ausgearbeiteter Lehrgang zur Verwendung einer *Cabri 3D*-Umgebung bei der Arbeit mit Probanden der siebten Klasse zu signifikanten Verbesserungen führt. Hierbei werden eine Verbesserung eines weiter ausdifferenzierten Verständnisses räumlicher Gegebenheiten sowie eine präzisere Argumentationsführung bezüglich der Begründung geometrischer Eigenschaften auf Seiten der Probanden festgestellt. Luig [2008] stellt Verbesserungen bei ausgewählten Aspekten der Raumvorstellung nach der Arbeit mit *Cabri 3D* fest, wobei aufgrund der Arbeit mit einer kleinen Anzahl an Probanden eine Verallgemeinerung der Ergebnisse problematisch ist. Probst [2008] analysiert die Verwendbarkeit von *Archimedes Geo3D* bzw. *Cabri 3D* zur Lösung von Aufgaben zur 3D-Geometrie, welche aktuell in Schulbüchern aufzufinden sind. Sie stellt fest, dass sich die meisten Aufgaben nicht zur Bearbeitung mit einem 3D-DGS eignen. Knapp [2010] untersucht den Einfluss von Instruktionsvideos im Sinne von Lösungsbeispielen für das Konstruieren im virtuellen Raum in einer *Cabri 3D*-Umgebung. Mithalal [2010] erweitert die Betrachtungen zur Funktion des Computers in Beweisumgebungen auf den 3D-Raum und zeigt unter anderem, dass gerade die räumliche Geometrie eine Chance bietet, die Notwendigkeit von formalem Argumentieren und Beweisen Lernenden nahe zu bringen, da in räumlicher Geometrie eher ein Beweisbedürfnis entsteht als in 2D-Umgebungen.

3 Methodologie

Das vorliegende Kapitel beschreibt die methodischen Konzepte, welche in der sich anschließenden Darstellung des Forschungsverlaufs Anwendung finden. Zunächst erfolgt eine kurze historische Darstellung der Entwicklung von qualitativen und quantitativen Methoden und deren gegenseitigen Kritik. Daran schließt sich eine allgemeine Charakterisierung qualitativer Forschung an, die sich wesentlich an Forderungen Mayrings [Mayring, 2002] anlehnt. Um das theoretische Umfeld von qualitativer Forschung auszuloten, sind im Zusammenhang mit deren spezieller Charakterisierung die wichtigsten theoretischen Positionen in einem zusätzlichen Abschnitt angefügt. Die vorherrschende Auswertungsmethode der *Grounded Theory* ist im folgenden Teil vergleichsweise detailliert dargelegt, da sie die wesentlichen Vorgehens- und Auswertungsdirektiven des Forschungsvorhabens vorgibt, wobei auf die Anführung kritischer Positionen nicht verzichtet wird.

Um einer oft vorgebrachten Kritik gegenüber qualitativen Vorgehensweisen entgegenzutreten und den Forschungsprozess an Gütekriterien reflektieren zu können, werden solche in einem eigenen Abschnitt explizit genannt und erläutert, sodass diese im weiteren Verlauf des Forschungsvorhabens als Orientierung dienen.

Gegen Ende der vorliegenden Arbeit wird eine Typisierung von Nutzern erfolgen, deren methodische Grundlage der Generierung in der folgenden Sektion dargelegt ist.

Ein eigener Teil des vorliegenden Kapitels widmet sich der Problematik der Übertragung von meist in den Sozialwissenschaften ausgearbeiteten Methoden auf mathematikdidaktische Fragestellungen und den daraus resultierenden Schwierigkeiten. Das Kapitel schließt mit einem Überblick über die im Forschungsverlauf verwandte Methodologie und deren kritischer Betrachtung.

3.1 Quantitative und qualitative Forschung

Quantitative und qualitative Forschungsparadigmen blicken auf eine Tradition von Gegensätzlichkeit, gegenseitiger Verdrängung und Abgrenzung voneinander zurück. Erst in den beiden vergangenen Dekaden sind methodologische Überlegungen zu „Mixed-Methods", in denen qualitative und quantitative Ansätze verbunden werden sollen, in der Diskussion, vgl. hierzu Kelle [2008].

In der ersten Hälfte des 20.Jahrhunderts fand eine Verdrängung jener Forschungsstile statt, die nicht den damals neu entwickelten strengen Standards der quantitativen Survey-Methodologie entsprachen (vgl. Kelle [2008, S. 26]), welche sich an der Exaktheit und Reproduzierbarkeit der naturwissenschaftlichen Vorgehensweise orientierten. Die präferierten Untersuchungsmethoden bestanden fortan aus geschlossenen Fragebögen, standardisierten Interviews, Stichprobenverfahren und statistischen Auswertungen, vgl. Mayring [2002, S. 15].

> „Diese Methodenentwicklungen zogen dabei nahezu zwangsläufig die Festlegung von Gütekriterien und Standards für sozialwissenschaftliche Forschung nach sich - so wurden bspw. zu jener Zeit die heute allgemein verbreiteten Begriffe zur Qualitätsbewertung quantitativer Forschung wie „Validität", „Reliabilität", „Objektivität" oder „Repräsentativität" geprägt."
> [Kelle, 2008, S. 28]

Im Zuge dieser Entwicklung ging somit ein Ansehensverlust von Methoden einher, die den strengen Gütekriterien nicht genügten. Die Forderung nach Operationalisierbarkeit von zentralen Konzepten konnten offenere Methoden, für die erst im Laufe der 40er-Jahre die Bezeichnung „qualitativ" geprägt wurde, nicht erfüllen. Qualitative Studien wurden teilweise zu Hilfsstudien degradiert, die quantitativen Studien vorangestellt bzw. untergeordnet waren, vgl. Kelle [2008, S. 30]. Erst in den 60er-Jahren in den USA und seit den 70er-Jahren in Deutschland erfuhr die qualitative Forschungspraxis eine Renaissance (vgl. Flick et al. [2009, S. 26]), die teilweise auf der Erkenntnis mancher Forscher beruhte, dass qualitative Zugänge dem Gegenstand der Forschung in stärkerem Maße gerecht würden, als es in quantitativer Forschung möglich sei, vgl. Flick [2010, S. 31]. Zudem wuchs die Kritik an quantitativen Methoden, deren Vorgehen für den Gegenstandsbereich der Sozialwissenschaften unangemessen sei, was [Blumer, 1954] bereits kritisierte. Bis Mitte der 70er Jahre dauerte es schließlich, bis sich die qualitative Methodologie in den USA als eigenständiger Forschungsansatz etablieren konnte. In Deutschland wurde diese Reputation erst später erlangt.

> „Mitte der achtziger Jahre schließlich kann die qualitative Sozialforschung als etabliert angesehen werden, wenngleich massive Vorbehalte ihr gegenüber seitens einiger kruder Vertreter des quantitativen Paradigmas unverändert existieren und artikuliert werden.“
> [Lamnek, 2008, S. 28]

Die folgenden Jahre waren durch eine Koexistenz der beiden Forschungsmethoden gekennzeichnet, wobei jede in speziellen Bereichen der Psychologie, Pädagogik bzw. Sozialforschung dominant war und eine offene Kritik an der jeweils anderen Methode zumeist ausblieb. Auf diese Weise entstanden, teilweise begründet durch eine angebliche Unvereinbarkeit von erkenntnistheoretischen Grundpositionen, getrennte Lager, deren Verhältnis von gegenseitiger Abgrenzung und Ignoranz geprägt war, vgl. Kelle [2008, S. 36]. Die neuere Diskussion von qualitativen und quantitativen Methoden entkräftete die Inkompatibilitätsthese der beiden Forschungsmethoden auf unterschiedlichen erkenntnistheoretischen Grundpositionen und ging auf sogenannte „Mixed-Methods-Designs“ ein, welche sich seit Ende der 90er-Jahre etablierten (vgl. Kelle [2008, S. 40]) und eine sinnvolle Integration bzw. die gegenseitige Ergänzung der verschiedenen Methoden zum Ziel hatte.

Mit dieser Diskussion einher geht die Frage der *Methodentriangulation* zur Erhebung bzw. Auswertung von Daten, die in der Vergangenheit in verschiedenen Disziplinen und von unterschiedlichen Forschern mit diversen Bedeutungen und Interpretationen belegt war. Flick [2008, S. 12] wählt eine Definition des Begriffs der *Triangulation*, welche die meisten bisherigen Interpretationen und Verwendungsweisen umfasst:

> „Triangulation beinhaltet die Einnahme unterschiedlicher Perspektiven auf einen untersuchten Gegenstand oder allgemeiner: bei der Beantwortung von Forschungsfragen. Diese Perspektiven können sich in unterschiedlichen Methoden, die angewandt werden, und/oder unterschiedlichen gewählten theoretischen Zugängen konkretisieren, wobei beides wiederum miteinander in Zusammenhang steht bzw. überprüft werden sollte. Weiterhin bezieht sie sich auf die Kombination unterschiedlicher Datensorten, jeweils vor dem Hintergrund der auf die Daten jeweils eingenommenen theoretischen Perspektiven. Diese Perspektiven sollten so weit als möglich gleichberechtigt und gleichermaßen konsequent behandelt und umgesetzt werden. Durch die Triangulation (etwa verschiedener Methoden oder verschiedener Datensorten) sollte ein prinzipieller Erkenntniszuwachs möglich sein, dass also bspw.

Erkenntnisse auf unterschiedlichen Ebenen gewonnen werden, die damit weiter reichen, als es mit einem Zugang möglich wäre."

Mithilfe dieses breiten Verständnisses von *Triangulation* sieht Kelle [2008, S. 54] die folgenden Möglichkeiten zur Kombination von qualitativen und quantitativen Methoden:

1. „Methodenkombination kann die Möglichkeit zu einer wechselseitigen Methodenkritik bieten, d.h. mithilfe von Verfahren der einen Tradition können typische Validierungsprobleme und Fehlerquellen identifiziert werden, die sich mit der Anwendung von Methoden der anderen Tradition verbinden. Methodenkombination würde dann der Validierung von Daten, Methoden und Ergebnissen dienen.
2. Methodenkombination kann der wechselseitigen Ergänzung von Forschungsergebnissen dienen, d.h. mithilfe von Verfahren der einen Tradition können soziale Phänomene in den Blick genommen werden, die durch Methoden der anderen Tradition nicht oder nur ungenügend erfasst und beschrieben werden können, so dass die Ergebnisse qualitativer und quantitativer Forschung zusammen ein adäquates (oder auch nur umfassenderes) Bild des Untersuchungsgegenstandes ergeben."

Nach dem kurzen Abriss der historischen Entwicklung der beiden Forschungsparadigmen bzw. deren Verhältnis und einem kurzen Einblick in die aktuelle Diskussion werden im folgenden Abschnitt Argumente der gegenseitigen Kritik dargelegt, um Stärken und Schwächen des jeweiligen genuinen Vorgehens aufzuzeigen, vgl. auch Bortz et al. [2009, S. 298ff.] sowie Dowling & Brown [2009, S. 87ff.].

3.1.1 Gegenseitige Kritik der Forschungsparadigmen

Mit Beginn der quantitativen Umfrageforschung, der sogenannten „Survey-Methodologie" begann die Kritik an der bis dahin vorherrschenden empirischen und naturalistischen Einstellung dem Forschungsgegenstand gegenüber, vgl. Kelle [2008, S. 27]. Die Hauptvorwürfe der Vertreter von quantitativen Forschungsmethoden bestanden in der mangelnden Repräsentativität und Objektivität der bisherigen Methoden, da weder die Anzahl der ausgewählten Fälle noch die Auswahltechnik modernen Ansprüchen genügten und ebenso der Interpretationsspielraum des Forschers nicht zu kontrollieren sei. Somit sei die Verallgemeinerbarkeit der Befunde nicht möglich und Intersubjektivität unerreicht, sodass die wesentlichen Gütekriterien der modernen Forschung nicht erfüllt werden könnten.

So stellten Befürworter der quantitativen Zugänge die Verallgemeinerbarkeit der Befunde, die Wiederholbarkeit und Objektivität der Datenanalyse bzw. deren Erhebung in den Fokus der Betrachtung, die durch möglichst strenge Standardisierung am Besten zu erreichen sei.

So erlauben aufgestellte Hypothesen die Formulierung von Gesetzesaussagen, welche zwischen Messvariablen definiert werden und mit dem hypothetisch deduktiven Modell auf statistische Signifikanz überprüft werden können. Dieses Vorgehen erlaubt Aussagen auf sicherem Fundament über Zusammenhänge von notwendig operationalisierbaren Variablen.

Diesem Argument der strengen Hypothesenprüfung ist aus qualitativer Sicht entgegen zu halten, dass es im sozialwissenschaftlichen Umfeld oft nicht möglich ist, auf ein dichtes Netz von Aussagen mit hohem empirischen Gehalt zurückzugreifen, sodass die gewählte Methode bereits a priori nur zur unvollständigen Hypothesenbildung und folglich auch nur zu unvollständigen Erklärungsmustern führen könne. Somit entfalte das hypothetisch deduktive Modell seine Stärken nur in stabilen sozialen Strukturen, in denen Wissensbestände und Regelbestände zeitlich stabil und homogen sind und darüber hinaus allen Gesellschaftsmitgliedern und dem Forscher ohne Schwierigkeiten zugänglich sind, vgl. Kelle [2008, S. 108].

> „Wenn dagegen Lebens- und Praxisformen den Untersuchungsgegenstand bilden, deren Wissensbestände dem Sozialforscher nicht zugänglich und bekannt sind, ist die Gefahr groß, dass er unzureichende und unzutreffende Erklärungshypothesen auf der Grundlage der ihm aus eigenen Handlungskontexten bekannten Regeln formuliert.“
> [Kelle, 2008, S. 108]

Ebenso ist die Situation bei Interesse an einem Gegenstandsbereich, über welchen an sich nur geringes Vorwissen existiert und der über Regel- und Wissensbestände der Gesellschaftsmitglieder hinausgeht. In diesen Fällen ist eine hypothetisch deduktive Vorgehensweise ebenso wenig sinnvoll, da die Hypothesengenerierung schon nicht dem Forschungsgegenstand angemessen sein kann. So argumentiert Kelle [2008, S. 29]:

> „Explorative Forschung, bei der Forscher, ausgestattet mit nur rudimentärem Vorwissen über den Gegenstandsbereich sich soziale Wissensbestände, kulturelle Regeln und Praktiken einer fremden

Lebensform im empirischen Feld erst mühsam und sukzessive erschließen müssen, lässt sich nur schwer vereinbaren mit der Forderung nach einer Operationalisierung zentraler Konzepte und Variablen in Form standardisierter Items, die vor der Datenerhebung zu erfolgen hätte."

So setzen die Anhänger von qualitativen Methoden eine adäquate Erfassung von Wissensbeständen und der auf ihnen beruhenden Konstruktion von Sinnzusammenhängen in den Mittelpunkt des Vorgehens und verwenden diese Methode, um sich überhaupt erst in schwer zugänglichen Forschungsbereichen zu orientieren.

Zudem sei eine methodische Vorgehensweise, die sich in den Naturwissenschaften bewährte, nicht unbedingt das adäquate Mittel um soziale Phänomene zu untersuchen. Kelle argumentiert hierzu, dass

> „[...] der sozialwissenschaftliche Gegenstand ein eigenes Modell empirischer Forschung erfordert, das sich deutlich unterscheiden muss von den aus den Naturwissenschaften entlehnten, an den Idealen der experimentellen Kontrolle, der Hypothesengeleitetheit und der Quantifizierung orientierten Konzepten der Forschung." [Kelle, 2008, S. 30]

Diese Haltung wird von Girtler [1984] unterstützt, der vier Hauptargumente gegen eine naturwissenschaftliche Ausrichtung der Forschungsmethoden anführt:

1. „Soziale Phänomene existieren nicht außerhalb des Individuums, sondern sie beruhen auf den Interpretationen der Individuen einer sozialen Gruppe, die es zu erfassen gilt.
2. Soziale Tatsachen können nicht vordergründig als objektiv identifiziert werden, sondern sie sind als soziale Handlungen von ihrem Bedeutungsgehalt her bzw. je nach Situation anders zu interpretieren.
3. Quantitative Messungen und ihre Erhebungstechniken können soziales Handeln nicht wirklich erfassen; sie beschönigen oder verschleiern eher die diversen Fragestellungen. Häufig führen sie dazu, dass dem Handeln eine bestimmte Bedeutung untergeschoben wird, die eher die des Forschers als die des Handelnden ist.
4. Das Aufstellen von zu testenden Hypothesen vor der eigentlichen Untersuchung kann dazu führen, dem Handelnden eine von ihm nicht geteilte Meinung oder Absicht zu suggerieren oder aufzuoktroyieren."

Nach der Aufführung der Hauptargumente, welche gegen eine streng quantitative bzw. streng qualitative Forschungsausrichtung vorgebracht werden können, folgt im sich anschließenden Abschnitt eine Charakterisierung von qualitativer Forschung anhand mehrerer Thesen. Die Berücksichtigung der folgenden Thesen bei der Konzeption eines Forschungsvorhabens ermöglicht nach Mayring [2002] eine Nutzung bisher vernachlässigten Potentials von qualitativen Zugängen.

3.2 Charakterisierung qualitativer Forschung

Aufgrund der Diskussionen und gegenseitigen Kritik der Forschungsstile sind ebenfalls methodisch kontrollierbare qualitative Zugänge gefordert, wobei Mayring zur möglichen Identifikation qualitativen Vorgehens fünf Grundsätze vorstellt, die in jedem qualitativen Forschungsprozess Berücksichtigung finden sollten, vgl. Mayring [2002, S. 19]. Hierbei geht es keinesfalls um eine Abgrenzung zur quantitativen Forschung, sondern um eine Betonung von qualitativen Merkmalen, welche nach Ansicht Mayrings mehr Berücksichtigung erfahren müssen, um Forschungsergebnisse auf höherem bzw. komplexerem Niveau präsentieren zu können.

1. *Die Forderung stärkerer Subjektbezogenheit der Forschung*
   Nach Mayring geraten in sozialwissenschaftlichen Untersuchung die Individuen zu oft außerhalb des Forschungsfokus, weshalb er fordert:

   > „Gegenstand humanwissenschaftlicher Forschung sind immer Menschen, Subjekte. Die von der Forschungsfrage betroffenen Subjekte müssen Ausgangspunkt und Ziel der Untersuchung sein."
   > [Mayring, 2002, S. 20]

2. *Die Betonung der Deskription und Interpretation der Forschungssubjekte*
   Genaue Beschreibungen des Gegenstandes müssen vor der weiteren Bearbeitung und Interpretation vorgenommen werden, die genaue Deskription stellt somit den Ausgangspunkt für jegliches weiteres Vorgehen dar.

   > „Am Anfang einer Analyse muss eine genaue und umfassende Beschreibung (Deskription) des Gegenstandsbereichs stehen. Der Untersuchungsgegenstand der Humanwissenschaften liegt nie völlig offen, er muss immer auch durch Interpretation erschlossen werden."
   > [Mayring, 2002, S. 21f.]

So sind subjektive Intentionen von Handlungen nur durch Interpretationen erschließbar, wobei sich das Postulat Mayrings auf alle Bereiche, in denen verbales Material analysiert werden soll, bezieht.

3. *Die Forderung, die Subjekte in ihrer natürlichen, alltäglichen Umgebung zu beobachten*
   Da humanwissenschaftliche Phänomene im Allgemeinen stark situationsabhängig sind und der Mensch im Labor anders handelt als in seinem Alltag, plädiert Mayring für eine Datenerhebung im natürlichen Umfeld des Individuums.

   > „Humanwissenschaftliche Gegenstände müssen immer möglichst in ihrem natürlichen, alltäglichen Umfeld untersucht werden."
   > [Mayring, 2002, S. 21]

   Bei Berücksichtigung dieser Forderung gelingt eine der Lebenswelt der Probanden möglichst „nahe" Datenerhebung.

4. *Die Auffassung von der Generalisierung der Ergebnisse als Verallgemeinerungsprozess*
   Um die Glaubwürdigkeit von qualitativen Ergebnissen und Verallgemeinerungen zu verbessern fordert Mayring, dass verallgemeinerte Aussagen von Ergebnissen aus qualitativen Studien stets im spezifischen Fall begründet werden müssen, da menschliches Handeln immer situativ gebunden sei und daher Verallgemeinerungen nicht aufgrund einer repräsentativen Stichprobe wie in quantitativen Untersuchungen getroffen werden könnten.

   > „Die Verallgemeinerbarkeit der Ergebnisse humanwissenschaftlicher Forschung stellt sich nicht automatisch über bestimmte Verfahren her, sie muss im Einzelfall schrittweise begründet werden."
   > [Mayring, 2002, S. 23]

   Es muss also genau ausgeführt werden, in welchen Situationen und aufgrund welcher Voraussetzungen die Verallgemeinerungen getroffen werden.

Um konkrete Handlungsdirektiven im konkreten Forschungsverlauf bereitzustellen, differenziert Mayring diese Grundprinzipien zu den 13 Säulen qualitativen Denkens aus, die kurz erläutert werden.

1. *Einzelfallbezogenheit*
   Mayring sieht die Gefahr, dass Forschungsansätze zu schnell verallgemeinert würden und besonders bei quantitativen Verfahren die Argumentation sich sehr schnell von den Einzelfällen entferne. Er plädiert für die Bezugnahme auf Einzelfälle, um Verfahrensweisen und Interpretationen zu überprüfen.

   > „Im Forschungsprozess müssen immer auch Einzelfälle mit erhoben und analysiert werden, an denen die Adäquatheit von Verfahrensweisen und Ergebnisinterpretationen laufend überprüft werden kann."
   > [Mayring, 2002, S. 27]

2. *Offenheit*
   Offenheit diene als Hauptprinzip interpretativer Forschung, da sie eine Anpassung des Forschungsdesigns als auch eine Um- bzw. Neuformulierung von Forschungsfragen erlaube.

   > „Der Forschungsprozess muss so offen dem Gegenstand gegenüber gehalten werden, dass Neufassungen, Ergänzungen und Revisionen sowohl der theoretischen Strukturierungen und Hypothesen als auch der Methoden möglich sind, wenn der Gegenstand dies erfordert."
   > [Mayring, 2002, S. 28]

3. *Methodenkontrolle*
   Bei der Methodenkontrolle sieht Mayring Schwächen vieler qualitativer Forschungsvorhaben, da eine adäquate Kontrolle sowohl bei der genauen Darlegung der Verfahren als auch bei einer begründeten Entscheidung für deren Verwendung oft ausbleibe bzw. zu oberflächlich erfolge. Je allgemeiner das Vorgehen, desto präziser und kleinschrittiger müsse die Begründung und Darlegung des Fortschreitens des Forschungsprozesses inklusive der jeweiligen Methodenwahl erfolgen.

   > „Der Forschungsprozess muss trotz seiner Offenheit methodisch kontrolliert ablaufen, die einzelnen Verfahrensschritte müssen expliziert, dokumentiert werden und nach begründeten Regeln ablaufen."
   > [Mayring, 2002, S. 29]

4. *Vorverständnis*
   Bei einem interpretativen Vorgehen, wie es in vielen humanwissenschaftlichen Fragestellungen Anwendung findet, sei eine Offenlegung

des Vorverständnisses des Forschers zu Beginn der Analyse unerlässlich, um die gewonnenen Interpretationen und deren Grundlagen nachvollziehbar und begründet darlegen zu können.

> „Die Analyse sozialwissenschaftlicher Gegenstände ist immer vom Vorverständnis des Analytikers geprägt. Das Vorverständnis muss deshalb offen gelegt und schrittweise am Gegenstand weiterentwickelt werden."
> [Mayring, 2002, S. 30]

5. *Introspektion*
Mayring begrüßt die Wiederaufnahme der Analyse eigenen Denkens und Handelns als wissenschaftliche Methode für qualitativ interpretierbare Verfahren insofern, dass solche Analysen gekennzeichnet und überprüft werden müssen.

> „Bei der Analyse werden auch introspektive Daten als Informationsquellen zugelassen. Sie müssen jedoch als solche ausgewiesen, begründet und überprüft werden."
> [Mayring, 2002, S. 31]

6. *Forscher-Gegenstands-Interaktion*
Während eines Forschungsvorhabens verändere sich sowohl der Gegenstand als auch die Haltung und Meinung des Forschers selbst, sodass subjektive Deutungen im Sinne des *Symbolischen Interaktionismus* an Bedeutung für die Erhebung und Analyse bzw. Interpretation der Daten gewinnen.

> „Forschung wird als Interaktionsprozess aufgefasst, in dem sich Forscher und Gegenstand verändern."
> [Mayring, 2002, S. 32]

7. *Ganzheit*
Mayring hebt die Auffassung des Menschen unter der Betonung der Ganzheitlichkeit hervor, wobei er sich gegen eine isolierte Betrachtung einzelner Aspekte ausspricht, die eine Gefahr für qualitatives Denken darstelle.

> „Analytische Trennungen in menschliche Funktions- bzw. Lebensbereiche müssen immer wieder zusammengeführt werden und in einer ganzheitlichen Betrachtung interpretiert und korrigiert werden."
> [Mayring, 2002, S. 33]

8. *Historizität*
   Humanwissenschaftliche Forschung müsse immer die historische Dimension berücksichtigen, die Erklärungen bzw. Sensibilisierungen für Gegenstandsauffassungen und Handlungszusammenhänge liefern können.

   > „Die Gegenstandsauffassung im qualitativen Denken muss immer primär historisch sein, da humanwissenschaftliche Gegenstände immer eine Geschichte haben, sich immer verändern können."
   > [Mayring, 2002, S. 34]

9. *Problemorientierung*
   Im Bereich der Problemorientierung fordert Mayring, dass qualitatives Denken an praktischen Problemstellungen des Gegenstandsbereichs angreifen solle und die Forschungsergebnisse wiederum auf die Praxis bezogen werden müssen.

   > „Der Ansatzpunkt humanwissenschaftlicher Untersuchungen sollen primär konkrete, praktische Problemstellungen im Gegenstandsbereich sein, auf die dann auch die Untersuchungsergebnisse bezogen werden können."
   > [Mayring, 2002, S. 35]

10. *Argumentative Verallgemeinerung*
    Jegliche Verallgemeinerung qualitativer Ergebnisse, die über den Gültigkeitsbereich in dem sie gewonnen wurden hinausgehen, müssen genau begründet und expliziert werden.

    > „Bei der Verallgemeinerung der Ergebnisse humanwissenschaftlicher Forschung muss explizit, argumentativ abgesichert begründet werden, welche Ergebnisse auf welche Situationen, Bereiche, Zeiten hin generalisiert werden können."
    > [Mayring, 2002, S. 36]

11. *Induktion*
    Induktives Vorgehen, das vom Einzelfall ausgeht und nicht an deduktiver Geltungsbegründung orientiert ist, präferiert Mayring für erste Zusammenhangsvermutungen bei qualitativem Vorgehen.

    > „In sozialwissenschaftlichen Untersuchungen spielen induktive Verfahren zur Stützung und Verallgemeinerung der Ergebnisse eine zentrale Rolle, sie müssen jedoch kontrolliert werden."
    > [Mayring, 2002, S. 36]

12. *Regelbegriff*
    In den Humanwissenschaften sei die Suche nach unabhängigen und allgemein gültigen Regeln, wie sie in den Naturwissenschaften existieren wenig sinnvoll. Daher stehe beim qualitativen Ansatz höchstens eine Regelmäßigkeit des Denkens und Handelns von Menschen im Fokus, das Ausnahmen und Abweichungen explizit zulasse.

    > „Im humanwissenschaftlichen Gegenstandsbereich werden Gleichförmigkeiten nicht mit allgemein gültigen Gesetzen, sondern besser mit kontextgebundenen Regeln abgebildet."
    > [Mayring, 2002, S. 37]

13. *Quantifizierbarkeit*
    Auch um den Gegensatz von qualitativ-quantitativ zu entschärfen seien in modernen qualitativen Studien auch explizit quantitative Elemente erlaubt, welche wiederum aufgrund der Forderung nach Problemorientierung auf die Ausgangsfragestellung bezogen werden müssen. Quantifizierende Aussagen könnten auf qualitativem Vorgehen erstellte Einheiten absichern bzw. diese verallgemeinern.

    > „Auch in qualitativ orientierten humanwissenschaftlichen Untersuchungen können - mittels qualitativer Analyse - die Voraussetzungen für sinnvolle Quantifizierungen zur Absicherung und Verallgemeinerbarkeit der Ergebnisse geschaffen werden."
    > [Mayring, 2002, S. 38]

Die 13 Säulen qualitativen Denkens, die auch als Checkliste für ausreichend qualitatives Vorgehen dienen können, finden bei Lamnek [2008, S. 20] ihre Entsprechung in den Prinzipien *Offenheit*, *Forschung als Kommunikation*, *Prozesscharakter von Forschung und Gegenstand*, *Reflexivität von Gegenstand und Analyse* sowie *Explikation und Flexibilität*, die im Wesentlichen den Aussagen Mayrings entsprechen. Das wohl wichtigste Prinzip qualitativer Forschung besteht in der Generierung von Hypothesen, wobei der Forscher während der Untersuchung dazu angehalten ist, möglichst offen und sensibel dem Forschungsfeld gegenüber zu sein, um neue Hypothesen aufstellen zu können.

3.3 Theorie qualitativer Forschung

Die gewichtigsten Hintergrundtheorien qualitativer Forschung und insbesondere der *Grounded Theory*, welche für das weitere Vorgehen von Bedeutung sind, bestehen aus dem *Konstruktivismus*, dem *Symbolischen Interaktionismus* und der *Ethnomethodologie*, deren Kernaussagen im Folgenden kurz dargelegt werden, um die Basis des späteren Vorgehens anzudeuten.
Das Grundprinzip des *Symbolischen Interaktionismus* beruht auf der Annahme, dass Menschen immer in Beziehung zu ihrem jeweiligen Gegenüber handeln. Der Begriff der *Interaktion*

> „dient den Symbolischen Interaktionisten zur Untersuchung und Analyse der Entwicklungsverläufe von Handlungen, die entstehen, wenn zwei oder mehr Personen (oder Akteure) ihre individuellen Handlungslinien in ihrer jeweiligen Handlungsinstanz (Reflexivität) mit dem Ziel gemeinsamen Handelns aufeinander abstimmen."
> [Denzin, 2009, S. 137]

Daher bestreiten *Symbolische Interaktionisten* auch den Nutzen allgemeiner Theorien bzw. sie lehnen umfassende gesellschaftliche Theorien ab. Die enge Darstellung an aktuellen Erfahrungen ist nach ihrer Sicht wesentlich wichtiger als eine objektivierte, auf Quantifizierung ausgerichtete Haltung sozialer Prozesse und Handlungen. Ebenso stehen für sie die Beantwortung von Wie- und nicht von Warum-Fragen im Vordergrund der Untersuchung, wobei sie die Importierung von Forschungsmethoden aus anderen Disziplinen wie etwa den Naturwissenschaften zurückweisen, vgl. Denzin [2009, S. 141]. So basiert die Haltung der *Symbolischen Interaktionisten* im Wesentlichen auf der Annahme, dass die Bedeutung von Dingen durch die soziale Interaktion der beteiligten Individuen entsteht und ein komplexer Interpretationsprozess für die Bedeutung von Dingen für die handelnden Personen prägend ist. Zusammenfassend versteht Lamnek [2008, S. 38] unter *Symbolischer Interaktion*:

> „[...] ein wechselseitiges, aufeinander bezogenes Verhalten von Personen und Gruppen unter Verwendung gemeinsamer Symbole, wobei eine Ausrichtung an den Erwartungen der Handlungspartner aneinander erfolgt."

Ebenso wie die *Symbolischen Interaktionisten* bezieht die *Ethnomethodologie* ihre Erkenntnisse aus der untersuchten sozialen Welt und ist gleichermaßen bestrebt, diese Erkenntnisse wiederum im Handlungskontext zu überprüfen. Die Reflexivität ist ein bedeutender Gegenstand der *Ethnomethodologie*, die sich auf die Wechselwirkung von Sinn und Handlung bezieht, wobei neue Techniken zur Bewältigung ungewohnter Phänomene entwickelt werden, vgl. Lamnek [2008, S. 46]. Die Realitätsnähe steht auch in der *Ethnomethodologie* im Fokus der Analyse, wohingegen Objektivität und Quantifizierung nahezu keine Bedeutung besitzen.

> „Der Ethnomethodologie geht es nicht um die Rekonstruktion eines stillen, inneren Verstehens im Sinn einer Nachvollzugshermeneutik, sondern darum, den im Handeln selbst sich dokumentierenden Prozess des Verstehens-und-sichverständlich-machens zu beobachten und im Hinblick auf seine Strukturprinzipien zu beschreiben."
> [Bergmann, 2009, S. 125]

So treten die Sinnkonstituierung eines Gegenstandes und die Bedingung, unter der eine Person Dingen einen Sinn verleiht, in den Vordergrund der Betrachtung. Die *Ethnomethodologie* unterscheidet sich vom *Symbolischen Interaktionismus* dadurch,

> „[...] dass sie nicht nur nach den Verfahren und der Intention des Handelns forscht, sondern nach dem Wissen der handelnden Menschen, um die Techniken des Wie und Wozu."
> [Lamnek, 2008, S. 46]

Neben den bereits erläuterten Theorien ist noch das Programm des *Konstruktivismus* von Bedeutung, das sich in seiner Hauptausprägung damit beschäftigt, wie Wissen entsteht. Hierbei wird das Verhältnis zur Wirklichkeit problematisiert und konstruktive Prozesse beim Zugang zu dieser untersucht. Nach Piaget werden sowohl die Wahrnehmung als auch das Wissen über die Welt als eigene Konstruktionen des Individuums zugänglich. Somit ist das Wissen über die Welt nicht als das Wiedergeben von Fakten zu sehen. Zunächst müssen alle Inhalte in einem aktiven Herstellungsprozess eigenständig konstruiert werden, wobei Generalisierungen, Abstraktionen, Formalisierungen und Idealisierungen auf verschiedenen Stufen vorgenommen werden können, vgl. Flick [2009]. So ist in der radikalen Sichtweise jegliches Wissen eine menschliche Konstruktion, wobei eine objektive Wirklichkeit nicht existiert und sich die Qualität des eigens konstruierten Wissens am adäquaten und brauchbaren Einsatz in der Lebenswelt messen lassen muss. So steht das Verstehen von Erfahrungen durch die Konstruktion eigener Begriffe und Zusammenhänge des Individuums im Zentrum eines konstruktivistischen Zugangs.

3.4 Grounded Theory

Die *Grounded Theory*, welche sich treffend als „gegenstandsbegründete Theorie“ übersetzen lässt, hat sich auch im deutschsprachigen Raum zu einer etablierten Forschungsmethode mit qualitativer Grundausrichtung entwickelt. Hauptanliegen der *Discovery of Grounded Theory* nach Glaser & Strauss [1967] ist die Theoriegenerierung anhand konkreter Daten, wobei Glaser und Strauss die überzeugte Grundhaltung einnehmen, dass die soziale Realität für die Generierung von Theorie fundamental ist.

> „In contrasting grounded theory with logico-deductive theory and discussing and assessing their relative merits in ability to fit and work (predict, explain, and be relevant), we have taken the position that the adequacy of a theory for sociology today cannot be divorced from the process by which it is generated. Thus one canon for judging the usefulness of a theory is how it was generated - and we suggest that it is likely to be a better theory to the degree that it has been inductively developed from social research.“
> [Glaser & Strauss, 1967, S. 5]

Die *Grounded Theory* zeichnet sich dadurch aus, dass sie den Forschungsprozess nicht nur reflektiert, sondern ihn vorantreibt. Dabei liegt das Grundprinzip der Vorgehensweise immer in der Rückkehr und dem Vergleich der Daten. Diese *komparative Analyse* hat den Zweck, dass durch die stetige Rückkehr zu den Daten Belege für gewonnene Eindrücke gesammelt werden können und zugleich das Suchen nach konzeptuellen Kategorien unterstützt wird, vgl. Glaser et al. [2008, S. 33]. So ist

> „[...] die Generierung von Grounded Theory (ist) gleichbedeutend mit der Entdeckung einer Theorie, die ihrem Gegenstand angemessen ist und sich handhaben lässt (unabhängig davon, dass weiterhin Tests, Klarstellungen und Reformulierungen nötig sein werden). Eine Grounded Theory wird aus den Daten gewonnen und nicht aus logischen Annahmen abgeleitet.“
> [Glaser, Strauss & Paul, 2008, S. 39]

Bei der Durchführung einer Untersuchung, die sich auf die Methodologie der *Grounded Theory* stützt, ist es im Sinn der komparativen Analyse von Bedeutung, Kategorien und deren Eigenschaften im Forschungsfeld auszumachen und zu explizieren. Hierbei ist eine Kategorie eher als ein konzeptuelles Theorieelement zu betrachten, während eine Eigenschaft Teil einer Kategorie bzw. ein bestimmter Aspekt sein kann, vgl. Glaser et al. [2008, S. 45]. Die Generierung möglichst verschiedener Kategorien und deren Abgrenzung auf verschiedenen Abstraktions- und Generalisierungsniveaus stellt im Abgleich mit den konkret vorhandenen Daten immer den wichtigsten Bestandteil der *Grounded Theory* dar. Im Idealfall sollen Erhebung, Kodierung und Analyse von Datenmaterial parallel geschehen, um der Theoriegenerierung als Prozess möglichst nahe zu kommen. Hierbei kommt es zur Aufstellung von Hypothesen, die aus dem Datenmaterial heraus gewonnen und dort belegt werden müssen. Darüber hinaus kommt dem *theoretical sampling*, der gezielten ergänzenden oder weiterführenden Datenerhebung, die sich an bereits aufgestellten Hypothesen oder teilweise beantworteten Fragen orientiert, eine besonders gewichtige Rolle im Forschungsprozess zu. Den Begriff des *theoretical sampling* definieren Strauss & Corbin [2010, S. 148]:

> „Sampling (Auswahl einer Datenquelle, Fall, Stichprobe, Ereignis etc.) auf der Basis von Konzepten, die eine bestätigte theoretische Relevanz für die sich entwickelnde Theorie besitzen. Es ist ein Aspekt der vergleichenden Analyse, der das gezielte Suchen und Erkennen von Indikatoren für die Konzepte in den Daten ermöglicht. (Kein Sampling im gebräuchlichen statistischen Sinn („repräsentatives Sampling")).“

Weiterhin ist eine zeitliche Trennung von Datenerhebung (theoretical sampling) und Datenanalyse in einem auf der *Grounded Theory* basierenden Forschungsvorhaben zu vermeiden.

> „Auf die Entdeckung von Theorie zielende Forschung erfordert jedoch, dass alle drei Prozeduren (Erhebung, Kodierung und Analyse, M.H.) so weit wie möglich gleichzeitig ablaufen. Und tatsächlich ist es unmöglich, sich mit theoretischem Sampling zu befassen, ohne parallel zu kodieren und zu analysieren.“
> [Glaser, Strauss & Paul, 2008, S. 78]

In weiteren Untersuchungen werden sich auch aufgrund des *theoretischen Samplings*, also dem gezielten Prozess der Datenerhebung, Hypothesen erhärten bzw. ausschärfen. Eventuell müssen bereits generierte Hypothesen auch verworfen werden, vgl. Glaser et al. [2008, S. 49]. Entscheidend für die Auswahl neuen Datenmaterials ist daher dessen Potential für weiterführende Erkenntnisse und nicht dessen Repräsentativität.

Bezüglich der Analyse des erhobenen Datenmaterials raten Glaser und Strauss an, eine Kodierung möglichst offen zu beginnen, um zu verhindern, dass unpassende Konzepte den Daten aufgezwungen werden. Kelle & Kluge [2010, S. 70] stützen dieses Vorgehen durch folgende Aussage:

> „Bei der Konstruktion eines Kategorienschemas für die Systematisierung qualitativen Datenmaterials darf die hypothesengenerierende und theoriebildende Funktion qualitativer Forschung nie aus dem Blick geraten. Das zentrale Ziel einer qualitativen Untersuchung besteht i.d.R. ja nicht darin, Hypothesen zu falsifizieren, sondern darin, einen Zugang zu den Relevanzen, Weltdeutungen und Sichtweisen der Akteure zu finden. Die Konstruktion eines ex ante Kategorienschemas mit Hilfe empirisch gehaltvoller theoretischer Kategorien kann deshalb leicht kontraproduktiv sein."

Ebenso charakteristisch für das Vorgehen der *Grounded Theory* ist das Nichtvorhandensein einer konkreten Forschungsfrage zu Beginn der Untersuchung, im Gegensatz zu quantitativen Methoden.

> „Die Fragestellung in einer Untersuchung mit der Grounded Theory ist eine Festlegung, die das Phänomen bestimmt, welches untersucht werden soll."
> [Strauss & Corbin, 2010, S. 23]

Mit dieser Tatsache einher geht die Art der Schlussfolgerung, die im Bereich der *Grounded Theory* oft induktiv, teilweise auch abduktiv geführt wird, wohingegen sie in quantitativen Untersuchungen oft deduktiven Charakter besitzt, vgl. hierzu Hildenbrand [2009] und Reichertz [2009].

Hierbei steht eine Handlungs- und Prozessorientierung im Vordergrund, die mit der Analyse der ersten Datenerhebung beginnt. Die Spezifikation und Verfeinerung der Fragestellung ergibt sich erst im Verlauf der Untersuchung anhand der vorliegenden Daten. Die theoretische Sensibilität des Forschers gegenüber dem Gegenstand wird oft als Charakteristikum der *Grounded Theory* erwähnt, wobei hiermit ein Bewusstsein für die Feinheiten der Analyse und Interpretation der erhaltenen Daten zu verstehen ist. Zunächst werden von Glaser und Strauss sogenannte materiale/gegenstandsbezogene Theorien angestrebt, die durch eine geringe Allgemeinheit, Bereichsspezifität und mittlere Reichweite gekennzeichnet sind. Der Anspruch einer vollständig durchgeführten *Grounded Theory* soll jedoch in der Begründung von formalen Theorien mit universalem Geltungsanspruch und hohem Allgemeinheitsgrad liegen, die aus den zunächst erstellten materialen Theorien abstrahiert werden, vgl. Lamnek [2008, S. 112] sowie Glaser et al. [2008, S. 85].

Bei Forschungsvorhaben mithilfe der *Grounded Theory* stellt sich bei dem angedeuteten Prozess, der von der ursprünglichen Fragestellung, über mehrere Datenerhebungen und Datenvergleiche (*theoretical sampling*), dem Aufstellen von Hypothesen, Kernkategorien bzw. deren Beziehungen gekennzeichnet ist, die Frage, wann dieser Prozess beendet sein soll. Die vollständige und umfassende Theorie des jeweiligen Gegenstandsbereichs wird nie vorhanden sein. Daher wurde, um das Ende des Forschungsprozesses zu definieren, der Begriff der *theoretischen Sättigung* geprägt, den Glaser, Strauss & Paul [2008, S. 69] explizieren:

> „Das Kriterium, um zu beurteilen, wann mit dem Sampling (je Kategorie) aufgehört werden kann, ist die theoretische Sättigung der Kategorie. Sättigung heißt, dass keine zusätzlichen Daten mehr gefunden werden können, mit deren Hilfe der Soziologe weitere Eigenschaften der Kategorie entwickeln kann. Sobald er sieht, dass die Beispiele sich wiederholen, wird er davon ausgehen können, dass eine Kategorie gesättigt ist."

Unter der *theoretischen Sättigung* von Kategorien versteht man somit den Stand der Forschung, in dem neues Datenmaterial keine entscheidenden neuen Kategorien mehr hervorbringt und die bisher entdeckten Beziehungen zwischen bereits definierten Kategorien bei der Einarbeitung von neuem Datenmaterial unverändert bleiben würden. Wenn der Forscher der begründeten Ansicht ist, dass neue Daten die bestehenden Kategorien bzw. die bereits formulierte Theorie nicht weiter ausschärfen können, so sind die Kategorien theoretisch gesättigt und der Forschungsprozess kann beendet werden, vgl. auch Glaser et al. [2008, S. 116].

3.4.1 Kritik der Grounded Theory

Auch die *Grounded Theory* muss sich, wie viele vorwiegend qualitative Zugänge einiger Kritik stellen. So wurde in den Anfangszeiten der *Grounded Theory* vom Forscher gefordert, er solle jegliches Vorwissen ausblenden und das Lesen einschlägiger Literatur unterlassen, um seine Sensibilität für Neues nicht einzuschränken. Diese Direktive wurde kritisiert und ist mittlerweile überholt, sodass eine Literaturrecherche zu Beginn eines auf der *Grounded Theory* basierenden Forschungsvorhabens durchaus zulässig ist (vgl. Strauss & Corbin [2010]).

Hauptkritikpunkte an der *Grounded Theory* führt Lamnek [2008, S. 115] an, indem er die Intersubjektivität der erstellten Theorie anzweifelt. Es ist wahrscheinlich, dass verschiedene Forscher aufgrund des gleichen Datenmaterials zu verschiedenen Theorien gelangen, was u.a. in der sinnvollen Beschränkung der Datenfülle und deren Reduktion begründet liegt, wobei auch der Zeitpunkt der theoretischen Sättigung der Kategorien individuell von Forscherseite festgelegt wird. Weiterhin stellt sich die Frage, wie aufgestellte Hypothesen im Forschungsprozess in Abwesenheit von quantitativen Methoden verifiziert werden. Es fehlen eindeutige und abgesicherte Kriterien, sodass das Vorgehen teilweise willkürlich erscheint. Eine der komparativen Analyse innewohnende Problematik konstatiert Kelle [2008, S. 176]:

> „Bei der Anwendung komparativer Verfahren mit kleinen Fallzahlen ist das Risiko von Fehlschlüssen durch eine einseitige Fallauswahl hoch."

Hieraus lässt sich direkt ableiten, dass bei komparativen Verfahren mit kleinen Fallzahlen die „Pluralität der kausalen Pfade" eventuell nicht erkannt wird bzw. dass kausal relevante Bedingungen keine Beachtung finden, wobei das Argument der begrenzten Geltungsreichweite qualitativer Ergebnisse implizit angesprochen ist, vgl. Kelle [2008, S. 144ff.].

3.5 Gütekriterien qualitativer Forschung

Qualitative Forscher stellen sich der ihren Forschungsmethoden geäußerten Kritik und entwickeln Kriterien, um die Methodologie der Forschung möglichst nachvollziehbar darzulegen. Es ist zunächst festzuhalten, dass Gütekriterien der quantitativen Forschung in qualitativen Vorhaben oft ungeeignet bzw. wenig tragfähig sind, vgl. Mayring [2002, S. 141]. Für eine ausführliche Diskussion vergleiche auch Flick [2010, S. 487ff.] bzw. Bortz et al. [2009, S. 334ff.]. Aus diesem Grund hat die Forderung von allübergreifenden Gütekriterien wenig Sinn, sodass die Kriterien den Methoden angemessen sein müssen, ohne jedoch willkürlich und individuell „platzierbar" zu sein, vgl. Mayring [2002, S. 142].Mayring [2002] führt sechs Gütekriterien für qualitative Forschungsvorhaben an:

1. *Verfahrensdokumentation*
   Der Forschungsprozess müsse für den Leser nachvollziehbar sein und teilweise auch bis ins Detail ausgearbeitet werden. Hierbei sei sowohl das Vorverständnis, das Analyseinstrument, die Auswahl der Teilnehmer und die Durchführung und Auswertung genau zu fassen und zu explizieren.

2. *Argumentative Interpretationsabsicherung*
   Interpretationen seien in qualitativen Zugängen meist unumgängliche Instrumentarien, deren Entstehung am Datenmaterial argumentativ begründet werden müsse, sodass sowohl das Vorverständnis als auch die schlüssige Interpretation nachvollzogen werden könne. Alternativdeutungen sollten ebenfalls gesucht, überprüft und dokumentiert werden.

3. *Regelgeleitetheit*
   Unter Regelgeleitetheit versteht Mayring ein schrittweises sequenzielles Vorgehen, sodass der Analyseprozess in einzelne Schritte zerlegt werden könne, um die Voraussetzung für ein systematisches Vorgehen zu schaffen.

4. *Nähe zum Gegenstand*
   Die Datenerhebung solle wenn möglich im „natürlichen Raum" der Beforschten stattfinden, um eine größtmögliche Nähe zum Gegenstand zu erreichen.

5. *Kommunikative Validierung*
   Unter der kommunikativen Validierung versteht man das Diskutieren von ausgearbeiteten Hypothesen mit den Beforschten, wobei ein „sich Wiederfinden" des Beforschten als Absicherung der Ergebnisse dienen könne.

6. *Triangulation*
   Durch möglichst verschiedene Zugänge, was die Datenauswahl, Analyseinstrumentarien, Theorieansätze oder Methoden betreffe, könne die Qualität der Forschung ausgeweitet werden. Hierbei sei nicht die Übereinstimmung aller Ergebnisse bei verschiedenen Bearbeitungen das Ziel der Herangehensweise, sondern eher die Einnahme verschiedener Perspektiven auf den Gegenstand, um so ein differenzierteres und breiteres Bild zu erhalten. Dabei seien explizit vergleichende und ergänzende Ansätze von qualitativen und quantitativen Zugängen erwähnt, deren überdachtes Zusammenspiel ein umfassenderes Bild des Gegenstandes erzeuge.

Die zuvor angeführten Kriterien beziehen sich allgemein auf qualitative Ansätze, wobei Lincoln & Guba [1985] auch andere Kriterien wie *Vertrauenswürdigkeit, Glaubwürdigkeit, Übertragbarkeit, Zuverlässigkeit und Bestätigbarkeit* als zu erfüllende Anforderungen vorschlagen. Speziell zur Methode der *Grounded Theory* wurden zusätzlich eigene Gütekriterien aufgestellt, die die Nachvollziehbarkeit des Forschungsprozesses, das Zustandekommen von Kategorien und deren Beziehungen und schließlich die Entstehung formaler Theorie nachvollziehbar und somit überprüfbar machen, vgl. hierzu auch Glaser, Strauss & Paul [2008, S. 229ff.]

Strauss & Corbin [2010][S. 217] legen sieben Kriterien fest, anhand derer eine Beurteilung des Forschungsprozesses auf Basis der *Grounded Theory* ermöglicht werden soll. So sind die folgenden Fragen von Forscherseite zu beantworten: Aus welchen Gründen wurden welche Ausgangsstichproben ausgewählt? Welche Hauptkategorien wurden entwickelt? Welche Indikatoren führten zur Erstellung der jeweiligen Hauptkategorien? Aufgrund welcher theoretischer Sicht wurden die Daten ausgewählt und inwiefern sind die gebildeten Kategorien nutzbringend für die Studie? Welche Hypothesen wurden aufgrund welcher Begründung für die Erklärung konzeptueller Verbindungen unterschiedlicher Kategorien aufgestellt und wurden diese Hypothesen überprüft? Gibt es Beispiele, die diesen Hypothesen widersprechen und können diese erklärt werden? Wie und warum wurde eine Kernkategorie ausgewählt?

Kritisch bemerkt hierzu Flick die Verhaftung im eigenen System anstatt der Verwendung übergreifender Prinzipien.

> „Die Geltungsbegründung in der Theorieentwicklung läuft dabei letzlich auf die Beantwortung der Frage hinaus, inwieweit die Konzepte des Ansatzes von Strauss - wie das theoretische Sampling und die verschiedenen Formen der Kodierung - zur Anwendung kamen und diese entsprechend den methodischen Vorstellungen der Autoren erfolgt. Damit bleiben die Bemühungen der Überprüfung von Ergebnissen und Vorgehensweisen im eigenen System verhaftet.“
> [Flick, 2010, S. 503]

Mithilfe der Beantwortung der folgenden Fragen versuchen Strauss & Corbin [2010][S. 218] die empirische Verankerung der Ergebnisse überprüfbar zu machen:

- Welche Begriffe werden hervorgebracht?
- Sind die Konzepte aufeinander bezogen?
- Wie sind die Kategorien entwickelt?
- Wie ist die Variationsbreite der aufgestellten Theorie?
- Wurde der Prozess der Forschung berücksichtigt?
- Welche Bedingungen beeinflussen außerhalb der aufgestellten Kategorien den Gegenstand?
- In welchem Maß sind die theoretischen Erkenntnisse bedeutsam?

Anhand der Beantwortung der vorliegenden Fragen kann jedoch nur beantwortet werden, ob es sich um eine, den Regeln der Begründer konforme, *Grounded Theory* handelt oder nicht. Hierbei bemängelt Flick [2010, S. 504] bezüglich des Ansatzes der Überprüfung von Strauss & Corbin [2010], dass weder Bezugspunkte der Originalität der Ergebnisse aus Lesersicht noch die Relevanz der Fragestellung bzw. deren Ergebnisse eine Rolle bei der Überprüfung spielen.

3.6 Typenbildung in der qualitativen Sozialforschung

Typenbildende Verfahren blicken auf eine lange Tradition in den Sozialwissenschaften zurück, da sie für die Strukturierung eines komplexen Alltagslebens eine große Bedeutung für jedes Individuum besitzen und so unersetzliche, meist unbewusste, Denkmodelle bereitstellen. So argumentiert Wishart [1987, S. IV]:

> „We need to be able to classify our activities and surroundings simply to make life manageable, since it would be impossible to treat everything we encounter as unique."

Auch auf der Basis von sozialwissenschaftlichen Untersuchungen spricht sich Kluge [1999] für typenbildende Verfahren in der Datenanalyse aus:

> „Ziel der Gruppierung ist es zunächst, die gesamte Untersuchungsgruppe besser überblicken zu können, indem sie in einige wenige Teilgruppen unterteilt wird. Die Unterscheidungskriterien müssen deshalb derart gewählt werden, daß sich eine im Verhältnis zum Umfang der untersuchten Gruppe möglichst geringe Anzahl von Typen ergibt und gleichzeitig eine hinreichende Unterschiedlichkeit zwischen den gebildeten Gruppen gewährleistet wird, so daß die unterschiedlichen Teilgruppen auch sichtbar werden."
> [Kluge, 1999, S. 27]

Die Bedeutung der Typisierung besteht jedoch nicht nur aus der reinen Klassifizierung, wie Kluge [1999, S. 14] weiterhin bemerkt:

> „Dabei dient die Typenbildung in qualitativen Studien allerdings nicht nur der reinen Gruppierung der untersuchten Fälle in ähnliche Gruppen. Vorrangiges Ziel ist es vielmehr, komplexe soziale Realitäten und Sinnzusammenhänge zu erfassen und möglichst weitgehend zu verstehen und zu erklären."

Somit kann die Typenbildung bei einem auf qualitativen Methoden beruhenden Forschungsvorhabens eine ideale Ergänzung des Analyseinstruments darstellen. Besonders ein auf der *Grounded Theory* basierendes Forschungsvorhaben kann durch eine Typenbildung eine Ergänzung der Forschungsergebnisse erfahren, da die Forderung, sowohl des Datenvergleichs als auch der Datenkontrastierung, bereits Direktiven der *Grounded Theory* darstellen (vgl. Glaser & Strauss [1967]; Glaser & Strauss [1971]; Glaser, Strauss & Paul [2008]; Strauss & Corbin [2010]), die zur Typengenerierung genutzt werden können.

In der Vergangenheit wurden in den Sozialwissenschaften unterschiedliche Typusbegriffen wie Idealtypen, empirische Typen, Strukturtypen, und reine Typen geprägt und verwandt, wobei jedoch oft eine Definition des jeweiligen Typusbegriffs ausblieb, vgl. Kluge [1999, S. 19]. Daher kritisiert Strunz [1951] zurecht, dass der Erkenntniswert von Typen umstritten sei,

> „weil nicht immer Klarheit darüber herrscht, was Typen eigentlich sind, wie sie gewonnen werden und besonders auch, ob bzw. in welcher Form sie verifizierbar sind."
> [Strunz [1951] zitiert nach Kluge [1999, S. 23]]

Aufgrund dieser Tatsache stellen sich Kluge [1999] und Kelle & Kluge [2010] der Aufgabe, ein praktikables Vorgehen zur Typenbildung auf theoretisch verankertem Fundament zu erarbeiten, das ein theoretisch abgesichertes und methodologisch nachprüfbares Verfahren zur Typenbildung bereitstellt, welches im Folgenden zusammenfassend erläutert wird.

Ein Typus wird zunächst allgemein, ungeachtet seiner speziellen Ausprägung, als Idealtyp, Durchschnittstyp, Extremtyp,... betrachtet. Jeder Typus wird durch eine Kombination von Merkmalen definiert, wobei zunächst die definierenden Merkmale mit festgelegten Merkmalsausprägungen bestimmt werden müssen, vgl. Kluge [1999, S. 41]. Man spricht in diesem Zusammenhang von der *Mehrdimensionalität des Typusbegriffs*, vgl. Kluge [1999, S. 35]. Mithilfe eines Gruppierungsprozesses kann anhand verschiedener Merkmalsausprägungen ein Objektbereich in verschiedene Typen eingeteilt werden, wobei mit dem Begriff *Typus* die Untergruppen bezeichnet werden, die gemeinsame Eigenschaften besitzen, vgl. Kelle & Kluge [2010, S. 85] und Lamnek [2008, S. 736]). Das Ziel einer Typisierung liegt einerseits in einer internen Homogenität auf Ebene des Typus, sodass Elemente des gleichen Typus möglichst gleiche Eigenschaften bzw. Merkmale aufweisen. Andererseits ist zugleich eine externe Heterogenität der Merkmalsausprägungen auf der Ebene der Typologie anzustreben, sodass sich die Typen untereinander möglichst stark voneinander unterscheiden, vgl. Kluge [1999, S. 26 ff.]. Somit handelt es sich bei einem Typus um eine Zusammenfassung von Merkmalen, die einander ähnlicher sind als andere. Die Zusammenfassung verschiedener

Typen bildet eine Typologie, wobei sich alle Typen auf den gleichen Merkmalsraum und die gleiche Untersuchungspopulation beziehen müssen, vgl. Kluge [1999, S. 42]. In der Literatur wird zwischen verschiedenen Arten von Typen unterschieden, wobei sich bspw. *Extremtypen* zur Beschreibung von heterogenen Untersuchungsbereichen anbieten, während *Durchschnittstypen* eher für homogene Gruppen geeignet sind. *Prototypen* bzw. *Idealtypen* bieten sich an, um besondere Charakteristika herauszuarbeiten bzw. um Untersuchungselemente, die in idealer Weise verkörpert werden, zu beschreiben. Für eine detaillierte Analyse vgl. Kluge [1999, S. 51ff.]. Für Weber sind Idealtypen deshalb „theoretische Konstruktionen unter illustrativer Benutzung des Empirischen“ (vgl. Kluge [1999, S. 66]), wobei der Idealtypus seinen Nutzen dadurch gewinnt, als Werkzeug zu dienen, denn:

> „stets hat seine Konstruktion innerhalb empirischer Untersuchungen nur den Zweck: die empirische Wirklichkeit mit ihm zu 'vergleichen', ihren Kontrast oder ihren Abstand von ihm oder ihre relative Annäherung an ihn festzustellen, um sie so mit möglichst eindeutig verständlichen Begriffen beschreiben und kausal zurechnend verstehen und erklären zu können.“
> [Weber [1988] zitiert nach Kluge [1999, S. 66]]

Somit wird der Idealtypus zum Deutungsschema, mit dessen Hilfe konkretes Handeln als Grad der Abweichung vom Idealtypus beschrieben werden kann. Anhand dieses Bezugspunktes können somit verschiedene empirische Daten im Handlungsraum des gebildeten Typus als Abweichung vom Referenzpunkt miteinander verglichen und interpretiert werden. Nach der Darlegung von Vorteilen bzgl. einer Typisierung von Datenmaterial wird im folgenden Abschnitt die konkrete Vorgehensweise erläutert, um die gegen Ende des Forschungsvorhabens durchzuführende Typenbildung theoretisch zu verankern.

3.6.1 Der Prozess der Typenbildung

Der Prozess der Typenbildung wird erstmalig von Kluge [1999] bzw. Kelle & Kluge [2010] in folgender handlungsorientierter Form präsentiert, um die Typenbildung auf eine methodologische Grundlage zu stellen und auf diese Weise die Genese der Typologie nachvollziehbar zu gestalten. Es lassen sich vier Teilschritte im Typenbildungsprozess feststellen, wobei festzuhalten ist, dass diese Schritte nicht linear durchlaufen werden müssen, was bei der Konstruktion einer mehrdimensionalen Typologie auch abwegig erscheinen würde, vgl. Kelle & Kluge [2010, S. 91].

1. *Erarbeitung relevanter Vergleichsdimensionen*
   In der ersten Stufe des Typisierungsmodells geht es vornehmlich darum, aus den Daten geeignete Merkmale bzw. Kategorien, wie sie bei Glaser und Strauss genannt werden, zu identifizieren. Mithilfe dieser Merkmale müssen Gemeinsamkeiten und Unterschiede der Gruppen bzw. Personen konstatiert werden können, wobei in der Regel hierzu verschiedene Merkmalsausprägungen, nach Glaser und Strauss Subkategorien, zu identifizieren sind. Man spricht auch von einer Dimensionalisierung des Merkmalsraums.

2. *Gruppierung der Fälle und Analyse empirischer Regelmäßigkeiten*
   In der zweiten Phase geht es um die Gruppierung der einzelnen Fälle anhand der in Stufe 1 definierten Merkmale und deren Ausprägungen. Hierbei ist auf die interne Homogenität der Typen und deren äußere Heterogenität zu achten. Als Methode der Gruppierung bietet sich das Konzept des Merkmalsraums an, das einen Überblick über Kombinationsmöglichkeiten und Verteilungen der konkreten Fälle erlaubt. Hierbei dienen bei nicht zu großem Merkmalsraum u.a. Mehrfeldertafeln als Instrumentarium, um verschiedene Möglichkeiten der Typengenerierung auszumachen, vgl. Kelle & Kluge [2010, S. 85ff.].

3. *Analyse inhaltlicher Zusammenhänge*
   Die dritte Stufe geht über die Beschreibung der vorhandenen Fälle und deren Gruppierung hinaus, indem Sinnzusammenhänge zwischen den empirisch vorgefundenen Typen und deren Ausprägungen formuliert werden sollen. Um solche Zusammenhänge herstellen zu können und den Datenumfang handhabbar zu machen, gehen solche Hypothesenbildungen meist mit einer *Reduktion des Merkmalsraums* einher, um wenige Typen zu erhalten. Bei diesem Vorgehen kann die vorherige Konstruktion eines Idealtypus hilfreich sein, der einen Vergleich hinsichtlich verschiedener Merkmale und ihrer Ausprägungen als Bezugspunkt erlaubt. In diesem Zusammenhang können Umgruppierungen vorgenommen werden, aber auch Gruppen zusammengefasst bzw. weiter ausdifferenziert werden, vgl. Kelle & Kluge [2010, S. 102].

4. *Charakterisierung der gebildeten Typen*
   Die vierte Stufe schließt den Prozess der Typenbildung ab. Im letzten Schritt steht eine möglichst charakteristische Beschreibung der gebildeten Typen mithilfe der erarbeiteten Vergleichsdimensionen und Sinnzusammenhänge im Mittelpunkt des Vorgehens. Hierbei stellt sich das Problem, wie das „Gemeinsame“ der Typen treffend zu charakterisieren ist, wobei anhand der Forschungsfrage bzw. der Absicht des Autors die Art der zu generierenden Typen festgelegt werden muss, vgl. Kelle & Kluge [2010, S. 105ff.].

Zur Bearbeitung der verschiedenen Prozessstufen sind unterschiedliche Methoden und Techniken denkbar und zulässig, wobei auch quantitative Zugänge keineswegs ausgeschlossen sind, vgl. Kluge [1999, S. 281].

3.7 Problem der Übertragung auf mathematikdidaktische Fragestellungen

Forschungsvorhaben der Mathematikdidaktik sind aufgrund ihrer Verortung in einer Grenzdisziplin zur Fachmathematik, Pädagogik, Psychologie, Geschichte und Soziologie, vgl. Wittmann [2002, S. 2], besonderen Schwierigkeiten bei der Auswahl von Untersuchungsmethoden und deren genauer Konzeption ausgesetzt. So sind Lehrbücher zur qualitativen Sozialforschung auf sozialwissenschaftliche Fragestellungen und Forschungskonzeptionen ausgerichtet, sodass eine barrierefreie Übertragung auf konkrete Fragestellungen der Mathematikdidaktik hinsichtlich der Forschungsmethoden, deren Durchführung und Evaluation bzw. der Anwendung von modernen Gütekriterien nicht immer problemlos durchführbar ist. Für eine eingehende Diskussion zur Theoriekonstruktion in der interpretativen mathematikdidaktischen Forschung hinsichtlich einer Idealtypenbildung vgl. Bikner-Ahsbahs [2003].

Aufgrund des Vorhabens, das Verhalten von Probanden in 3D-dynamischen Geometriesystemen hinsichtlich des Zugmoduseinsatzes zu erforschen, ist ein qualitativer Zugang dem Forschungsgegenstand gegenüber als angemessen anzusehen. Es liegen Forschungsergebnisse für das Verhalten von Probanden in 2D-Umgebungen vor, welche als „sensibilisierende Anknüpfungspunkte“ wahrgenommen werden können. Konkrete Ergebnisse, die speziell den Einsatz des Zugmodus betreffen, liegen im 3D-Raum mit DGS jedoch nicht vor, vgl. Abschnitt 2.3.5. Um einen ersten Zugang zum Gegenstand zu ermöglichen, ist eine Vorgehensweise im Sinn der *Grounded Theory* als ideal zu betrachten, da die Generierung von Theorie und das Aufstellen von Hypothesen das Hauptanliegen des Forschungsansatzes darstellt. Die Probandenzahl ist bei allen Untersuchungen klein und geht über sieben Probandengruppen mit jeweils zwei Probanden nicht hinaus, sodass der Einsatz von quantitativen Methoden auch aus Gründen der beschränkten Fallauswahl als nicht adäquat bezeichnet werden muss. Entscheidend für die Verwendung der *Grounded Theory* ist jedoch die allgemeine Fragestellung und das unbekannte Forschungsterrain, über das nahezu keine Handlungshypothesen bestehen.

Eine Orientierung bei der Darlegung des Forschungsvorhabens erfolgt an den Säulen qualitativen Denkens von Mayring, welche im Anschluss im konkreten Forschungsverlauf reflektiert werden. Ebenso werden die Begründungskriterien der *Grounded Theory* nach Strauss & Corbin [2010] an geeigneten Stellen erläutert und im konkreten Forschungsverlauf kenntlich gemacht. Darüber hinaus erfolgt ein Aufgreifen der allgemeinen Gütekriterien nach Mayring [2002] zur Begründung des weiteren Vorgehens bzw. zur Reflexion von getroffenen Entscheidungen hinsichtlich des Forschungsverlaufs.

3.8 Methodologie des konkreten Forschungsverlaufs

3.8.1 Forschungsdesign

Als Forschungsdesign für das konkrete Vorgehen wird die Einzelfallanalyse nach Mayring [2002, S. 41] gewählt, da es sich bei den zu analysierenden Daten um Videomitschnitte und Screen-recording-Aufnahmen von Gruppenbearbeitungen mit meist zwei Gruppenmitgliedern handelt. Die Ausweitung des Forschungsdesigns auf eine Gruppe anstatt eines Einzelfalls ist nach Mayring [2002, S. 41] explizit erlaubt, was auch Lamnek [2008, S. 299] betont.

Die Entscheidung für die Einzelfallanalyse ergibt sich aus dem ideografischen Interesse des Zugmodusverhaltens in 3D-Umgebungen und der zentralen Rolle, welche die Einzelfallanalyse in der qualitativen Forschung einnimmt, wenn die Suche nach relevanten Einflussfaktoren und Hypothesenformulierungen für zunächst noch unbekannte Zusammenhänge im Mittelpunkt des Interesses steht.

> „Die Einzelfallstudie ist dadurch charakterisiert, dass sie ein einzelnes soziales Element als Untersuchungsobjekt und -einheit wählt. Es geht ihr also nicht um aggregierte Individualmerkmale, sondern vielmehr um die spezifischen und individuellen Einheiten, die bestehen können aus Personen, Gruppen, Kulturen, Organisationen, Verhaltensmustern etc."
> [Lamnek, 2008, S. 300]

Auch aufgrund der geringen Anzahl an Versuchspersonen eignet sich die Einzelfallanalyse als grundlegende Forschungskonzeption, da die Stärken der Einzelfallanalyse in der detaillierten Betrachtung von individuellen Bearbeitungen liegen und somit auf Besonderheiten und Spezifikationen eingegangen werden kann. Dies ist ein Anspruch, der in einem Dissertationsvorhaben mit einer größeren Anzahl an Probanden nicht zu realisieren ist. Des Weiteren liegt keine Einschränkung der Untersuchung hinsichtlich weniger Variablen vor, sodass ein ganzheitlicher und offener Ansatz, der einen breiten Zugang ermöglicht, zu präferieren ist, vgl. Lamnek [2008, S. 299]. Die Analyse von Gruppenbearbeitungen weicht zwar von der strengen Methode der Einzelfallanalyse ab, sie ist jedoch zwingend erforderlich, um die Operationalisierbarkeit von Handlungsweisen oder Absichten zu gewährleisten. Im Verlauf des Vorgehens wird es erforderlich sein, verschiedene Zugmodi anhand des Videomaterials zu kodieren und auszuwerten. Eine Kodierung eines Vorgangs ist meist nur möglich, wenn die Absicht des Nutzers erkennbar ist, ansonsten erweist sich jegliche Kodierung als „Ratespiel". Nur aufgrund der aufgezeichneten Gruppenkonversation wird eine Operationalisierung der Vorgänge ermöglicht, auch wenn die Zuordnung sich trotz der zu beobachtenden Konversationen teilweise als problematisch erweisen wird. Die durchzuführende Fallstudie erfüllt zunächst den Nutzen der Exploration des Gegenstandsbereichs, um relevante Dimensionen zu ermitteln und eine fundierte Entscheidung über weitere adäquate Erhebungsmethoden treffen zu können, vgl. Lamnek [2008, S. 303f.].

Im weiteren Verlauf des Forschungsvorhabens werden Einzelfallanalysen auch zur Hypothesenentwicklung auf inhaltlich angemessener Ebene verwandt, wobei auch quantitative Elemente in die Abschlussbetrachtungen einbezogen werden. Die Kategorien der abschließenden quantitativen Analyse werden in vorangehenden Untersuchungen am konkreten Datenmaterial erarbeitet und verifiziert.

3.8.2 Konkrete Untersuchungsverfahren

Um den methodischen Rahmen möglichst detailliert darzulegen und überschaubar zu machen, erfolgt in diesem Abschnitt eine Darlegung der genutzten Erhebungstechniken, der Art der Datenaufbereitung und der verschiedenen Auswertungsverfahren.

Erhebungstechniken

Als Erhebungstechniken der qualitativen Forschungsmethode sind verbale Zugänge aufgrund der Nähe zum Gegenstand verbreitet, wobei das Interview oder die teilnehmende Beobachtung meist die erste Wahl darstellen. Das konkrete Vorhaben, das Probandenverhalten in 3D-Umgebungen zu untersuchen lässt als ersten Zugang keine der genannten Techniken zu, da ein Interview über Verhalten in einer bis zu diesem Zeitpunkt unbekannten Umgebung unmöglich ist. Als ergänzende Technik im Sinne einer Methodentriangulation nach der Auswertung erster Daten wird der Zugang über ein Interview jedoch als nutzbringende und sinnvolle Erweiterung gesehen, auf welche jedoch aufgrund mangelnder Ressourcen verzichtet werden muss. Ein Zugang mithilfe der teilnehmenden Beobachtung steht im speziellen Fall im Konflikt mit dem Postulat Mayrings, dass humanwissenschaftliche Gegenstände möglichst in ihrem natürlichen, alltäglichen Umfeld untersucht werden müssen, vgl. Mayring [2002, S. 22]. Die Behauptung, dass es sich bei der Bearbeitung von Aufgaben am Computer in einem Seminarraum der Universität um ein natürliches Umfeld für Studierende der Mathematik handelt, ist strittig, wenn auch nicht abwegig. Die Anwesenheit des Dozenten bzw. Forschers bei der konkreten Bearbeitung der Aufgaben, die bei Verwendung der teilnehmenden Beobachtung zwingend erforderlich wäre, und sein eventuelles Intervenieren würde einen erheblichen „Eingriff" in die „natürliche Umgebung" darstellen und sowohl die Konversation der Probanden untereinander hemmen als auch die Ergebnisse verfälschen. Aus diesem Grund werden die Daten mithilfe einer Webcam und einer Screen-recording-Software erhoben, wobei die Anwesenheit des Dozenten nicht erforderlich ist.

Aufbereitungstechniken

Zur Aufbereitung des Datenmaterials, also der Dateien von Screen-recording-Software und Webcam, wird zunächst in allen Studien ein Verlaufsprotokoll der jeweiligen Vorgehensweise der Probanden erstellt, aus dem das grobe Vorgehen der Probanden und eventuell auftauchende Schwierigkeiten bei der Bearbeitung hervorgehen. Darüber hinaus werden besonders wichtige oder aussagekräftige Passagen im Verlaufsprotokoll transkribiert bzw. mit persönlichen Kommentaren von Forscherseite angereichert, vgl. hierzu Abschnitt A des Anhangs. Weiterhin wird am Ende des Verlaufsprotokolls ein Fazit der Bearbeitung erstellt, in dem die wesentlichen Erkenntnisse, Prozesse, Vorgehensweisen und Auffälligkeiten vermerkt sind. Dieses Fazit ist in den Studien 1 und 2 noch sehr allgemein, in Studie 3 selektiv, nachdem eine Festlegung von Kategorien und Merkmalen, nach denen Bearbeitungen zu charakterisieren sind, bereits stattgefunden hat. Die verwandte Aufbereitungstechnik stellt somit eine Kombination von *kommentierter Transkription*, *zusammenfassendem Protokoll* und *selektivem Protokoll* nach Mayring [2002] dar, welche in den verschiedenen Studien unterschiedliche Gewichtung erfahren. Das *selektive Protokoll* findet im Verlauf von Studie 3 Verwendung, nachdem die selektierenden Kategorien vorher festgelegt wurden, wie von Mayring [2002, S. 99] gefordert. Die Auswahl dieser Aufbereitungstechniken erfährt ihre Berechtigung durch die Fülle an Datenmaterial und die Forschungsfrage, die einen offenen Zugang erfordert.

> „Ein zusammenfassendes Protokoll ist dann sinnvoll, wenn man vorwiegend an der inhaltlich-thematischen Seite des Materials interessiert ist und die Materialfülle anders nicht bearbeitet werden kann."
> [Mayring, 2002, S. 97]

Auswertungstechniken

Die dominierende Auswertungstechnik der zu erhebenden Daten besteht in der *gegenstandsbezogenen Theoriebildung*, der *Grounded Theory*, die in Abschnitt 3.4 bereits eingehend dargelegt wurde. Dieser Zugang wird gewählt, da er bereits sehr früh im Forschungsprozess in induktiver Weise eine Theoriebildung zulässt und diese sogar einfordert. Darüber hinaus erlaubt er die Erstellung eines theoretischen Bezugsrahmens, der im Verlauf des Forschungsprozesses modifiziert und vervollständigt werden kann. Nach Mayring ist das übliche Anwendungsgebiet der *Grounded Theory* die Feldforschung, in die der Forscher mittels teilnehmender Beobachtung involviert ist. Diese klassische Kombination von Erhebungstechnik und Auswertungstechnik kann im vorliegenden Forschungsprozess nicht realisiert werden. Die *Grounded Theory* erfährt durch die Tatsache des unerforschten Gegenstandsbereichs als explorierende Auswertungstechnik ihre Hauptberechtigung der Anwendung, vgl. Mayring [2002, S. 107].

Als weitere Auswertungstechnik kommt die qualitative Inhaltsanalyse nach Mayring [2002, S. 114ff.] zum Einsatz (vgl. auch Mayring [2008]), die in wesentlichen Merkmalen, wie bspw. der induktiven Theoriebildung, der *Grounded Theory* ähnelt. Den Grundgedanken der Vorgehensweise fasst Mayring [2002, S. 114] folgendermaßen zusammen:

> „Qualitative Inhaltsanalyse will Texte systematisch analysieren, indem sie das Material schrittweise mit theoriegeleitet am Material entwickelten Kategoriensystemen bearbeitet."

Diese Technik wird in Studie 3 verwandt, um die Verlaufsprotokolle hinsichtlich der zuvor definierten Kategorien zu analysieren. So wird bei der Bereitstellung eines theoretischen Rahmens für Studie 3 anhand der Ergebnisse von Studie 2 ein Katalog von Zugmodi erstellt, dessen Anwendbarkeit zur Auswertung von Studie 3 an zunächst zwei Gruppen überprüft wird, was mit einer Überprüfung bzw. Revision der Kategorienbildung einhergeht, wie es Mayring [2002, S. 116] im Ablaufmodell induktiver Kategorienbildung fordert. An Stelle der Kategorienbildung anhand von Textmaterial handelt es sich bei den zu untersuchenden Daten um Videomaterial. Ansonsten ist der Ablauf der Datenanalyse ausgehend von den Resultaten von Studie 2 identisch mit dem Ablaufmodell induktiver Kategorienbildung nach Mayring [2002, S. 116], vgl. Abbildung 5. Hinzu kommt eine quantitative Auswertung des Auftretens verschiedener Zugmodi, die auch im Verlauf einer qualitativen Inhaltsanalyse als sinnvolle Ergänzung des Vorgehens angesehen wird, vgl. Mayring [2002, S. 117]. Den Abschluss des verwandten Repertoires an Auswertungstechniken bildet eine typologische Analyse bei der Auswertung von Studie 3, welche in Abschnitt 3.6.1 bereits behandelt wurde. Der Grundgedanke besteht hierbei darin, Handlungstypen und Instrumentationstypen bei den verschiedenen Probandengruppen zu identifizieren. Die hierzu notwendigen Kriterien werden mithilfe der qualitativen Inhaltsanalyse und der *Grounded Theory* gebildet und finden somit direkt im Anschluss an ihre Definition Verwendung bei der Typengenerierung. Zunächst werden tatsächlich im Datenmaterial vorkommende Prototypen hinsichtlich von Bearbeitungsmerkmalen beim Lösungsprozess unterschiedlicher Aufgaben gebildet. Ausgehend von diesen prototypischen Typologien erfolgt im letzten Schritt die Ausarbeitung einer abstrahierten Typologie im idealtypischen Sinn, deren Typen in „reiner Form" so nicht im Datenmaterial wiederzufinden sind. Zur Erarbeitung der Prototypen bedarf es jedoch zunächst der Identifikation von geeigneten Merkmalen.

> „Bei typologischen Analysen sollen nach einem vorher festgelegten Kriterium solche Bestandteile aus dem Material herausgefiltert und detailliert beschrieben werden, die das Material in besonderer Weise repräsentieren."
> [Mayring, 2002, S. 130]

Die Bildung von Handlungstypen stellt eine logische Fortführung der Beantwortung der Forschungsfrage und des Forschungsverlaufs dar, da die Generierung von Handlungstypen sich für den Erkenntnisgewinn in explorativen Fragestellungen anhand der Betonung von Einzelfallanalysen bereits mehrfach als gewinnbringend erwiesen hat.

> „Solche Ansätze sind besonders dann fruchtbar, wenn bisher wenig erforschte Gebiete exploriert werden sollen, um Grundlagen für zukünftige Konzept- und Theoriebildung zu schaffen.... Typologische Analysen empfehlen sich dann, wenn in eine Fülle explorativen Materials Ordnung gebracht werden soll, aber auf detaillierte Fallbeschreibungen nicht verzichtet werden kann."
> [Mayring, 2002, S. 131f.]

3.9 Kritische Betrachtung der gewählten Methodologie

Als Anhaltspunkt für die kritische Reflexion der Methodologie werden die bereits dargelegten Grundsätze qualitativer Forschung und die 13 Säulen qualitativen Denkens nach Mayring gewählt, um die Ausrichtung des Forschungsvorhabens explizit darzulegen und nicht erfüllbare bzw. im Zusammenhang mit der konkreten Fragestellung weniger bedeutende Forderungen Mayrings offen zu thematisieren.

Bei der Analyse von Gruppenbearbeitungen stehen die Subjekte im Fokus des Interesses, wobei die Entscheidung für eine Bearbeitung der Aufgaben in Gruppen aufgrund des Mehrgewinns an stattfindenden Konversation zwischen den Probanden fällt. Mithilfe dieser Konversationen wird die Qualität der in Studie 3 stattfindenden Kodierung der Zugmodi erhöht, da eventuelle Absichten beim Einsatz des Zugmodus teilweise durch das „gesprochene Wort“ identifiziert werden können. Weiterhin erfolgte im Sinne Mayrings in Kapitel 2 eine umfassende Deskription des Gegenstandes „Zugmodus in dynamischen Geometriesystemen“. Hierbei stehen Ausführungen über dynamische Geometriesoftware allgemein, Forschungsergebnisse in 2D-Umgebungen und theoretische Hintergründe des instrumentellen Ansatzes im Mittelpunkt, wobei eine detaillierte Darlegung von bereits definierten Zugmodi in 2D-Umgebungen eine Sonderstellung aufgrund der Bedeutung für das Forschungsvorhaben einnimmt. Mithilfe dieser Vorinformationen erfolgt die Deskription der Ausgangslage des Forschungsprozesses aus kognitionspsychologischer, instrumenteller und mathematischer Sicht möglichst detailliert, um sowohl die Ausgangslage des Forschungsvorhabens zu explizieren als auch spätere methodische und auf die Datenauswertung bezogene Entscheidungen rechtfertigen zu können. Nicht nur vor, sondern auch während der Untersuchungen werden deskriptive Auswertungen von Gruppenbearbeitungen erfolgen, um eine Basis für begründete Interpretationen von Probandenverhalten zu erstellen.

Die Frage der Natürlichkeit der Umgebung, in der die Untersuchung stattfindet, ist an dieser Stelle kontrovers zu diskutieren und thematisiert ebenso Schwierigkeiten bei der Übertragung von Qualitätsmerkmalen der allgemeinen Sozialforschung auf die Mathematikdidaktik. Ist es bei soziologischen Fragestellungen noch überwiegend möglich, Probanden im natürlichen Umfeld und nicht unter Laborbedingungen zu begegnen, so stellt sich die Frage, wie eine natürliche Umgebung hinsichtlich einer Untersuchung des Verhaltens von Studierenden in 3D-Umgebungen überhaupt beschaffen ist. Der Aufenthalt von Studierenden der Mathematik in einem Seminarraum der Universität und die Bearbeitung von Aufgaben in Computerumgebungen möge noch als natürlich anzusehen sein, wohingegen die Videoaufnahmen der Probanden und deren Bearbeitungen auf dem Bildschirm klare Laborbedingungen darstellen. Bei der Datenanalyse ist, wenn auch rein subjektiv, festzustellen, dass sich einige Probanden während den intensiven Aufgabenbearbeitungen der herrschenden Laborbedingungen nicht unbedingt bewusst sind, da ihre Konzentration auf die Aufgabenlösung fokussiert ist, sodass für einen unbekannten Anteil der Bearbeitungen von einer nahezu natürlichen Umgebung eines Mathematikstudenten ausgegangen werden kann.

Aufgrund der geringen Probandenzahl wird keine Verallgemeinerung von Ergebnissen auf einen breiten Geltungsbereich angestrebt, sodass das Bilden von materialer Theorie im Sinn der *Grounded Theory* das Forschungsziel darstellt. Eine abstrakt formale Theorie, welche einen breiten Geltungsanspruch besitzt und einen hohen Abstraktionsgrad erfordert, ist aufgrund der vorhandenen Fragestellung, der beschränkten Ressourcen eines Dissertationsprojekts und der bestehenden Probandenanzahl nicht das Ziel des Forschungsvorhabens. Mit der Verhaftung in der zu erstellenden materialen Theorie im Sinne einer Typenbildung entfallen die Schwierigkeiten beim Verallgemeinerungsprozess zu formaler Theorie. Treten Verallgemeinerungen bei der Auswertung der Daten auf, so werden diese begründet und am Datenmaterial sowohl expliziert als auch reflektiert.

Das Prinzip der *Offenheit* wird im aktuellen Forschungsvorhaben mehrfach aktiv umgesetzt und dient als übergeordnete Direktive, die sich auch in der Wahl der *Grounded Theory* als Auswertungstechnik widerspiegelt. So wird zunächst ein sehr breiter und offener Zugang zum Forschungsfeld gewählt, wobei Fragestellungen während des Forschungsprozesses mehrfach neu gestellt bzw. präzisiert und Auswertungsmethoden modifiziert bzw. neu ausgearbeitet werden. Auch quantitative Methoden tragen bspw. in Studie 3 zur Datenauswertung bei.

Da es sich beim gewählten Zugang zu dem Forschungsfeld der 3D-dynamischen Geometriesysteme um einen eher allgemeinen und breiten Zugang handelt, werden alle methodischen und die Datenauswertung betreffenden Entscheidungen kleinschrittig dargelegt und präzisiert, um eine gute Nachvollziehbarkeit und Kontrolle zu gewährleisten. Kritisch ist anzumerken, dass es bei der Durchführung einer *Grounded Theory*, die auf dem ständigen Vergleich von Daten beruht, unmöglich ist, jegliches Vorgehen zu explizieren und niederzuschreiben, sodass die schriftliche Darstellung immer eine Verkürzung der eigentlichen Vorgehensweise beinhaltet.

Sowohl das Vorverständnis des Forschers hinsichtlich der allgemeinen theoretischen Einordnung des Gegenstandes als auch das Vorwissen der Probanden hinsichtlich des Umgangs mit 2D-DGS ist im theoretischen Teil in

Kapitel 2 bzw. während der Darstellung der einzelnen Studien detailliert dargelegt. Die Forderung der Introspektion und der Forscher-Gegenstands-Interaktion sind dem Zugang der *Grounded Theory* insofern inhärent, dass Erfahrungen und Wissen des Forschers die Konzeption des Forschungsprozesses und Auswertung der Daten beeinflussen und als verlässliche Quellen explizit in qualitativen Forschungszugängen erlaubt sind. Der gewählte Zugang ist als Interaktion zwischen Forscher und Gegenstand zu verstehen. Darüber hinaus ist evident, dass eigene Erfahrungen und individuelle Sinnkonstituierungen den Forschungsprozess mitprägen. Inwiefern eine Dokumentation von Erfahrungstatsachen und sich teilweise unbewusst ändernden Gegenstandsauffassungen von Forscherseite am konkreten Beispiel der 3D-Geometrie möglich ist, muss jedoch kritisch gesehen werden. Darüber hinaus stellt sich die Frage, inwiefern eine genaue Dokumentation von solchen Prozessen möglich ist.

Die Forderung der Betrachtung des Forschungsgegenstandes in seiner Historizität ist, abgesehen von Vorerfahrungen der Probanden in jüngster Vergangenheit und der Einordnung von instrumentellen Kenntnissen, von geringer Bedeutung für das spezielle Forschungsanliegen.

Dagegen stellt die Problemorientierung an der praktischen Aufgabenstellung, wie sie bei der Beobachtung und Analyse von Probandenbearbeitungen vollzogen wird, ein Hauptanliegen des Vorgehens dar. Sowohl der Gegenstandsbereich der Datengewinnung als auch deren Analyse ist immer auf den praktischen Problembereich des Verhaltens von Probanden in 3D-DGS und deren Verwendung des Zugmodus gerichtet, sodass die praktische Problemstellung im Gegenstandsbereich sowohl als Ausgangspunkt der Datenerhebung dient als auch den Fokus der Auswertung, insbesondere der Typisierung in Studie 3, darstellt. So zielen die in Studie 3 zur Typisierung benutzten Kategorien auf praktische Anwendbarkeit und Beobachtbarkeit ab, sodass diese auch von anderen Forschern in konkreten Problemstellungen nachvollzogen bzw. selbst kodiert werden können. Eine Problemorientierung kann von Beginn der Datenerhebung in Studie 1 bis zur Auswertung von Studie 3 explizit in den folgenden Kapiteln nachvollzogen werden.

Wie bereits erwähnt, ist der gesamte Forschungsprozess sehr am Rückbezug, Vergleich und der Kontrastierung des Datenmaterials angelehnt, sodass induktive Schlussfolgerungen charakteristisch für das Vorgehen sind und Verallgemeinerungen von Ergebnissen eher die Ausnahme bilden. Die Ausrichtung der detaillierten Untersuchung von Gruppen legt induktive Schlussweisen nahe, um kontextgebundene, materiale Theorien bzw. Typen generieren zu können. Dabei wird eine Kontrolle des Vorgehens hinsichtlich der Feststellung von Verhaltensweisen oder erarbeiteten Interpretationen mithilfe von Quellenangaben in Videodateien bzw. Verlaufsprotokollen in allen Studien gewährleistet.

Es ist offensichtlich, dass auch beim Gegenstand der 3D-DGS keine allgemein gültigen Gesetze bezüglich des Verhaltens von Probanden existieren, sondern lediglich Regelmäßigkeiten im Verhalten bzw. der Verwendung des Zugmodus festzustellen sein werden, welche im Kontext der jeweiligen Bearbeitungen zu konstatieren sind, wobei auch quantifizierende Zugänge in Studie 3 zur Analyse beitragen. Diese Quantifizierung wird mithilfe von in Studie 2 erarbeiteten Kategorien zum Zugmodusverhalten durchgeführt, welche somit zu einer sinnvollen Ergänzung des Analyseinstruments beiträgt und zu Ergebnissen führt, die mithilfe rein qualitativer Verfahren nicht realisierbar gewesen wären.

Anhand der Ausrichtung des konkreten Forschungsvorhabens an den Forderungen Mayrings sind die wesentlichen Bedingungen für eine Betonung und Güte eines qualitativen Zugangs als gegeben anzusehen, wobei sich lediglich der Zugang in einem fragwürdig „natürlichen Umfeld“ als problematisch erweist. Durch die Nichtanwesenheit des Forschers bei den konkreten Probandenbearbeitungen sind wesentlich mehr Vor- als Nachteile gegeben, sodass der Austausch der traditionell favorisierten Erhebungstechnik, der *teilnehmenden Beobachtung*, durch Aufzeichnungen von Bearbeitungen mithilfe einer Screenrecording-Software und einer Webcam im konkreten Fall zu favorisieren ist.

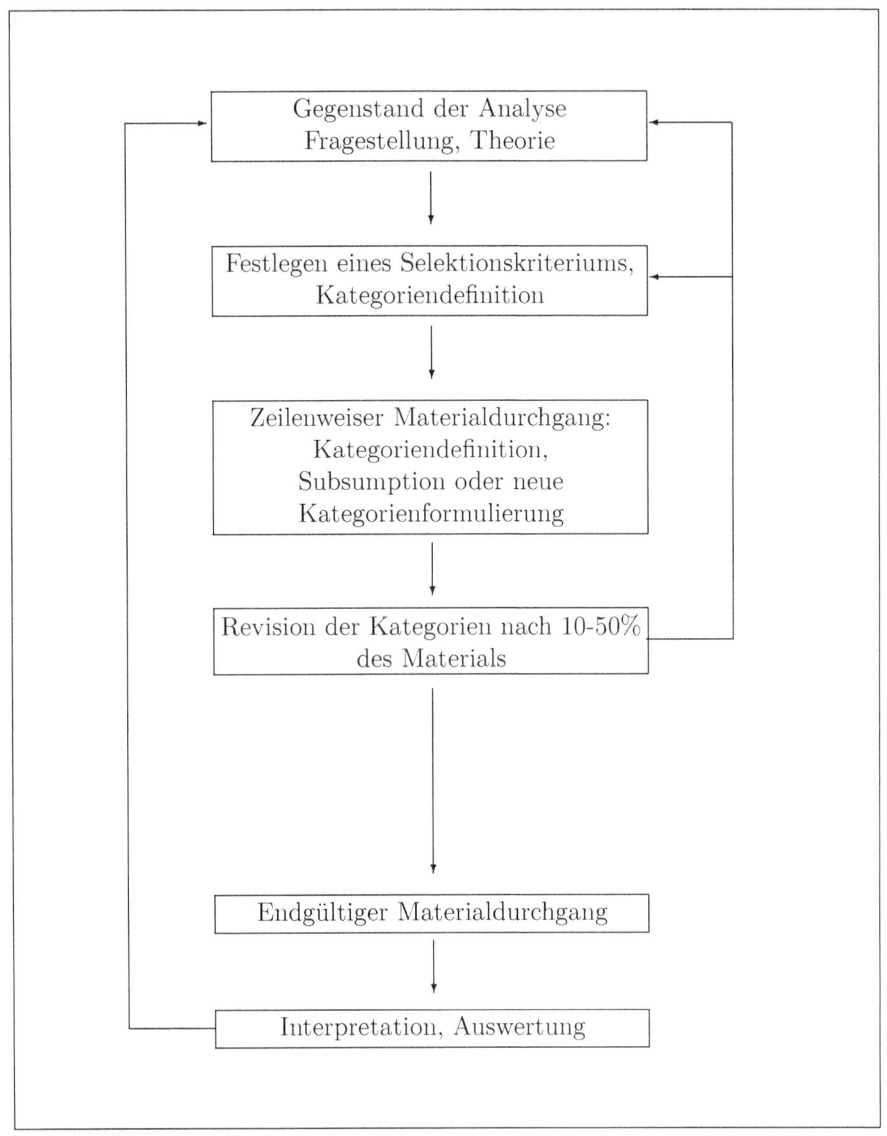

Abbildung 5: Ablaufmodell induktiver Kategorienbildung nach Mayring

4 Studie 1

In dem vorliegenden Kapitel werden die verwendete Methodologie und die konkrete Durchführung bzw. Auswertung von Studie 1 im Detail vorgestellt. Die Fragestellung zur Öffnung des Gegenstandsbereichs sowie das methodische Vorgehen und Design der Studie werden zu Beginn des Kapitels konkretisiert, wobei die geforderten Gütekriterien qualitativer Forschung Mayrings am aktuellen Projekt zu reflektieren sind. Es schließt sich eine a priori Analyse der Aufgaben an, die über die allgemeine Problematik des Zugmodus in 3D-Umgebungen aus Forschersicht, Aufgabenstellungen, Lösungsmöglichkeiten und erwartete Schwierigkeiten bei den jeweiligen Bearbeitungen informiert. In dem sich anschließenden Abschnitt sind die Ergebnisse der Bearbeitungen nach Aufgaben getrennt aufgeführt, wobei sich an jede Ergebnisdarstellung eine Kurzinterpretation der Resultate anschließt, die sich auf das gewonnene Datenmaterial stützt. In Abschnitt 4.3.8 sind die Ergebnisse aufgabenübergreifend zusammengefasst, um einen abschließenden Überblick über die Resultate zu gewinnen und eine globale Betrachtung, unabhängig von einzelnen Aufgaben, zu ermöglichen. Im Anschluss sind anhand der gewonnenen Ergebnisse Konsequenzen und Entscheidungen über den weiteren Forschungsverlauf zu treffen, die im letzten Abschnitt dieses Kapitels erörtert werden, wobei auch die Frage der Methodenanpassung für das zukünftige Vorgehen eingebunden ist.

4.1 Methodologie und Forschungsfragen von Studie 1

Das globale Forschungsdesign besteht aus Gruppenanalysen, wobei die verwandte Methodologie, welche aus Gründen der besseren Übersichtlichkeit in Erhebungstechnik, Aufbereitungstechnik und Auswertungstechnik differenziert ist, im Folgenden nach den Vorschlägen Mayrings (vgl. hierzu die Abschnitte 3.8 und 3.8.2), dargelegt wird. Im Anschluss erfolgt eine kritische Reflexion des Vorgehens an Gütekriterien qualitativer Forschung. Die Präsentation der Forschungsfragen und der an der Studie teilnehmenden Probanden bildet den Übergang zur a priori Analyse der konkreten Aufgaben im sich anschließenden Abschnitt.

Erhebungstechnik

Im Verlauf der Studie erfolgt eine Aufzeichnung der Konstruktionen in der Softwareumgebung mit der Screen-recording-Software *Camtasia*. Die Aktionen und Konversationen der Probanden werden von einer Webcam bzw. der Software zur weiteren Analyse mitgeschnitten. Um die Laborsituation nicht zu verschärfen, befinden sich neben den Probanden keine weiteren Personen im Raum.

Aufbereitungstechnik

Zur weiteren Analyse erfolgt nach der Datenerhebung eine Anfertigung von Verlaufsprotokollen der einzelnen Sitzungen, aus denen wesentliche Vorgehensweisen bzw. Verwendungen des Zugmodus zu ersehen sind, vgl. die Abschnitte A.1 und A.2. Ausgewählte Passagen der Verlaufsprotokolle enthalten kurze Transkriptionen der Probandenkonversationen und Kommentare von Forscherseite. Die Verlaufsprotokolle dienen vornehmlich dazu, den groben Verlauf der Bearbeitungen zu erfassen und Auffälligkeiten festzuhalten. Darüber hinaus werden Passagen, in denen ein Zugmoduseinsatz nachzuweisen ist, dokumentiert. In einem kurzen Fazit zu jeder Gruppenbearbeitung werden auffallende Aspekte sowie Besonderheiten, aber auch Regelmäßigkeiten des jeweiligen Vorgehens zusammengefasst. Somit besteht die Aufbereitungstechnik aus der Kombination eines Verlaufsprotokolls mit kommentierter Transkription und einem allgemeinen Fazit, wobei der Zugmodusverwendung besondere Beachtung zukommt, vgl. hierzu auch Abschnitt 3.8.

Auswertungstechnik

Aufgrund der Tatsache des noch unerforschten Gegenstandsbereichs der 3D-DGSe bildet die *Grounded Theory* die Grundlage der Auswertungstechnik von Studie 1, vgl. hierzu die Abschnitte 3.4 und 3.8. Während der Analyse und Auswertung des Datenmaterials werden durchgehend Vergleiche zwischen den Probandengruppen durchgeführt (*komparative Analyse*), welche zu Hypothesenbildungen bzw. zur Strukturierung des Datenmaterials zu verwenden sind. Die gebildeten Hypothesen und die daraus resultierenden Konsequenzen sind in den sich anschließenden Abschnitten expliziert.

Reflexion von Gütekriterien qualitativer Forschung

Im Folgenden werden die in Abschnitt 3.5 thematisierten Gütekriterien qualitativer Forschung nach Mayring für das konkrete Vorgehen in Studie 1 reflektiert. Um den Forschungsverlauf für den Leser möglichst nachvollziehbar zu gestalten, sind alle benutzten Verlaufsprotokolle in den Abschnitten A.1 und A.2 nachzulesen. Die zugehörigen Videodateien sind in dem Ordner *Studie1* unter den jeweiligen Gruppennamen abzurufen. Das vorhandene Vorverständnis auf Forscherseite ergibt sich aus dem Theorieteil in Kapitel 2. Sowohl die Auswahl der Teilnehmer als auch die Art der Durchführung und Auswertung der ersten Studie sind im folgenden Abschnitt expliziert, sodass eine ausführliche Verfahrensdokumentation gewährleistet ist.

Alle Argumentationen bzw. Hypothesenbildungen werden am konkreten Datenmaterial mit einzelnen Quellenangaben belegt, um die jeweilige Entstehung bzw. Begründung an konkreten Situationen überprüfbar zu machen, damit eine möglichst gute argumentative Interpretationsabsicherung gegeben ist. Die Regelgeleitetheit des Vorgehens ergibt sich durch die komparative Analyse aufgrund der *Grounded Theory*, welche einen ständigen Vergleich von Bearbeitungen, Hypothesen und Merkmalen von Bearbeitungen erfordert und auf diese Weise bereits Regeln des Vorgehens festschreibt, auch wenn diese in der Praxis flexibel gehandhabt werden können.

Die geforderte Nähe zum Gegenstand wurde bereits in den Abschnitten 3.8.2 und 3.9 diskutiert, die kommunikative Validierung ist aufgrund des Forschungsdesigns nicht durchführbar. Im Sinne einer Methodentriangulation werden anhand der quantitativen Daten die Bearbeitungszeiten der jeweiligen Aufgaben gemessen und mit den qualitativ erhaltenen Auswertungen der Verlaufsprotokolle und Videoaufzeichnungen kombiniert. Daher kann bereits in Studie 1 die Verwendung einer Methodentriangulation nachgewiesen werden.

Forschungsfragen und Probandenauswahl

Zu Beginn der Untersuchungen stellt sich die Frage, wie der Gegenstand des „Zugmodus“ in 3D-DGS am besten zu untersuchen ist, welche Methodologie zugrunde gelegt und welches Forschungsdesign gewählt werden können bzw. müssen. Da im Bereich von 3D-DGS nahezu keine Literatur verfügbar ist und Untersuchungen speziell zum Zugmodus nur in 2D-DGS existieren, wird im Sinne der *Grounded Theory* ein zunächst sehr offener und inhaltlich breiter Zugang gewählt, dessen Flexibilität die Grundlage der Auswertung bildet, vgl. hierzu auch Abschnitt 3.4. Hierbei ist zu beachten, dass keine konkrete Forschungsfrage zu Beginn der Untersuchungen formuliert werden muss, sondern lediglich das zu untersuchende Phänomen zu beschreiben ist.

> „Die anfänglich noch weite Fragestellung wird im Verlauf des Forschungsprozesses immer mehr eingegrenzt und fokussiert, wenn Konzepte und ihre Beziehungen zueinander als relevant oder irrelevant erkannt werden. Deshalb steht zu Beginn des Forschungsprozesses eine offene und weite Fragestellung. [...] Die Fragestellung in einer Untersuchung mit der *Grounded Theory* ist eine Festlegung, die das Phänomen bestimmt, welches untersucht werden soll. Sie beinhaltet, was man schwerpunktmäßig untersuchen und was man über den Gegenstand wissen möchte."
> [Strauss & Corbin, 2010, S. 23]

Das Hauptinteresse besteht zunächst darin, das Forschungsfeld zu „öffnen"und erste Eindrücke über das allgemeine Verhalten von Studierenden in 3D-Umgebungen (*Archimedes Geo3D*[1] (vgl. Göbel [2006]) oder *Cabri 3D*) während eines Lösungsprozesses einer Aufgabe zu gewinnen. Im Falle einer Verwendung des Zugmodus soll diese protokolliert und gegebenenfalls klassifiziert werden. Folgende Fragen leiten den ersten Zugang zum Forschungsfeld, die sich an Forschungsergebnissen aus 2D-Umgebungen orientieren, vgl. hierzu Abschnitt 2.3.3:

- Verwenden Studierende den Zugmodus, wenn ihnen andere Möglichkeiten und Hilfsmittel, wie Papier und Bleistift, oder reale Modelle von Körpern zur Verfügung stehen?
- Verwenden Studierende überhaupt den Zugmodus?
- Wie validieren die Studierenden ihre Lösungen?

Die erste Studie fand im Juli 2007 an der Justus-Liebig-Universität Gießen statt. 15 Lehramtsstudierende des Haupt- und Realschulzweigs zwischen dem fünften und siebten Studiensemester mit Vorkenntnissen in 2D-Systemen nahmen an der Untersuchung teil. Bei der Auswahl der Probanden fiel die Entscheidung für Studierende mit Vorkenntnissen in 2D-Umgebungen, da davon auszugehen ist, dass ein Großteil der Schüler, welche mit 3D-Programmen in Berührung kommen, zuvor bereits Erfahrungen in 2D-Systemen sammeln konnten. Alle an der Untersuchung teilnehmenden Studierenden hatten zwei Semester vor Durchführung der Studie die Vorlesung *Computer im Mathematikunterricht* besucht, in deren Verlauf sie neben dem CAS *Derive 6*[2]

[1] www.raumgeometrie.de

[2] Die Weiterentwicklung von Derive ist eingestellt, jedoch existieren vergleichbare Programme, bspw. sind CAS-Programme auf vielen Rechnern von Texas Instruments (www.ti.com) implementiert.

und der Tabellenkalkulationssoftware *Excel* mit dem 2D-DGS *Euklid DynaGeo* gearbeitet und Übungsaufgaben gelöst hatten. Des Weiteren nahmen die Probanden im Semester vor Durchführung der Studie an einem Seminar mit dem Titel *Kegelschnitte* teil. Im Verlauf des Seminars arbeiteten die Studierenden während einer Sitzung (ca. 90 Minuten) mit dem Programm *Cabri 3D*, um die verschiedenen nichtentarteten Kegelschnittkurven *Ellipse*, *Hyperbel*, *Kreis* und *Parabel* als Schnitt einer Ebene mit einem Doppelkegel zu finden und zu identifizieren. Zwei der Probanden leiteten diese Seminarsitzung und besaßen somit zu Beginn der Studie bereits eine größere Werkzeugkompetenz hinsichtlich der Verwendung von *Cabri 3D* als ihre Kommilitonen. Keiner der Studierenden besaß Vorerfahrungen im Umgang mit *Archimedes Geo 3D*. Insgesamt nahmen sieben Gruppen (sechs Gruppen mit je zwei Studierenden und eine Gruppe mit drei Studierenden) an der Studie teil, wobei drei Gruppen mit *Archimedes Geo 3D* und vier Gruppen mit *Cabri 3D* arbeiteten. Die Bearbeitung der Aufgaben fand in verschiedenen Räumen statt, sodass sich die Gruppen separiert voneinander mit den Problemstellungen auseinandersetzten. Die Mehrzahl der Probanden beschäftigte sich mit den Aufgaben 1 und 2 während der ersten von zwei Sitzungen (ca. 90 Minuten). Die Aufgaben 3 und 4 waren Gegenstand der zweiten Bearbeitungseinheit, die eine Woche nach der ersten Untersuchung durchgeführt wurde.

4.2 A priori Analyse der Aufgaben

Grundsätzlich wird die Ansicht vertreten, dass der Zugmodus in zwei- und dreidimensionalen Systemen nicht a priori zu vergleichen ist und daher eine Übertragung existierender Erkenntnisse auf den 3D-Bereich problematisch erscheint. Der Zugmodus in 3D-Systemen ist komplexer, somit für den Anwender schwerer zu handhaben und damit insgesamt komplizierter. In 2D-Systemen verfügt der Nutzer über eine volle Variabilität, was das Ziehen von freien Punkten oder allgemein freien Objekten betrifft. So ist es möglich, freie Punkte mithilfe der Maus oder des Touchpads auf der gesamten Ebene, ohne Unterbrechung des eigentlichen Zugvorgangs, auf einer beliebigen Kurve zu bewegen. Ein zweidimensionales Eingabemedium reicht im 2D-Fall aus, um alle Punkte der Ebene, sofern sie auf der beschränkten Zeichenfläche des Computerbildschirms dargestellt werden können, ohne Unterbrechung des Zugvorgangs zu erreichen. Im Fall einer 3D-Software ist diese volle Variabilität des Zugmodus momentan nicht gegeben. Beispielsweise ist das unterbrechungsfreie Ziehen eines freien Punktes auf einer Schraubenlinie im 3D-Raum nicht möglich, womit keine vergleichbare Variabilität, wie sie in 2D-Systemen existiert, gegeben ist. Ohne zusätzliche Benutzung der Tastatur ist sowohl in *Archimedes Geo 3D*[3] als auch in *Cabri 3D*[4] das Ziehen von Punkten nur in einer Ebene möglich.

Möchte man Punkte außerhalb dieser Ebene mit dem Zugmodus erreichen, so ist der Anwender gezwungen, eine Taste seines Keyboards zu benutzen, welche es ihm anschließend erlaubt, Punkte senkrecht zur Ebene, in der zuvor gezogen wurde, zu bewegen. In *Cabri 3D* gelingt dies durch das Drücken der *Shift*-Taste. Der Nutzer kann anschließend den freien Punkt auf einer Geraden, die senkrecht zur x-y-Ebene verläuft, ziehen. In *Archimedes Geo 3D* ermöglicht das Drücken der *Shift*-Taste eine Bewegung senkrecht zur Bildschirmebene. Der Nutzer hat also die Möglichkeit, in die „Tiefe" des Raumes zu ziehen.

Es erscheint durchaus interessant, in einem zukünftigen Forschungsvorhaben mögliche Konsequenzen dieser unterschiedlichen Implementationen des Zugmodus zu untersuchen, da aus der verschiedenen Einbettung des Artefaktes „Zugmodus" in das jeweilige System möglicherweise unterschiedliche heuristische Strategien beim Lösungsprozess erwachsen, deren Identifizierung bei der Konzeption zukünftiger 3D-Programme von Nutzen sein können. Bakó [2003] zeigt, allerdings nicht in DGS-Umgebungen, dass eine axonometrische Projektion gegenüber einer zentralprojektiven Darstellung eines Würfels in verschiedenen Computerumgebungen keinen Einfluss beim Auffinden verschiedener Würfelschnitte impliziert. Jedoch finden die 15-jährigen Probanden aus Ungarn in beiden Computerumgebungen mehr Schnittfiguren zwischen Würfel und Ebene als die dritte Gruppe, die statt des Computers mit einem transparenten Modell eines Würfels arbeitet.

Im Folgenden werden die einzelnen Aufgabenstellungen und Lösungen der ersten Studie vorgestellt, wobei die Auswahl der Aufgaben begründet wird. Anschließend erfolgt die Präsentation der wichtigsten Ergebnisse.

4.2.1 Aufgabe 1: Würfelkonstruktion

Anhand der ersten Aufgabe sollen sich die Probanden in die Arbeitsumgebung einfinden und mithilfe einer leicht zu verstehenden Arbeitsanweisung erste eigenständige Konstruktionen durchführen. Die konkrete Aufgabenstellung lautet:

> „Konstruieren Sie, ohne die im Programm *Cabri 3D*/*Archimedes Geo3D* bereits vorhandene Funktion *Würfel* zu benutzen, einen Würfel!"

[3] Der Anwender zieht ohne Benutzung der Tastatur in einer Ebene, welche parallel zum Bildschirm verläuft.

[4] Der Anwender zieht ohne Benutzung der Tastatur in einer Ebene, welche parallel zur x-y-Ebene verläuft.

Aufgabenanalyse

Es ist davon auszugehen, dass der Würfel jedem Studierenden als geometrischer Körper bekannt ist und dessen definierende Eigenschaften keinerlei Schwierigkeiten bereiten. Darüber hinaus ist der konkret gewählte Konstruktionsprozess interessant. So ist das Abtragen von Längen mithilfe von Kreisen möglich, jedoch bietet sich im 3D-Raum eine Umsetzung mit Kugeln an. Somit stellt sich die Frage, ob Studierende bei der Arbeit in 3D-Umgebungen auch Kugeln zur Konstruktion benutzen und welche weiteren Konstruktionen sie zur Herstellung des Würfels verwenden. Es bieten sich Spiegelungen oder Drehungen an, die im Konstruktionsprozess Verwendung finden können. Aufgrund mangelnder Erfahrung mit den Systemen ist an dieser Stelle mit Schwierigkeiten zu rechnen, was die Umsetzung von komplexeren Konstruktionen betrifft. Weiterhin ist der allgemeine Einsatz des Zugmodus von Interesse. Es stellt sich die Frage, inwieweit die Probanden diesen verwenden und zu welchem Zweck er eingesetzt wird. Eine naheliegende Verwendung ist bei der vorliegenden Aufgabe in der Validierung der Lösung zu sehen. Mögliche Lösungen der Aufgabe in einer *Archimedes Geo3D*-Umgebung und einer *Cabri 3D*-Umgebung sind der Abbildung 6 zu entnehmen.

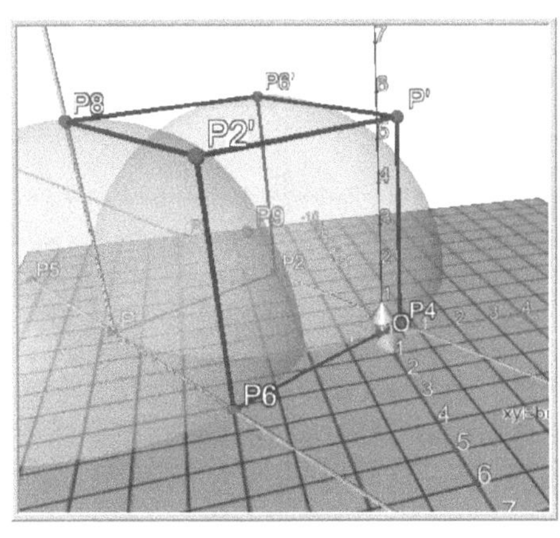

(a) in Archimedes Geo3D

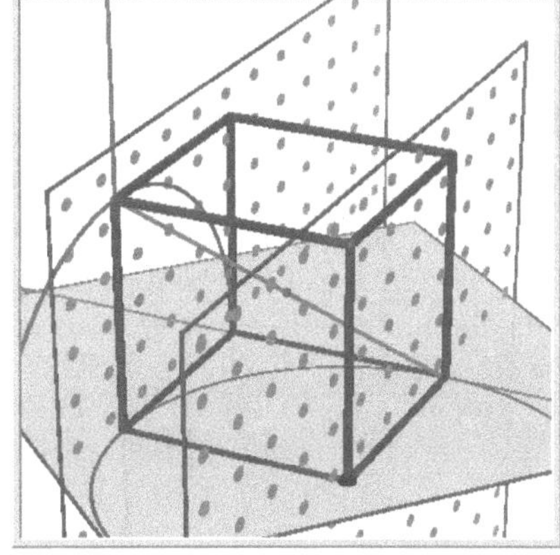
(b) in Cabri 3D

Abbildung 6: Mögliche Würfelkonstruktionen

4.2.2 Aufgabe 2: Verifikation von Würfelschnitten

Ziel der zweiten Aufgabe ist es herauszufinden, welche Hilfsmittel beim Lösungsprozess einer Aufgabe mit unterschiedlichem Anforderungsniveau im 3D-Raum bevorzugt werden. Den Studierenden stehen Papier und Bleistift, ein reales Modell eines Würfels und das jeweilige Geometriesystem (*Archimedes Geo 3D* bzw. *Cabri 3D*) zur Verfügung[5].
Die konkrete Aufgabenstellung lautet:

> „Ein Kommilitone stellt folgende Thesen auf: 'Man kann einen Würfel derart mit einer Ebene schneiden, dass als Schnittfigur von Würfel und Ebene
>
> - ein gleichschenkliges Dreieck
> - ein gleichseitiges Dreieck
> - ein rechtwinklig, gleichschenkliges Dreieck
> - ein regelmäßiges Sechseck
>
> entsteht.'
> Konstruieren Sie nun mithilfe der bereits vorhandenen Funktion *Würfel* einen Würfel, überprüfen Sie experimentell die obigen Aussagen und begründen Sie Ihre gefundenen Ergebnisse!“

Aufgabenanalyse

Auch bei dieser Aufgabe steht die Verwendung des Zugmodus im Fokus der Betrachtungen. Es ist zu untersuchen, ob und wenn ja, in welcher Weise der Zugmodus zur Problemlösung eingesetzt wird. Die speziell vorliegende Aufgabe stellt eine günstige Umgebung zur explorativen Untersuchung der gegebenen Schnittflächen dar. Aufgrund der Vorerfahrungen der Probanden in 2D-Systemen ist die Erwartungshaltung, was die Benutzung des Zugmodus betrifft, durchaus optimistisch. Zur Lösung dieser explorativen Aufgabe stehen verschiedene Möglichkeiten offen, wobei die naheliegenden Vorgehensweisen im Folgenden beschrieben werden.

1. Die Probanden benutzen nicht den Rechner zur Problemlösung, sondern überlegen sich die Schnittfigur auf einem Blatt Papier, mithilfe des realen Modells oder allein mithilfe ihrer Vorstellungskraft.

[5] Vergleiche hierzu die ähnliche Aufgabenstellung außerhalb einer Computerumgebung, welche von Rommevaux [1991] mit zwölfjährigen Schülern in Frankreich mit realen Würfelmodellen durchgeführt wurde.

2. Die Probanden benutzen den Computer in der Weise, dass sie ohne Rechnereinsatz generierte Ergebnisse oder Hypothesen mithilfe der Software überprüfen. Bei dieser Nutzungsweise ist kein Zugmodus erforderlich, da die Hypothesen bereits generiert sind und es zur Überprüfung am Rechner genügt, eine feste Schnittebene zu konstruieren und diese mit dem Würfel zu schneiden.

3. Die Probanden setzen den Zugmodus ein, um die Schnittfigur experimentell zu erkunden. Hierbei sind drei Vorgehensweisen zu unterscheiden.

   (a) Drei Punkte, welche die Schnittebene definieren sollen, werden willkürlich im Raum platziert.

   (b) Die Punkte, die die Ebene definieren, werden auf den Kanten des Würfels oder anderen „Trägerobjekten“platziert.

   (c) Die Probanden wählen eine Kombination der zuvor genannten Möglichkeiten.

Mögliche Lösungen der Aufgaben sind in Abbildung 7 dargestellt. Das rechtwinklig-gleichschenklige Dreieck existiert nicht als Schnittfigur von Ebene und Würfel.

4.2.3 Aufgabe 3: Abstand windschiefer Geraden

Die Intention der vorliegenden Aufgabe 3 besteht zunächst darin, die Probanden zur Verwendung des Zugmodus zu animieren und mit dessen Hilfe den Abstand zweier windschiefer Geraden auf probierende Art und Weise festzustellen. Somit besitzt der erste Teil der Aufgabe einen explorierenden Charakter, während im zweiten Teil der Aufgabe etwas schwierigere Ebenen- und Lotgeradenkonstruktionen durchgeführt werden sollen, um auch im Umgang mit der Software fortgeschrittene Probanden zu fordern und eine etwas schwierigere mathematische Fragestellung einzubinden.
Die konkrete Aufgabenstellung lautet:

> „Konstruieren Sie zwei windschiefe Geraden und stellen Sie experimentell den Abstand der beiden Geraden fest! Wie könnte man den Abstand zweier windschiefer Geraden sinnvoll definieren? Implementieren Sie Ihre Idee in die Konstruktion und überprüfen Sie ihr zuvor experimentell gefundenes Ergebnis!“

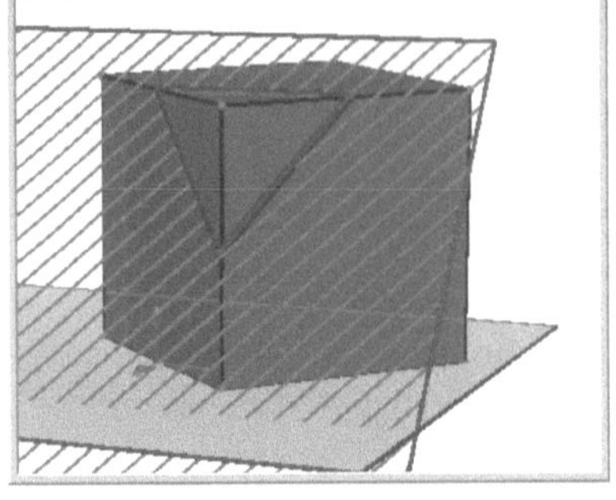

(a) Das gleichseitige Dreieck

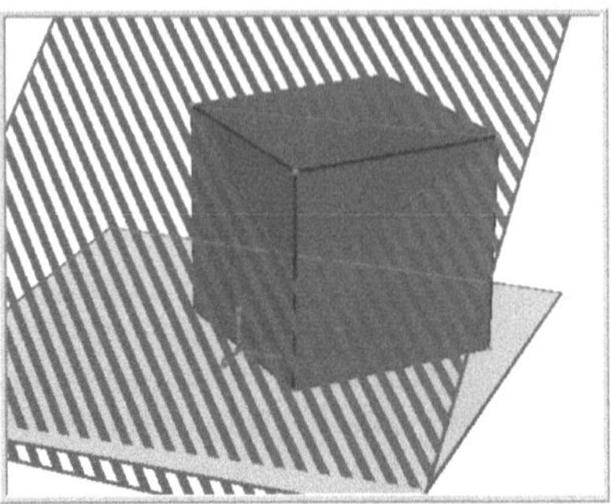

(b) Das gleichschenklige Dreieck

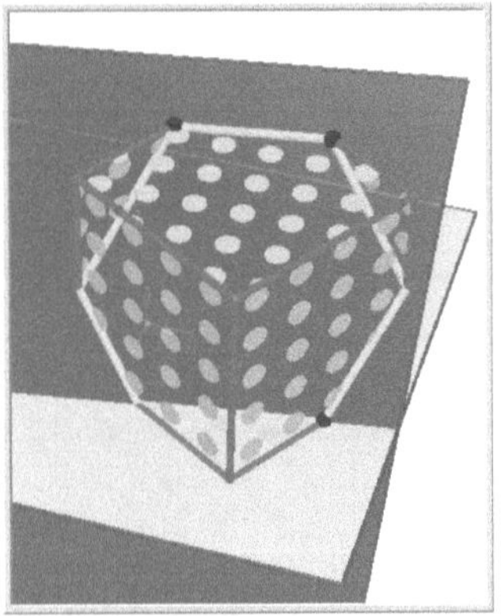

(c) Das regelmäßige Sechseck

Abbildung 7: Mögliche Schnittfiguren

Definition:
Zwei Geraden g_1 und g_2 im dreidimensionalen euklidischen Raum heißen windschief, wenn sie weder einen Schnittpunkt besitzen noch parallel sind.

Äquivalente Definition:
Zwei Geraden g_1 und g_2 im dreidimensionalen euklidischen Raum heißen windschief, wenn es keine Ebene E gibt, der beide Geraden angehören.

Um sicherzustellen, dass die Studierenden die Aufgabe auch bearbeiten können stehen zwei Blätter mit Tipps zur Verfügung, die von den Probanden eingesehen werden können, falls für sie keine Bearbeitung mithilfe der gegebenen Fragestellung möglich ist.

> Tipp 1: Der Abstand zweier windschiefer Geraden wird über den Abstand zweier paralleler Ebenen definiert. Wie müssen diese Ebenen liegen? Konstruieren Sie die beiden Ebenen und stellen Sie deren Abstand fest! Vergleichen Sie mit dem experimentellen Ergebnis!
>
> Tipp 2: Ebene E_1 enthält die Gerade g_1 und ist parallel zur Geraden g_2. Ebene E_2 enthält die Gerade g_2 und ist parallel zur Geraden g_1. Somit sind E_1 und E_2 parallel, der Abstand der windschiefen Geraden g_1 und $g_2$wird über den Abstand der Ebenen E_1 und E_2 definiert. Konstruieren Sie die beiden Ebenen und stellen Sie deren Abstand fest. Vergleichen Sie mit dem experimentellen Ergebnis!

Aufgabenanalyse

Einen naheliegenden Lösungsweg stellt die Platzierung von jeweils einem beweglichen Punkt auf jeder der beiden Geraden dar. Mit Hilfe der Funktion „Abstand“ (*Cabri 3D* bzw. dem Makro „messen PunktPunkt“ (*Archimedes Geo 3D*) misst das jeweilige Programm den Abstand der beiden auf den Geraden liegenden Punkte. Durch probierendes Ziehen an beiden Punkten kann somit deren Entfernung minimiert und der Abstand der beiden windschiefen Geraden konstatiert werden.

Der zweite Teil der Aufgabe dient als sinnvolle Ergänzung des Themenkomplexes. Einerseits sind zur Lösung des allgemeinen Problems relativ einfache Konstruktionen, wie die Herstellung zweier paralleler Ebenen, von denen jeweils eine die Gerade g_1 bzw. g_2 enthält und zusätzlich zur Geraden g_2 bzw. g_1 parallel verläuft, erforderlich. Zum anderen gehören solche Aufgaben zum festen Bestandteil der analytischen Geometrie der Oberstufe (vgl. Griesel [2007], Baum et al. [2007]), wobei diese Aufgaben jedoch meist rein rechnerisch gelöst und somit oft durch einen auswendig gelernten Algorithmus bearbeitet werden. Es scheint hier bedeutsam, zu beobachten, ob die Studierenden diese Aufgabe lösen können und inwiefern sie eine eventuelle Lösung auf geometrischer Ebene im jeweiligen Programm im Hinblick auf ihre Schulerfahrungen und die rein rechnerischen Lösungen reflektieren.

Es ist zu bemerken, dass die Umsetzung der Konstruktion einer Ebene, welche eine Gerade enthält und zu einer zweiten parallel verläuft, in den beiden Programmen auf unterschiedliche Art und Weise ausgeführt werden muss. In *Archimedes Geo 3D* ist eine Ebene unter anderem durch einen Stützpunkt

und zwei Richtungsvektoren zu definieren, wobei die beiden Richtungsvektoren auf den Geraden g_1 und g_2 zusätzlich zu konstruieren sind. In *Cabri 3D* ist die Umsetzung wesentlich schwieriger, da zur korrekten Konstruktion einer Ebene E_1 mit den geforderten Eigenschaften zunächst eine Parallele h_1, welche einen Punkt von g_2 enthält, zu g_1 konstruiert werden muss. Erst anschließend ist es möglich, eine Ebene E_1 zu konstruieren, die $g_1$und h_1 enthält und somit der Forderung genügt, g_1 zu enthalten und zu g_2 parallel zu verlaufen. Ebenso muss, um die Ebene E_2 zu konstruieren, zunächst eine Gerade h_2 konstruiert werden, die einen Punkt von g_1 enthält und zu g_2 parallel verläuft. In der Folge kann sodann E_2 mithilfe der Geraden g_1 und h_2 korrekt erstellt werden.
Eine Umsetzung der Konstruktion in *Archimedes Geo 3D* scheint unter der Voraussetzung, dass die Begriffe „Richtungsvektor" und „Stützpunkt" keine Probleme bereiten und die nötige Werkzeugkompetenz vorhanden ist, einfacher zu sein. In der Softwareumgebung *Cabri 3D* ist bei der Konstruktion eine gewisse Werkzeugkompetenz erforderlich, welche ein Anfängerniveau übersteigt. Zudem ist mathematisches Wissen bzw. Intuition zur richtigen Implementation der Konstruktion vonnöten.
Mögliche Lösungen der Aufgabe in beiden Softwareumgebungen sind in Abbildung 8 dargestellt.

4.2.4 Aufgabe 4: Paraboloidkonstruktion

Auch bei der deutlich schwierigeren Aufgabe, die auch nur für diejenigen Probanden konzipiert ist, welche mit allen anderen Aufgaben keine Probleme haben und schnell vorankommen, werden Tipps bereitgestellt, die von den Studierenden eingesehen werden können, falls ihnen über einen längeren Zeitraum kein Lösungsansatz möglich ist.
Die konkrete Aufgabenstellung lautet:

> „Konstruieren Sie mithilfe der Ortskurve (*Archimedes Geo3D*) bzw. des Spurmodus (*Cabri 3D*) die Menge aller Punkte, die von einer von Ihnen vorgegebenen Ebene E und einem Punkt F, der nicht auf der Ebene liegt, gleichen Abstand besitzen! Gehen Sie analog zur Parabelkonstruktion in der Ebene vor!"
>
> Tipp 1: Sie haben bereits die Parabel als den geometrischen Ort aller Punkte, die von einer gegebenen Geraden (der Leitgeraden l) und einem Punkt F (dem Brennpunkt) gleichen Abstand besitzen, kennengelernt. Die Konstruktionsidee in einem DGS sieht wie folgt aus: Man löst das Problem zunächst für einen festen

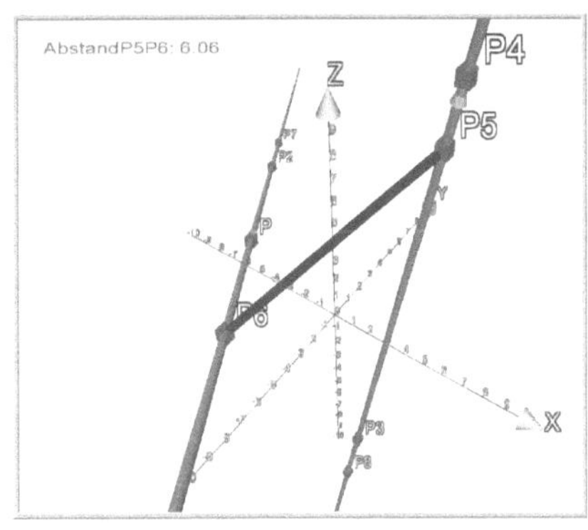

(a) Experimentelle Abstandsbestimmung in *Archimedes Geo3D*

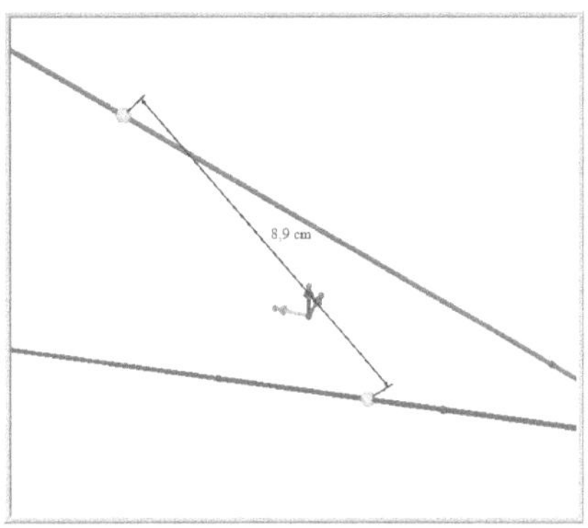

(b) Experimentelle Abstandsbestimmung in *Cabri 3D*

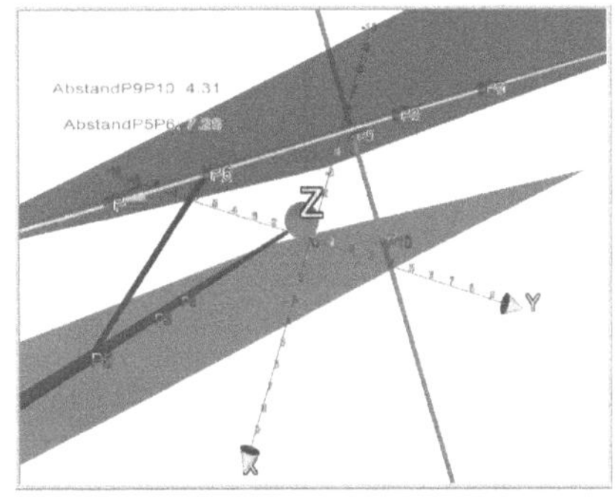

(c) Ebenenkonstruktion in *Archimedes Geo3D*

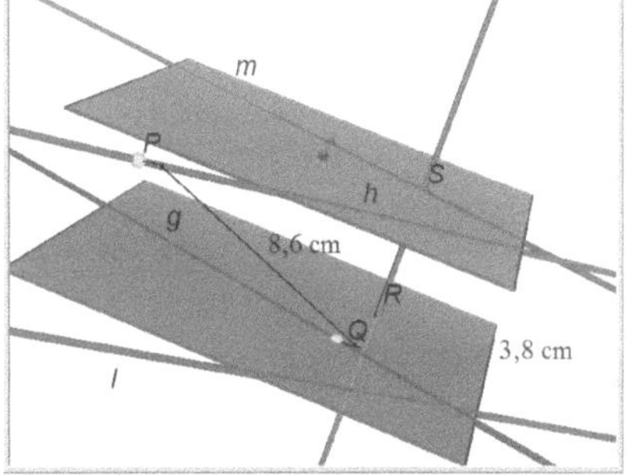

(d) Ebenenkonstruktion in *Cabri 3D*

Abbildung 8: Abstandsbestimmung zweier windschiefer Geraden

> Punkt X auf der Leitgeraden l. Die Menge aller Punkte, die zu F und X den gleichen Abstand besitzen, ist die Mittelsenkrechte m der Strecke $\overline{FX}$. Der Schnittpunkt S der Orthogonalen o auf l durch den Punkt X mit der Mittelsenkrechten m ist dann der Punkt, der sowohl von F als auch von der Geraden l den gleichen Abstand besitzt. Durch Aufzeichnung der Ortslinie des Punktes S bei Variation von X auf l ergibt sich somit die Parabel. Sie können mit der Eukliddatei „ParabelEbene“ auf dem Desktop die soeben beschriebene Konstruktion aufrufen.

Eine fertige Parabelkonstruktion mithilfe der Ortslinienfunktion in einer *EuklidDynaGeo*-Umgebung kann somit von den Probanden aufgerufen werden.

Die Konstruktion ist in Abbildung 9 dargestellt.

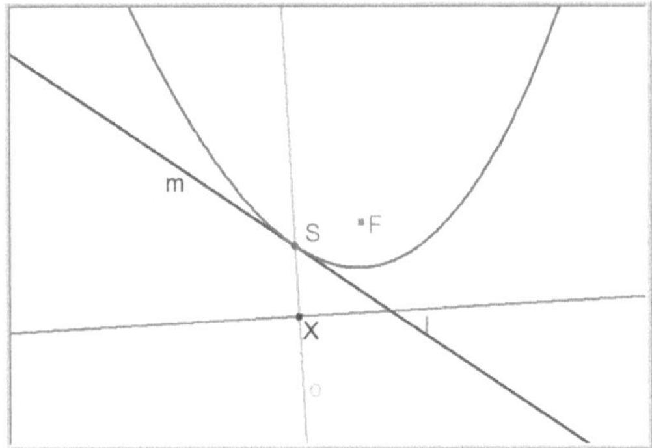

Abbildung 9: Ortslinienkonstruktion der Parabel

> Tipp 2: Konstruieren Sie einen Punkt X in der Ebene und konstruieren Sie zunächst die Menge aller Punkte, die von F und X den gleichen Abstand besitzen! Konstruieren Sie sodann den Punkt, der sowohl zur Ebene E als auch zu F den gleichen Abstand besitzt und zeichnen Sie die Ortskurve dieses Punktes bei Variation von X in E auf!
>
> Tipp 3: Die Mittelebene E_2 von F und X ist die Menge aller Punkte, die von F und X den gleichen Abstand besitzen. Konstruieren Sie die Orthogonale o auf E durch X. Ermitteln Sie den Schnittpunkt S von o und E_2. S ist der Punkt, der von F und E gleichen Abstand besitzt. Zeichnen Sie die Ortskurve von S bei der Variation von X in E auf!

Aufgabenanalyse

Eine analoge Vorgehensweise zur Parabelkonstruktion in der Ebene führt zur Ortsflächenkonstruktion des Paraboloids, wie sie in Tipp 3 beschrieben ist. *Archimedes Geo3D* erlaubt die Konstruktion einer Ortsfläche, sodass das Paraboloid auch vollständig dargestellt wird. *Cabri 3D* konstruiert einzelne Punkte des Paraboloids, sodass die Identifikation der Kurve dem Laien wohl nicht möglich ist. Die Aufgabe erfordert eine mathematische Transferleistung und verlangt zudem fortgeschrittene Werkzeugkompetenzen. Aus diesem Grund spricht die Aufgabe Probanden an, welche die anderen Aufgaben problemlos und schnell lösen können. Es ist davon auszugehen, dass die

Mehrzahl der Studierenden diese Aufgabe nicht bearbeitet und nur sehr wenigen Gruppen eine Lösung dieser Aufgabe gelingt. Zwei mögliche Lösungen, die nach Tipp 3 konstruiert sind, finden sich in Abbildung 10.

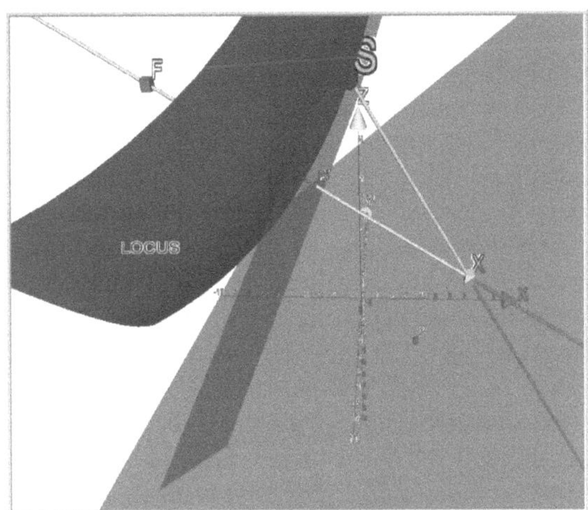

(a) in *Archimedes Geo3D*

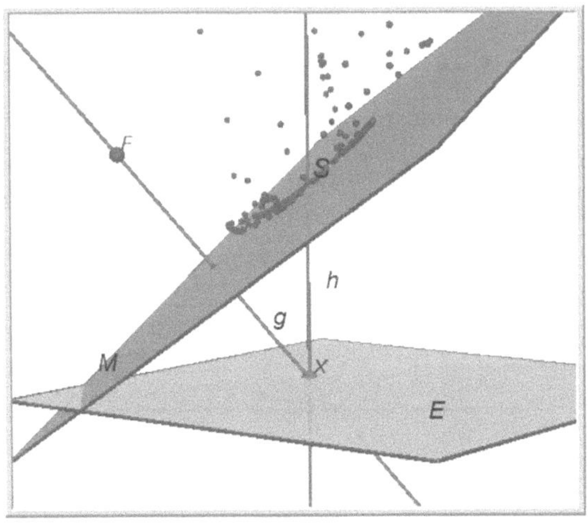

(b) in *Cabri 3D*

Abbildung 10: Konstruktion eines Paraboloids mithilfe der Ortsflächenfunktion bzw. des Spurmodus

4.3 Ergebnisse von Studie 1

Im Sinne der *Grounded Theory* [Glaser, Strauss & Paul, 2008] sind die Studien 1 und 2 als Pilotstudien zu verstehen, welche zunächst allgemeine Informationen zum Verhalten von Anfängern in 3D-Umgebungen bereitstellen und es erlauben, sowohl die Aufgabenstellung als auch die Auswertungsmethode für Hauptstudie 3 zu konzipieren bzw. anzupassen. Da Nutzungsweisen des Zugmodus in 3D-Systemen das Forschungsinteresse bilden und diese in der dritten Studie klassifiziert bzw. Entwicklungsprozesse beobachtet und Handlungsschemata identifiziert werden sollen, kommen bereits in den ersten beiden Studien Aufgaben zu dessen Verwendung vor. Diese zielen auf unterschiedliche Gebrauchsweisen ab, sei es zur Validierung einer Konstruktion oder zur explorativen Untersuchung einer gegebenen Konfiguration.

Zur Identifikation, sowohl der Gruppen als auch der Aufgabenbearbeitungen, wird die folgende Kodierung benutzt: Die Buchstaben vor dem „Unterstrich“ dienen zur Identifikation der einzelnen Gruppenmitglieder, während der Buchstabe hinter dem „Unterstrich“ das von der Gruppe verwendete DGS bezeichnet, wobei „A“ für die Benutzung von *Archimedes Geo3D* und „C“ für die Verwendung von *Cabri 3D* steht. Für weitere Darstellungen der Ergebnisse, in welchen teilweise Einzelbeispiele genau ausgearbeitet sind, vgl. Hattermann [2009a], Hattermann [2008a] bzw. Hattermann [2008b].

4.3.1 Ergebnisse von Aufgabe 1: Würfelkonstruktion

Aus Tabelle 1 geht hervor, welche Gruppen einen Würfel korrekt konstruieren und wie viel Zeit für die Konstruktion ungefähr benötigt wird.

Tabelle 1: Übersicht zur Aufgabe *Würfelkonstruktion* aus Studie 1

	DZ_A	FHS_A	HR_A	GK_C	HS_C	ON_C	RR_C
Würfelkonstr.	ja	ja	ja	nein	ja	nein	ja
Zeit min.	45	42	48	-	22	-	25

Es ist festzuhalten, dass fünf von sieben Gruppen einen Würfel in einem der DGSe konstruieren können. Eine Gruppe arbeitete allerdings mit einem Computer, dessen technische Voraussetzungen für das gleichzeitige Ausführen der Screen-recording-Software, des 3D-DGSs und der Aufnahme der Webcambilder nicht gegeben waren. In der Folge war eine Bearbeitung der Aufgabenstellung aufgrund der zu langsam reagierenden Software nicht möglich.

Als interessante Tatsache ist zu konstatieren, dass die Gruppen, welche mit *Archimedes Geo 3D* arbeiten, für die Konstruktion zwischen 40 und 50 Minuten benötigen, während die *Cabri*-Gruppen zwischen 15 und 28 Minuten an der erfolgreichen Aufgabenlösung arbeiten. Die Gruppe HS_C mit der kürzesten Bearbeitungszeit besteht aus den Teilnehmern, die auch für die Seminarsitzung zum Thema „Kegelschnitte“ verantwortlich waren und somit über bereits erweiterte Werkzeugkompetenzen verfügen.

Ein weiterer interessanter Aspekt ist in der Tatsache zu sehen, dass zwei der fünf erfolgreichen Gruppen räumliche Konstruktionen, wie Kugeln, benutzen, um Eckpunkte des Würfels zu konstruieren. Die drei anderen Gruppen verwenden hingegen im 3D-Raum Kreise, um äquidistante Abstände abzutragen. Zwei Gruppen versuchen Drehungen in ihre Konstruktion zu implementieren, sie scheitern jedoch an der konkreten Umsetzung im jeweiligen Programm.

Ein für die weiteren Studien sehr wichtiger Punkt betrifft die Validierung der jeweiligen Würfelkonstruktion. Nur zwei von fünf erfolgreichen Gruppen versuchen, ihre Konstruktion mithilfe des Zugmodus zu testen, während die anderen Gruppen Messungen von verschiedenen Kantenlängen durchführen bzw. auf eine Validierung, gleich welcher Art, verzichten. Zu bemerken ist weiterhin, dass die erfahrenste Gruppe mit der größten Werkzeugkompetenz den Zugmodus zur Validierung nutzt.

Zwei Gruppen werden nach Fertigstellung der korrekten Konstruktion vom Dozenten aufgefordert, den Zugmodus zur Bestätigung der Konstruktion zu verwenden. Bei der Anwendung kann ein Zögern auf Studierendenseite und ein besonders „vorsichtiges Ziehen“, wie bereits von Rolet [1996] bei Schülern in 2D-Umgebungen beschrieben, konstatiert werden.
Zur Auswertung vgl. die Verlaufsprotokolle in A.1 bzw. die Videodateien in S1/Gruppe/Daten1(1).

4.3.2 Kurzinterpretation zu Aufgabe 1

Die Tatsache, dass die erfahrenste Gruppe sich am schnellsten in der Softwareumgebung zurecht findet, die überlegene Werkzeugkompetenz ausnutzt und am schnellsten zur richtigen Lösung gelangt, verwundert nicht. Es ist jedoch auffällig, dass die *Cabri*-Gruppen schneller zur korrekten Lösung gelangen. Somit lässt sich die Hypothese aufstellen, *Cabri 3D* sei in der Handhabung intuitiver aufgebaut, was den Gebrauch für Anfänger in 3D-DGSen erleichtern würde. Aufgrund der geringen Teilnehmerzahl können an dieser Stelle keine sicheren Belege für diese Hypothese aufgeführt werden. Jedoch ist ein konzeptioneller Unterschied der beiden Softwareumgebungen festzuhalten, welcher für die unterschiedlichen Konstruktionszeiten verantwortlich sein könnte. Während in *Archimedes Geo 3D* beim Öffnen einer neuen Datei ein „leerer Raum“ vorzufinden ist, gibt *Cabri 3D* zu Beginn einer jeden Konstruktion die x-y-Ebene bereits vor. Diese vorgegebene Ebene wurde in der Regel auch als Standebene des Würfels von den Probanden verwandt, wohingegen eine Standebene in *Archimedes Geo 3D* zunächst noch konstruiert werden musste und somit einen Mehraufwand im direkten Vergleich mit *Cabri 3D* erforderte.

4.3.3 Ergebnisse von Aufgabe 2: Würfelschnitte

Es ist zunächst festzustellen, dass alle Gruppen das gleichseitige Dreieck als Schnittfigur zwischen einem Würfel und einer Ebene auffinden können, vgl. hierzu Tabelle 2. Die Untersuchung der nicht existierenden Schnittfigur des gleichschenklig-rechtwinkligen Dreiecks von Ebene und Würfel und das Auffinden des regelmäßigen Sechseck bereiten den Probanden wesentlich mehr Schwierigkeiten. Nur einer Gruppe (vgl. S1/ON/C/Daten1(1)/ON 34:30) ist es möglich, die Nichtexistenz des gleichschenklig-rechtwinkligen Dreiecks zu begründen, während zwei weitere Gruppen vermuten, dass diese Schnittfigur nicht auftreten kann, wobei eine Begründung jedoch ausbleibt. Drei Gruppen vertreten die Meinung, dass ein gleichschenklig-rechtwinkliges Dreieck als Schnittfigur existiere, wobei die Benutzung der Funktion „Messen“in *Cabri 3D* bei zwei Gruppen (vgl. S1/GK/C/Daten1(2)/GK 49:00; S1/RR/C/Daten1(1)/RR 49:50) diesen Irrtum stützt, was am Beispiel der Gruppen GK_C und RR_C verdeutlicht wird, vgl. hierzu Abbildung 11.

Cabri 3D gibt in den Bearbeitungen in Abbildung 11 der beiden Gruppen den Innenwinkel der Schnittfigur mit 90° an, obwohl die Schnittfigur noch eindeutig als Dreieck zu identifizieren ist[6]. Die Studierenden bemerken nicht, dass im Falle einer korrekten Angabe des Innenwinkels von 90° die Schnittfigur ein Quadrat sein müsste. *Cabri 3D* rundet die Größe des Winkels, im konkreten Fall auf null Nachkommastellen, was dazu führt, dass die Probanden der Autorität des Computers folgen und das gleichschenklig-rechtwinklige Dreieck als Schnittfigur von Würfel und Ebene als existent betrachten. Die Gruppe RR_C verwendet in der obigen Konstruktion zusätzlich die von *Cabri 3D* bereitgestellte Funktion „Schnittpolyeder“, um die Schnittfigur direkt sichtbar zu machen.

Drei Gruppen finden das regelmäßige Sechseck, wobei eine Gruppe nur mit einem Hinweis des Dozenten zur richtigen Lösung kommt.
Zur Auswertung vgl. die Verlaufsprotokolle in Abschnitt A.2 bzw. die Videodateien in S1/Gruppe/Daten1(1).

[6] *Cabri 3D* ermöglicht eine Einstellung der Anzeige bis auf 10 Nachkommastellen, sodass solche Probleme vom erfahrenen Benutzer umgangen werden können.

Tabelle 2: Übersicht: *Würfelschnitte* aus Studie 1

Schnittflächen	**Existenz?**	**DZ_A**	**FHS_A**	**HR_A**	**GK_C**	**HS_C**	**ON_C**	**RR_C**
gleichseit.Dreieck	ja	r	r	r	r	r	r	r
gleichsch.Dreieck	ja	r	r	r	r	r	r	r
glchsch.recht.Dreieck	nein	Vermutung	n.b.	Vermutung	f(messen)	f	r	f (messen)
regelm.Sechseck	ja	r	n.b.	n.b.	f	f	r	m.Hilfe
Nutzung d.Zugm.?	x	nein	nein	nein	ja	ja	nein	wenig
Bevzgt. Werkzeug?	x	Modell	Modell	Modell	M u. S	M u. S	M u. S	M u. S

In der obigen Tabelle treten folgende Abkürzungen auf:

glchsch.recht.Dreieck : gleichschenklig-rechtwinkliges Dreieck
Bevzgt. Werkzeug? : bevorzugtes Werkzeug
Vermutung : richtige Vermutung
r : richtige Konstruktion
f : falsche Bearbeitung
M : Modell
S : Software
m.Hilfe : mithilfe

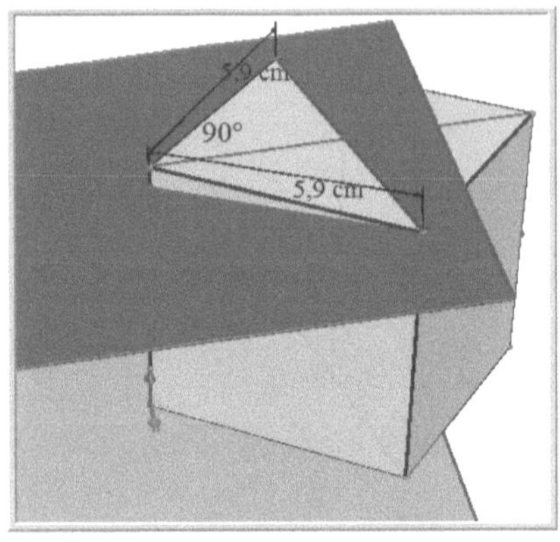

(a) Konstruktion der Gruppe GK/C

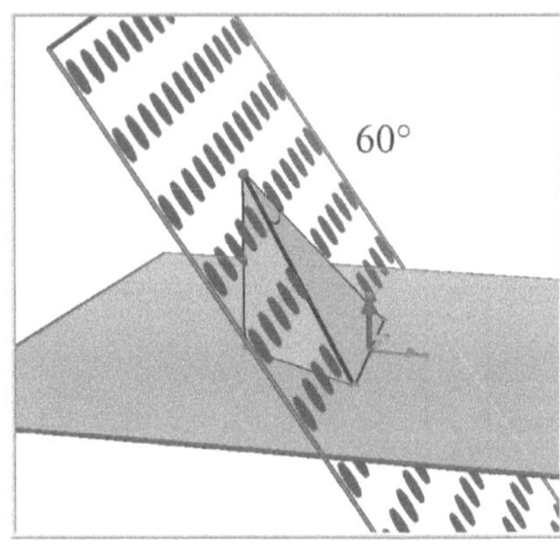

(b) Konstruktion der Gruppe RR/C

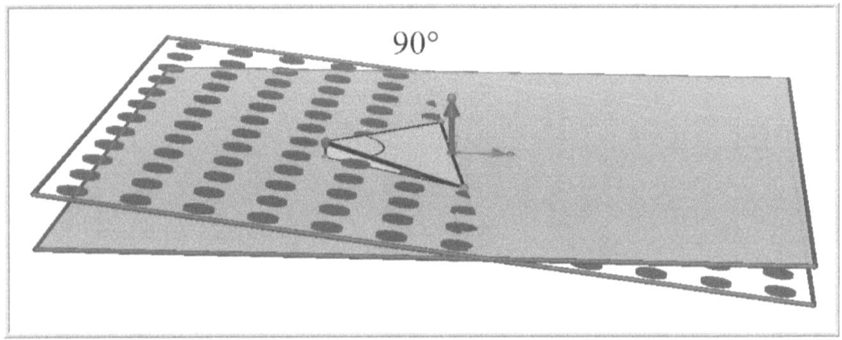

(c) Konstruktion der Gruppe RR/C nach Verwendung des Zugmodus

Abbildung 11: Das gleichschenklig-rechtwinklige Dreieck als scheinbare Schnittfigur von Ebene und Würfel in *Cabri 3D*

Ein weiterer interessanter Punkt ist in der Benutzung der zur Lösungsfindung bereitstehenden Hilfsmittel zu diskutieren. Es ist festzuhalten, dass alle Gruppen das Realmodell bei der Lösungsfindung zu Hilfe nehmen. Die Häufigkeit der Realmodellbenutzung übersteigt eindeutig die Häufigkeit der Computernutzung. Des Weiteren verwenden die Probanden den Zugmodus nicht in der erwarteten bzw. erhofften Weise. Stattdessen benutzen sie „alte Strategien" zur Problemlösung, wie das Hantieren mit dem realen Modell und das gedankliche Vorstellen der Schnittfiguren.

Die Software wird meist nur verwandt, um Vermutungen zu bestätigen, welche außerhalb der Computerumgebung generiert wurden. Bei solchen Validierungskonstruktionen definieren die Probanden eine Schnittebene mithilfe von drei festen Punkten, sodass ein Ziehen der Schnittebene nicht möglich ist. Weiterhin benutzen manche Gruppen die Bildschirmfigur als Modell, wobei Studierende mit einem Blatt Papier, das die Schnittebene repräsentieren soll, vor der Bildschirmfigur hantieren, um sich eine Schnittfigur besser vorstellen zu können.

Darüber hinaus ist zu erkennen, dass ein sinnvoller Einsatz des Zugmodus zur Erkundung von Schnittflächen nur in Ausnahmesituationen stattfindet. Ein kompetenter Umgang mit diesem Werkzeug kann trotz der Vorerfahrungen der Probanden in einer *Euklid DynaGeo*-Umgebung nicht beobachtet werden. Es ist nicht festzustellen, ob die Probanden bereits in der 2D-Umgebung nicht adäquat mit dem Zugmodus umgehen konnten oder ob nur die Übertragung von Zugmoduskompetenzen, wie das Binden eines Punktes an ein geeignetes Objekt oder das überlegte Ziehen von Punkten, in die 3D-Softwareumgebung nicht stattfindet. Als Beleg für diese Aussage ist die Gruppe DZ_A anzuführen, die mehrere feste Punkten auf verschiedenen Kanten des Würfels definiert, um mit deren Hilfe eine beliebige Schnittebene festzulegen. Nach der Exploration der entstehenden Schnittfigur wird die Ebene gelöscht und drei weitere Punkte zur Definition einer neuen Ebene verwandt, um schließlich eine erneute Analyse der Schnittfigur durchzuführen.

Diese Methode ist zunächst praktikabel, jedoch deutlich zeitaufwändiger als ein Ziehen von Punkten, welche an Würfelkanten gebunden sind. Darüber hinaus geht bei der von den Studierenden gewählten Methode die Dynamik des Zugvorgangs verloren. Es werden lediglich statische „Bilder“ erzeugt, wohingegen eine Hypothesenbildung über eventuell existierende Schnittflächen mit einem dynamischen Zugang leichter zu generieren ist. Der Zugmodus wird, wenn überhaupt, nur sporadisch verwandt und immer in einer solchen Art und Weise, dass ein kontrolliertes Ziehen nicht möglich ist. Als Beispiel dient die Gruppe SH_C, die über eine erhöhte Werkzeugkompetenz verfügt und mithilfe des Zugmodus versucht, zu einer Lösung der Aufgabe zu gelangen. Die Probanden definieren die Schnittebene mithilfe von drei willkürlich gewählten Punkten im Raum, welche nicht an ein Objekt gebunden sind. War diese Vorgehensweise noch durchaus ausreichend für das Erkunden von verschiedenen Schnittflächen einer Ebene mit einem Doppelkegel, so stellt es sich für die Verifikation von vorgegebenen Schnittflächen von Würfel und Ebene als zu unpräzise heraus. Eine kontrollierte Bewegung der Schnittebene ist daher nicht gegeben, was die Studierenden letztlich demotiviert.

Auch bei der Bearbeitung von Aufgabe 2 ist festzustellen, dass die Probanden Hypothesen über eventuelle Schnittflächen in Einzelfällen in der Softwareumgebung generieren, diese jedoch meistens am Realmodell weiter diskutieren. Auch in dieser Aufgabe überwiegt die Arbeit mit dem Realmodell, was die Hypothesenerzeugung und deren Verifikation bzw. Plausibilitätsüberprüfung betrifft. Alle Quellen der soeben dargelegten Aussagen sind im zusammenfassenden Abschnitt 4.3.8 zu finden.

4.3.4 Kurzinterpretation zu Aufgabe 2

Zum Zugmoduseinsatz ist anzumerken, dass sich die Probanden anscheinend der Verwendungs- und Implementationsmöglichkeiten des Zugmodus nicht bewusst sind. Die folgenden Aussagen belegen diese Einschätzung.

- „Ich habe keine Ahnung, da habe ich keine Vorstellungskraft für!" (vgl. S1/HSF/Daten1(1)/HSF3 9:20)
- „Wir können die Ebene nicht bewegen, weil wir ja die Punkte festsetzen müssen." (vgl. S1/GK/Daten1(2)/GK 6:55)
- „Ebene verschieben, gibt es das irgendwo?" (vgl. S1/GK/Daten1(2)/-GK 8:10)

Das erste Zitat zeigt, dass der Proband anscheinend nur die Vorstellung der Schnittfigur in seinen Gedanken als Lösungsmöglichkeit betrachtet. Die Möglichkeiten, die ihm von der Computersoftware bereitgestellt werden, erkennt er nicht und versucht, mit „alten Strategien" eine Lösung zu finden. Die weiteren Zitate verdeutlichen ebenso, dass die Möglichkeiten des Zugmoduseinsatzes den Probanden ebenfalls nicht bewusst sind. Die Gruppe GK_C geht davon aus, dass zur Definition einer Ebene drei feste Punkte gewählt werden müssen, wobei bei der gleichen Gruppe der Wunsch zur Variation der Ebene im letzten angeführten Zitat belegt werden kann. Dieses Zitat weist auf die nicht ausreichende Werkzeugkompetenz der Probanden hin, um Schnittfiguren explorativ mithilfe des Zugmodus zu generieren und zu erkunden.

Trotz der Vorkenntnisse der Probanden in 2D-Umgebungen benutzen die Teilnehmer den Zugmodus nur in Ausnahmefällen zur Problemlösung in *Archimedes Geo 3D* bzw. *Cabri 3D*. Dieses Resultat ist vergleichbar mit Ergebnissen von Rolet [1996] und Sinclair [2003], deren Probanden wenig Erfahrung mit 2D-Systemen vorzuweisen hatten. Die Schlussfolgerungen für 2D-Umgebungen, dass Anfänger zur Benutzung des Zugmodus instruiert und ermutigt werden müssen, sind nach den durchgeführten Untersuchungen auch für den neuerlichen Einsatz des Zugmodus in 3D-Programmen gültig. Nicht vertiefte Erfahrungen mit dem Zugmodus in 2D-Umgebungen scheinen unzureichend für ein problemloses Handling der wohl wichtigsten Funktion in Dynamischen Geometriesoftwaresystemen zu sein.

Die Interpretation der Messergebnisse der beiden Gruppen, welche das rechtwinklig-gleichschenklige Dreieck als existent betrachten, ist im Sinne von Olivero & Robutti [2007], die den Einsatz des Messens in Beweisumgebungen analysieren, als „exakt“ zu interpretieren. Dies führt, wie in der angeführten Literatur beschrieben, zu einem Konflikt hinsichtlich der Durchführung eines Beweises und schließlich zu einem falschen Ergebnis.

Weiterhin auffällig ist die Tatsache, dass die Probanden erhebliche Schwierigkeiten mit Begründungen von einfachen geometrischen Sachverhalten im 3D-Raum haben, wobei noch die Frage zu klären wäre, inwieweit die gleichen Probanden geometrische Konfigurationen in der Ebene hinterfragen, begründen bzw. beweisen können. Darüber hinaus scheint eine deutliche Präferenz für die Benutzung eines realen Modells gegenüber gegenüber der Computersoftware und der *Papier und Bleistift-Umgebung* vorzuherrschen. Eine mögliche Rechtfertigung für dieses Verhalten ist eventuell darin begründet, dass die Vorteile der Geometriesysteme den Probanden nicht bewusst bzw. bekannt sind. Möglicherweise fand keine „Verinnerlichung“ der „dynamischen“ Geometrie statt, sodass sie nicht aktiv verwandt und in eine Problemlösung implementiert werden kann. Eine weitere Hürde bei der Benutzung des Zugmodus liegt in der Übertragung der eventuell vorhandenen Kenntnisse von der 2D-Ebene in den 3D-Raum, an der eine dynamische Lösung der Aufgaben ebenfalls scheitern kann. Möglich ist auch, dass sich die Probanden zwar der Vorteile der Software bewusst sind, diese jedoch aufgrund mangelnder Werkzeugkompetenz nicht nutzen können. Das Verhalten der Probanden könnte auch in ihrer „mathematischen Sozialisation“ aus Schule und Universität begründet sein, in der ähnliche Aufgaben entweder mit reiner Vorstellungskraft oder unter Zuhilfenahme eines realen Modells gelöst wurden. Der Zugang zum Realmodell scheint zunächst leichter, da es sofort mit den Händen berührt und untersucht bzw. gedreht werden kann. Der Zugang ist schneller und mit weniger Aufwand bzw. Anstrengung verbunden. Nach der Aufgabenanalyse können folgende Hypothesen aufgestellt werden:

- Aufgaben, die den Probanden relativ einfach erscheinen, werden ohne Hilfsmittel durch Überlegen gelöst und am Computerbildschirm mit einer einzigen, fest definierten, Ebene verifiziert.
- Bei schwierigeren Aufgaben versuchen die Probanden zunächst, mithilfe des realen Modells Hypothesen zu generieren.

Interessant ist das Agieren der Gruppe HS_C mit den erfahrensten Probanden im Umgang mit *Cabri 3D*. Diese Probanden versuchen, die zweite Aufgabe mithilfe des Zugmodus zu lösen. Bei dem Versuch der Aufgabenlösung ist ein globales schematisches Vorgehen zu identifizieren, vergleichbar mit dem früheren Vorgehen bei der Suche nach den nichtentarteten Schnittfiguren zwischen einem Doppelkegel und einer Ebene während einer Seminarsitzung.

Auch dort wurden drei willkürlich gewählte Punkte im Raum positioniert und die Schnittebene durch diese Punkte definiert. Die Schnittfigur des Kreises war relativ einfach auch ohne Verwendung des Zugmodus zu finden bzw. abzuleiten. Zur Identifikation von Ellipse und Hyperbel war ein unkoordiniertes Ziehen im Raum ausreichend, ein feines Justieren bzw. präzises Ziehen nicht notwendig. Die gleiche Vorgehensweise wählen die Probanden auch bei der Behandlung der Würfelaufgabe, wobei sich jedoch herausstellt, dass diese im hier vorliegenden Fall zu unpräzise und ungenau ist, um konkret gegebene Schnittfiguren zu verifizieren bzw. zu falsifizieren. Die Ebene lässt sich nur schwer kontrollieren, sodass ein präzises „Herstellen“ von Schnittfiguren erheblich erschwert ist.

Somit lässt sich bei den Probanden ein Handlungsschema nach Rabardel [1995] identifizieren, vergleiche hierzu 2.1. Eine Adaption des alten Schemas, mit dessen Hilfe die Schnittfiguren von Doppelkegel und Ebene gefunden wurden, an die Erfordernisse der neuen Aufgabe findet jedoch nicht statt. Nach dem instrumentellen Ansatz Rabardels hat sich eventuell ein *Gebrauchsschema* zur Identifikation von Schnittfiguren im Umgang mit dem Zugmodus gebildet, welches jedoch nicht weiterentwickelt bzw. angepasst werden kann.

4.3.5 Ergebnisse von Aufgabe 3: Abstand windschiefer Geraden

Als Ergebnis von Aufgabe 3 ist festzuhalten, dass manchen Gruppen bereits der erste Aufgabenteil Probleme bereitet, obwohl dieser als „leichter Einstieg“ dienen sollte. Ohne Hilfe können nur zwei der sieben Gruppen den experimentellen Teil der Aufgabe richtig lösen. Eine geeignete Konstruktion, um den Abstand zweier windschiefer Geraden festzustellen gelingt ebenfalls nur zwei Gruppen ohne Zutun des Dozenten, wobei sich gegebene Hilfen teilweise auf mathematische Fragestellungen und in einigen Fällen auf Werkzeugkompetenzen beschränken. Eine Übersicht über die Gruppenbearbeitungen ist der Tabelle 3 zu entnehmen.

Zur Auswertung vgl. die Verlaufsprotokolle in Abschnitt A.3 bzw. die Videodateien in S1/Gruppe/Daten1(2).

Tabelle 3: Übersicht: *Abstand windschiefer Geraden*

	HSF_A	ZD_A	RH_A	ON_C	RR_C	GK_C	SH_C
P.windsch.	nein	ja	nein	n.b.	nein	n.b.	nein
P.Abst.	nein	nein	ja	n.b.	ja	n.b.	nein
P.exp.	n.b.	nein	ja	n.b.	nein	n.b.	ja
Exp.Teil	n.b.	r	m.H.	n.b.	r	n.b.	r,m.H.
Konstr.?	r	f	r	n.b.	Spzf.	n.b.	r,m.H.

In der Tabelle treten folgende Abkürzungen auf:

P.windsch. : Probleme mit dem Begriff „windschief“
P.Abst. : Probleme mit dem Begriff „Abstand“
P.exp. : Probleme mit dem Begriff „experimentell“
Exp.Teil : *Experimenteller Teil*
n.b. : nicht bearbeitet
m.H. : mit Hilfe
Spzf. : Lösung nur für Spezialfall
r : richtig
f : falsch
Konstr.? : Korrekte Konstr. zur Abstandsbestimmung windsch. Geraden?

4.3.6 Kurzinterpretation zu Aufgabe 3

Aus der Analyse des Videomaterials geht hervor, dass manche Schwierigkeiten im experimentellen Teil der Aufgabe auf Verständnisschwierigkeiten der Begriffe „experimentell“, „Abstand“ und „windschief“ zurückzuführen sind. Darüber hinaus wird deutlich, dass der Begriff des „Abstands“ oft mit „senkrecht“ gleichgesetzt wird und fast alle Gruppen davon ausgehen, dass es eine bestimmte Gerade geben muss, die auf den beiden windschiefen Geraden senkrecht steht, vgl. hierzu Abschnitt A.3, und S1/RH_A_A3 (22:00); S1/RR_C_A3 (2:35); S1/SH_C_A3 (14:48); S1/ZD_A_A3 (10:30).

Es bleibt offen, ob sich die Probanden der Tatsache bewusst sind, dass es im 3D-Raum unendlich viele Geraden gibt, die auf einer gegebenen Geraden senkrecht stehen und durch einen Punkt dieser Geraden verlaufen. Die Gruppe ZD_C sucht beispielsweise eine Funktion, die eine Lotgerade durch einen Punkt zu einer gegebenen Geraden konstruiert, vgl. hierzu A.3, Gruppe ZD_C_A3 ZD2 (1:00).

Mithilfe der Ergebnisse von Aufgabe 3 wird deutlich, dass Konzepte bzw. Vorstellungen von Probanden, welche in der zweidimensionalen Ebene aufgebaut wurden, zunächst bei räumlichen Konstruktionen Probleme bereiten können und einen korrekten Lösungsweg eventuell sogar verhindern.

4.3.7 Ergebnisse von Aufgabe 4: Paraboloidkonstruktion

Nur die Gruppe HSF_A kann in der zur Verfügung stehenden Zeit neben Aufgabe 3 auch noch Aufgabe 4 bearbeiten, wobei die korrekte Paraboloidkonstruktion jedoch nicht gelingt, vgl. hierzu S1/HSF_A/Daten1(2)/HSF3. Aufgrund der geringen Anzahl an Bearbeitungen wird Aufgabe 4 nicht in die Aufgabenauswertung einbezogen.

4.3.8 Kurzzusammenfassung erster Ergebnisse

Im Folgenden werden die entscheidenden Erkenntnisse der ersten Studie zusammengefasst, vgl. hierzu auch Hattermann [2008b].

1. Es ist festzustellen, dass die Studierenden den Zugmodus nicht in der erwarteten Weise nutzen, um die Schnittfiguren zu konstruieren bzw. zu verifizieren. Das „alte“ Muster des Vorstellens der Schnittfigur am Realmodell bestimmt in überwiegendem Maße die Hypothesenbildung der Probanden. Beispiele hierfür finden sich in jeder Probandengruppe, vgl. hierzu die Ablaufprotokolle von Studie 1 in A.2.

2. Die Software wird oft verwendet, um die am Modell erarbeiteten Vermutungen über eventuell vorhandene konkrete Schnittfiguren zu überprüfen. Hierbei wird überwiegend die Schnittebene über drei Eckpunkte des Würfels definiert. Im Anschluss untersuchen die Probanden meist die entstandene Schnittfigur, ohne sie (in den meisten Fällen) konkret einzuzeichnen.

3. Weiterhin ist zu beobachten, dass die Bildschirmfigur als Modell benutzt wird. Die Probanden gestikulieren mit den Händen oder einem Blatt Papier, das die Schnittebene repräsentieren soll, vor dem Bildschirm und überlegen, wie die Schnittfigur aussehen könnte. (vgl. S1/-GK/Daten1(2)/GK 13:50, S1/ON/Daten1(2)/ON 7:00, S1/RR/Daten-1(1)/RR 31:00)

4. In *Cabri 3D* existiert ein vom Autor benannter „Zugmodus 2.Art“, der selten benutzt wird. Hierunter ist folgender Sachverhalt zu verstehen: Legt man zur Definition einer Ebene zwei Punkte fest, erscheint bereits eine Ebene, bevor der dritte, sie endgültig definierende Punkt gewählt wird, sodass sich durch die Bewegung des Cursors die Lage der Ebene noch variieren lässt. Beispiele für die Verwendung dieser Art des Zugmodus finden sich bei folgenden Bearbeitungen: S1/GK/Daten1(2)/GK 3:05, S1/GK/Daten1(2)/GK 5:45; S1/ON/Daten1(2)/ON 5:20.

5. Es kann an mehreren Beispielen belegt werden (vgl. S1/ON/Daten1(2)/-ON 6:04, S1/GK/Daten1(2)/GK 6:55), dass sich die Studierenden der Einsatzmöglichkeiten des Zugmodus nicht bewusst sind. Der Zugmodus steht nicht als „Instrument“ zur Verfügung.

6. Der Zugmodus wird an einigen Stellen benutzt, seine Verwendung ist in den folgenden Beispielen jedoch ineffektiv: S1/RR/Daten1(1)/RR 45:10; S1/GK/Daten1(2)/GK 37:50; S1/RH/Daten1(1)/RH 4:00; S1/-SH/Daten1(1)/SH3 16:00; S1/SH/Daten1(1)/SH3 19:00; S1/SH/Daten1(1)/SH3 21:10;S1/SH/Daten1(1)/SH3 26:45.

7. Teilweise wird eine Entdeckung am Rechner gemacht, dann aber zur weiteren Diskussion das Realmodell zuhilfe genommen. (vgl. S1/SH/-Daten1(1)/SH3 19:12)

8. Die Gruppen GK_C (vgl. S1/GK/C/Daten1(2)/GK 49:00) und RR_C (vgl. S1/RR/C/Daten1(1)/RR 49:50) befürworten die Existenz des gleichschenklig-rechtwinkligen Dreiecks als Schnittfigur aufgrund der gerundeten Anzeige des Schnittwinkelmaßes in *Cabri 3D*.

9. Die Gruppe SH_C ist gesondert zu betrachten, da diese Probanden die Seminarsitzung zum Thema „Kegelschnitte“ geleitet und somit die größte Erfahrung im Vergleich zu den anderen Probanden im Umgang mit *Cabri 3D* hatten. Es ist möglich, dass sich in dieser Gruppe bereits ein *Gebrauchsschema* nach Rabardel ausgebildet hat. Die Gruppe benutzt im Vergleich zu den anderen Gruppen den Zugmodus häufiger. Allerdings nutzen auch diese Probanden den Zugmodus teilweise ineffektiv (vgl. S1/SH/Daten1(1)/SH3 20:00; S1/SH/Daten1(1)/SH3 40:00). Die Definition der Schnittebene erfolgt oft durch drei willkürlich im Raum gewählte Punkte. Somit ist keine kontrollierte Bewegung der Ebene möglich und der Einsatz des Zugmodus liefert nur zufällig brauchbare Erkenntnisse. Das vorhandene *Gebrauchsschema* wird nicht

an die Erfordernisse der neuen Aufgabe adaptiert, welche ein präzises Ziehen bei Verwendung des Zugmodus verlangt. Die Probanden wählen, im Gegensatz zu den anderen Teilnehmern der Studie, auch keine feste Ebene zur Überprüfung von Hypothesen.

10. Hypothese: Den Probanden leicht fallende Aufgaben werden durch reines Nachdenken gelöst und am Computer überprüft. Ist die Aufgabe für die Probanden schwer, wird das Modell (meist das Realmodell, seltener das Modell auf dem Bildschirm) zur Lösung herangezogen.

11. Die Begriffe „Abstand“ und „senkrecht“ sind beim Übergang von einer 2D- zu einer 3D-Umgebung problematisch und erfordern eine weitere Untersuchung.

4.4 Weiterer Forschungsverlauf

Aufgrund der Ergebnisse von Studie 1 ist festzuhalten, dass zur Beobachtung von verschiedenen Zugmodi in 3D-Umgebungen, dem eigentlichen Forschungsziel, mehr vorbereitende Maßnahmen getroffen werden müssen. Es bestätigt sich somit in Bezug auf die Verwendung des Zugmodus in 3D-Umgebungen die allgemeinere Aussage von Sutherland:

> „If we want young people to develop a repertoire of mathematical tools so that they can have the choice to use whatever is the most efficacious for a particular problem-solving situation then they will somehow have to be taught about these new tools.“
> [Sutherland, 2007, S. 36]

Somit fällt die Entscheidung, die Probanden bei der Durchführung einer zweiten Studie zuvor im Rahmen einer ca. eineinhalbstündigen Sitzung in das jeweilige DGS einzuführen. Hierbei sollen grundlegende Funktionen der Software, wie das Konstruieren von Geraden, Ebenen, Kreisen, Kugeln, Orthogonalen und das Durchführen einfacher Abbildungen, vorgestellt und auch von den Probanden selbst durchgeführt werden. Des Weiteren werden spezielle Aufgaben in dieser Einführungsveranstaltung verwandt, welche die Probanden zum Einsatz des Zugmodus animieren bzw. diesen einfordern, da ohne dessen Verwendung eine Lösung der Aufgaben bzw. eine Überprüfung der Lösung unmöglich ist. Hierbei erfolgt eine Orientierung bei der Aufgabenkonzeption an Arbeiten des Centre informatique pédagogique [1996], die zur Einführung des Zugmodus in 2D-Systemen durchgeführt wurden. Bei diesen

Aufgaben handelt es sich um sogenannte „Schwarze Boxen[7]". Eine „Schwarze Box" enthält eine vorgegebene Konstruktion mit mehreren Punkten, welche gezogen werden können, vgl. hierzu Laborde [2001b, S. 156] für den zweidimensionalen Fall. Die Aufgabe der Probanden besteht nun darin, die speziellen Konstruktionsschritte nachzuahmen, nach denen ein bestimmter Punkt, der farblich markiert ist, konstruiert wurde. Die Verwendung des Zugmodus ermöglicht eine Hypothesengenerierung, mit deren Hilfe verschiedene Konstruktionen durchgeführt werden sollen. Diese Vorgehensweise animiert die Nutzer zur Verwendung des Zugmodus und erfordert gleichzeitig die Durchführung von Grundkonstruktionen[8] (Geraden, Strecken, Kreise, Schnittpunkte, Ebenen,...), welche für einen späteren kompetenten Umgang mit einem DGS unverzichtbar sind.

Um das eigentliche Forschungsvorhaben besser fokussieren zu können, wird bei der Durchführung von Studie 2 auf die Bereitstellung sowohl von Papier und Bleistift als auch eines realen Modells verzichtet. Mit dieser methodischen Entscheidung werden die Probanden zur Lösungsfindung in die Computerumgebung gezwungen. Folglich ist davon auszugehen, dass sich die Studierenden intensiver mit den in der Software zur Verfügung stehenden Werkzeugen und besonders dem Zugmodus auseinandersetzen.

Um den explorativen Charakter von Aufgabe 2 (Würfelschnitte) zu erhöhen und damit einen eventuellen Einsatz des Zugmodus nahe zu legen, wird die Aufgabenstellung den Erkenntnissen aus Studie 1 folgendermaßen angepasst:

> „Konstruieren Sie nun mithilfe der bereits vorhandenen Funktion „Würfel" einen Würfel und finden Sie experimentell alle möglichen „n-Ecke" ($n = 3, 4, \ldots$), welche als Schnittfigur einer Ebene mit einem Würfel auftreten können! Achten Sie besonders auf rechtwinklige und symmetrische Formen! Führen Sie eine Konstruktion durch, die die spezielle Schnittfigur liefert und speichern Sie die Konstruktion unter einem bestimmten Namen ab!"

---

[7] Diese sind in der französischen Community als *Boîtes Noires* bekannt und werden in der deutschsprachigen Literatur auch teilweise als „Schwarze Kästen" bezeichnet.

[8] Unter diesem Begriff sind in der vorliegenden Dissertation häufig zu gebrauchende Konstruktionen zu verstehen, die nicht zu komplexe Schritte erfordern. Es erfolgt keine Unterscheidung zwischen *Grundkonstruktionen*, die mit klassischem Zeichengerät in einem Schritt konstruiert werden können und komplexeren *Standardkonstruktionen*, für eine detaillierte Ausführung vgl. Holland [2007, S. 72] bzw. Kadunz & Sträßer [2007, S. 34].

5 Studie 2

In dem vorliegenden Kapitel erfolgt zunächst eine Erläuterung des methodischen Vorgehens und der konkreten Forschungsfragen von Studie 2. Im Anschluss werden Themen und Abläufe der Einführungsveranstaltungen zu den Programmen *Archimedes Geo 3D* und *Cabri 3D* vorgestellt, um die Kenntnisse der Probanden zu Beginn von Studie 2 adäquat angleichen zu können. Es folgt eine a priori Analyse der verwandten Aufgaben, in der mögliche Vorgehensweisen, Lösungen und Probleme der Umsetzung angesprochen sind. Nach den quantitativen Auswertungen der einzelnen Aufgaben folgen qualitative Analysen der einzelnen Gruppenbearbeitungen, wobei im Anschluss alle in der betreffenden Aufgabe aufgetretenen Verwendungsweisen des Zugmodus identifiziert und in einem weiteren Schritt Auffälligkeiten der Bearbeitungen festgehalten werden. Ein qualitativer Vergleich mit Ergebnissen der ersten Studie rundet die Analyse der empirisch vorliegenden Befunde ab. Das Kapitel schließt mit einer Reflexion der Ergebnisse auf theoretischer Ebene, wobei die identifizierten Verwendungsweisen des Zugmodus mit teilweise neu definierten Fachtermini belegt und wesentliche Entscheidungen für den weiteren Forschungsverlauf angesprochen werden.

5.1 Methodologie und Forschungsfragen von Studie 2

Aufgrund des sehr ähnlichen methodischen Vorgehens im Vergleich zu Studie 1 wird auf eine differenzierte Betrachtung von Erhebungstechnik, Aufbereitungstechnik und Auswertungstechnik verzichtet und die wesentlichen Punkte des methodischen Vorgehens sowie eine Begründung der Gültigkeit von erhaltenen Ergebnissen zusammenfassend ausgeführt. Der methodische Unterschied im Vergleich zum Vorgehen in Studie 1 besteht in der Konzeption und Durchführung einer Einführungsveranstaltung, in der vor Durchführung der eigentlichen Studie die Studierenden im Umgang mit grundlegenden Werkzeugen und Eigenschaften der jeweiligen Software geschult werden. Um eine möglichst angenehme Arbeitsatmosphäre während der Einführungsveranstaltung zu schaffen, erfolgen keine Aufzeichnungen der Probanden mit Screen-recording-Software oder Webcam. Eine intensive persönliche Betreuung durch den Dozenten findet während der gesamten Einführung statt.

Im Verlauf der eigentlichen Studie finden erneut Aufzeichnungen der Konstruktionen in der Softwareumgebung mit der Screen-recording-Software *Camtasia* statt. Ebenso wie in Studie 1 werden die Aktionen und Konversationen der Probanden von einer Webcam bzw. der zugehörigen Software mitgeschnitten.

Bei der Bearbeitung der Aufgaben aus Studie 2 stehen neben den Softwareumgebungen keine weiteren Hilfsmittel, auch keine realen Modelle, zur Verfügung, vgl. hierzu die Entscheidungen zum weiteren Forschungsverlauf 4.4 aus Studie 1.

Zur Aufbereitung der Daten werden Verlaufsprotokolle angefertigt, denen der grobe Ablauf der Bearbeitungen, Kommentare von Forscherseite und sequenzielle Transkriptionen von Probandenkonversationen zu entnehmen sind, vgl. hierzu die Verlaufsprotokolle in A.4 und A.5. Darüber hinaus wird jede Verwendung des Zugmodus im Protokoll festgehalten. Die Protokolle schließen mit einem kurzen Fazit, aus dem Besonderheiten der Bearbeitung hervorgehen. Die Auswertungstechnik bildet neben den quantitativen Betrachtungen der Bearbeitungsdauer die komparative Analyse der Gruppenbearbeitungen auf Grundlage der *Grounded Theory*, vgl. Abschnitt 3.4. In den Aufnahmen nachgewiesene Verwendungsweisen des Zugmodus und weitere im Datenmaterial identifizierte markante Merkmale der Bearbeitungen, wie bspw. ein Verständnis von *Eltern-Kind-Beziehungen* (*parent-child-relations*) auf Probandenseite, werden in einer Kurzinterpretation, die zu jeder Bearbeitung angefertigt wird, reflektiert. Die Gültigkeit der Ergebnisse ergibt sich aus der Verankerung der gebildeten Interpretationen im konkreten Datenmaterial, da alle Verwendungsweisen des Zugmodus mit Quellenangaben in den Videomitschnitten versehen sind. Weitere Grundlagen für Hypothesenbildungen sind entweder im Verlaufsprotokoll oder im Videomaterial als Quellenangaben verfügbar und somit nachprüfbar, sodass eine argumentative Interpretationsabsicherung gegeben ist. Die zugehörigen Videodateien sind in dem Ordner *Studie2* unter dem jeweiligen Gruppennamen abzurufen. Das Vorverständnis auf Forscherseite ergibt sich aus dem theoretischen Rahmen in Kapitel 2 und den Ergebnissen der Studie 1, vgl. hierzu die Abschnitte 4.3 und 4.3.8.

Forschungsfragen und Probandenauswahl

Im Sinne der *Grounded Theory* baut das Forschungsdesign der zweiten Studie auf den Ergebnissen der ersten Studie auf. Diese Anpassung resultiert in der zusätzlichen Durchführung einer Einführungsveranstaltung zur Instruktion der Probanden und einer „offeneren“ Aufgabenstellung von Aufgabe 2 (Würfelschnitte), um den experimentellen Charakter der Aufgabe zu erhöhen. Neben den konkreten Forschungsfragen werden immer allgemeine Verhaltensweisen der Probanden im Fokus der Betrachtungen stehen, welche bei der weiteren Anpassung des Designs und Forschungsinteresses von Nutzen sein können.
Folgende Forschungsfragen ergeben sich aus den Ergebnissen der ersten Studie:

1. Inwiefern verwenden die Probanden den Zugmodus nach der Teilnahme an einer Einführungsveranstaltung zum jeweiligen Programm, in der sowohl *Schwarze Boxen* als auch Grundkonstruktionen sowie grundlegende Werkzeugkompetenzen u.a. im Zusammenhang mit Abbildungen thematisiert wurden?

2. Welche Zugmodi können konkret beobachtet werden?

3. Sind sich die Probanden der bestehenden *Eltern-Kind-Beziehungen* in Konstruktionen bewusst?

4. Sind wichtige Unterschiede im Gebrauch der beiden Systeme *Archimedes Geo3D* und *Cabri 3D* festzustellen?

Die zweite Studie fand im Februar 2008 an der Justus-Liebig-Universität Gießen statt. 15 Lehramtsstudierende zwischen dem fünften und siebten Studiensemester nahmen an der Untersuchung teil. Auch diese Probanden arbeiteten bereits während des Besuchs der Vorlesung *Didaktik 1 (Geometrie)* mit der Software *Euklid DynaGeo*, wobei anzumerken ist, dass die Vorkenntnisse der Probanden der ersten Studie hinsichtlich der Softwarenutzung über die Erfahrungen der Probanden der zweiten Studie hinausgingen. Aufgrund von Änderungen der Studienordnung und der Einführung modularisierter Studiengänge wurde die Vorlesung *Computer im Mathematikunterricht*, welche von den Teilnehmern der ersten Studie noch obligatorisch besucht werden musste, nicht mehr angeboten. Stattdessen mussten die dort zu vermittelnden Inhalte, u.a. auch die Software *Euklid DynaGeo* betreffend, in die Vorlesung *Didaktik 1 (Geometrie)* implementiert werden. Aus diesem Grund konnte u.a. auch dieses Programm nicht mehr in der Ausführlichkeit und Tiefe behandelt werden, wie es noch in der Vorlesung *Computer im Mathematikunterricht* der Fall gewesen war.

Insgesamt nahmen sieben Gruppen an der Studie teil, wobei drei Gruppen mit *Archimedes Geo3D* und vier Gruppen mit *Cabri 3D* arbeiteten. Sechs Gruppen setzten sich aus jeweils zwei Teilnehmern zusammen, eine Gruppe bestand aus drei Probanden. Aufgrund der Erkenntnisse aus Studie 1 erfolgten Einführungsveranstaltungen. An den jeweiligen Einführungen nahmen nur speziell diejenigen Gruppen teil, die in der folgenden Studie 2 mit genau diesem Programm arbeiten sollten.

Einführungsveranstaltungen

Den Praxisphasen der jeweiligen Einführungsveranstaltungen geht ein Kurzvortrag voraus, in dem auf den Studierenden bekannte und unbekannte DGS der Ebene Bezug genommen wird. Darüber hinaus werden die definierenden Eigenschaften des *Zugmodus*, der *Ortslinienfunktion* und der *Makroerstellung* von DGS-Umgebungen thematisiert und sowohl die dreidimensionalen Systeme *Archimedes Geo 3D* und *Cabri 3D* als auch das *algebraisch-dynamische Geometriesystem*[1] *GeoGebra*[2] vorgestellt.
Bei der Konzeption der praktischen Übungen sind Schwerpunkte in den Bereichen „Zugmodus“ und „grundlegende Werkzeugkompetenzen“ gesetzt. Dabei sind bestimmte Aufgaben im Bereich der Werkzeugkompetenzen auf spezielle Schwierigkeiten, welche bei den Probanden in Studie 1 identifiziert wurden, abgestimmt. So bereitete oft die Konstruktion von Lotgeraden in Ebenen den *Cabri*-Gruppen Probleme (Gebrauch der *Ctrl*-Taste), während für alle *Archimedes*-Gruppen die Implementierung von Abbildungen problematisch war. Bei der Auswahl der zu bearbeitenden Aufgaben wird zusätzlich auf die Konstruktion und Einbindung von beweglichen Objekten geachtet, sodass die Probanden in die Lage versetzt werden sollen, eigenständig bewegliche Objekte in der jeweiligen Software zu konstruieren.

Nach der Vorstellung der speziellen Software steht zunächst die konkrete Implementierung des Zugmodus im jeweiligen System im Vordergrund, wobei sich nach dessen Behandlung eine Praxisphase anschließt, in deren Verlauf die Probanden in beiden Einführungsveranstaltungen überwiegend die gleichen Konstruktionen durchführen.

Bei der sich anschließenden Präsentation der vorbereitenden Sitzung von *Archimedes Geo3D* werden mögliche Lösungen des Aufgabenteils *Schwarze Boxen* vorgestellt. Da es sich hierbei um die überwiegend gleichen Konstruk-

[1] Für die Bezeichnung von algebraisch-dynamischen Geometriesystemen hat sich die Kurzbezeichnung ADGS eingebürgert.

[2] http://www.geogebra.org

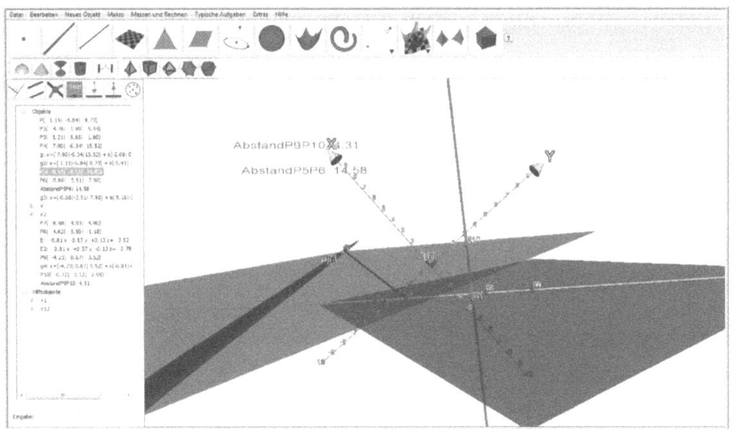

Abbildung 12: Abstand windschiefer Geraden in *Archimedes Geo3D*

tionen handelt, wird auf eine konkrete Präsentation der Lösungen in *Cabri 3D* zunächst verzichtet. In Abschnitt 7.3.1 sind diese Konstruktionen in einer *Cabri 3D*-Umgebung dargestellt. Um beiden Programmen gerecht zu werden, finden sich nur im Teil über die vorbereitende Sitzung zum Programm *Cabri 3D* die Lösungskonstruktionen zu den Übungsaufgaben, deren Präsentation im folgenden Abschnitt über *Archimedes Geo3D* ausbleibt.

5.2 Vorbereitende Sitzung zu Archimedes Geo 3D

Im Anschluss an die allgemeine Einführung erfolgt eine kurze Präsentation der Oberfläche von *Archimedes Geo3D*, wobei Aufgabe 3 aus Studie 1 (Abstand windschiefer Geraden) als Demonstrationsdatei verwandt wird, vgl. Abbildung 12. Nach der Präsentation der Oberfläche von *Archimedes Geo 3D* erfolgt eine Praxisphase, die im Folgenden konkret erläutert wird.

5.2.1 Thematisierung grundlegender Werkzeugkompetenzen

Das Erstellen und Bewegen von Punkten wird mithilfe der folgenden Folieneinträge thematisiert und zunächst vorgeführt, später dann von den Studierenden selbstständig durchgeführt.

- Wie funktioniert der Zugmodus in 3D mit einem 2D-Eingabemedium?
- Ein neuer Punkt wird von *Archimedes Geo3D* in den Ursprung des Koordinatensystems gelegt.
- Mithilfe des Zugmodus bewegen Sie den Punkt zunächst nur in der Ebene, die parallel zum Bildschirm verläuft.
- Durch anhaltendes Drücken der *Shift*-Taste können Sie den Punkt in die Tiefe des Raumes bewegen.
- Nach Loslassen der *Shift*-Taste können Sie wiederum den Punkt parallel zur Bildschirmebene bewegen.

Im Anschluss an diese kurze Praxisphase erfolgt der Hinweis auf die Unterschiede von *freien*, *halbfreien* und *festen* Punkten, vgl. hierzu Abschnitt 2.3. Folgende Themen werden angesprochen:

- Freie Punkte haben volle Variabilität (können im gesamten Raum bewegt werden).
- Halbfreie Punkte können nur auf einem Objekt bewegt werden (z.B. auf einer Geraden, einem Kreis, einer Strecke, einer Ebene,...).
- Feste Punkte können nicht bzw. nicht direkt bewegt werden (Punkte mit festen Koordinaten, Schnittpunkte von Geraden,...).
- Punkt konstruieren: freier Punkt-Rechtsklick in Konstruktionsprotokoll-Einstellungen
- Mittelpunkt zweier Punkte

Nach der Wiederholung der aus 2D-Systemen teilweise bereits bekannten verschiedenen Punktarten erfolgt ein Arbeitsauftrag, mit dessen Hilfe den Probanden bewusst werden soll, dass die Wahrnehmung einer dreidimensionalen Konfiguration auf einem zweidimensionalen Bildschirm immer mit Einschränkungen bzw. einem Informationsverlust verbunden ist. Hat man zwei Geraden aus einem Blickwinkel mithilfe des Zugmodus anscheinend zur Deckung gebracht, so stellt sich die Situation, bis auf Ausnahmefälle, aus einem anderen Blickwinkel völlig verschieden dar. Dieser Informationsverlust, welcher mit jeder zweidimensionalen Projektion einer dreidimensionalen Konfiguration einhergeht, soll von den Studierenden mithilfe der folgenden Arbeitsanweisungen direkt erfahren werden:

- Konstruieren Sie die x-y-Ebene im Raum (typische Aufgaben-Koordinatenebenen-anschließendes Löschen der y-z und x-z-Ebene mithilfe des Konstruktionsprotokolls links und *Bearbeiten* zum Löschen). Konstruieren Sie zunächst zwei unterschiedliche Geraden, die nicht in der x-y-Ebene liegen! Versuchen Sie, mithilfe des Zugmodus die beiden Geraden zur Deckung zu bringen!
- ... ändern Sie jetzt mithilfe der gedrückten linken Maustaste den Blickwinkel!
- Mithilfe der rechten Maustaste können Sie zoomen.

Die Implementierung von Abbildungen in eine Konstruktion erwies sich in der ersten Studie (vgl. Abschnitt 4.3.1) für Laien als schwierig. Obwohl das Einbinden von Abbildungen den Probanden der *Archimedes*-Gruppen kurz vor Beginn der ersten Studie von einem Dozenten erläutert wurde, waren die Probanden kaum in der Lage, in ihren Konstruktionen mit Abbildungen zu arbeiten. Aus diesem Grund beinhaltet die Einführungsveranstaltung von *Archimedes Geo 3D* die Ausführung von Abbildungen. Hierbei erweist sich das sonst sehr hilfreiche Konstruktionsprotokoll als teilweise hinderlich, da Anfänger oft nicht bemerken, wenn ein Punkt im Konstruktionsprotokoll markiert ist. Ein Klicken auf das „Abbildungsikon" bewirkt die sofortige Implementierung einer Abbildung, was für den erfahrenen Benutzer leicht und schnell zu handhaben ist, bei Anfängern jedoch oft zu Verwirrungen führt. Daher sollen die folgenden Anweisungen den Probanden helfen, sich bei der Festlegung von Abbildungen zurechtzufinden:

- Zunächst eine Abbildung festlegen! (2. Schaltfläche von rechts, Punkt ergibt Punktspiegelung, Gerade ergibt Geradenspiegelung, Ebene ergibt ... ersichtlich an Bezeichnung „Abb" im Konstruktionsprotokoll)
- Dann zu spiegelnden Punkt und „Abb" im Konstruktionsprotokoll markieren (*Ctrl*-Taste)
- *Abgebildeter Punkt* anklicken ...
- Führen Sie eine beliebige Punktspiegelung durch!
- Achten Sie beim Arbeiten im Menü darauf, dass keine Objekte im Konstruktionsprotokoll markiert sind!

Nachdem die korrekte Durchführung einer Punktspiegelung bei jeder Gruppe kontrolliert und diskutiert ist, sollen die Teilnehmer in der folgenden Arbeitsphase Konstruktionen durchführen, welche ihnen bei der Bearbeitung der Aufgaben in Studie 2 von Nutzen sein können.

Hierbei wird ebenfalls darauf geachtet, dass die Konstruktion der x-y-Ebene den Probanden keine Schwierigkeiten bereitet, da die Hypothese für die schneller durchgeführten Konstruktionen in der *Cabri*-Umgebung auf der Annahme beruht, dass die Probanden in der *Archimedes*-Umgebung zunächst die x-y-Ebene konstruieren müssen und dies zu einem Zeitverlust gegenüber den *Cabri*-Gruppen führen könnte.

Des Weiteren werden unter anderem geometrische Konstruktionen wie Kreise, Lotebenen und Lotgeraden thematisiert, welche bei der späteren Konstruktion des Würfels hilfreich sein können. Zur Wiederholung wird in diese Übungssequenz eine weitere Durchführung einer Punktspiegelung implementiert. Die folgenden Arbeitsanweisungen dienen zur Vorbereitung der Einbindung von beweglichen geometrischen Objekten, welche bei der Untersuchung von möglichen Schnittfiguren eines Würfels mit einer Ebene hilfreich sind. Den Teilnehmern werden folgende Arbeitsanweisungen ausgehändigt:

- Konstruieren Sie eine Gerade g in der x-y-Ebene. Konstruieren Sie dann eine Lotebene zu dieser Geraden durch einen Punkt der x-y-Ebene! (Befehl: Ebene aus Stützpunkt und Lotgerade)
- Konstruieren Sie durch einen beliebigen Punkt P von g eine Lotgerade h in der x-y-Ebene! (Ebene aus Stützpunkt und Lotgerade, anschließend Schnittgerade der Ebene und der x-y-Ebene)
- Konstruieren Sie einen Kreis in einer beliebigen Ebene außer der x-y-Ebene und spiegeln Sie sowohl die Ebene als auch den Mittelpunkt und einen Randpunkt[3] des Kreises an einem beliebigen Punkt des Raums und konstruieren Sie den gespiegelten Kreis! (Archimedes spiegelt nur Punkte)
- Konstruieren Sie eine Gerade k, die nicht in der x-y-Ebene liegt! Konstruieren Sie dann eine Ebene, die k enthält!
- Konstruieren Sie den Mittelpunkt zweier beliebiger Punkte im Raum! (neues Objekt-Punkt-Mittelpunkt zweier Punkte)
- Konstruieren Sie eine Ebene mithilfe von drei Punkten derart, dass einer der definierenden Punkte auf einer Geraden bewegt werden kann!

Auf die Präsentation der Aufgabenlösungen der Vorbereitungssitzung wird an dieser Stelle verzichtet, da es sich um einfache Grundkonstruktionen handelt, die zum Einstieg in das Programm geeignet sind. Zur Lösung der letzten

[3] Mit dem Begriff „Randpunkt“ wird hier und auch im Folgenden stets ein beliebiger Punkt der Kreislinie bezeichnet.

Konstruktionsaufgabe ist es zunächst notwendig, einen beweglichen Punkt auf einer beliebigen Geraden zu konstruieren. Die Lösungen der Übungsaufgaben in einer *Cabri 3D*-Umgebung sind im Abschnitt 5.3.1 aufgeführt.

5.2.2 Schwarze Boxen

Der zweite Teil der Einführungsveranstaltung besteht aus der Bearbeitung der *Schwarzen Boxen*, welche im Folgenden einzeln vorgestellt werden. Mithilfe der Bearbeitung der *Schwarzen Boxen* sollen die zukünftigen Probanden die Zurückhaltung vor der Benutzung des Zugmodus ablegen und sich im Umgang mit der Funktion üben. Mit der Ausführung von Grundkonstruktionen wiederholen die Probanden bereits Gelerntes und festigen somit ihre bereits erworbenen Werkzeugkompetenzen. Durch das Suchen einer speziellen Konstruktion findet somit eine intensive Auseinandersetzung mit der Softwareumgebung auf aktivierende Art und Weise statt. Den Teilnehmern wird folgende Arbeitsanweisung ausgehändigt:

> „Ihnen stehen verschiedene Beispiele von *Schwarzen Boxen* zur Verfügung. Benutzen Sie den Zugmodus, um eine Idee zu entwickeln, nach der der gelbe Punkt konstruiert sein könnte. Führen Sie die Konstruktion durch und überprüfen Sie Ihre Hypothese!“

Aufgaben und mögliche Lösungen

Die verwendeten Beispiele werden im Folgenden vorgestellt. Zu jeder Aufgabenstellung ist eine Konstruktion, welche die Erstellung des gelben Punktes als Schnittpunkt von mathematischen Objekten erlaubt, angegeben. Anzumerken ist, dass neben den aufgeführten noch weitere Konstruktionen möglich sind und ebenso zum Ziel führen.

1. Die erste zu findende Konstruktion ist bewusst sehr einfach ausgewählt, da sie die Probanden nicht überfordern und den Einstieg in das neue Aufgabenformat erleichtern soll. Es ist eine Konstruktion, die den Mittelpunkt der Deckfläche des Quaders zum Ziel hat. Hierbei handelt es sich um eine Konstruktion, die auch ohne Einsatz des Zugmodus leicht zu finden und durchzuführen ist und den Probanden keinerlei Schwierigkeiten bereiten soll, vgl. hierzu Abbildung 13.

2. Aufgabe 2 ist schwieriger als Aufgabe 1, da in diesem Beispiel eine mögliche Lösung darin besteht, die Diagonale einer Seitenfläche des Quaders zunächst zu konstruieren und anschließend zu vierteln. Ohne Anwendung des Zugmodus ist diese Konstruktion nicht unbedingt

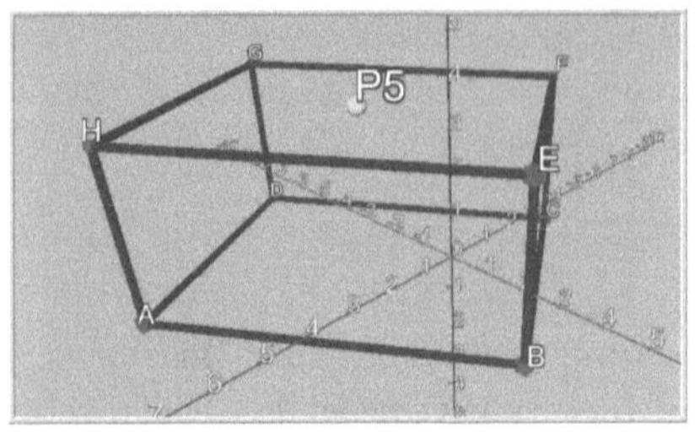

(a) Aufgabenstellung A1

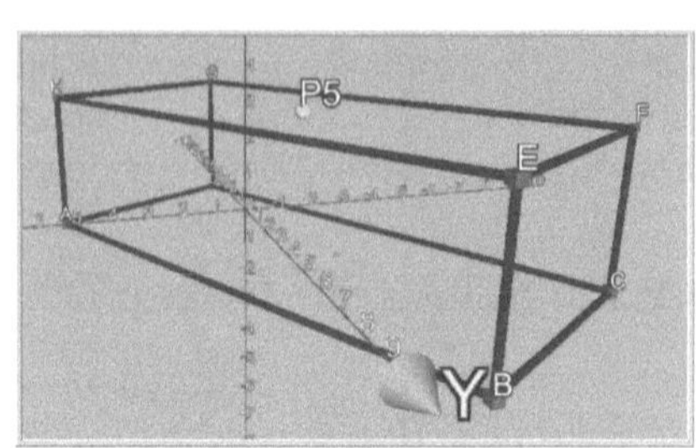

(b) Mögliche Konfiguration nach Verwendung des Zugmodus

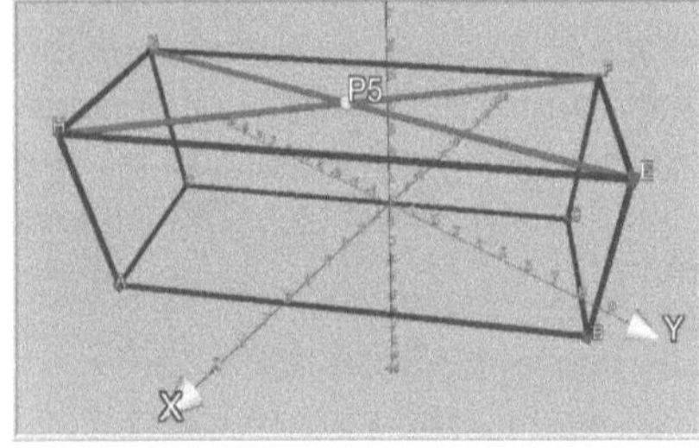

(c) Mögliche Lösung Aufgabe 1

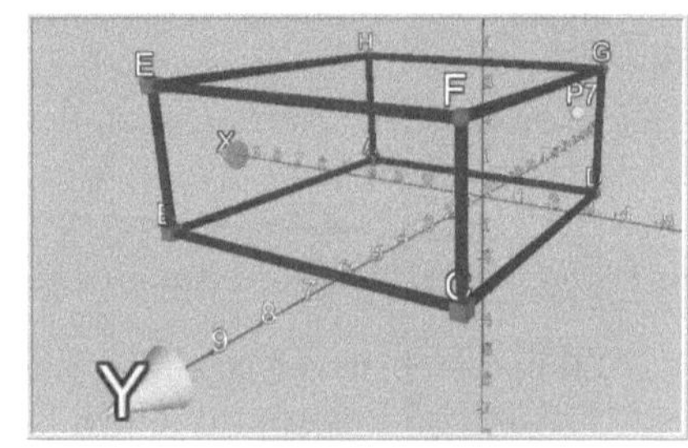

(d) Aufgabenstellung 2

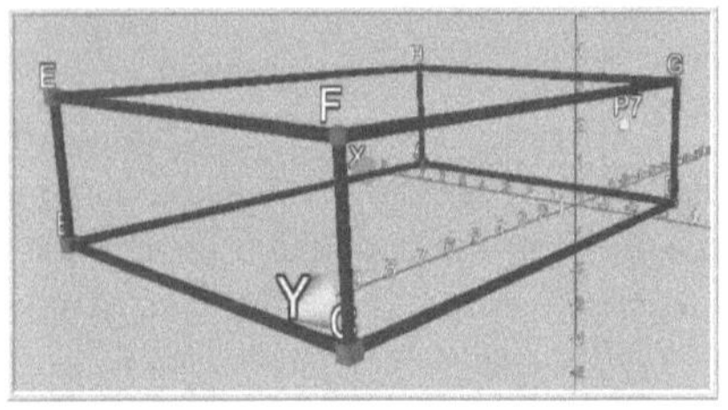

(e) Mögliche Konfiguration nach Verwendung des Zugmodus

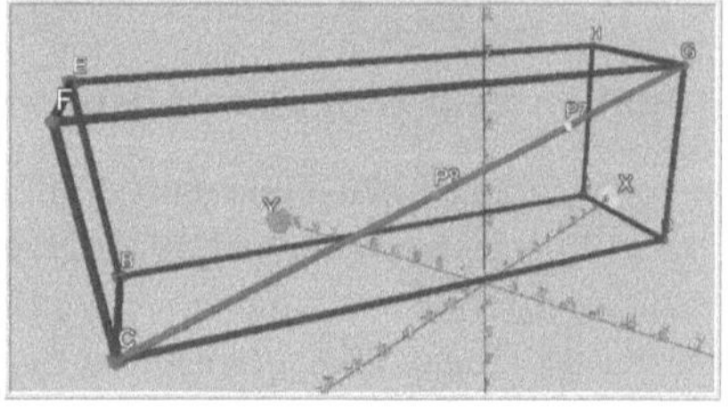

(f) Mögliche Lösung Aufgabe 2

Abbildung 13: Schwarze Boxen 1 und 2 in *Archimedes Geo3D*

naheliegend bzw. nicht auf den ersten Blick zu vermuten, vgl. hierzu Abbildung 13.

3. Aufgabe 3 ist wiederum etwas komplexer als Aufgabe 2, da sowohl mehr Konstruktionsschritte erforderlich sind als auch eine Konstruktion ohne Einsatz des Zugmodus zur Hypothesengenerierung als sehr schwierig erscheint. Der Schnittpunkt der Ebene, in der die geeignete Seite des Würfels liegt, mit einer Geraden, die durch den Mittelpunkt

der Würfeldeckfläche und den Mittelpunkt der geeigneten Seitenfläche des Würfels definiert ist, ergibt den gesuchten Punkt, vgl. hierzu Abbildung 14.

4. In Aufgabe 4 sind zwei gelbe Punkte gegeben, deren Konstruktion gefunden werden soll, wobei die Entscheidung für die Verwendung von zwei Punkten dadurch begründet wird, dass die Probanden mit einer leicht veränderten Aufgabenstellung konfrontiert werden, um die Motivation aufrecht zu erhalten und einer allzu eintönigen Aufgabenfolge vorzubeugen. Die Schnittpunkte eines Kreises, dessen Mittelpunkt mit dem Mittelpunkt der geeigneten Würfelkante übereinstimmt und zudem durch die beiden geeigneten Eckpunkte des Würfels verläuft, mit der Geraden, die durch den Mittelpunkt des Kreises und einer geeigneten Würfelecke definiert ist, ergeben die in der Aufgabe gesuchten Punkte, vgl. hierzu Abbildung 14.

5.3 Vorbereitende Sitzung zu Cabri 3D

Die Vorbereitungssitzung für das Programm *Cabri 3D* verläuft im Wesentlichen ebenso wie die Einführungsveranstaltung zu *Archimedes Geo 3D*. Nach der kurzen Einführung wird die aus Studie 1 bekannte Datei zur experimentellen Bestimmung des Abstandes zweier windschiefer Geraden zur Vorstellung der Programmoberfläche herangezogen, vgl. Abbildung 15.

5.3.1 Thematisierung grundlegender Werkzeugkompetenzen

Sowohl die zu bearbeitenden Aufgaben als auch die präsentierten Folien unterscheiden sich nur unwesentlich von den verwandten Folien der *Archimedes*-Einführung. Aus diesem Grund sind die Folieneinträge in einer fortlaufenden Liste dargestellt.

Aufgaben und mögliche Lösungen

- Wie funktioniert der Zugmodus in 3D mit 2D-Eingabemedium?
- Ein neuer Punkt wird von *Cabri 3D* in die x-y-Ebene gelegt.
- Mithilfe des Zugmodus bewegen Sie den Punkt zunächst nur in der x-y-Ebene.

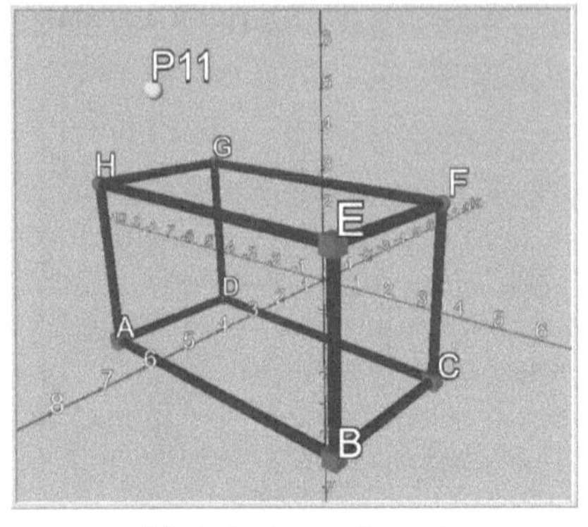

(a) Aufgabenstellung 3

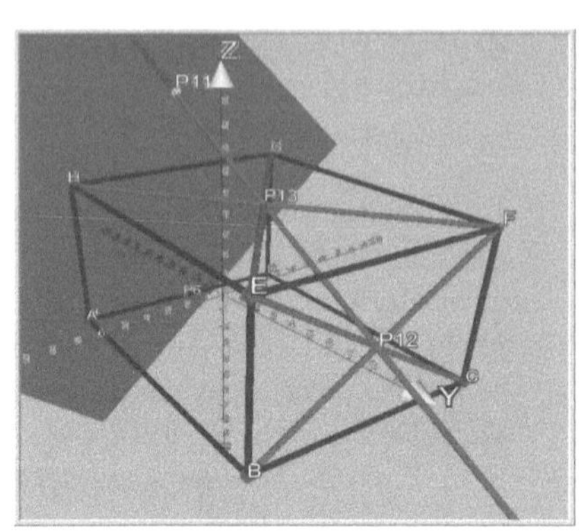

(b) Mögliche Lösung Aufgabe 3

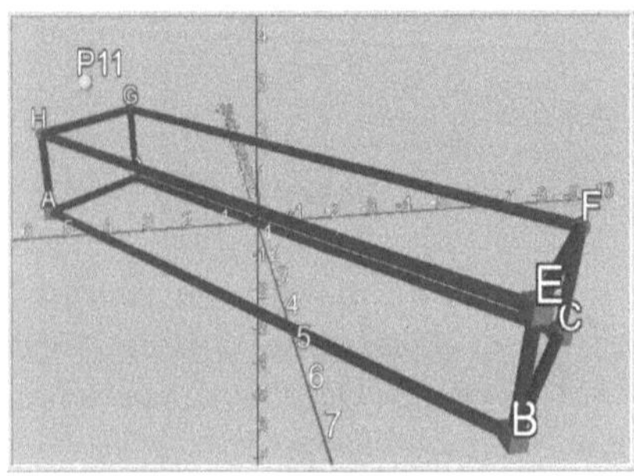

(c) Mögliche Konfiguration nach Verwendung des Zugmodus

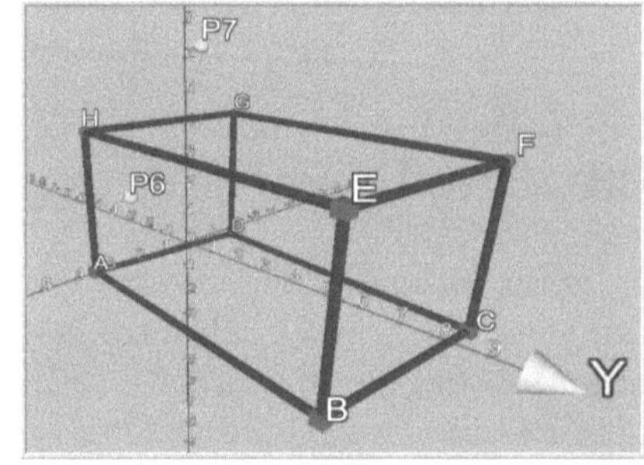

(d) Aufgabenstellung 4

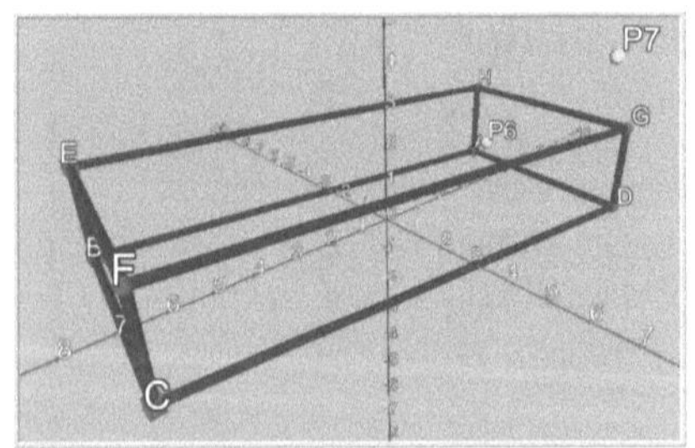

(e) Mögliche Konfiguration nach Verwendung des Zugmodus

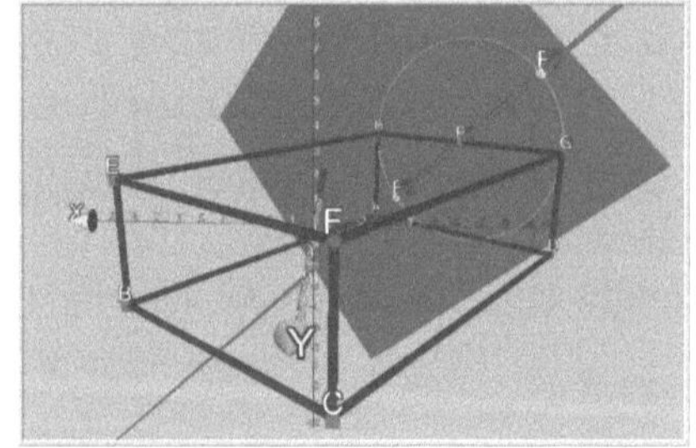

(f) Mögliche Lösung Aufgabe 4

Abbildung 14: Schwarze Boxen 3 und 4 in *Archimedes Geo3D*

- Durch anhaltendes Drücken der *Shift*-Taste können Sie den Punkt senk-

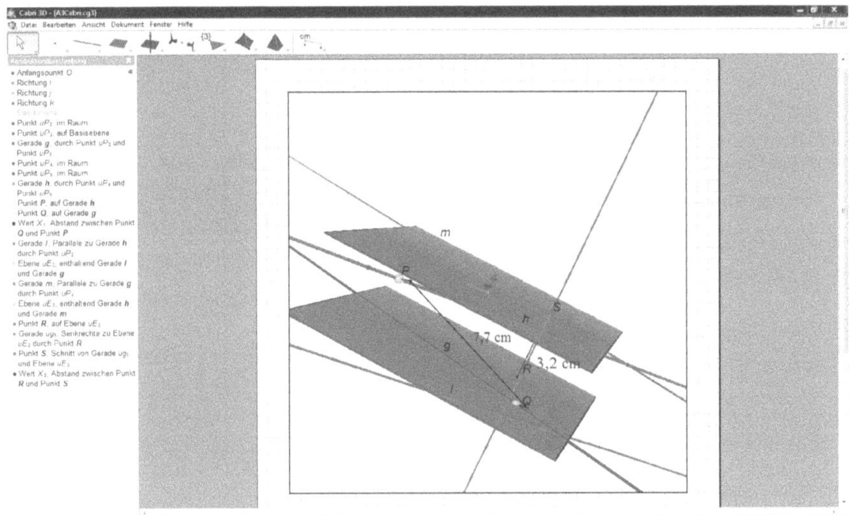

Abbildung 15: Abstand windschiefer Geraden in *Cabri 3D*

recht zur x-y-Ebene bewegen.

- Nach Loslassen der *Shift*-Taste können Sie den Punkt in einer Ebene, die parallel zur x-y-Ebene liegt, bewegen.
- Konstruieren Sie zwei beliebige Geraden im Raum, die beide nicht in der x-y-Ebene liegen! Versuchen Sie mithilfe des Zugmodus, die beiden Geraden zur Deckung zu bringen!
- ... ändern Sie jetzt mithilfe der rechten Maustaste den Blickwinkel!
- Konstruieren Sie den Mittelpunkt zweier beliebiger Punkte im Raum! (Suchen Sie im Menü den Befehl „Mittelpunkt“!)
- Konstruieren Sie eine Gerade g in der x-y-Ebene! Konstruieren Sie dann eine Lotebene zu dieser Geraden durch einen Punkt der x-y-Ebene! (Befehl: Lotebene im Menü)
- Konstruieren Sie durch einen beliebigen Punkt P von g eine Lotgerade h in der x-y-Ebene! (*Ctrl*-Taste)
- Konstruieren Sie einen Kreis durch Mittelpunkt und Randpunkt in einer beliebigen Ebene außer der x-y-Ebene und spiegeln Sie diesen Kreis an einem beliebigen Punkt (außer seinem Mittelpunkt)!

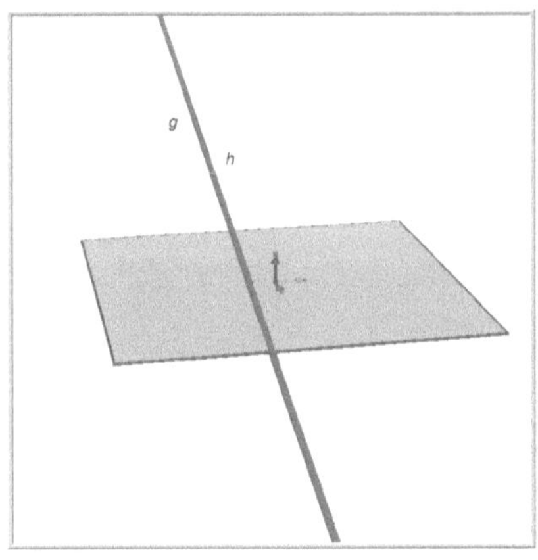

(a) Scheinbare Deckung zweier Geraden im Raum

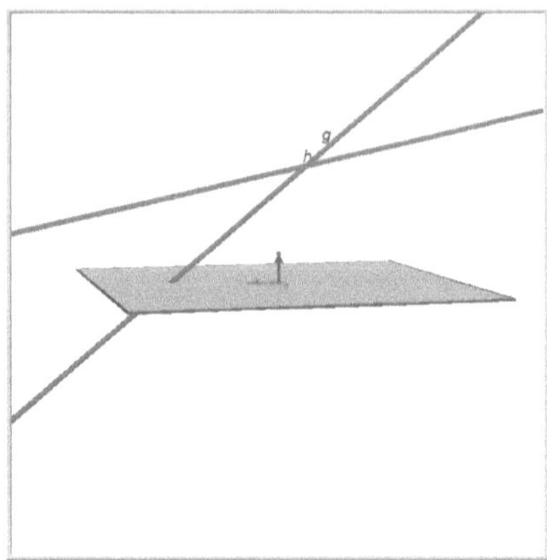

(b) Identische Konfiguration aus verändertem Blickwinkel

Abbildung 16: Informationsverlust bei Projektion

- Konstruieren Sie eine Gerade k, die nicht in der x-y-Ebene liegt! Konstruieren Sie dann eine Ebene, die k enthält!
- Konstruieren Sie eine Ebene mithilfe von drei Punkten derart, dass einer der definierenden Punkte auf einer Geraden bewegt werden kann!

Im Folgenden sind Lösungskonstruktionen zu den Arbeitsaufträgen angegeben, welche in der Einführungsveranstaltung von den Studierenden angefertigt werden sollen, vgl. die Abbildungen 16 und 17.

5.3.2 Schwarze Boxen

Die Probanden bearbeiten im Aufgabenteil der *Schwarzen Boxen* die gleichen Konstruktionen wie die Teilnehmer zur *Archimedes Geo3D*-Einführung. Lediglich eine weitere Box wird zur Verfügung gestellt, um schnell arbeitenden Studierenden gegen Ende der Praxisphase noch eine Herausforderung zu präsentieren.

Zusätzliche Aufgabe in *Cabri 3D*

In der zuletzt zu bearbeitenden Box sind mehrere Punkte zu erstellen, wobei zunächst eine Ebene parallel zur Standebene zu konstruieren ist, welche die Pyramide in drei Viertel ihrer Höhe schneidet. Im Anschluss müssen die

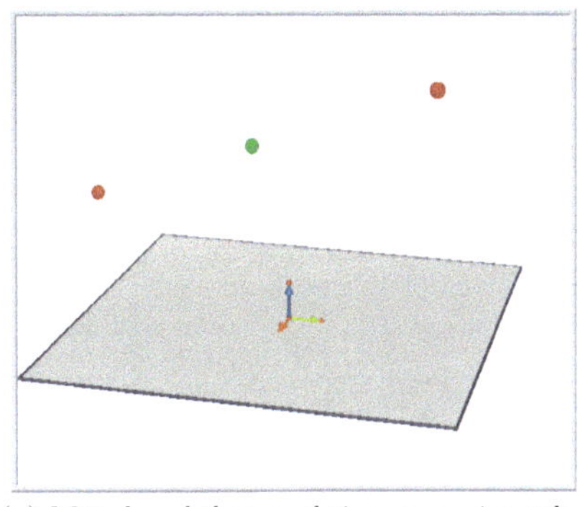

(a) Mittelpunktkonstruktion zu zwei gegebenen Punkten im Raum

(b) Lotgerade h zu g durch $P \in g$ in E

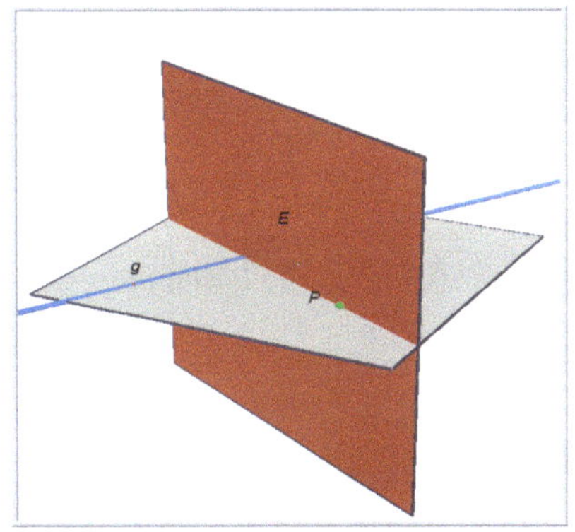

(c) Lotebene E zu g durch P in x-y-Ebene

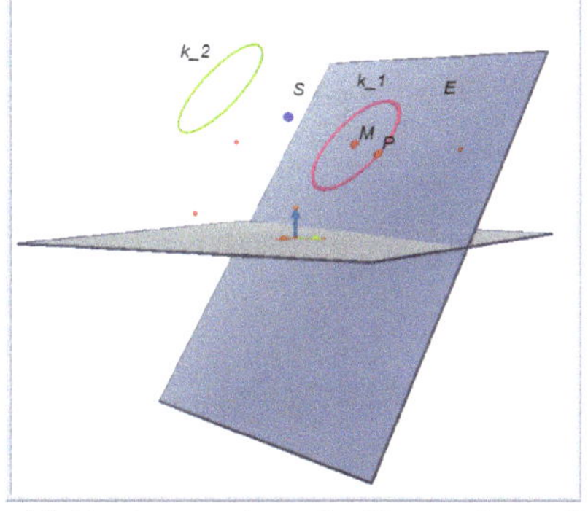

(d) Punktspiegelung des Kreises k_1 an S

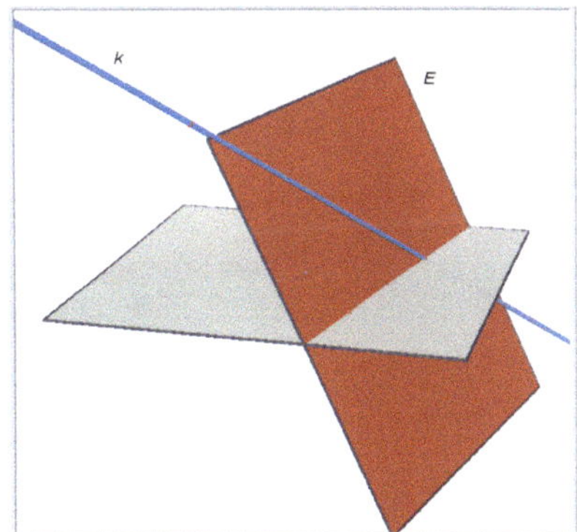

(e) Konstruktion einer Ebene E, welche die Gerade k enthält

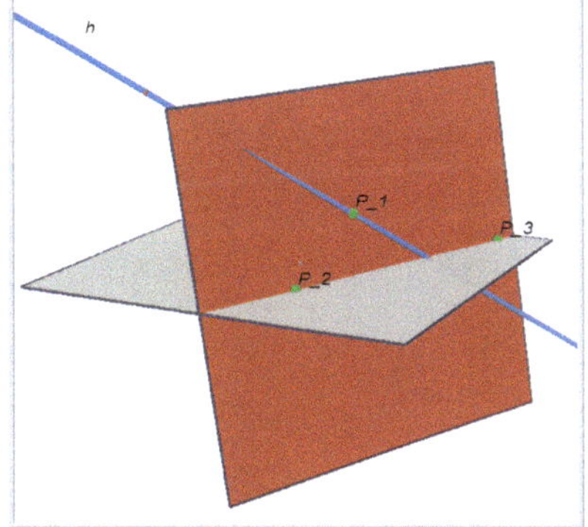

(f) Bewegliche Ebene E, wobei P_1 auf h beweglich ist

Abbildung 17: Lösungen zu den Übungen der Einführungsveranstaltung

Schnittpunkte von geeigneten Geraden mit der Ebene konstruiert werden. Besonderes Augenmerk ist einem gesuchten Punkt zu schenken, dessen Konstruktion nicht analog zu den übrigen Punkten erfolgt, sondern eine leicht variierte Lösungskonstruktion erfordert. Aufgabenstellung und Lösung dieser Zusatzaufgabe sind in Abbildung 18 dargestellt.

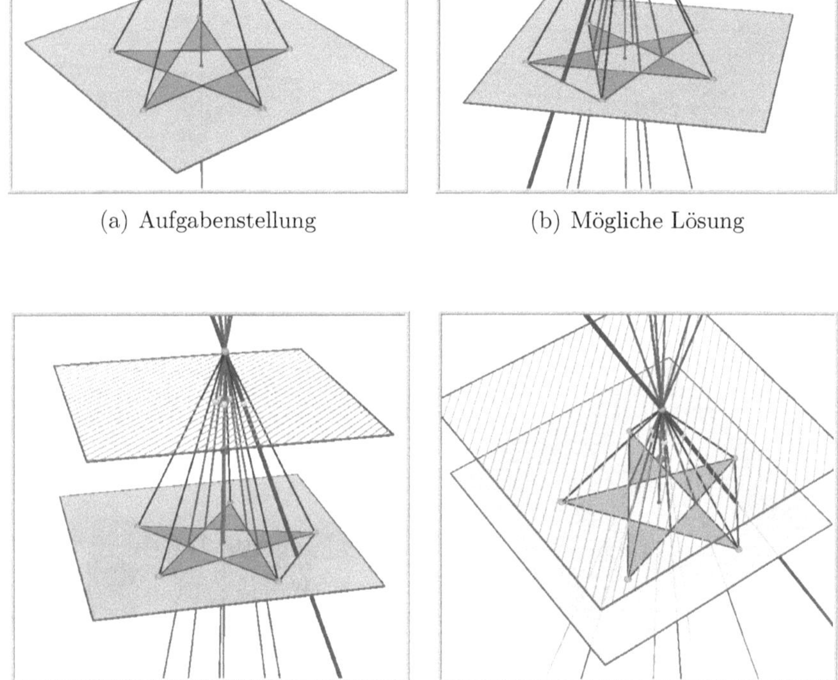

(a) Aufgabenstellung

(b) Mögliche Lösung

(c) Gleiche Lösung mit verändertem Blickwinkel

(d) Weitere Ansicht der gleichen Lösung

Abbildung 18: Aufgabenstellung und Lösung der fünften *Schwarzen Box*

5.4 A priori Analyse der Aufgaben

Im vorliegenden Abschnitt werden die in der aktuellen Studie benutzten Aufgaben analysiert, mögliche Lösungen genannt und eventuelle Schwierigkeiten erläutert. Zuvor erfolgen zwei Definitionen von Aufgabentypen, welche für die weiteren Darlegungen ihre Gültigkeit behalten.

Definition 5.4.1 *Konstruktionsaufgabe*
Eine Konstruktionsaufgabe erfordert die Herstellung eines Körpers in einer 3D-Softwareumgebung, in der zunächst eine leere Datei gegeben ist. Mithilfe einer von den Probanden erstellten und veränderlichen Strecke ist der betreffende Körper so zu konstruieren, dass die gegebene Strecke verändert werden kann und die definierenden Eigenschaften des konstruierten Körpers während der Bewegung erhalten bleiben. Der Körper muss somit invariant unter jeglicher Anwendung des Zugmodus sein.

Definition 5.4.2 *Explorative Aufgabe*
In einer explorativen Aufgabe ist ein Körper gegeben, welcher auf bestimmte Eigenschaften oder Merkmale zu untersuchen ist, wobei auch weitere mathematische Objekte in die Konstruktion eingebunden werden können bzw. müssen[4].

5.4.1 Aufgabe 1: Würfelkonstruktion

Die erste Aufgabe von Studie 2 wird aus Studie 1 übernommen. Die konkrete Aufgabenstellung lautet:

> „Konstruieren Sie, ohne die im Programm *Cabri 3D/Archimedes Geo3D* bereits vorhandene Funktion „Würfel“ zu benutzen, einen Würfel!“

Aufgabenanalyse

Die a priori Analyse der Aufgabe wurde bereits im Abschnitt 4.2.1 dargelegt. Die Würfelkonstruktion bietet zudem die Möglichkeit, die von den Probanden in der Einführungssitzung erworbenen Kenntnisse und Fertigkeiten anzuwenden. Hierbei ist von besonderem Interesse, ob die in Studie 1 identifizierten

[4] Mit Ausnahme einer Aufgabe in Studie 3 (*Schwarze Boxen*) handelt es sich hierbei immer um die Erkundung von Schnittfiguren, welche der Körper mit einer Ebene bilden kann.

Schwierigkeiten der Probanden, wie die Lotgeradenkonstruktion in einer Ebene bzw. Kreiskonstruktionen oder Abbildungen, immer noch Probleme bereiten und wie die Teilnehmer äquidistante Abstände bei der Herstellung der gleich langen Würfelkanten implementieren. Darüber hinaus stellt sich die Frage, ob der Zugmodus bei dieser Konstruktionsaufgabe eingesetzt wird und inwiefern diese Zugmodi klassifiziert bzw. beschrieben werden können. Hierbei ist zu beachten, dass der erfahrene Benutzer eines DGS die Konstruktion des Würfels ohne Verwendung des Zugmodus durchführen kann und diesen höchstens zur Überprüfung der Konstruktion verwendet, sodass eine häufige Verwendung des Zugmodus eher auf Unsicherheiten bzw. Schwierigkeiten bei der Problemlösung hindeuten kann. Außerdem ist die Beobachtung des Umgangs mit *Eltern-Kind-Beziehungen* von Bedeutung, deren Analyse aufgrund der Konzeption der vorliegenden Aufgabe möglich ist.

5.4.2 Aufgabe 2: Auffinden von Würfelschnitten

Die zweite Aufgabe wird im Vergleich zur ersten Studie etwas abgeändert, um den explorativen Charakter der Aufgabe zu erhöhen. Die Aufgabenstellung für Studie 2 lautet:

> „Konstruieren Sie nun mithilfe der bereits vorhandenen Funktion „Würfel“ einen Würfel und finden Sie experimentell alle möglichen „n-Ecke“ ($n = 3, 4, \ldots$), welche als Schnittfigur einer Ebene mit einem Würfel auftreten können! Achten Sie besonders auf rechtwinklige und symmetrische Formen! Führen Sie eine Konstruktion durch, die die spezielle Schnittfigur liefert und speichern Sie die Konstruktion unter einem bestimmten Namen ab!“

Aufgabenanalyse

Im Folgenden sind die wichtigsten Schnittfiguren von Würfel und Ebene dargestellt, wobei sowohl *Archimedes Geo3D* als auch *Cabri 3D* bei den jeweiligen Konstruktionen Verwendung finden, vgl. hierzu die Abbildungen 19 und 20. Auf die Darstellung der trivialen Schnitte, wie *Punkt* und *Strecke*, wird verzichtet. Da den Probanden in der aktuellen Umgebung weder Papier und Bleistift, noch ein reales Modell eines Würfels zur Verfügung stehen, ist aufgrund der offeneren Aufgabenstellung davon auszugehen, dass der Zugmodus zum Auffinden von Schnittfiguren bzw. zu deren Verifikation benutzt wird. Weiterhin ist von Interesse, ob die Probanden bewegliche Objekte in die Konstruktion implementieren und mit welchen Mitteln sie diese einbetten. Zur Herstellung von verschiedenen Schnittfiguren bietet sich für den erfahrenen

Benutzer die Platzierung von drei beweglichen Punkten auf geeigneten Kanten des Würfels an. Mit deren Hilfe kann eine Schnittebene definiert werden, wobei ein kontrolliertes Bewegen dieser Ebene durch die Punkte auf den Kanten ermöglicht wird. Für bestimmte Schnittfiguren müssen die Kanten des Würfels, auf denen die definierenden Punkte der Schnittebene liegen müssen, zunächst geeignet ausgewählt werden. Eine andere Möglichkeit besteht darin, eine auf einer Diagonalen des Würfels senkrecht stehende Ebene mithilfe eines beweglichen Punktes auf der Diagonalen durch den Würfel „wandern" zu lassen, um Schnittfiguren zu finden. Zur Ausführung dieser Ideen ist jedoch eine erhöhte Werkzeugkompetenz erforderlich. Es ist nicht davon auszugehen, dass die Probanden ein komplexes Vorgehen wählen, sondern sich mit festen Konstruktionen oder einer Schnittebene die u.a. mithilfe eines beweglichen Punktes definiert ist, begnügen. Da in der Einführungsveranstaltung ebenfalls nur die Implementierung eines beweglichen Punktes erfolgte, würden Konstruktionen mit weiteren Freiheitsgraden bei den Aufgabenlösungen überraschen.

5.5 Ergebnisse von Studie 2

Als erstes Resultat ist festzuhalten, dass alle Probandengruppen den Zugmodus zur Validierung ihrer Würfelkonstruktion verwenden und darüber hinaus den Zugmodus auch bei der explorativen Aufgabe einsetzen. Dieses Ergebnis kann auf die Einführungsveranstaltungen zurückgeführt werden, in denen die Studierenden an die Verwendung des Zugmodus gewöhnt und zur Verwendung desselben ermutigt wurden. Im Folgenden sind die Ergebnisse der einzelnen Aufgaben dargestellt, sie werden anschließend zusammengefasst, um schließlich am Ende des Kapitels eine theoretische Basis für das weitere Vorgehen erarbeiten zu können, vgl. Hattermann [2009b] bzw. Hattermann [2010b].

5.5.1 Ergebnisse von Aufgabe 1: Würfelkonstruktion

Zunächst ist festzuhalten, dass alle Probandengruppen erfolgreich einen Würfel in der jeweiligen Softwareumgebung konstruieren. Aus Tabelle 4 ist die benötigte Zeit zur Konstruktion für die einzelnen Gruppen zu entnehmen. Alle Probanden verwenden den Zugmodus zur Validierung ihrer Konstruktion, wobei in Tabelle 4 zusätzlich vermerkt ist, ob der Zugmodus in einer kleinen (k), mittleren (m) oder großen (g) Umgebung verwandt wird. Diese Angaben sind sehr subjektiv und dienen lediglich einer groben Einordnung bzw. einem Vergleich der Gruppen untereinander, was die Benutzung des Zugmodus betrifft.

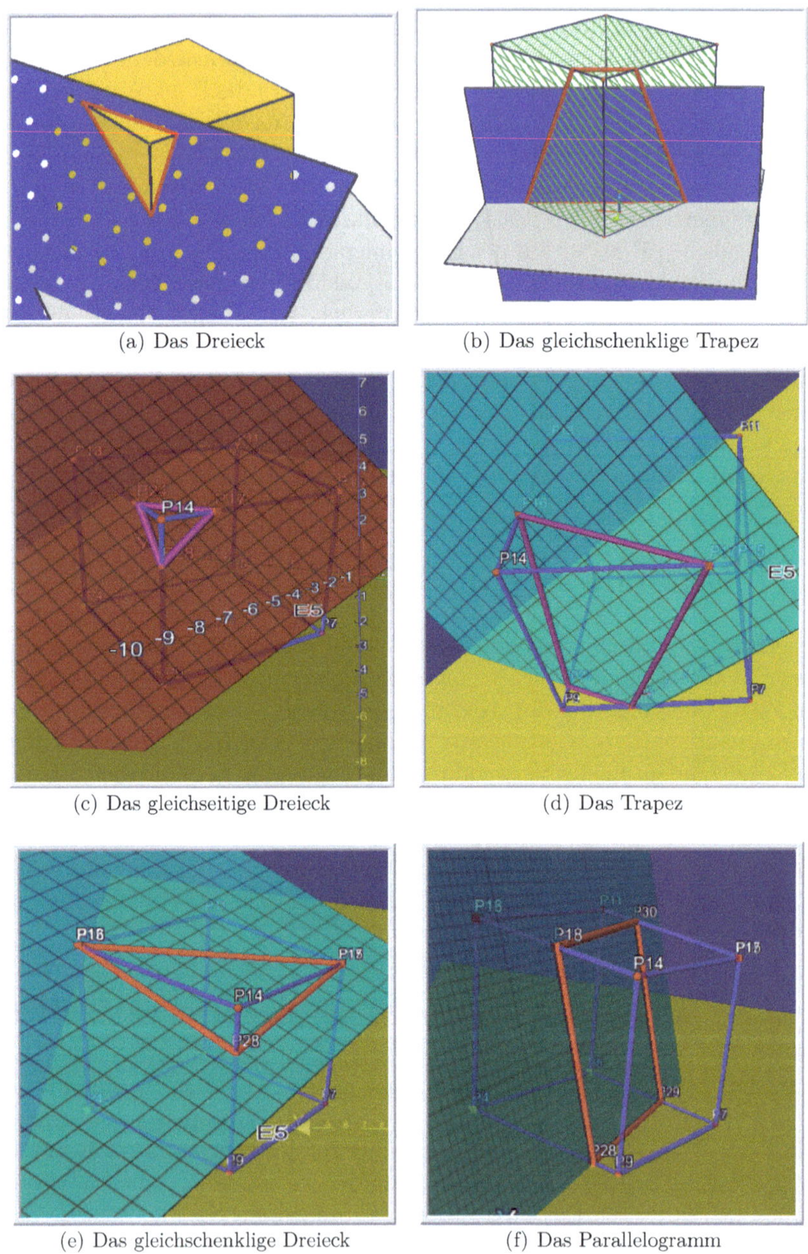

(a) Das Dreieck

(b) Das gleichschenklige Trapez

(c) Das gleichseitige Dreieck

(d) Das Trapez

(e) Das gleichschenklige Dreieck

(f) Das Parallelogramm

Abbildung 19: Mögliche Schnittfiguren eines Würfels mit einer Ebene

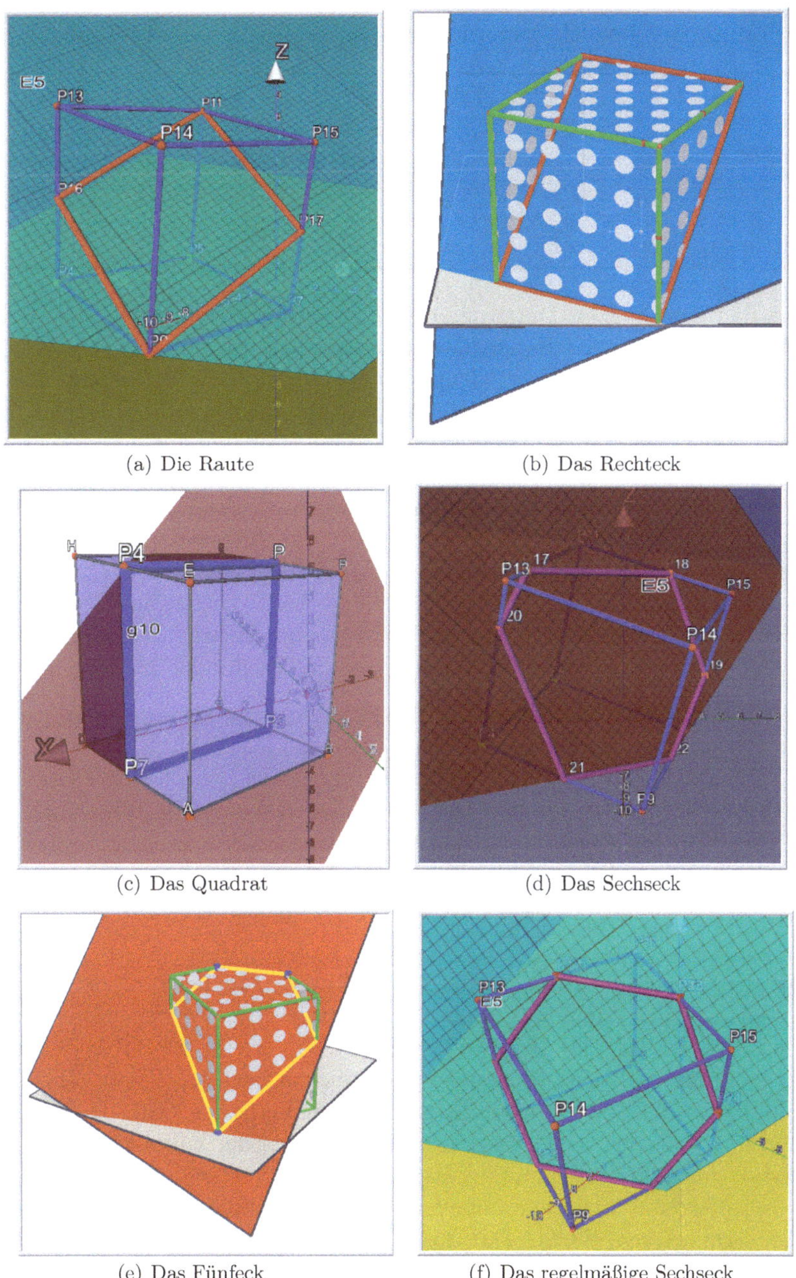

(a) Die Raute

(b) Das Rechteck

(c) Das Quadrat

(d) Das Sechseck

(e) Das Fünfeck

(f) Das regelmäßige Sechseck

Abbildung 20: Weitere Schnittfiguren eines Würfels mit einer Ebene

Tabelle 4: Übersicht zur Aufgabe *Würfelkonstruktion* aus Studie 2

	BT_A	CS_A	DJ_A	DP_C	FI_C	FW_C	GPW_C
Konstr?	ja	ja	ja	ja	ja	ja	ja
ZM?	m	k	g	g	g	g	m
Zeit(min)	35	34	37	41	26	17	19

Aus den gewonnenen Daten lässt sich weiterhin ablesen, dass die *Archimedes*-Gruppen für die Konstruktion des Würfels 34, 35 bzw. 37 Minuten benötigen, während die *Cabri*-Gruppen den Würfel in 17, 19, 26 bzw. 41 Minuten fertigstellen. Bei der Validierung mithilfe des Zugmodus ist nur eine *Archimedes*-Gruppe (CS_A) auffällig, da diese Probanden den Zugmodus in einer kleinen Umgebung benutzen, während man bei den übrigen Gruppen durchaus von einer „selbstbewussten“ Verwendung des Zugmodus in mittlerer bzw. großer Umgebung sprechen kann, vgl. hierzu die Ergebnisse der mathematikdidaktischen Forschung aus Abschnitt 2.3.3 bzw. Rolet [1996].
Die Konversation zwischen den Probanden 1 und 2 der Gruppe CS_A dient als Beispiel, aus der deutlich eine gewisse Anspannung bzw. Erleichterung der Probanden vor bzw. nach der Verwendung des Zugmodus hervorgeht (vgl. die Videodatei in S2/CS/CS1 33:50).

> P1: „Jetzt müssen wir noch den Zugmodus ausprobieren.“
> P2: „Lieber nicht.“ [beide lachen, P1 verwendet den Zugmodus in einer kleinen Umgebung. Die Probanden erkennen die Invarianz der Konstruktion.]
> P1: „Jaaa.“ [deutlich erleichtert]
> P2: „Na Gott sei Dank.“ [deutlich erleichtert]

Die Reaktionen der Probandengruppen bei der Durchführung der Validierung mithilfe des Zugmodus reichen von deutlich positiver emotionaler Reaktion (vgl. S2/DJ/DJ1 36:40; S2/GPW/GPW1 20:15; S2/BT/BT1 45:20) über eine neutrale bzw. leicht positive Reaktion (vgl. S2/FW/FW1 18:00; S2/FI/FI1 28:00) bis hin zu recht nüchternem Verhalten (vgl. S2/DP/DP1 42:20; 42:40), wobei eine gewisse Spannung kurz vor der Validierung der Konstruktion mithilfe des Zugmodus fast immer festzustellen ist.
Als Beispiel einer sehr emotionalen Reaktion dient die Konversation der Gruppe DJ_A, vgl. S2/DJ/DJ1 36:35.

> P1: „Möchtest Du testen, ob er... “ (lachen) [der Würfel invariant unter dem Zugmodus ist]

P2: „Ne, du darfst... machs nicht kaputt.“ (lautes Lachen)
P1: „Woran kann ich ziehen? An P?“ [P1 zieht und Würfel ist invariant unter dem Zugmodus.]
P1: „Jaaaa!“ (sehr laut, deutliche Freude)
P2: „Jaaaa!“ (sehr laut, deutliche Freude)
P2: „Cool!“
P1: „Wow, guck mal!“
P2: „Das sieht echt geil aus, das müssen wir speichern.“

Zur Auswertung vergleiche die Verlaufsprotokolle in Abschnitt A.4 bzw. die Videodateien in S2/*Gruppe*/*Datei*.

Keine der Gruppen benutzt Kugelkonstruktionen zur äquidistanten Abstandsbestimmung. Die von den Probanden bevorzugten Objekte bestehen aus Geraden, Strecken, Kreisen und Ebenen, wobei dieses Ergebnis teilweise mit der Konzeption der Einführungsveranstaltung zu erklären ist, in der die Konstruktion von Kugeln nicht explizit thematisiert wurde.

5.5.2 Analyse der Einzelgruppen von Aufgabe 1

Im Gegensatz zur ersten Studie können während des Konstruktionsprozesses verschiedene Verwendungsweisen des Zugmodus beobachtet werden. Im Folgenden sind die Teilnehmergruppen separat zu betrachten, um gruppenspezifische Verwendungsweisen des Zugmodus zu identifizieren und anschließend eine Kurzinterpretation zum Verhalten der einzelnen Gruppen zu ermöglichen. Einen weiteren Fokus der Analyse stellen *Eltern-Kind-Beziehungen* dar, deren Beobachtung in engem Zusammenhang mit der Verwendung des Zugmodus steht.

Gruppe BT_A

1. Die Probanden konstruieren erfolgreich eine Ausgangsstrecke, eine Lotgerade auf die Ausgangsebene und einen geeigneten Kreis. Nun bewegen sie den Mittelpunkt des Kreises zaghaft über einen längeren Zeitraum in der Ausgangsebene, vgl. S2/BT/BT1 13:50.

2. Nach einer richtigen Konstruktion des Würfels überlegen die Studierenden, wie sie den Zugmodus zur Validierung der Konstruktion einsetzen, vgl. S2/BT/BT1 44:40.

   P1: „Aber wenn wir jetzt an einem Punkt ziehen, dann geht doch nicht der ganze Würfel mit? [Proband 2 versucht währenddessen, an einer konstruierten Würfelecke zu ziehen, was

> nicht funktioniert.] Ich hab Angst. Haben wir jetzt nur feste Punkte oder was? Ja, wir haben es geschafft bis auf, ... dass er [der Würfel] invariant ist. Die [Punkte] sind alle fest."
> P2: „Ja, kann man die nicht locker machen?"
> P1: „Ja, wir haben die ja alle konstruiert, alle Punkte. Welche haben wir denn am Anfang,... P ... guck mal P!"

3. Erfolgreicher Einsatz des Zugmodus zur Validierung der Konstruktion, vgl. S2/BT/BT1 45:20.

Kurzinterpretation zur Gruppe BT_A
Zu Beginn verwenden die Probanden den Zugmodus aus reiner Ratlosigkeit, eventuell hoffen sie, durch die Verwendung des Zugmodus eine Idee für das weitere Vorgehen generieren zu können. Nach kurzem Überlegen und durch die Verwendung des Zugmodus realisieren die Studierenden schließlich, dass nur die Punkte, welche die Ausgangsstrecke definieren, mit dem Zugmodus bewegt werden können. Diese Erkenntnis könnte zu einem Verständnis von *Eltern-Kind-Beziehungen* beigetragen haben, wobei anhand der Reaktionen der Gruppenmitglieder davon auszugehen ist, dass sie sich der *Eltern-Kind-Beziehungen* in ihrer Konstruktion zunächst nicht bewusst sind.
Zur Auswertung vgl. das Verlaufsprotokoll in A.4.1 bzw. die Videodatei in S2/BT/BT1.

Gruppe CS_A

1. Der Zugmodus wird verwendet, um einen Punkt, der von *Archimedes Geo3D* zunächst in den Ursprung des Koordinatensystems gelegt wurde, in der x-y-Ebene zu bewegen, vgl. S2/CS/CS1 3:15; 4:50; 17:45.

2. Die Probanden konstruieren einen Eckpunkt mithilfe einer Lotebene und löschen nach erfolgreicher Erstellung einer entsprechenden Würfelkante die verwendete Lotebene. Als Konsequenz verschwindet sowohl der zuvor konstruierte Eckpunkt und somit auch die soeben konstruierte Würfelkante, vgl. S2/CS/CS1 24:00.

3. Der Zugmodus wird zur Validierung der Lösung verwandt, vgl. S2/CS-/CS1 33:50.

Kurzinterpretation zur Gruppe CS_A
Die Gruppe wirkt bei der Validierung der Würfelkonstruktion unsicher und verwendet wohl aus diesem Grund den Zugmodus nur sehr zaghaft und in

einer möglichst kleinen Umgebung. Wie aus zweitens ersichtlich ist, scheinen die Probanden Schwierigkeiten mit *Eltern-Kind-Beziehungen* zu haben, da sie ansonsten die zur Konstruktion verwendete Lotebene nicht gelöscht hätten. Es ist auch nach der Bearbeitung der Aufgabe davon auszugehen, dass die Abhängigkeiten in *Eltern-Kind-Beziehungen* diesen Studierenden nicht bewusst sind.
Zur Auswertung vergleiche das Verlaufsprotokoll in Abschnitt A.4.2 bzw. die Videodatei in S2/CS/CS1.

Gruppe DJ_A

1. Die Probanden verwenden eine Ebene zur Konstruktion eines Eckpunktes und diskutieren im Anschluss darüber, ob sie die Ebene nun löschen können, vgl. S2/DJ/DJ1 15:30.

2. Der Zugmodus wird verwendet, um einen auf einer Geraden beweglichen Punkt auf dieser zu ziehen. Der Punkt wurde von *Archimedes Geo3D* so auf der Geraden platziert, dass er mit einem bereits existenten Punkt zur Deckung kommt. Die Probanden verwenden den Zugmodus, um die Punkte getrennt wahrnehmen zu können, vgl. S2/DJ/DJ1 20:00.

3. Der Zugmodus wird zur Validierung der Lösung benutzt, vgl. S2/DJ/-DJ1 36:35.

4. Die Probanden versuchen, an einem konstruierten Punkt zu ziehen, wobei sie die folgende Konversation führen:

   P1: „Jetzt zieh mal noch an P_1!" [Eckpunkt der Deckfläche]
   P2: „P_1 lässt sich nicht ziehen. Wir probieren mal alle aus."
   P1: „Können wir irgendwie die Winkel messen oder so?"
   P2: „Also an P ist alles wunderbar." [Proband P2 zieht an Punkt P und beobachtet die Invarianz des Würfels.]
   P1: „Und die anderen [Punkte] gehen nicht?"
   P2: „An P_2 gehts auch." [Proband P2 zieht an Punkt P_2 und beobachtet die Invarianz des Würfels.]
   ......
   P2: „Ich finde das trotzdem toll!"
   P1: „Also wir sollen speichern."
   (vgl. S2/DJ/DJ1 37:18)

5. Die Probanden ziehen an dem Punkt P_6, der zuvor an eine Gerade gebunden wurde. Sie wissen nicht mehr, aus welchem Grund die Bindung des Punktes an die Gerade erfolgte, vgl. S2/DJ/DJ1 38:20.

Kurzinterpretation zur Gruppe DJ_A
Die obigen Aufzählungspunkte erstens und viertens lassen darauf schließen, dass diese Gruppe Schwierigkeiten beim Verständnis von *Eltern-Kind-Beziehungen* hat, da sowohl eine zur Konstruktion verwendete Ebene nach Meinung der Probanden eventuell gelöscht werden kann (erstens) und darüber hinaus die Unbeweglichkeit von konstruierten Würfelecken beim Versuch der Anwendung des Zugmodus den Probanden nicht plausibel erscheint. Der Verlauf und das Ende der Konversation lassen darauf schließen, dass auch nach der Untersuchung mithilfe des Zugmodus die *Eltern-Kind-Beziehungen* nicht erkannt bzw. durchschaut werden. Das in zweitens beschriebene Verhalten deutet darauf hin, dass das Vertrauen der Probanden in die Validierungsfähigkeit des Zugmodus nicht allzu ausgeprägt ist, da sie zur zusätzlichen Verifikation das Messen der Innenwinkel des Würfels in Betracht ziehen. Mithilfe des Zugmodus hoffen die Studierenden, den Grund für die von ihnen vorher durchgeführte Konstruktion eines Punktes herausfinden zu können. Sie überblicken in diesem Moment die von ihnen durchgeführten Konstruktionsschritte nicht mehr vollständig und versuchen, mithilfe des Zugmodus die ursprüngliche Intention der Konstruktion nachzuvollziehen. [P6 wurde auf Lotgerade gelegt, um die Ebene der Seitenfläche mithilfe von drei Punkten (2 Eckpunkte des Ausgangsquadrates und P6) zu konstruieren.]
Zur Auswertung vergleiche das Verlaufsprotokoll in Abschnitt A.4.3 bzw. die Videodatei in S2/DJ/DJ1.

Gruppe DP_C

1. Die Probanden verwenden während ihrer Konstruktion entgegen der Arbeitsanweisung das Würfelmakro und versuchen anschließend, an einer konstruierten Würfelecke zu ziehen. Nach der Feststellung, dass diese Ecke nicht mit dem Zugmodus zu verändern ist, bemerkt ein Proband: „Er [der Dozent] will ja, dass wir überall [an allen Würfelecken] dran ziehen.“ Im Anschluss wird die Makrokonstruktion gelöscht, vgl. S2/DP/DP1 12:30.

2. Die Konstruktion eines Quadrates in der x-y-Ebene wird mithilfe von Lotgeraden und Kreisen erfolgreich abgeschlossen. Zur Überprüfung der richtigen Konstruktion des Quadrates kommt der Zugmodus zum Einsatz, wobei folgende Konversation stattfindet:

P1: „Jetzt zieh mal an den ganzen [Punkten]!"
P2: „Genau." [P2 zieht an einem Punkt und die Konstruktion ist invariant.]
P1: „Ja, das stimmt." [P2 versucht, an konstruierten Punkten zu ziehen.]
P2: „Das geht nicht." [P2 zieht noch an einem zweiten konstruierten Punkt, der sich ebenfalls nicht bewegt, dann am zweiten Ausgangspunkt.]
P2: „Da [am zweiten Ausgangspunkt] funktioniert's auch. Aber die zwei [konstruierten Punkte] haben wir wahrscheinlich konstruiert."
P1: „Zieh mal!" [P2 versucht nochmals, an allen vier Punkten zu ziehen.]
P2: „An dem geht's, an dem geht's auch, aber die zwei nicht."
P2: „Soll ich ihn [den Dozenten] mal fragen?"
[P2 geht aus dem Raum; P1 versucht nun selbst, an allen vier Punkten zu ziehen.]

3. Der Zugmodus wird eingesetzt, um die Richtigkeit der Konstruktion zu überprüfen, vgl. S2/DP/DP1 42:20.

Kurzinterpretation zur Gruppe DP_C
Die Aufzählungen erstens und zweitens lassen darauf schließen, dass die *Eltern-Kind-Beziehungen* zwischen Ausgangspunkten und konstruierten Punkten für Verwirrung sorgen. Das Zitat in erstens belegt die Einschätzung der Probanden, welche von einer Beweglichkeit aller Würfelecken bei Anwendung des Zugmodus ausgehen.
Zur Auswertung vergleiche das Verlaufsprotokoll in Abschnitt A.4.4 bzw. die Videodatei in S2/DP/DP1.

Gruppe FI_C

1. Die Probanden konstruieren erfolgreich eine Ausgangsstrecke und zwei Lotgeraden durch die Endpunkte der Ausgangsstrecke in der x-y-Ebene. Anschließend erfolgt das Ausmessen der Ausgangsstrecke. Nun legen die Studierenden zwei bewegliche Punkte auf die konstruierten Lotgeraden und verschieben diese so lange, bis die Abstände von den beweglichen Punkten zur Ausgangsstrecke gleich der Länge der Ausgangsstrecke sind, vgl. S2/FI/FI1 5:30.

2. Die Probanden erstellen augenscheinlich einen Würfel, jedoch werden zur Herstellung häufig Streckenlängen mithilfe des Zugmodus und der Funktion „Messen“ angepasst. Die Gruppe verwendet nun den Zugmodus zur Validierung und stellt fest, dass der Würfel nicht invariant unter dem Zugmodus ist. In der Folge testen die Studierenden alle Punkte mit dem Zugmodus auf ihre Beweglichkeit und konstatieren weiterhin, dass die Eckpunkte der Deckfläche auf Geraden bewegt werden können (da sie an Lotgeraden, welche senkrecht zur Ausgangsebene konstruiert wurden, gebunden sind). Im Anschluss bemerken sie, dass zwei Punkte frei in der x-y-Ebene bewegt werden können, während die beiden übrigen Punkte in der x-y-Ebene ebenfalls nur auf Geraden verschoben werden können. Somit führen die Probanden eine Prüfung der Freiheitsgrade der einzelnen Punkte durch, vgl. S2/FI/FI1 ab 12:00.

3. Der Zugmodus wird zur Validierung der Lösung eingesetzt, vgl. S2/-FI/ FI1 ab 28:00. Die Probanden versuchen, an mehreren Punkten zu ziehen und vermuten, dass die Unbeweglichkeit mancher Punkte darin zu begründen ist, dass diese als Schnittpunkte von mathematischen Objekten konstruiert sind. Als zusätzliche Bestätigung wird noch die Funktion „Messen“ verwandt, um die Richtigkeit der Konstruktion abzusichern. Bei einer weiteren Verwendung des Zugmodus vermuten die Probanden, dass allein die Ausgangspunkte gezogen werden können, vgl. S2/FI/FI1 ab 29:30.

4. Bei der sorgfältigen Überprüfung aller Punkte mithilfe des Zugmodus stellen die Probanden fest, dass ein Fehler in der Konstruktion auftritt. Sie verwenden den Zugmodus, um den falschen Konstruktionsschritt ausfindig zu machen, was schließlich auch gelingt, vgl. S2/FI/FI1 29:45.

5. Nochmals werden mehrere Punkte auf ihre Beweglichkeit mithilfe des Zugmodus getestet, vgl. S2/FI/FI1 ab 30:50.

Kurzinterpretation der Gruppe FI_C

Die dokumentierte Vorgehensweise zeigt, dass die Probanden zunächst am Beispiel erfahren mussten, wie eine unter dem Zugmodus invariante Konstruktion durchzuführen ist. Das Anpassen von Längen in Konstruktionsaufgaben mithilfe des Zugmodus weist darauf hin, dass die Probanden noch nicht angemessen mit der neuen Softwareumgebung vertraut sind und die Funktionen des Zugmodus bzw. deren Verwendung weiterer Erfahrung bzw. Instruktion bedarf. Diese Hypothese wird durch das beobachtete Validieren

der Lösung mithilfe der Funktion „Messen" gestützt. Die beobachteten Situationen in drittens und viertens liefern Anzeichen dafür, dass die *Eltern-Kind-Beziehungen* von den Probanden nicht ausreichend verstanden sind. Die Vermutung über die Abhängigkeit der konstruierten Punkte scheint vorhanden zu sein, jedoch lässt der mehrmalige Versuch des Ziehens von konstruierten Punkten darauf schließen, dass sich die Probanden beim Umgang mit verschiedenen Punktarten nicht sicher fühlen.
Zur Auswertung vergleiche das Verlaufsprotokoll in Abschnitt A.4.5 bzw. die Videodatei in S2/FI/FI1.

Gruppe FW_C

1. Die Probanden benutzen den Zugmodus ausschließlich zur Validierung der Würfelkonstruktion, vgl. S2/FW/FW 18:00.

Kurzinterpretation der Gruppe FW_C
Es ist auffällig, wie zielstrebig und schnell die Probanden bei der Konstruktion vorgehen. Der Zugmodus wird nur zur Validierung verwandt. Zudem ziehen die Probanden auch nur an einem Punkt, um die Konstruktion zu überprüfen. Sie scheinen sich der *Eltern-Kind-Beziehungen* bewusst zu sein und zeigen eine auffallend gute Werkzeugkompetenz.
Zur Auswertung vergleiche das Verlaufsprotokoll in A.4.5 bzw. die Videodatei in S2/FW/FW.

Gruppe GPW/C

1. Die Probanden verwenden den Zugmodus zur Validierung der Konstruktion, wobei P1 darauf hinweist, an welchen Punkten gezogen werden kann. P2, der zu diesem Zeitpunkt die Maus führt, versucht zunächst, einen konstruierten Punkt mithilfe des Zugmodus zu bewegen, vgl. S2/GPW/GPW1 ab 20:00.

2. Die Probanden möchten Eckpunkte des Würfels farbig gestalten. Nachdem ein Punkt der Ausgangsstrecke farbig markiert ist, führen sie folgende Konversation:

   > P1: „Können wir das [farbiges Hervorheben] mit dem linken [Gemeint ist wahrscheinlich der zweite Punkt der Ausgangsstrecke.] auch machen?" [P2 versucht jedoch, mithilfe des Zugmodus einen konstruierten Punkt der Deckfläche zu bewegen, welcher nach Konstruktion nur indirekt bewegt

werden kann.]
P3: „Kann man eigentlich an allen Punkten ziehen?“
P2: „Klar!“ [P2 versucht, an weiterem konstruierten Punkt der Deckfläche zu ziehen, was abermals nicht gelingt.]
P1: „Nein, ich glaub nur mit denen, mit denen wir angefangen haben.“
(vgl. S2/GPW/GPW1 ab 21:20)

Kurzinterpretation der Gruppe GPW_C
Die beiden angeführten Verwendungsweisen belegen, dass nur P1 die Zusammenhänge von *Eltern-Kind-Beziehungen* durchschaut hat. P2 geht zunächst davon aus, dass alle Punkte mithilfe des Zugmodus direkt bewegt werden können. Aus dem Datenmaterial geht nicht hervor, ob P2 und P3 am Ende der Konversation den Zusammenhang zwischen den definierenden Punkten der Ausgangsstrecke und den konstruierten Punkten erkennen. Es ist eher davon auszugehen, dass sie die Unbeweglichkeit der konstruierten Punkte akzeptieren, diese Tatsache jedoch nicht weiter reflektieren.
Zur Auswertung vergleiche das Verlaufsprotokoll in Abschnitt A.4.6 bzw. die Videodatei in S2/GPW/GPW1.

5.5.3 Verwendungsweisen des Zugmodus in Aufgabe 1

Betrachtet man alle Gruppen, so können acht verschiedene Verwendungsweisen des Zugmodus identifiziert werden. Während der Bearbeitung der Würfelkonstruktion dient der Zugmodus zum Erreichen mehrerer Ziele. Er wird verwandt, um

1. eine Validierung der Konstruktion durchzuführen, vgl. S2/FW/FW 18:00.

2. herauszufinden, dass nach der korrekten Durchführung der Konstruktion nur die beiden Ausgangspunkte mithilfe des Zugmodus zu bewegen sind und die übrigen Punkte nur indirekt bewegt werden können, vgl. S2/FI/FI1 ab 29:30.

3. die Funktion eines zuvor in die Konstruktion implementierten Punktes nachzuvollziehen, vgl. S2/DJ/DJ1 38:20.

4. die Länge einer Strecke an das Maß einer bereits existenten Strecke anzupassen, vgl. S2/FI/FI1 5:30.

5. die Anzahl der Freiheitsgrade eines Punktes zu untersuchen, vgl. S2/-FI/FI1 ab 12:00.

6. eine Hypothese für eine korrekte Konstruktion zu generieren, vgl. S2/-BT/BT1 13:50.

7. von *Archimedes Geo3D* aufeinander platzierte Punkte voneinander zu trennen, sodass diese separiert wahrgenommen werden können, vgl. S2/CS/CS1 3:15.

8. einen beim Validierungsprozess der Konstruktion entdeckten Fehler genauer zu identifizieren, vgl. S2/FI/FI1 29:45.

5.5.4 Auffälligkeiten der Bearbeitungen von Aufgabe 1

Es ist festzuhalten, dass die Probanden keine Kugelkonstruktionen zur Konstruktion des Würfels verwenden und stattdessen eine deutliche Präferenz für Kreiskonstruktionen festzustellen ist, um äquidistante Abstände abzutragen. In diesem Zusammenhang fällt weiterhin auf, dass trotz einer ausführlichen Thematisierung während der Einführungsveranstaltung die Kreiskonstruktionen den Probanden immer noch Schwierigkeiten bereiten. Besonders die Einsicht, dass zur Definition eines Kreises im Raum die Angabe eines Mittel- und eines Randpunktes nicht hinreichend ist, stellt die Probanden vor kognitive Konflikte.

Ein weiterer wichtiger Aspekt betrifft *Eltern-Kind-Beziehungen*, welche vielen Probandengruppen Probleme bereiten. Die deutliche Mehrzahl der Gruppen hat Schwierigkeiten im Verständnis dieser Relationen. Anhand des Datenmaterials ist zudem ersichtlich, dass nur eine Verwendung des Zugmodus auf diese Problematik aufmerksam macht. Die Probanden erfahren einen kognitiven Konflikt, wenn sie feststellen, dass manche Punkte der Konstruktion (die beiden Ausgangspunkte) beweglich sind, andere (die konstruierten Punkte) jedoch nicht. Bei der Datenanalyse ist festzustellen, dass viele der Probanden auf diese Tatsache aufmerksam werden. Die Mehrzahl der Probanden „akzeptiert" dieses Verhalten jedoch, ohne weitere Überlegungen anzustellen und dieses Phänomen näher zu untersuchen. Manche Studierende reflektieren die Situation anhand dieses kognitiven Konflikts und lösen diesen mithilfe einer Diskussion in der Computerumgebung auf. Es stellt sich jedoch die Frage, wie Probanden mit diesem Konflikt umgehen, wenn er wiederholt auftritt, bspw. in mehreren Konstruktionsaufgaben und sie das Phänomen nicht als „Einzelfall" betrachten können.

Während die Gruppe FW_C den Zugmodus nur zur Validierung der Konstruktion benutzt und *Eltern-Kind-Beziehungen* für diese Probanden keine Probleme darzustellen scheinen, versuchen andere Gruppen zunächst, einen Würfel mit dem Messen von Strecken und anpassendem Ziehen von weiteren

Strecken zu „konstruieren“, sodass auf Seiten der teilnehmenden Studierenden sowohl große Unterschiede in der Werkzeugkompetenz als auch im mathematischen Verständnis zu konstatieren sind. Weiterhin ist festzuhalten, dass die am schnellsten konstruierende Gruppe FW_C (17 Minuten) den Zugmodus nur einmalig und zwar zur Validierung verwendet.

5.5.5 Konsequenzen aus Aufgabe 1

Aufgrund der gefundenen Ergebnisse ist an dieser Stelle die Durchführung einer Langzeitstudie zu befürworten. Die Untersuchung der Entwicklung von Werkzeugkompetenzen und Grundvorstellungsumbrüchen, welche teilweise mit Verwendungsweisen des Zugmodus einhergehen, sind relevant, um insbesondere in Konstruktionsaufgaben

1. Entwicklungen im Gebrauch des Zugmodus,
2. Entwicklungen von Werkzeugkompetenzen,
3. Entwicklungen im Verständnis von *Eltern-Kind-Beziehungen* und
4. das Vorhandensein von Grundvorstellungsumbrüchen

untersuchen und die große Bandbreite der Probandenleistungen erklären zu können. Im Bereich der geometrischen Grundvorstellungsumbrüche sind diejenigen Konstruktionen interessant, welche im Vergleich zu 2D-Konstruktionen eine Anpassung bzw. ein Umdenken erfordern. Als Beispiele dienen aufgetretene Probleme bei Kreis- im Vergleich zu Kugelkonstruktionen, sowie der Umgang mit dem Begriff „senkrecht“ im 3D-Raum.

Eine mögliche Ursache hierfür ist eventuell in der Ausbildung einer im 2D-Raum entwickelten Grundvorstellung, die sich im Zusammenhang mit Problemen der Abstandsmessung und dem Gebrauch der Kreisform entwickelt hat (vgl. vom Hofe [1995, 2003]), zu sehen. Im beschriebenen Zusammenhang bildet sich ein Gebrauchsschema im Sinne Rabardels (vgl. Abschnitt 2.1), zur Definition eines Kreises mit Mittelpunkt und Randpunkt aus, welches im 3D-Raum nicht mehr tragfähig ist.

Ein Grundvorstellungsumbruch, welcher den Vorteil von Kugelkonstruktionen zur Herstellung äquidistanter Abstände in 3D-Umgebungen im Vergleich zu Kreiskonstruktionen erkennen lässt, stellt einen interessanten Forschungsgegenstand für eine Langzeitstudie dar. Ein besseres Verstehen solcher kognitiven Konflikte beim Ausbau oder Umbruch von Grundvorstellungen kann einen wichtigen Beitrag zum Verständnis des Übergangs von zwei- zu dreidimensionalen Umgebungen liefern. Direkt verbunden mit dem soeben beschriebenen Grundvorstellungsumbruch ist eine Adaption des Gebrauchsschemas „Kreisdefinition durch Mittelpunkt und Randpunkt". Dieses Gebrauchsschema muss für den dreidimensionalen Raum zu „Kreisdefinition durch Ebene, Mittelpunkt und Randpunkt" oder zu „Kreisdefinition durch drei Randpunkte" in *Cabri 3D* erweitert werden. Die Software *Archimedes Geo3D* stellt zusätzlich die Möglichkeiten „Kreisdefinition durch Mittelpunkt, Randpunkt und Normalenvektor" sowie „Kreisdefinition durch Mittelpunkt, Radiusvektor und Normalenvektor" zur Kreisdefinition im Raum bereit.

5.5.6 Ergebnisse von Aufgabe 2: Auffinden von Würfelschnitten

Bei der Bearbeitung von Aufgabe 2 kann ebenfalls bei allen Probandengruppen der Einsatz des Zugmodus nachgewiesen werden. In Tabelle 5 sind die von den jeweiligen Gruppen gefundenen Schnittfiguren dargestellt, wobei diese Tabelle lediglich der Groborientierung bezüglich „häufig aufgefundener" und eher „selten aufgefundener" Schnittfiguren dienen soll. Aufgrund von technischen Schwierigkeiten ist es nicht möglich, die Bild- und Tonaufnahmen von Webcam und Screen–recording–Software der Gruppe FW_C auszuwerten, weswegen sie in der qualitativen Gruppenanalyse nicht aufgeführt ist[5]

Tabelle 5: Übersicht zur Aufgabe *Würfelschnitte* aus Studie 2

Schnittf.	BT_A	CS_A	DJ_A	DP_C	FI_C	FW_C	GPW_C
Dreieck	nein	ja	ja	nein	ja	nein	nein
gleichs.Dreieck	nein	ja	ja	ja	ja	ja	ja
gleichsch.Dreieck	nein	ja	ja	ja	ja	ja	ja
Trapez	ja*	ja	ja*	ja	nein	ja	ja
gleichsch.Trapez	nein	nein	nein	ja	nein	ja*	nein
Parallelogramm	nein	nein	nein	ja	nein	nein	ja
Rechteck	ja	ja	ja	ja	ja	ja	ja
Raute	nein	nein	nein	ja**	nein	ja	ja
Quadrat	ja	ja	ja	nein	ja	ja	ja

[5] Die aufgefundenen Schnittfiguren aus Tabelle 5 resultieren aus den von den Probanden abgespeicherten *Cabri 3D*–Dateien mit entsprechend gewählten Dateinamen.

Tabelle 5: Übersicht zur Aufgabe *Würfelschnitte* aus Studie 2

Schnittf.	BT_A	CS_A	DJ_A	DP_C	FI_C	FW_C	GPW_C
Fünfeck	nein	ja	nein	ja	ja	ja	nein
Sechseck	nein	ja	nein	ja	ja	ja	ja
regelm.Sechseck	nein	ja	nein	ja	ja	nein	ja***
Nutzung ZM?	ja	ja	ja	ja	ja	ja	ja

In der obigen Tabelle werden folgende Abkürzungen benutzt:

* : Die Schnittfigur wurde erzeugt, jedoch allgemeiner benannt.
** : Die Schnittfigur wurde erzeugt, jedoch falsch benannt.
*** : Die Schnittfigur wurde erzeugt, jedoch nicht als solche erkannt.

Als sehr leicht zu findende Schnittflächen zwischen Ebene und Würfel können bei der Datenanalyse das Rechteck sowie das Quadrat identifiziert werden, wobei das Quadrat nur in einem Fall nicht gefunden oder eventuell als zu trivial betrachtet wird. Auch das gleichseitige und das gleichschenklige Dreieck werden nur von einer Gruppe nicht als Schnittfigur angegeben, während die Nennung eines beliebigen Dreiecks vier Gruppen nicht gelingt. Alle Probanden erzeugen das Trapez mindestens einmal, die richtige Benennung erfolgte jedoch in zwei Fällen nicht. Die korrekte Identifikation des gleichschenkligen Trapezes nimmt nur eine Probandengruppe vor. Fünf Gruppen können das allgemeine Sechseck identifizieren, wobei drei dieser Gruppen darüber hinaus auch die Konstruktion und richtige Benennung des regelmäßigen Sechsecks gelingt. Als recht schwer zu findende Figuren stellen sich das Parallelogramm und die Raute heraus, welche nur von wenigen Gruppen gefunden und konstruiert werden. Allgemein lässt sich festhalten, dass selbst nach richtiger Konstruktion der jeweiligen Figur die Identifikation als Parallelogramm, Trapez bzw. Raute Probleme bereitet.
Zur Auswertung vergleiche die Verlaufsprotokolle in Abschnitt A.5 bzw. die Videodateien in S2/Gruppe/Datei.

5.5.7 Analyse der Einzelgruppen von Aufgabe 2

Auch bei der zweiten Aufgabe können bei allen Gruppen verschiedene Verwendungsweisen des Zugmodus nachgewiesen werden. Die Analyse des Videomaterials erfolgt analog zum Vorgehen in Aufgabe 1. Zunächst werden alle auftretenden Verwendungsweisen des Zugmodus festgehalten, mithilfe dieser Ergebnisse wird im Anschluss das Verhalten der einzelnen Gruppen interpretiert.

Gruppe BT_A

1. Nachdem die Probanden keine weiteren Ideen für die Lage neuer Schnittfiguren mehr generieren können, befragen sie den Dozenten über ein mögliches Vorgehen. Der Dozent erinnert an die Einführungsveranstaltung, in der mit beweglichen Ebenen gearbeitet wurde. Kurz nach dem Hinweis des Dozenten konstruieren die Probanden einen beweglichen Punkt auf einer Würfelkante und ziehen diesen Punkt darauf, vgl. S2/-BT/BT2 ab 30:00.

2. Die Probanden konstruieren eine Ebene mithilfe des soeben erzeugten beweglichen Punktes auf einer Würfelkante und zwei festen Eckpunkten des Würfels. Anschließend ziehen die Probanden an dem beweglichen Punkt und beobachten die Lageänderung der Schnittebene, vgl. S2/-BT/BT2 ab 30:30.

3. Der bewegliche Punkt wird abermals und unter voller Ausnutzung der Würfelkantenlänge auf dieser bewegt. Nach längerem Ziehen des beweglichen Punktes und der gleichzeitigen Beobachtung der Schnittebene äußert sich Proband 1:

   > P1: „Sind wir jetzt zu doof oder was?"... Ich weiß überhaupt nicht, was ich jetzt machen soll, ich seh da gar nichts...
   > (vgl. S2/BT/BT2 ab 31:40-32:50)

4. Nach dem Hinweis des Dozenten, dass auch drei bewegliche Punkte zur Definition der Ebene verwendet werden können, legen die Probanden drei bewegliche Punkte auf drei verschiedene Kanten und benutzen den Zugmodus zunächst, um die neu definierten Punkte auf der Kante zu bewegen, da die neuen Punkte von *Archimedes Geo3D* jeweils auf einen Eckpunkt gelegt werden, vgl. S2/BT/BT2 ab 35:30.

5. Die Probanden bewegen die drei definierenden Punkte der Schnittebene auf den Kanten und beobachten dabei die Lageänderungen der Ebene, vgl. S2/BT/BT2 ab 36:30.

6. Nach der Konstruktion der Schnittgeraden zwischen der Schnittebene und der Deckfläche des Würfels ziehen die Probanden an einem der definierenden Punkte der Ebene und beobachten die Bewegungen der soeben konstruierten Schnittgeraden, vgl. S2/BT/BT2 ab 39:20.

7. Der Punkt P_5 wird von den Studierenden auf eine Kante des Würfels gelegt und zur Definition der Schnittebene verwendet. Die Ausdehnung der Schnittebene reicht jedoch nicht aus, um die Zugehörigkeit des Punktes zur Ebene sofort zu erkennen. Zu dieser Situation äußert sich Proband 1:

   P1: „Aber ich versteh nicht... was macht denn P_5?" (P1 zieht an dem Punkt P_5 und beobachtet, dass sich die Schnittebene verändert.)
   P1: „Ich weiß nicht, wie wir das machen sollen mit diesen komischen Strecken." (Gemeint sind die Verbindungsstrecken der Schnittpunkte von Schnittebene und entsprechenden Würfelkanten.)
   (vgl. S2/BT/BT2 ab 45:05)

8. Die Probanden verwenden den Zugmodus, um abermals drei definierende Punkte einer Schnittebene auf Würfelkanten zu bewegen, vgl. S2/BT/BT2 ab 50:00.

Kurzinterpretation zur Gruppe BT_A
Während der Variation der Schnittebene mit einem beweglichen Punkt bemängeln die Studierenden, dass sie die Ebene nicht in einer anderen Richtung als der von der Würfelkante vorgegebenen, auf welcher der bewegliche Punkt liegt, ziehen können. Die Möglichkeit, die weiteren definierenden Punkte der Ebene ebenfalls als bewegliche Objekte zu implementieren, ziehen die Probanden jedoch nicht in Betracht. Zudem bereitet die geringe Ausdehnung der Ebene Probleme, da rein visuell und ohne die Durchführung einer Schnittpunktkonstruktion von Schnittebene und entsprechenden Würfelkanten keine weiteren Schnittpunkte erkennbar sind. Diese Schwierigkeiten lassen sich an der Aussage des dritten Aufzählungspunktes belegen. Nach der Implementierung von drei beweglichen Punkten auf drei verschiedenen Würfelkanten besteht weiterhin das Problem, dass die Ausdehnung der Ebene nicht ausreicht, um die Schnittfläche mit dem Würfel zu erkennen. Die Werkzeugkompetenz der Probanden ist nicht so weit elaboriert, um die Schnittfigur sichtbar zu machen, was zu einer gewissen Resignation führt, vgl. S2/BT/BT2 ab 41:20.

Aufgrund der nicht ausreichenden Ausdehnung der Ebene sehen die Probanden die dargestellte Fläche der Schnittebene als Schnittfigur an, weswegen sie ein rechtwinkliges Dreieck als Schnittfigur benennen, obwohl die Ebene mitten im Würfel zu enden scheint, vgl. S2/BT/BT2 ab 47:45.

Trotz des Einsatzes des Zugmodus ist den Studierenden nicht bewusst, dass der Punkt P_5 die Schnittebene mit festlegt und daher auch immer ein Element dieser Ebene sein muss. Erst gegen Ende der Sitzung bemerken die Studierenden, dass die Ausdehnung der Schnittebene größer sein muss, als sie von der Darstellung im Programm zunächst vorgegeben wird, vgl. S2/BT-/BT2 51:30.

Insgesamt verhindern sowohl die mangelnde Werkzeugkompetenz zur Vergrößerung der Ausdehnung der Schnittebene als auch die mangelnde Einsicht, was den Verlauf der Schnittebene angeht, eine sinnvolle Bearbeitung der Aufgabe. Zur Auswertung vergleiche das Verlaufsprotokoll in Abschnitt A.5.1 bzw. die Videodatei in S2/BT/BT2.

Gruppe CS_A

1. Die Probanden konstruieren eine Gerade durch zwei Eckpunkte des Würfels und zwei freie Punkte im Raum. Im Anschluss konstruieren sie einen beweglichen Punkt auf der Geraden und definieren eine Ebene mithilfe des beweglichen Punktes und der beiden frei beweglichen Punkte im Raum. Danach ist der Gebrauch des Zugmodus an den frei beweglichen Punkten im Raum zu beobachten, wobei die Punkte jedoch nur in einer Ebene gezogen werden und kein Ziehen in die „Tiefe" des Raums stattfindet, vgl. S2/CS/CS2 ab 5:30.

2. Nach weiterem Ziehen an einem frei beweglichen Punkt äußert ein Proband die Vermutung:

   > „So müssen wir irgendwie auf ein gleichseitiges Dreieck kommen." (vgl. S2/CS/CS2 ab 6:15)

   Kurz nach dieser Aussage konstruieren die Probanden ein gleichseitiges Dreieck mit drei fest gewählten Eckpunkten, vgl. S2/CS/CS2 7:00.

3. Die Gruppe führt eine Konstruktion aus, wobei ein definierender Punkt der Ebene auf einer Kante des Würfels beweglich ist. Die beiden weiteren Punkte sind Eckpunkte des Würfels, vgl. S2/CS/CS2 ab 25:40. Der bewegliche Punkt auf der Kante des Würfels wird von den Probanden hin und her bewegt, um die entstandene Schnittfigur zu analysieren, vgl. S2/CS/CS2 26:40.

4. Ein Proband äußert sich zur weiteren Vorgehensweise:

> „Oder sollten wir vielleicht auf jeder Strecke drei beliebige Punkte... und auf diesen drei beliebigen Punkten alle verschieben und dann kann man ja ... weißt du, wie ich das meine?“ (vgl. S2/CS/CS2 31:05)

Die vorgeschlagene Konstruktion wird in der Folge auch durchgeführt, jedoch beschäftigen sich die Probanden anschließend nicht mit der Verwendung des Zugmodus, sondern mit der Analyse der Schnittfigur (Sechseck).

Kurzinterpretation zur Gruppe CS_A

Zu Beginn lässt sich bei der Konstruktion einer beweglichen Ebene eine analoge Vorgehensweise zur Einführungsveranstaltung identifizieren, wobei ein beweglicher Punkt auf einer Geraden platziert wird. Es lässt sich eine gewisse Freude bzw. Begeisterung beim Einsatz des Zugmodus erkennen, vgl. S2/CS/CS2 ab 5:50.

Die Verwendungsweise des Zugmodus im zweiten Punkt der Aufzählung deutet darauf hin, dass der Zugmodus für die Probanden hilfreich ist, um eine Hypothese für die Schnittfigur des gleichseitigen Dreiecks zu generieren, das im Anschluss auch gefunden wird. In Punkt drei der Aufzählung ist ersichtlich, dass die Probanden zunächst versuchen, weitere bewegliche Punkte auf verschiedenen Kanten zu konstruieren, jedoch reicht ihre Werkzeugkompetenz hierzu nicht aus, vgl. S2/CS/CS2 ab 22:30.

An gleicher Stelle lässt sich am Verhalten der Probanden belegen, dass der Zugmodus erfolgreich eingesetzt wird. Mit dessen Hilfe erkennen die Studierenden, dass es sich bei der von ihnen konstruierten Schnittfigur um ein gleichschenkliges und nicht, wie zunächst vermutet, um ein beliebiges Dreieck handelt. Im vierten Punkt der Aufzählung erweitert ein Proband die Idee der beweglichen Ebene derart, dass man drei bewegliche Punkte zur Definition der Ebene verwenden könne. Diese Konstruktion wird auch durchgeführt, jedoch erkennen die Studierenden im Anschluss sofort ein Sechseck und sehen daher zunächst keine Veranlassung, die drei Punkte zu bewegen. Sie widmen sich stattdessen der Konstruktion des regelmäßigen Sechsecks durch feste Punkte.

Die Gruppe verwendet den Zugmodus zeitweise zur Hypothesengenerierung. Auch Ideen zu komplexeren Implementierungen des Zugmodus (mit drei beweglichen Punkten auf geeigneten Kanten) werden diskutiert, jedoch nie vollständig umgesetzt.

Zur Auswertung vergleiche das Verlaufsprotokoll in Abschnitt A.5.2 bzw. die Videodatei in S2/CS/CS2.

Gruppe DJ_A

1. Die Probanden konstruieren eine Schnittebene und verwenden nun den Zugmodus, um die Größe des Würfels zu verändern, dabei diskutieren sie die Ausdehnung der Ebene, die nur begrenzt angezeigt wird. Der Zugmodus wird eingesetzt, um die tatsächliche Lage der Schnittebene im Würfel zu erkennen. Kurz darauf vergrößern die Probanden den Würfel mithilfe des Zugmodus. Zusätzlich vergrößern sie die Ausdehnung der Ebene, sodass sie den Würfel vollständig sichtbar durchdringt, vgl. S2/DJ/DJ2 ab 4:20.

2. Drei bewegliche Punkte werden von den Studierenden auf drei Kanten des Würfels platziert und mit deren Hilfe eine Schnittebene definiert. Die Probanden diskutieren nun, ob es sich bei der Schnittfigur um eine Parallelogramm oder ein Rechteck handelt, wobei sich die folgende Konversation ergibt:

   P1: „Ist das eigentlich ein Parallelogramm dann?“
   P2: „Möglich.“ (lacht)
   P1: „Wir hatten die Punkte beliebig gesetzt, ne?“
   P2: „Mhh“ (zustimmend)
   ...
   P1: „Sind das rechte Winkel dann?“
   P2: (bewegt einen definierenden Punkt der Schnittebene auf einer Kante und beobachtet die Veränderung der Schnittebene und somit der Schnittfigur) „Guck dir das mal an!“ (sehr erstaunt)
   P1 lacht
   P2 verändert mithilfe des Zugmodus die Schnittfigur und diskutiert mit P1

   Während und nach der Verwendung des Zugmodus diskutieren die Studierenden über die Art der momentan vorhandenen Schnittfigur und die Schnittfiguren, die sie bereits vorher beobachten konnten, vgl. S2/DJ-/DJ2 ab 25:00-27:00.

3. Mithilfe eines bereits konstruierten beliebigen Dreiecks erproben die Studierenden die Möglichkeit der Konstruktion von gleichseitigen bzw. gleichschenkligen Dreiecken. Hierbei wird der Zugmodus benutzt, wobei ein beweglicher Punkt auf einer Kante eines Würfels bewegt wird. Im Anschluss an die Verwendung des Zugmodus erfolgt die Konstruktion des gleichseitigen und des gleichschenkligen Dreiecks, vgl. S2/DJ/DJ2 ab 31:30.

4. Die Probanden öffnen eine Konstruktion, in der drei bewegliche Punkte zur Definition der Schnittebene auf Würfelkanten bewegt werden können. Ausgehend von der Schnittfigur des beliebigen Vierecks versuchen die Probanden, weitere Schnittfiguren zu finden und ziehen dabei an allen beweglichen Punkten. Dabei diskutieren sie über die Art der Schnittfiguren, vgl. S2/DJ/DJ2 42:20-44:00.

5. Es liegt eine Konstruktion mit mehreren Punkten und einer Schnittebene des Würfels vor. Die Schnittebene ist wiederum mithilfe von drei beweglichen Punkten auf drei verschiedenen Würfelkanten implementiert. Die Studierenden versuchen sich nun in der eigenen Konstruktion zu orientieren.

   P1: „Und dann Schnittpunkt, genau. Ja, wie heißen unsere ganzen Pünktchen jetzt?"
   P2: (unverständlich)
   P1: „Hier haben wir P_3, da P_4, aber da fehlt doch noch einer,... oder?"
   ...
   P1: „Interessant und da ist auch noch einer. Ne erst mal Punkt ... jetzt blick da mal noch einer durch."
   P2: „Ja."
   P1: „Also P_4, P und P_{15} könnte man verbinden, dann noch ... oder P liegt doch auch noch drin?"
   P2: „Welche Punkte hatten wir denn für die Ebene genommen?" (P2 zieht an einem Punkt, der die Ebene definiert.)
   P1:„P_{11} auf jeden Fall... ja, P_{11}, P_4 und P_{13}."
   P2: (testet weitere Punkte mithilfe des Zugmodus auf ihre Funktion) „Und P_{11} war hier fest? ... (P2 zieht an P_{11} und bemerkt, dass dieser beweglich ist.) Ne!" (Weitere Punkte werden gezogen.)
   (vgl. S2/DJ/DJ2 52:20-54:15)

Kurzinterpretation zur Gruppe DJ_A

Der Gruppe DJ_A bereitet zu Beginn der Aufzeichnung der Begriff der „Schnittfigur" Schwierigkeiten. Die Probanden verwenden den Zugmodus zur Verkleinerung des Würfels, um die Durchdringung der Schnittebene durch den Würfel zu visualisieren. Weiterhin verwenden sie bis zu drei bewegliche Punkte zur Definition der Schnittebene, was bereits auf eine erweiterte Werkzeugkompetenz schließen lässt. Zudem benutzen die Probanden den Zugmodus, um sich in der Konstruktion zurechtzufinden und die definierenden Punkte der Schnittebene wiederzufinden. Auch kompliziertere Konstruk-

tionen mit mehreren Punkten werden angefertigt. Die Identifikation von verschiedenen Schnittfiguren, vor allem die Unterscheidung von Parallelogramm, Trapez, Rechteck und beliebigem Viereck bereitet der Gruppe Schwierigkeiten. Die Figuren werden konstruiert, können jedoch teilweise nicht richtig benannt werden.
Zur Auswertung vergleiche das Verlaufsprotokoll in Abschnitt A.5.3 bzw. die Videodatei in S2/DJ/DJ2.

Gruppe DP_C

1. Die Studierenden definieren eine Ebene mithilfe zweier beweglicher Punkte in der x-y-Ebene und eines frei beweglichen Punktes im Raum. Damit der Punkt im Raum an der gewünschten Stelle platziert werden kann, benutzen sie den Zugmodus, um den Punkt mithilfe der *Shift*-Taste senkrecht von der Standebene wegzubewegen, vgl. S2/DP/DP2 0:50.

2. Die Probanden möchten die Schnittpunkte der Würfelkanten mit der Schnittebene konstruieren. Hierzu ziehen sie an dem sich im Raum beweglichen Punkt, um die Ebene so zu platzieren, dass sie den Würfel durchdringt. Der bewegliche Punkt im Raum wird in einer parallelen Ebene zur Standebene bewegt, vgl. S2/DP/DP2 1:05.

3. Nach der Konstruktion der Schnittfigur verwenden die Probanden den Zugmodus, um die Veränderungen der Schnittfigur beim Bewegen der Schnittebene zu beobachten, vgl. S2/DP/DP2 3:20.

4. Die Schnittebene wird mithilfe des Zugmodus „durch den Würfel bewegt" und Proband 1 kommentiert das Verändern der Schnittfigur mit: „Das ist geil, oder?", vgl. S2/DP/DP2 5:10.

5. Nach der Konstruktion einer Schnittebene, die durch drei Mittelpunkte von geeigneten Kanten definiert ist, erkennen die Studierenden ein gleichseitiges Dreieck als Schnittfigur, wobei sich folgende Konversation ergibt:

   P1: „Jetzt können wir die Ebene (definiert durch die Mittelpunkte der Kanten) nicht mehr ziehen."
   P2: „Müssen wir das? Eigentlich nicht."
   P1: „Eigentlich nicht, stimmt."
   (vgl. S2/DP/DP2 7:45)

6. Mithilfe einer Schnittebene, die durch drei bewegliche Punkte auf Würfelkanten definiert ist, finden die Probanden ein Trapez als Schnittfigur. Sie verwenden den Zugmodus, um die Lage der Schnittebene derart zu verändern, dass sie ein gleichschenkliges Trapez erhalten, das sie als „regelmäßiges Trapez" bezeichnen, vgl. S2/DP/DP2 20:30.

7. Nach der teilweisen Festlegung einer Schnittebene durch zwei unbewegliche Punkte bewegen die Probanden den noch festzulegenden dritten Punkt im Raum und beobachten dabei die Lage von Ebene und Würfel, vgl. S2/DP/DP2 39:30.

8. Der Zugmodus wird verwandt, um die Größe des Würfels zu verändern und um somit die Schnittpunkte der konstruierten Ebene mit den betreffenden Würfelkanten besser zu erkennen, vgl. S2/DP/DP2 39:40-43:00.

9. Die Probanden benutzen den Zugmodus scheinbar zufällig, wobei sie einen Punkt auf einer Würfelkante bewegen, der zur Definition der Schnittebene benutzt wurde. Durch diese Variation ändert sich die aktuelle Schnittfigur von einem Sechseck zu einem Rechteck. Sie können sich nicht erklären, wodurch die Veränderung der Schnittfigur hervorgerufen wird.

   P1: „Wir hatten doch gerade sechs... (Punkte) [Momentan sind in der Figur aber nur vier zu sehen.]... Hatten wir doch, sechs Punkte."
   P2: „Warum haben wir denn nur noch vier (Punkte) auf einmal?"
   P1: „Dann mach doch mal die Ebene anders."
   (P2 verändert mithilfe des Zugmodus die Größe des Würfels, damit allerdings nicht die Lage der Ebene.)
   P2: „Wie hatten wir das denn vorhin gemacht?"
   (vgl. S2/DP/DP2 41:50)

10. Eine Schnittebene wird durch drei beliebige Punkte im Raum definiert und anschließend mithilfe des Zugmodus parallel zu ihrer Ausgangslage in Richtung der z-Achse bewegt. P2 bemerkt hierzu: „Aber ich kann diese Ebene auch nicht in sich nochmal kippen. Weißt du, ich glaub', dass wir einfach so einen Würfel machen und die Ebene dann dadurch drehen und das geht nicht.", vgl. S2/DP/DP2 51:10.

Kurzinterpretation zur Gruppe DP_C
Die Gruppe DP_C verwendet den Zugmodus, allerdings lässt sich an einigen Stellen eine gewisse Unsicherheit mit dem Werkzeug belegen, siehe hierzu bspw. die Punkte fünf, neun und zehn der Aufzählung. Anhand der dargestellten Konversationen ist zu erkennen, dass die Studierenden weder das Zustandekommen der Schnittebene und somit auch die Variabilität der Schnittfigur noch die Möglichkeiten zur Lageänderung der Schnittebene voll durchschauen. Eine Zurückhaltung bei der Verwendung des Zugmodus kann nicht nachgewiesen werden, die Probanden verwenden den Zugmodus ohne Scheu. Sie wählen auch Konstruktionen, in denen ein Einsatz des Zugmodus möglich wäre, nutzen diese Möglichkeit der Variation aber nicht aus. Auch der bereits in Studie 1 identifizierte „Zugmodus 2.Art" kann in der Aufzählung an siebter Stelle nachgewiesen werden.
Zur Auswertung vergleiche das Verlaufsprotokoll in Abschnitt A.5.4 bzw. die Videodatei in S2/DP/DP2 .

Gruppe FI_C

1. Die Probanden definieren zwei bewegliche Punkte auf Würfelkanten des Würfels und verwenden im Anschluss den „Zugmodus 2.Art", wobei sie bei der Verwendung Spekulationen über eventuelle Schnittfiguren bei bestimmten Lagen der Schnittebene anstellen. Hierbei wird auch eine Hypothese für die Lage der Schnittebene, aus der ein Parallelogramm als Schnittfigur entstehen soll, generiert. Nach Beendigung des Zugmoduseinsatzes konstruieren die Probanden die Schnittpunkte von Würfelkanten und Schnittebene und stoßen auf das Sechseck als Schnittfigur, vgl. S2/FI/FI2 29:07.

2. Der Zugmodus wird verwendet, um die Größe des Würfels zu verändern und um so die Schnittpunkte von Würfelkanten und Schnittebene sichtbar zu machen. Die von der Software angezeigte Ausdehnung der Ebene reichte zuvor nicht aus, um alle Schnittpunkte visuell direkt wahrnehmen zu können, vgl. S2/FI/FI2 31:00.

3. Die Gruppe konstruiert zunächst die Mittelpunkte von verschiedenen Würfelkanten. In der Folge wird eine Ebene mithilfe zweier dieser Kantenmittelpunkte teildefiniert. Daraufhin bewegen die Studierenden den noch festzulegenden Punkt über einen längeren Zeitraum (*Zugmodus 2.Art*), bevor sie die Schnittebene vollständig festlegen. Bei diesem Zugvorgang diskutieren die Probanden über mögliche Schnittfiguren, vgl. S2/FI/FI3 2:40.

4. Nach der Definition einer Schnittebene durch zwei bewegliche Punkte auf Würfelkanten und einen Eckpunkt des Würfels verwenden die Studierenden den Zugmodus, um die Lage der Schnittebene zu verändern und die sich ändernde Schnittfigur beobachten zu können. Sie versuchen hierbei, aus der Schnittfigur des Fünfecks ein „regelmäßiges Fünfeck", das nicht existiert, mithilfe des Zugmodus aufzufinden, vgl. S2/FI/FI3 10:10.

5. Weiterhin wird versucht, ein regelmäßiges Fünfeck als Schnittfigur von Würfel und einer Schnittebene zu konstruieren. Hierbei verwendet die Gruppe den Zugmodus sowohl zur Veränderung der Größe des Würfels als auch zur Variation der Schnittebene, wobei ein definierender Punkt der Schnittebene auf einer Würfelkante gezogen wird, vgl. S2/FI/FI3 14:50.

6. Die Probanden verwenden zum wiederholten Mal den „Zugmodus 2.Art", allerdings nur sehr kurz, vgl. S2/FI/FI3 22:20.

7. Der Zugmodus wird kurz eingesetzt, um einen definierenden Punkt der Schnittebene auf einer Würfelkante zu bewegen, allerdings ohne weitere Erkenntnisse zu erlangen, vgl. S2/FI/FI3 26:55; S2/FI/FI3 33:40.

Kurzinterpretation der Gruppe FI_C
Die Gruppe verwendet zu Beginn nicht den Zugmodus, die Studierenden stellen Figuren wie Quadrat, Rechteck, Trapez, Dreieck, gleichschenkliges Dreieck und gleichseitiges Dreieck, später auch das regelmäßige Sechseck, mithilfe von fest konstruierten Punkten einer Schnittebene dar. Während der zweiten Hälfte der Aufgabenbearbeitung wird der Zugmodus eingesetzt, wobei auffallend ist, dass die Probanden relativ häufig den „Zugmodus 2.Art" verwenden. Bei der Implementierung des Zugmodus mit beweglichen Punkten auf verschiedenen Würfelkanten ziehen die Studierenden jedoch eher vorsichtig. Weiterhin ist auffällig, dass die Studierenden häufig die Funktion *Messen* verwenden, um mögliche Schnittfiguren zu verifizieren. Der Einsatz des Zugmodus erleichtert dieser Gruppe das Arbeiten und somit das Finden neuer Schnittfiguren anscheinend nicht bzw. nur in Ausnahmefällen, da sie Konstruktionen mit nicht direkt beweglichen Punkten bevorzugen.
Zur Auswertung vergleiche das Verlaufsprotokoll in Abschnitt A.5.5 bzw. die Videodatei in S2/FI/FI2.

Gruppe FW_C

Die Aufnahme der Gruppe FW_C ist fehlgeschlagen, daher müssen Zugmodusanalyse und Kurzinterpretation dieser Gruppe entfallen.

Gruppe GPW_C

1. Die Gruppe konstruiert drei willkürlich gewählte Punkte im Raum und definiert im Anschluss eine Ebene durch diese Punkte. Die Ebene verläuft zunächst außerhalb des vorher in die Konstruktion eingebundenen Würfels. Mithilfe des Zugmodus bewegen die Probanden die Ebene derart, dass sie den Würfel schneidet, vgl. S2/GPW/GPW2 4:10.

2. Die Studierenden ziehen an drei frei beweglichen Punkten, um die Lage der Schnittebene zu ändern, vgl. S2/GPW/GPW2 6:10.

3. Ein Proband entdeckt, dass die Schnittebene mithilfe des Zugmodus parallel zu ihrer Ausgangslage verschoben werden kann, vgl. S2/GPW/-GPW2 7:08.

4. Die Studierenden bewegen den Würfel in der Standebene mithilfe des Zugmodus, wobei sie ihn jedoch nur verschieben und nicht seine Größe ändern. Der Würfel wird durch die Schnittebene hindurch bewegt und die Schnittfigur untersucht, vgl. S2/GPW/GPW2 8:00.

5. Zum wiederholten Mal zieht die Gruppe an drei beweglichen Punkten, welche die Schnittebene definieren, um weitere Schnittfiguren der Ebene mit dem Würfel zu entdecken. Mithilfe dieses Vorgehens finden die Probanden die Raute. Hierbei wird deutlich, dass das kontrollierte Ziehen der Ebene sehr schwierig ist, vgl. S2/GPW/GPW2 35:30.

6. Wiederum ziehen die Probanden an frei beweglichen Punkten, wobei nochmals festgestellt werden kann, dass ein kontrolliertes Ziehen nur sehr schwer möglich ist, vgl. S2/GPW/GPW2 ab 42:20. Jedoch finden sie mit dieser Vorgehensweise das Fünfeck als Schnittfigur, vgl. S2/-GPW/GPW2 44:30.

7. Durch erneutes vorsichtiges Ziehen der zuvor erwähnten Punkte finden die Studierenden das Sechseck als Schnittfigur, wobei sie von einer Lage der Schnittebene ausgehen, die ein Fünfeck als Schnittfigur generierte, vgl. S2/GPW/GPW2 ab 47:30.

8. Die beweglichen Punkte der Schnittebene werden von den Probanden bewegt, wobei sie versuchen Schnittfiguren zu erzeugen, die mehr als sechs Ecken aufweisen, vgl. S2/GPW/GPW2 ab 51:00.

9. Die gleiche Verwendung des Zugmodus führt zur Entdeckung des Trapezes als Schnittfigur, vgl. S2/GPW/GPW2 ab 53:30.

10. Die Probanden versuchen, ein gleichschenkliges bzw. ein gleichseitiges Dreieck als Schnittfigur herzustellen. Es liegt immer noch die Konstruktion mit drei frei beweglichen Punkten im Raum vor. Nun stellt sich die Frage, welchen Punkt man wie bewegen muss, damit die Schnittebene ein bestimmtes Dreieck aus dem Würfel ausschneidet:

    > P1: „Mach mal, ich weiß nicht, an welchem Punkt ich ziehen muss."
    > P2: „Ja, ich auch nicht."
    > P1: „Du weißt das, zumindest sieht das bei dir immer sehr gut aus."
    > (P2 zieht vorsichtig an verschiedenen Punkten und benutzt dabei auch die *Shift*-Taste, um einen Punkt in z-Richtung zu verschieben.)
    > (vgl. S2/GPW/GPW2 ab 58:00)

11. Nach vielen Versuchen gelingt es den Probanden, die Ebene so zu positionieren, dass ein Dreieck als Schnittfigur erkennbar ist. Das unpräzise Ziehen an drei freien Punkten im Raum erlaubt nicht die Herstellung einer exakten Lage der Ebene, wie sie zur Generierung eines gleichschenkligen Dreiecks erforderlich wäre, vgl. S2/GPW/GPW2 ab 1:02:00. Eine genaue Lage der Ebene gelingt erst nach längerem Probieren, vgl. S2/-GPW/GPW2 ab 1:02:40. Anschließend entscheiden sich die Probanden dazu, das gleichschenklige Dreieck durch eine Schnittebene, die über zwei geeignete Kantenmittelpunkte und eine Würfelecke fest definiert ist, zu erzeugen.

Kurzinterpretation der Gruppe GPW_C

Die Gruppe zeichnet sich durch eine häufige Verwendung des Zugmodus von Beginn der Sitzung an und in ihrem weiteren Verlauf aus. Die Studierenden bevorzugen die experimentelle Vorgehensweise und erzeugen fast alle Schnittfiguren, mit Ausnahme des Quadrats, des Rechtecks und des gleichseitigen Dreiecks mithilfe des Zugmodus. Selbst das gleichschenklige Dreieck wird zunächst mit dem Zugmodus gefunden und erst im Anschluss über eine Konstruktion mit festen Punkten erzeugt. Jedoch werden im Verlauf der Untersuchung immer drei frei bewegliche Punkte im Raum zur Definition der Schnittebene verwandt, obwohl den Probanden bewusst zu sein scheint, dass sie auf diese Weise die Schnittebene nur sehr unpräzise bewegen können. Es ist keine Zurückhaltung bei der Verwendung des Zugmodus festzustellen. Ein kontrolliertes Ziehen, wie es in der Vorbereitungssitzung bereits thematisiert wurde, erfolgt jedoch nicht.

Zur Auswertung vergleiche das Verlaufsprotokoll in Abschnitt A.5.6 bzw. die Videodatei in S2/GPW/GPW2.

5.5.8 Verwendungsweisen des Zugmodus in Aufgabe 2

Um einen groben Überblick über die Benutzung des Zugmodus zu erhalten, erfolgt eine Zusammenfassung ähnlicher Verwendungsweisen, wobei sowohl die Intention der Nutzer als auch die Implementierung des Zugmodus berücksichtigt werden. Dies führt zu einer „komprimierten" Liste, die im Anschluss genauer zu analysieren ist. Verschiebungen von mathematischen Objekten werden nicht einzeln aufgeführt, sondern mit Verwendungsweisen des Zugmodus mit ähnlicher Intention zusammengefasst.
Der Zugmodus wird in Aufgabe 2 benutzt, um:

1. einen beweglichen Punkt auf einer Würfelkante zu ziehen, vgl. S2/BT/-BT2 ab 30:00.

2. bei einer Lageveränderung der Schnittebene die Lageveränderung der Schnittgeraden zwischen Schnittebene und Würfeldeckfläche zu beobachten, vgl. S2/BT/BT2 ab 39:20.

3. neu definierte Punkte auf Würfelkanten von den Eckpunkten wegzuziehen, da die neu definierten Punkte von *Archimedes Geo3D* direkt auf den Würfelecken platziert wurden, vgl. S2/BT/BT2 ab 35:30.

4. einen Hinweis über die Funktion eines beweglichen Punktes zu bekommen, vgl. S2/BT/BT2 ab 45:05.

5. eine Schnittebene zu bewegen, wobei zwei definierende Punkte frei im Raum konstruiert sind und ein definierender Punkt an eine Gerade gebunden ist, vgl. S2/CS/CS2 ab 5:30.

6. entstandene Schnittfiguren zu analysieren, wobei ein definierender Punkt der Ebene auf einer Würfelkante bewegt werden kann und die beiden anderen definierenden Punkte der Ebene durch Würfelecken gebildet werden, vgl. S2/CS/CS2 26:40.

7. die Größe des Würfels zu verändern. Im angeführten Beispiel durchdringt die Schnittebene durch rein visuelle Betrachtung nicht den Würfel, was jedoch durch das Verändern dessen Größe erreicht wird, vgl. S2/DJ/DJ2 ab 4:20; S2/FI/FI2 31:00.

8. eine vorliegende Schnittfigur richtig zu identifizieren, vgl. S2/DJ/DJ2 25:00-27:00.

9. aus der momentan vorhandenen Schnittfigur mithilfe einer Lageveränderung der Schnittebene zu Hypothesen darüber zu gelangen, wie die Lage der Schnittebene aussehen müsste, um speziellere Figuren als Schnittfiguren zu generieren, vgl. S2/DJ/DJ2 ab 31:30.

10. neue Schnittfiguren zu finden, wobei die drei definierenden Punkte der Schnittebene auf Würfelkanten bewegt werden, vgl. S2/DJ/DJ2 42:20-44:00.

11. sich in einer komplexeren Konstruktion zu orientieren und die Funktion von bereits vorhandenen Punkten herauszufinden, vgl. S2/DJ/DJ2 52:20-54:15.

12. einen neu zu konstruierenden Punkt mithilfe der *Shift*-Taste von der x-y-Ebene in Richtung der z-Achse zu bewegen, vgl. S2/DP/DP2 0:50.

13. eine Ebene mithilfe eines frei im Raum beweglichen, sie mitdefinierenden Punktes so zu bewegen, dass sie den Würfel visuell durchdringt, vgl. S2/DP/DP2 1:05.

14. mithilfe des „Zugmodus 2.Art" eine günstige Lage der Schnittebene zu finden, vgl. S2/FI/FI2 29:07; S2/FI/FI3 2:40; S2/FI/FI3 22:20.

15. konkrete Schnittfiguren nach vorheriger Überlegung durch Veränderung der Lage der Schnittebene herzustellen, vgl. S2/GPW/GPW2 58:00.

Die angeführten Verwendungsweisen unterscheiden sich nach der Intention ihres Gebrauchs und nach der Komplexität ihrer Einbindung, was sie im Vergleich zum Vorkommen in der Würfelkonstruktion unterscheidet. Bei der Würfelkonstruktion ist die Einbindung des Zugmodus nicht unbedingt erforderlich und eine Planung, wie bewegliche Objekte zu implementieren sind, entfällt. Bei der vorliegenden explorativen Aufgabe besteht eine Schwierigkeit zunächst in der Herstellung einer Konfiguration, welche einen sinnvollen Einsatz des Zugmodus erst ermöglicht. Diese Implementierung ist entscheidend für das weitere Vorgehen und keineswegs trivial. Es sind verschiedene Einbindungen von beweglichen Objekten denkbar, welche sich in ihrer Handhabung, was bspw. das kontrollierte Ziehen einer Ebene betrifft, aber auch in ihren Möglichkeiten bzw. Einschränkungen erheblich unterscheiden können. Man vergleiche etwa als Extrembeispiele die Implementierung einer Ebene mithilfe dreier Würfelecken mit der Implementierung über drei frei im Raum bewegliche Punkte. Während die erste Ebene nicht bewegt werden kann, verfügt die zweite Ebene über eine maximale Flexibilität, jedoch geht diese im genannten Beispiel mit einer nur sehr schwer zu kontrollierenden Bewegung bei Variation der definierenden Punkte einher.

5.5.9 Auffälligkeiten der Bearbeitungen von Aufgabe 2

In beiden Softwareumgebungen treten Schwierigkeiten mit der Ausdehnung von Schnittebenen auf. So kommt es häufig vor, dass Probanden aufgrund der Ebenendarstellung fälschlicherweise davon ausgehen, dass die Ebene den Würfel nicht oder nur teilweise durchdringe. Die begrenzte Darstellung der Ebene führt zu Fehlschlüssen und kognitiven Konflikten auf Seiten der Probanden.

Bei der Bearbeitung der Aufgabe verwenden zwar alle Gruppen den Zugmodus, die Häufigkeit des Gebrauchs unterscheidet sich jedoch stark. So benutzt die Gruppe GPW_C den Zugmodus häufig, um Schnittfiguren aufzufinden. Mit Ausnahme von Quadrat, Rechteck und gleichseitigem Dreieck findet die Gruppe GPW_C alle übrigen Schnittfiguren mithilfe des Zugmodus auf experimentelle Art und Weise. Im Gegensatz hierzu gebraucht die Gruppe FI_C den Zugmodus eher selten und präferiert ein Herstellen von Schnittfiguren mithilfe nicht beweglicher Ebenen.

Bei der Einbindung von beweglichen Ebenen fällt insgesamt eine meist sehr einfache Implementierung auf, wobei oft drei frei bewegliche Punkte im Raum zur Ebenendefinition Verwendung finden. Hieraus resultiert eine nur schwer kontrollierbare Bewegung der Ebene bei Anwendung des Zugmodus. Diese unzureichende Kontrollierbarkeit fällt den Probanden auch negativ auf, ihre Werkzeugkompetenz reicht jedoch meist nicht aus, um eine bessere Einbindung zu erzeugen.

Gelegentlich treten auch Implementierungen auf, wobei ein Punkt an eine Strecke oder Gerade gebunden wird. Dieses Vorgehen ist eventuell auf die Einführungsveranstaltung zurückzuführen. Ein Binden von mehreren Punkten an Objekte wie Strecken, Geraden oder Kreise stellt die Ausnahme dar.

Weiterhin sind Schwierigkeiten bei der Identifizierung von Schnittfiguren auf Seiten der Probanden festzustellen, was aufgrund der zentralprojektiven Darstellung nicht verwundert. Teilweise sind auch die definierenden Eigenschaften der Schnittfiguren ein Problem für die Studierenden, was deren Identifikation erheblich erschwert. Im Zusammenhang mit der Verifikation und Unterscheidung von Figuren benutzen die Probanden neben dem Zugmodus auch die Funktion „Messen", wobei oft in Situationen gemessen wird, in denen die Probanden offensichtlich unsicher sind.

Auch in der zweiten Aufgabe in der *Cabri 3D*-Umgebung ist der „Zugmodus 2.Art" zu identifizieren, der einen eher explorativen Charakter besitzt und von mehreren Gruppen zum Auffinden von Schnittfiguren vor der endgültigen Definition der Schnittebene gebraucht wird.

5.5.10 Konsequenzen aus Aufgabe 2

In Aufgabe 2 sind, ebenso wie in Aufgabe 1, große Unterschiede in der Werkzeugkompetenz der einzelnen Gruppen festzustellen. Weiterhin treten viele verschiedene Verwendungsweisen (vgl. Abschnitt 5.5.8) des Zugmodus auf, welche sich in der Intention der Verwendung unterscheiden. Es bestehen Unterschiede in der Art der Implementierung beweglicher Objekte und somit deren Flexibilität bzw. Kontrollierbarkeit bei Anwendung des Zugmodus.

Um die Entwicklung von Werkzeugkompetenzen differenzierter untersuchen zu können, ist eine Langzeitstudie erforderlich, die jedoch auf einer neuen theoretischen Basis aufgebaut werden muss. Diese Basis erfordert zunächst eine möglichst umfassende Zahl von verschiedenen Verwendungsweisen des Zugmodus, wobei eine konkrete Definition der Begriffe unabdingbar ist. Mithilfe eines solchen Gerüstes wird eine quantitative Auswertung von auftretenden Zugmodi ermöglicht, welche eine Hierarchie von Verwendungsweisen nach Häufigkeit zum Ziel hat und somit eine Abstufung des Gebrauchs einzelner Zugmodi von „selten“ bis „häufig“ in der 3D-Umgebung erlaubt.

Ebenso ist ein Zusammenhang möglich zwischen vorhandenen Werkzeugkompetenzen bzw. einer Adaption an die 3D-Umgebung und der Fähigkeit der Nutzer, verschieden komplexe Implementierungen des Zugmodus in eine explorative Aufgabe einzubinden. Um diese Komplexitätsstufen der Implementierung „messen“ und eventuell eine Entwicklung derselben feststellen zu können, ist ebenfalls die Erarbeitung eines theoretischen Fundaments, welches eine Kategorisierung erlaubt, notwendig.

Um mehr über den Übergang von zweidimensionalen zu dreidimensionalen Umgebungen zu erfahren, bietet sich bei geeigneten explorativen Aufgabenstellungen eine Untersuchung an, welche das Einbinden der dritten Dimension beim Einsatz des Zugmodus zur Exploration oder Validierung von mathematischen Gegebenheiten zum Ziel hat. Hierbei ist der zusätzliche Gebrauch einer Taste des Keyboards notwendig und es ist zu untersuchen, inwiefern dies von Nutzern wahrgenommen wird und inwiefern diese Taste im konkreten Lösungsprozess Verwendung findet. Aufgrund der Erfahrungen in 2D-Umgebungen ist zu erwarten, dass das Einbinden der dritten Dimension nicht problemlos verläuft und die Probanden eventuell die Untersuchung von Objekten mithilfe des Zugmodus nicht in die dritte Dimension ausdehnen. Im gleichen Zusammenhang hinsichtlich des Übergangs von zwei- zu dreidimensionalen Umgebungen ist in explorativen Aufgaben, die konkrete Konstruktionen erfordern, auf den Gebrauch bzw. die Entwicklung des Gebrauchs von Kreis- und Kugelkonstruktionen zu achten. Die dominierende Verwendung von Kugel- im Vergleich zu Kreiskonstruktionen gibt zumindest einen Hinweis auf eine stattfindende Adaption der Probanden an die 3D-Umgebung.

5.6 Qualitativer Vergleich zu Ergebnissen aus Studie 1

Aufgrund der geringen Datenanzahl muss betont werden, dass es sich bei den folgenden Schlussfolgerungen um Interpretationen im Sinne einer qualitativen Studie handelt.

Anhand der benötigten Bearbeitungszeiten zur Konstruktion des Würfels lässt sich vermuten, dass die Probanden in Studie 2 schneller arbeiten als in Studie 1, was auf die größere Vertrautheit mit der speziellen Umgebung aufgrund der Einführungsveranstaltung zurückgeführt werden kann.

In *Archimedes Geo 3D* stehen den Bearbeitungszeiten aus Studie 1 (42, 45 und 48 Minuten, vgl. Abschnitt 4.3.1), Phasen von 34, 35 und 37 Minuten aus Studie 2 gegenüber. Der Vergleich der *Cabri 3D*-Gruppen fällt etwas schwerer, da aus Studie 1 nur zwei Daten (22 und 25 Minuten) vorliegen, wobei Studie 2 Bearbeitungszeiten von 17, 19, 26 sowie 41 Minuten ergeben. Auch in Studie 2 scheint die Hypothese aufrechterhalten werden zu können, dass die Probanden in *Cabri 3D* etwas schneller konstruieren als in *Archimedes Geo 3D*.

Die Hypothese, dass die *Archimedes*-Gruppen in Studie 1 deshalb langsamer arbeiteten, weil sie zusätzlich die x-y-Ebene konstruieren mussten, welche in *Cabri 3D* bereits vorhanden war, muss jedoch verworfen werden. Die Erstellung der x-y-Ebene wurde in der Einführungsveranstaltung zu *Archimedes Geo 3D* eingehend thematisiert und stellt für keine der teilnehmenden Gruppen ein Hindernis dar, sodass durch die Konstruktion der x-y-Ebene kein Zeitverlust entsteht. Trotzdem arbeiten die Probanden in der *Cabri 3D*-Umgebung schneller.

Zur Validierung der Würfelkonstruktion verwenden alle Gruppen in Studie 2 den Zugmodus, wobei eine gewisse Vorsicht bei der Verwendung noch festzustellen ist. Diese scheint bei der Mehrzahl der Gruppen jedoch keinesfalls ausgeprägt zu sein. Nach der Durchführung des ersten Zugprozesses benutzen die Probanden den Zugmodus meist ohne Scheu und auch in einer größeren Fläche bzw. einem größeren Raum.

Im Gegensatz zu Studie 1 kann in Studie 2 der Einsatz des Zugmodus bei allen Gruppen beobachtet werden. Zusätzlich sind verschiedene Verwendungsweisen in den Daten der zweiten Studie nachzuweisen. Bei der erfolgreichen Validierung der Würfelkonstruktion sind dabei positive emotionale Verhaltensweisen auf Seiten der Probanden zu beobachten.

Die gesteigerte Verwendung des Zugmodus im Vergleich zur ersten Studie macht in der Analyse des Datenmaterials verstärkt auf *Eltern-Kind-Beziehungen* aufmerksam, die auch für Probanden der zweiten Studie trotz des Besuchs der Einführungsveranstaltung noch problematisch sind. Anlass für diese Diskussionen bezüglich dieses Aspektes ist immer eine Verwendung des Zugmodus, jedoch führt diese nur in Ausnahmefällen zur Klärung des Problems. In den meisten Fällen bleibt eine gewisse Unsicherheit in Bezug auf bewegliche und unbewegliche Punkte auf Seite der Probanden zurück. Trotz der kleinen Anzahl an Teilnehmergruppen liegen teilweise große Unterschiede in der Werkzeugkompetenz und dem Verständnis von *Eltern-Kind-Beziehungen* bei verschiedenen Nutzern vor. Auch innerhalb einer Gruppe sind teilweise erhebliche Differenzen zu konstatieren. Als Beispiel dient die Gruppe GPW_C, in der der Proband W, was seine Werkzeugkompetenz und Einsicht in *Eltern-Kind-Beziehungen* betrifft, die Kenntnisse der übrigen Gruppenmitglieder deutlich übertrifft, vergleiche hierzu Abschnitt A.5.6.

Ein direkter Vergleich der Ergebnisse von Aufgabe 2 mit den Resultaten aus Studie 1 (vgl. Abschnitt 4.3.3) ist an dieser Stelle nicht möglich. Die Aufgabenstellung in Studie 2 wurde, um den explorativen Charakter der Aufgabe zu erhöhen, abgeändert. In Studie 2 waren die Studierenden angehalten, nicht nur über die Existenz oder Nichtexistenz von gegebenen Schnittfiguren zu entscheiden, sondern stattdessen alle möglichen Schnittfiguren selbst zu finden, sodass weitere Kompetenzen zur Lösungsfindung gefordert waren.

Es ist festzuhalten, dass die Anpassung des Forschungsdesigns mit der Umformulierung der Aufgabenstellung 2, der Durchführung einer Einführungsveranstaltung und dem obligatorischen Arbeiten in der Softwareumgebung, bei allen Gruppen zu einer Benutzung des Zugmodus in Aufgabe 2 führt. Es können verschiedene Verwendungsweisen des Zugmodus identifiziert werden, welche noch theoretisch zu reflektieren sind.

Auch in der zweiten Aufgabe ist bei der dynamischen Veränderung von Schnittfiguren mithilfe des Zugmodus teilweise ein Erstaunen auf Seiten der Probanden festzustellen.

5.7 Reflexion der Ergebnisse auf theoretischer Ebene

Die Ergebnisse aus Studie 2 sprechen für eine zukünftige Trennung der Analyse von Verwendungsweisen des Zugmodus in reinen Konstruktionsaufgaben und explorativen Aufgaben. In der Konstruktionsaufgabe treten Situationen bzw. Verwendungsweisen des Zugmodus, welche sich zur Thematisierung von *Eltern-Kind-Beziehungen* eignen, öfter auf als in der explorativen Aufgabe. Wohingegen bei der explorativen Aufgabe die Implementierung des Zugmodus an sich entscheidende Überlegungen erfordert.

Weiterhin kann die begründete Auffassung vertreten werden, dass gleiche Verwendungsweisen des Zugmodus in verschiedenen Aufgaben völlig verschiedenen kognitiven Ideen zugeordnet werden können. So ist ein Ziehen zum Anpassen oder „dragging to adjust“ bzw. ein „déplacement pour ajuster“ in Konstruktionsaufgaben und explorativen Aufgaben völlig unterschiedlich zu bewerten. Ein an eine vorhandene Länge anpassendes Ziehen bspw. einer Strecke spricht in einer Konstruktionsaufgabe für einen sehr unerfahrenen Benutzer, der die Idee einer dynamischen Konstruktion nicht durchschaut und dessen Verständnis von *Eltern-Kind-Beziehungen* wenig ausgeprägt bzw. nicht vorhanden ist. Für eine erweiterte Werkzeugkompetenz des Anwenders spricht hingegen ein anpassendes Ziehen in der explorativen Aufgabe, um bspw. aus der Schnittfigur eines unspezifischen Dreiecks die Schnittfigur eines speziellen Dreiecks zu erzeugen. Alleine aus diesem Grund ist eine Trennung bei der Aufgabenanalyse hinsichtlich der Verwendung des Zugmodus unumgänglich, da jede Verwendung im Kontext der Aufgabenstellung betrachtet werden muss.

Die Aufgaben unterscheiden sich weiterhin grundlegend dadurch, dass in einer reinen Konstruktionsaufgabe zunächst zwei bewegliche Ausgangspunkte definiert werden, um bspw. die Kantenlänge des zu konstruierenden Würfels festzulegen. Diese Punkte reichen zur Überprüfung der späteren Lösung mithilfe des Zugmodus aus. In explorativen Aufgaben hingegen, in denen bewegliche Objekte selbst vom Nutzer implementiert werden müssen, erfordert das Ausführen des Zugmodus mehr Werkzeugkompetenzen und mathematisches Verständnis. So ist die Definition der Schnittebene in der zweiten Aufgabe auf verschiedene Arten möglich, was allerdings unterschiedliche Möglichkeiten bzw. Einschränkungen während der Variation mithilfe des Zugmodus nach sich zieht.

Eine sinnvolle Implementierung von beweglichen mathematischen Objekten, welche einen gewinnbringenden Einsatz des Zugmodus erst ermöglicht, unterscheidet u.a. die gestellte Konstruktionsaufgabe (Würfelkonstruktion) von der explorativen Aufgabe (Würfelschnitte).

Die Probanden definieren die Schnittebene in der zweiten Aufgabe mithilfe von

1. zunächst zwei Punkten im Raum, wobei die angezeigte Ebene beobachtet und bewegt wird, bevor der dritte Punkt an irgendeiner Stelle, meist ebenfalls im freien Raum, gewählt wird.

2. drei willkürlich gewählten Punkten im Raum.

3. einem Punkt, der auf einer Würfelkante bewegt werden kann und zwei Eckpunkten des Würfels.

4. einem Punkt, der auf einer Geraden platziert wird, die als Verlängerung einer Würfelkante dient und zwei willkürlich im Raum definierten Punkten.

5. drei Punkten, die auf drei verschiedenen Kanten des Würfels platziert sind und auf diesen Kanten bewegt werden können.

Die unterschiedlichen Möglichkeiten der Schnittebenendefinition lassen auf variierende Werkzeugkompetenzen und Strategien der Probanden schließen. So ist die Wahl von drei willkürlich gewählten Punkten zur Identifikation von nicht-trivialen Schnittfiguren zwischen Ebene und Würfel ungeeignet, da folglich ein kontrolliertes Ziehen der Ebene kaum möglich ist. Die weiteren erwähnten Arten der Einbindung von beweglichen Objekten erlauben eine in unterschiedlichem Maße kontrollierte Verwendung des Zugmodus, wobei das Festlegen von drei beweglichen Punkten auf drei geeigneten Würfelkanten eine sehr gute Kontrolle erlaubt.

5.7.1 Definition neuer Zugmodi

In den Daten aus Studie 2 können Verwendungsweisen des Zugmodus identifiziert werden, die in dieser Form nicht explizit in der Literatur erwähnt sind, obwohl sie bestimmt auch in 2D-Programmen auftreten, vgl. die identifizierten Verwendungsweisen in Abschnitt 5.5.3 und 5.5.8. Eine mögliche Erklärung liefert die Tatsache, dass Konstruktionen im 3D-Raum schnell kompliziert und schlecht überschaubar werden, sodass die im Folgenden zu definierenden Verwendungsweisen des Zugmodus in 3D-Umgebungen an Bedeutung gewinnen.

Definition 5.7.1 *Funktionstest*
Unter dem Funktionstest wird eine Verwendungsweise des Zugmodus verstanden, um den Grund der Konstruktion eines Punktes oder mathematischen Objektes, entweder auf explorative Art und Weise wiederzufinden oder um auf validierende Weise eine Hypothese der Funktion des betreffenden Objektes zu überprüfen.

Definition 5.7.2 *Test der Freiheitsgrade*
Unter dem Test der Freiheitsgrade ist eine Verwendungsweise des Zugmodus zu verstehen, die in meist explorativem Gebrauch darauf abzielt, die Freiheitsgrade eines vorhandenen Punktes festzustellen.

Definition 5.7.3 *Explorative Untersuchung/Zielfokussiertes Ziehen*
Unter der explorativen Untersuchung/dem zielfokussierten Ziehen ist eine Verwendung des Zugmodus zu verstehen, um ein interessantes Verhalten eines speziellen, vor der Verwendung des Zugmodus bereits fokussierten, mathematischen Objekts genauer zu untersuchen bzw. um eine speziell beabsichtigte Konfiguration innerhalb der Konstruktion herzustellen.

Bemerkung
Der Grund für die Zusammenfassung zweier Begriffe zu einem Terminus besteht darin, dass in der Praxis die Trennung der Kodierung einer explorativen Untersuchung von einem zielfokussierten Ziehen in vielen Fällen unmöglich ist. Der Übergang ist oft fließend und nicht getrennt voneinander festzustellen.

Definition 5.7.4 *Explorierende Eltern-Kind-Untersuchung*
Unter der explorierenden Eltern-Kind-Untersuchung wird ein Ziehen verstanden, das die explorierende Untersuchung der Abhängigkeit von mathematischen Objekten zum Ziel hat. Bedingung hierbei ist, dass noch keine Hypothesen von Seiten der Nutzer über eventuelle Gründe der Abhängigkeit vorhanden sind.

Definition 5.7.5 *Zugmodus 2.Art*
Unter dem Zugmodus 2.Art ist eine Verwendung des Zugmodus zu verstehen, die es in der Softwareumgebung Cabri 3D erlaubt, mathematische Objekte zu bewegen, welche vom Nutzer noch nicht vollständig definiert sind.

Im Folgenden werden die gefundenen Verwendungsweisen des Zugmodus nach Aufgaben getrennt nochmals aufgeführt, um eine Beschreibung der vorliegenden Phänomene mit neu definierten und existierenden theoretischen Fachtermini, welche auf Arzarello et al. [2002], Olivero [2002] und Restrepo [2008] basieren, vorzunehmen. Für eine Zusammenfassung der Fachtermini vgl. Abschnitt 2.3.3.

In Anlehnung an existierende Theorien ist im Anschluss eine theoretisch fundierte Basis mit unabhängigen Termini zu erarbeiten, welche auch eine quantitative Analyse von Verwendungsweisen, Implementierungen und Häufigkeiten der Verwendung des Zugmodus in Studie 3 erlaubt.

5.7.2 Klassifikation von Verwendungsweisen des Zugmodus in Aufgabe 1

Es erfolgt eine nach dem Zweck der Verwendung gerichtete Klassifikation der in Abschnitt 5.5.3 identifizierten Zugmodi aus Aufgabe 1. Für die Definitionen der aus 2D-Umgebungen bekannten Termini vgl. Abschnitt 2.3.3 aus Arzarello et al. [2002, S. 67] bzw. Restrepo [2008, S. 43f.], für die neu definierten Begriffe Abschnitt 5.7.1. Hierbei erfolgt aus Gründen der Übersichtlichkeit die Beschränkung auf jeweils eine Quellenangabe.

Im Bereich der *validierenden Verwendungsweise* ist zu identifizieren:

1. der typische *dragging test*, vgl. S2/DP/DP1 42:20.

Im Bereich der *explorierenden Verwendungsweise* können mehrere Zugmodi nachgewiesen werden:

1. den soeben definierten *Funktionstest*, vgl. S2/DJ/DJ1 38:20.
2. den soeben definierten *Test der Freiheitsgrade*, vgl. S2/FI/FI1 ab 12:00.
3. die soeben definierte *explorierende Eltern-Kind-Untersuchung*, vgl. S2/-FI/FI1 ab 29:30.
4. das *wandering dragging*, nachdem erst wenige Konstruktionsschritte ausgeführt wurden, vgl. S2/BT/BT1 13:50.
5. die soeben definierte *explorative Untersuchung*, um einen bereits entdeckten Konstruktionsfehler genauer zu identifizieren, vgl. S2/FI/FI1 29:45.

Weiterhin sind sowohl das *déplacement pour ajuster* (vgl. S2/FI/FI1 5:30) als auch das *déplacement non-finalisé mathématiquement* (vgl. S2/DJ/DJ1 20:00) zu identifizieren. Das *déplacement pour ajuster* dient dabei der nicht korrekten Herstellung von „Konstruktionen nach Augenmaß“, während das *déplacement non-finalisé mathématiquement* verwandt wird, um aufeinanderliegende Punkte voneinander zu trennen.

5.7.3 Klassifikation von Verwendungsweisen des Zugmodus in Aufgabe 2

Analog zum vorausgehenden Abschnitt erfolgt nun eine Klassifikation von den in Aufgabe 2 identifizierten Verwendungsweisen des Zugmodus aus Abschnitt 5.5.8, die erneut mit bekannten Fachtermini aus 2D-Umgebungen und neu definierten Begriffen durchgeführt wird, vgl. wiederum die Abschnitte 2.3.3 und 5.7.1. Aus Gründen der Übersichtlichkeit wird auf jeweils eine Quellenangabe verwiesen. Die in der Folge benutzten Verwendungsweisen sind meist zielgerichtet und erlauben in dieser Form noch keine Aussage über die Art der Implementierung des Zugmodus, nach der in Abschnitt 5.5.8 noch unterschieden wurde.

Der Gebrauch des Zugmodus in Aufgabe 2 ist sehr explorativ ausgerichtet, sodass keine streng validierenden Formen des Zugmodus in der Aufgabe zu identifizieren sind. Im Bereich der *explorierenden Verwendungsweise* sind in den Bearbeitungen aufzufinden:

1. die neu definierte *explorative Untersuchung*, um die Veränderung einer Schnittgerade von Ebene und Würfel zu verfolgen, vgl. S2/BT/BT2 ab 39:20.

2. der neu definierte *Funktionstest*, vgl. S2/BT/BT2 ab 45:05.

3. das neu definierte *explorative/zielfokussierte Ziehen*, um eine spezielle Schnittfigur herzustellen, vgl. S2/DJ/DJ2 42:20 - 44:00.

4. die neu definierte Anwendung des *Zugmodus 2.Art*, vgl. S2/FI/FI2 29:07.

Weiterhin kann das *déplacement non-finalisé mathématiquement* in den Daten identifiziert werden, das zur „einfachen" Bewegung eines Punktes auf einer Würfelkante verwandt wird, vgl. S2/BT/BT2 ab 30:00.

5.7.4 Verwendungsweisen des Zugmodus in Studie 2

Die Ergebnisse von Studie 2 zeigen, dass bei den Bearbeitungen der Aufgaben 1 und 2 folgende, meist zielgerichtete, Verwendungsweisen des Zugmodus nachgewiesen werden können:

1. *das déplacement non-finalisé mathématiquement*

2. *das déplacement pour ajuster*

3. *der dragging test*

4. *die explorierende Eltern-Kind-Untersuchung*

5. *die explorative Untersuchung/das zielfokussierte Ziehen*

6. *der Funktionstest*

7. *der Test der Freiheitsgrade*
8. *das wandering dragging*
9. *der Zugmodus 2.Art*

Mit den aufgeführten Fachtermini gelingt somit eine vollständige Kodierung der identifizierten Verwendungsweisen aus Studie 2 auf theoretischer Ebene. Bei der theoretischen Fundierung von Studie 3 wird das soeben erarbeitete Kategoriensystem erweitert und zur späteren Datenanalyse verwendet.

5.8 Weiterer Forschungsverlauf

Basierend auf den Forschungsergebnissen von Studie 2 ist festzuhalten, dass der Zugmodus als wichtigste Funktion dynamischer Geometriesysteme von Probanden in 3D-Umgebungen nach dem Besuch einer Einführungsveranstaltung ohne „Berührungsangst" benutzt wird. Nach der Identifikation von bekannten und neu definierten Zugmodi und der Erstellung eines erweiterten theoretischen Rahmens erfolgt im Anschluss eine Begründung für das Design des weiteren Forschungsverlaufs.

Im Hinblick auf die Verwendung von dynamischen Geometriesystemen in Schulen und Universitäten ist es erforderlich, Schülern und Studierenden geeignete computergestützte Lernumgebungen zu präsentieren, um den effektiven Umgang mit dem Zugmodus zu erlernen und so zu einem Verständnis mathematischer Inhalte beizutragen. Die Aneignung von Wissen ist, ebenso wie das Erlernen von Werkzeugkompetenzen insofern prozessbezogen, dass Entwicklungen stattfinden. Kenntnisse über solche Entwicklungsprozesse sind für Forscher und Lehrende gleichermaßen bedeutsam, um Probleme von Lernenden besser verstehen zu können. Erst durch dieses Wissen wird eine sinnvolle Aufgabenstellung und die Bereitstellung von adäquaten Hilfen bei Schwierigkeiten auf Seiten der Lernenden ermöglicht.

Wie bereits in den Auswertungen der bisherigen Studien erkannt wurde, ist der Übergang von zwei- zu dreidimensionalen Problemstellungen in Computerumgebungen alles andere als trivial, wodurch ein weiterer Prozess in den Fokus des Interesses rückt. Es stellt sich die Frage, wie dieser Übergang gestaltet werden muss, um existierende Grundvorstellungen von Begriffen wie „senkrecht" oder „Abstand" an die neue Umgebung anzupassen bzw. zu erweitern. Die Verwendung von Kreis- bzw. Kugelkonstruktionen bzw. die Betätigung der *Shift*-Taste bei Verwendung des Zugmodus können Hinweise auf solche Adaptionen liefern und müssen weiter untersucht werden.

Somit steht für das weitere Vorgehen die Entwicklung von Kompetenzen im Mittelpunkt, welche die Art und Weise der Verwendung des Zugmodus betreffen. Hierbei muss zum wiederholten Mal eine ganzheitliche Perspektive eingenommen werden, um eventuell neue Fragestellungen zuzulassen. Auch die Implementierung des Zugmodus in explorativen Aufgaben soll bei der Entwicklung der Werkzeugkompetenzen hinsichtlich der Verwendung des Zugmodus nicht außer Acht gelassen werden. Aus den bislang durchgeführten Untersuchungen ergeben sich für die bevorstehende Studie folgende Leitfragen, deren Beantwortung zu einem Erkenntnisgewinn, was das Verständnis von Lernprozessen bzw. die Anpassung von Grundvorstellungen sowie die Gestaltung von Lernumgebungen in 3D-Systemen betrifft, beitragen wird.

- Wann bzw. wie entwickelt sich im Umgang mit 3D-dynamischen Geometriesystemen ein Verständnis von *Eltern-Kind-Beziehungen*?
- Wie lassen sich die teilweise sehr unterschiedlichen Werkzeugkompetenzen der Studierenden erklären und wie entwickeln sich diese Kompetenzen?
- Gibt es einen Zusammenhang zwischen der Komplexitätsstufe der Implementierung und der Verwendungsweise des Zugmodus?
- Inwiefern können Veränderungen im Gebrauch des Zugmodus bei verschiedenen Probandengruppen über einen Zeitraum von 12 Wochen in einer *Cabri 3D*-Umgebung aufgezeigt werden?
- Anhand welcher Bearbeitungsmerkmale kann eine Typisierung von Probandengruppen vorgenommen werden und inwiefern können diese Typen abstrahiert werden?
- Wie verläuft der Übergang von zwei- zu dreidimensionalen Systemen bezüglich Grundvorstellungsumbrüchen auf Seiten der Probanden?

Diese Fragen sind nur in einem prozessbezogenen Untersuchungsdesign zu beantworten, wozu das in Studie 2 erhobene Datenmaterial ungeeignet ist. Daher erfolgt eine erneute Anpassung des Forschungsdesigns an die vorliegenden Ergebnisse und neuen Fragestellungen. Die punktuelle Datenerhebung wird durch mehrmalige Datenerhebungen bei unveränderten Probandengruppen ersetzt und das gesamte Design der Studie auf die Beobachtung von Prozessen hinsichtlich der soeben formulierten Fragen ausgerichtet, wobei sich die Neuausrichtung des Designs an der Aussage von Sträßer [2009, S. 77] orientiert:

> „. . . research has to look into process-data of the use of the artefacts and cannot do with mere product-data. An immediate consequence of this is that studies have to collect data or at least a certain time span in order to have a chance of capturing invariants within the product-data of a short moment, a ‘snapshot‘ type of data should be rejected because of the theoretical approach called ‘instrumental genesis‘ (mind the word ‘genesis‘). Only a sort of ‘long‘ term research seems to be compatible with an instrument genesis approach - even if this does not easily fit into the difficult budget situation of a research institution or the time constraints of a dissertation project.“

Um der Prozessorientierung der Entwicklung von Kompetenzen gerecht zu werden, erfolgt die Durchführung einer dritten Studie, die sich über den Zeitraum eines Semesters erstreckt und in deren Verlauf die Aktivitäten und Konversationen der Probanden in drei Sitzungen zu Beginn, im Verlauf und am Ende des Semesters nach der herkömmlichen Methode mithilfe der Screenrecording-Software *Camtasia* und einer Webcam aufgezeichnet werden. Nach den positiven Erfahrungen mit der Durchführung einer Einführungsveranstaltung wird an dieser Konzeption festgehalten. Im Verlauf des Semesters werden die Studierenden wöchentlich in jeder Seminarsitzung mit der Computersoftware arbeiten.

Um eine möglichst differenzierte Position zu den formulierten Leitfragen für Studie 3 einnehmen zu können, bietet sich die Konzeption eines quantitativen Auswertungsinstruments an, welches den bisher gewählten qualitativen Zugang ergänzt und eine kombinierte Sicht von qualitativen und quantitativen Auswertungsmethoden in Studie drei erlaubt. Dieses Auswertungsinstrument wird im folgenden Kapitel erarbeitet und in Studie 3 zur quantitativen Auswertung des Datenmaterials verwandt.

6 Theoretische Basis für Studie 3

Im vorliegenden Kapitel wird die theoretische Basis für die Durchführung von Studie 3 aufgrund der Ergebnisse und Vorarbeiten von Studie 2 erarbeitet. Zunächst erfolgen Definitionen von Begriffen, deren Verwendung für 3D-Umgebungen geeignet sind und die darüber hinaus eine natürliche Verallgemeinerung bereits bekannter Begriffe aus ebenen Umgebungen darstellen. Es schließt sich die Erarbeitung eines vorläufigen Kategoriensystems an, dessen Subkategorien aus verschiedenen Komplexitätsstufen, Artefakteinschränkungen und Verwendungsweisen des Zugmodus bestehen, deren konkrete Definitionen direkt aus den erhaltenen Ergebnissen der zweiten Studie resultieren, vgl. hierzu die Abschnitte 5.5.3, 5.5.4, 5.5.6 und 5.5.9. Im darauf folgenden Abschnitt wird Ergebnissen der dritten Studie durch eine Ergänzung von Einträgen des Kategoriensystems vorgegriffen. Diese zusätzlichen Einträge werden in Studie 3 zur vollständigen Kodierung benötigt. Um eine bessere Lesbarkeit zu gewährleisten wird das endgültige Kategoriensystem bereits im vorliegenden Kapitel erarbeitet, sodass Durchführung und Auswertung von Studie 3 nicht durch eine Anpassung des Kategoriensystems unterbrochen werden müssen. Das Kategoriensystem übernimmt in Studie 3 die Rolle eines Auswertungsinstruments, das quantitative Auswertungen erlaubt und somit qualitative Betrachtungen ergänzt.

6.1 Grundlegende Definitionen für 3D-Umgebungen

In 3D-Systemen existiert folgendes Phänomen: Ein freier Punkt kann zwar jeden beliebigen Platz im Raum einnehmen, bewegt man ihn jedoch konkret mithilfe der Maus oder des Touchpads, so lässt er sich zunächst nur in einer Ebene ziehen. Erst durch das zusätzliche Drücken einer Taste auf dem Keyboard lässt sich der Punkt auch in der dritten Dimension bewegen. Nach dem Loslassen der Taste ist ein Ziehen wiederum nur in einer Ebene möglich. Aus diesem Grund ist das Ziehen sowohl in *Archimedes Geo3D* als auch in *Cabri 3D* in dem soeben beschriebenen Sinn immer ein spezielles *bound dragging* (gebundenes Ziehen) im Sinne der Definition aus 2D-Umgebungen, vgl. Abschnitt 2.3.3. Die Bindung an die Ebene in den betrachteten 3D-Umgebungen ist jedoch nicht „fest", wie es die Definition aus Abschnitt 2.3.3 eigentlich vorschreibt, sondern systembedingt. Um Verwechslungen mit der Verwendung des Zugmodus an tatsächlich fest an mathematische Objekte gebundene Punkten zu vermeiden, erfolgt für die weiteren Betrachtungen eine spezielle Definition relevanter Begriffe für 3D-Umgebungen, vgl. Hattermann [2010a]:

Definition 6.1.1 *Freier Punkt*
Unter einem freien Punkt ist ein Punkt zu verstehen, der im jeweiligen System jede Position einnehmen kann und nicht an ein mathematisches Objekt gebunden ist.

Bemerkung
Die Definition des *freien Punktes* besagt nur, dass der Punkt jede Position im System einnehmen kann. Über die Art und Weise wie dieser Punkt bewegt werden kann, gibt sie keine Auskunft. Aufgrund der Tatsache, dass selbst *freie Punkte* in 3D-Systemen nur eingeschränkt bewegt werden können, schließt sich folgende Definition an.

Definition 6.1.2 *Systemgebundenes Ziehen*
Unter dem Begriff des systemgebundenen Ziehens ist zu verstehen, dass es sich bei dem betreffenden Punkt um einen nach Definition 6.1.1 freien Punkt handelt, der jedoch aufgrund der Softwarekonzeption nur in Ebenen oder auf Geraden bewegt werden kann.

Bemerkung
Ein *freier Punkt* kann aufgrund der Softwarekonzeption und des zweidimensionalen Eingabemediums bspw. nicht auf einer Schraubenlinie bewegt werden, womit die Bewegung nicht wirklich „frei" ist. Dieses Phänomen ist der Grund für die Einführung des Begriffs *systemgebundenes Ziehen*, der die Begriffe *Déplacement libre* bzw. *Free Dragging* ersetzt, da diese in ihrer ursprünglichen Bedeutung aus 2D-Umgebungen in den betrachteten 3D-Programmen nicht realisiert sind.

Bemerkung
Unter dem Begriff des *gebundenen Ziehens* ist weiterhin das Ziehen eines mathematischen Objektes zu verstehen, das an ein anderes mathematisches

Objekt gebunden ist und nur auf diesem bewegt werden kann. Im Folgenden wird sowohl der Begriff des *systemgebundenen Ziehens* als auch der Begriff des *gebundenen Ziehens* im jeweils definierten Sinn verwandt.

6.2 Vorläufiges Kategoriensystem

Zur Analyse von Langzeitentwicklungen von Werkzeugkompetenzen und Verwendungsweisen des Zugmodus, welche unter anderem Schlüsse auf die Adaption an 3D-Umgebungen erlauben, bieten sich neben qualitativen Betrachtungen auch quantitative Analysen an. Zu deren Durchführung ist ein möglichst vollständiges Analyseraster hinsichtlich der Subkategorien *Komplexitätsstufen der Implementierung*, *Artefakteinschränkung des Zugmodus* und *Verwendungsweisen des Zugmodus* hilfreich. Das Analysierungsraster ermöglicht es, jeden einzelnen „Zugvorgang" hinsichtlich der ausgearbeiteten Kategorien zu kodieren und anschließend quantitativ auszuwerten. In den folgenden Abschnitten werden diese Subkategorien definiert, welche aus den Ergebnissen der zweiten Studie abgeleitet sind.

6.2.1 Definition von Komplexitätsstufen

Um verschiedene Implementierungen des Zugmodus in explorativen Aufgaben kategorisieren zu können, werden im Folgenden verschiedene *Komplexitätsstufen* der Implementierung definiert. Im Anschluss an jede Definition sind konkrete Beispiele aus Aufgabe 2 von Studie 2 zur Verdeutlichung angeführt.

Es werden verschiedene Kompetenzen im Umgang bzw. der Implementierung des Zugmodus unterschieden. Die niedrigste Stufe ist durch das Wissen über die Beweglichkeit von mathematischen Objekten gekennzeichnet, was zunächst nicht mit mathematischen Ideen oder Absichten in Verbindung steht, sondern eher einem Ausprobieren des *Artefaktes* Zugmodus gleichkommt. Für diese niedrigste Stufe steht im Folgenden die Bezeichnung *Grundkompetenz*.

Definition 6.2.1 *Grundkompetenz*
Unter einer Grundkompetenz im Umgang mit dem Zugmodus ist eine Verwendungsweise zu verstehen, welche nicht mit einer mathematischen Intention oder Absicht in Verbindung steht, sondern direkt an das Artefakt gebunden ist.

Als *Grundkompetenz* im Umgang mit dem Zugmodus in der explorativen Aufgabe sind

1. das reine Ziehen eines Punktes auf einer Würfelkante, ohne dass bereits eine Schnittebene definiert wurde,

2. das Ziehen eines neu konstruierten Punktes auf einer Würfelkante, um diesen Punkt rein visuell vom Eckpunkt des Würfels zu entfernen,

3. das Ziehen an einem noch nicht endgültig definierten Punkt, um ihn mithilfe der *Shift*-Taste von der x-y-Ebene in Richtung der z-Achse zu bewegen,

4. die Verwendung des *Zugmodus 2.Art*, um bspw. eine Ebene zu definieren, ohne hierbei auf Schnittfiguren zu achten,

5. sowie das Verschieben einer Ebene, sodass diese parallel zu ihrer Ausgangsposition bewegt wird

zu identifizieren. Weiterhin erfolgt die Definition verschiedener Komplexitätsstufen bei der Implementierung des Zugmodus in der explorativen Aufgabe, deren Einteilung davon abhängt, welche Komplexität der Konstruktion bzgl. der Implementierung des Zugmodus gegeben ist. Als Voraussetzung für das Erreichen einer dieser Komplexitätsstufen ist das Vorhandensein einer mathematischen Intention, im Gegensatz zur Arbeit auf dem Niveau der Grundkompetenz, zu sehen.

Definition 6.2.2 *Komplexitätsstufe 1*
Die Komplexitätsstufe 1 ist gekennzeichnet durch das Vorhandensein einer mathematischen Idee (im konkreten Kontext meist das Auffinden einer Schnittfigur) sowie einer eher primitiven Implementierung von beweglichen Objekten.

In die Komplexitätsstufe 1 fallen Verwendungsweisen wie

1. das Verändern der Würfelgröße, um ein optisches Durchdringen der Schnittebene zu erreichen.

2. das Ziehen eines, die Schnittebene mitdefinierenden, frei im Raum platzierten Punktes, um ein optisches Durchdringen von Schnittebene und Würfel zu erreichen, wobei die Ebene durch zwei weitere frei im Raum bewegliche Punkte festgelegt wird.

3. das Ziehen an einem oder mehreren frei im Raum beweglichen Punkten, die die Schnittebene definieren, um eine Schnittfigur zu entdecken bzw. eine vorhandene Schnittfigur zu ändern.

Definition 6.2.3 *Komplexitätsstufe 2*
Die Komplexitätsstufe 2 ist gekennzeichnet durch mindestens eine Implementierung des Zugmodus, die ein kontrolliertes Ziehen ermöglicht und dem Vorhandensein einer mathematischen Intention.

In die Komplexitätsstufe 2 fallen Verwendungsweisen wie

1. das Ziehen eines die Schnittebene mitdefinierenden Punktes auf einer Würfelkante, um eine neue Schnittfigur zu erkennen bzw. eine vorhandene Schnittfigur zu verändern, wobei die restlichen Punkte, welche die Schnittebene festlegen, frei im Raum bewegt werden können.

2. das Ziehen eines, die Schnittebene mitdefinierenden, an eine Gerade gebundenen Punktes, um eine neue Schnittfigur zu erkennen bzw. eine vorhandene Schnittfigur zu verändern. Dabei können die restlichen Punkte, welche die Schnittebene festlegen, frei im Raum bewegt werden.

3. das Ziehen eines die Schnittebene mitdefinierenden Punktes auf einer Würfelkante, um eine neue Schnittfigur zu erkennen bzw. eine vorhandene Schnittfigur zu verändern bzw. richtig zu identifizieren. Die beiden restlichen Punkte, welche die Schnittebene festlegen bestehen in diesem Fall aus zwei Würfelecken.

Definition 6.2.4 *Komplexitätsstufe 3*
Die Komplexitätsstufe 3 ist gekennzeichnet durch das Vorhandensein einer mathematischen Idee und einer Implementierung des Zugmodus, die ein kontrolliertes Ziehen in mehreren Dimensionen ermöglicht.

In die Komplexitätsstufe 3 sind die folgenden Verwendungsweisen einzuordnen:

1. das Ziehen an drei die Schnittebene definierenden Punkten, wobei alle Punkte auf verschiedenen Würfelkanten beweglich sind, um neue Schnittfiguren zu finden bzw. neue Schnittfiguren aus bereits vorhandenen zu generieren.

2. das Ziehen an mehreren, auf Würfelkanten platzierten Punkten, um aus einer existierenden Schnittfigur, eine vor der Verwendung des Zugmodus den Probanden bereits bewusst identifizierte Figur zu generieren.

Bemerkung
Bei der Festlegung von *Komplexitätsstufen* im Umgang mit dem Zugmodus ergibt sich aufgrund der Definitionen der verschiedenen Stufen das Problem der Operationalisierbarkeit, da die Identifikation einer mathematischen Intention auf Seiten der Probanden bei der Verwendung des Zugmodus in der Praxis schwer durchführbar und nur mithilfe von Screen-recording-Aufnahmen sogar unmöglich ist. Bei der Identifikation der *Komplexitätsstufen* helfen die Aufnahmen der Webcam, um aus der Konversation der Probanden, deren Absicht bei der zukünftigen Verwendung bzw. Implementierung des Zugmodus zu identifizieren. Die Zuordnung einer Implementierung des Zugmodus zu einer *Komplexitätsstufe* wird nur durch den Nachweis der Probandenintention mithilfe des Videomaterials möglich.

6.2.2 Definition von Artefakteinschränkungen

Ein geometrisches Objekt kann von der vorgegebenen Konstruktion oder der vom Nutzer durchgeführten Einbindung in seinem Freiheitsgrad limitiert sein, sodass die Durchführung eines Zugprozesses von Beginn an Restriktionen unterliegt. Somit ist der eigentliche Zugmodus Einschränkungen unterworfen, die an das Artefakt bzw. das mathematische Objekt direkt gekoppelt sind. Es werden zunächst drei verschiedene Artefakteinschränkungen verwandt, wobei eine Orientierung an den Vorarbeiten von Restrepo [2008] erfolgt, vgl. auch Abschnitt 2.3.3 bezüglich des zweidimensionalen Falls. Die dreidimensionale Verallgemeinerung von Begriffen aus 2D-Umgebungen fand bereits in Abschnitt 6.1 statt, sodass die Termini *systemgebundenes Ziehen* und *gebundenes Ziehen* zur Verfügung stehen. Die Definition des *indirekten Ziehens* ist mit der Definition von Restrepo für den 2D-Fall identisch.

Definition 6.2.5 *Indirektes Ziehen*
Hierunter versteht man das Ziehen von Punkten, welche die Position eines anderen, nicht direkt beweglichen, Punktes P bestimmen.

Bemerkung
Schnittpunkte von Geraden dienen als Beispiel. Sei P der Schnittpunkt zweier Geraden, dann kann P durch Veränderung einer Geraden nur indirekt gezogen werden. Ein direktes Ziehen des Punktes P ist nicht möglich.
Somit ergeben sich als vorläufige Subkategorien der Artefakteinschränkung folgende Termini:

- *das systemgebundene Ziehen*
- *das gebundene Ziehen*
- *das indirekte Ziehen*

6.2.3 Definition von Verwendungsweisen des Zugmodus

Zur Auswertung der folgenden Studie 3 werden deutsche Termini definiert, die teilweise bereits vorhandenen englischen oder französischen Begriffen entsprechen, was in der jeweiligen Definition kenntlich gemacht wird. In der Analyse und der späteren Auswertung werden nur die hier definierten Begriffe verwandt, um Einheitlichkeit herzustellen und keine Missverständnisse bei Definitionen von Begriffen aufkommen zu lassen. Das Subkategoriensystem ist teilweise durch explorative bzw. validierende Verwendungsweisen gekennzeichnet. Es werden zunächst die im Folgenden beschriebenen Begriffe zur Analyse von Verwendungsweisen des Zugmodus herangezogen. Diese wurden bereits in der Zugmodusanalyse von Studie 2 identifiziert, vgl. hierzu Abschnitt 5.7.4.

In Bezug auf den *Test der Freiheitsgrade* sowie den *Funktionstest* wird hier zwischen einem *validierenden* und einem *explorativen* Gebrauch unterschieden, um besser differenzieren zu können. Die Definition des *Anbindens und Ziehens eines mathematischen Objekts* lässt die Anzahl der zur Analyse zur Verfügung stehenden Verwendungsweisen auf zwölf ansteigen. Die genauen Definitionen erfolgen nach der Auflistung.

1. *Anbinden und Ziehen eines mathematischen Objektes*
2. *Anpassendes Ziehen*
3. *Explorative Eltern-Kind-Untersuchung*
4. *Explorativer Test der Freiheitsgrade*
5. *Explorativer Funktionstest*
6. *Explorative Untersuchung/Zielfokussiertes Ziehen*
7. *Hypothesengenerierendes Ziehen*
8. *Validierender Funktionstest*
9. *Validierender Test der Freiheitsgrade*
10. *Validierendes abtestendes Ziehen*
11. *Ziehen ohne mathematische Intention*
12. *Zugmodus 2.Art*

Definition 6.2.6 *Anbinden und Ziehen eines mathematischen Objekts*
Unter dem Anbinden und Ziehen eines mathematischen Objektes ist zu verstehen, dass ein mathematisches Objekt an ein anderes Objekt gebunden und anschließend direkt bewegt wird.

Bemerkung
In der Untersuchung zeigt sich, dass diese Art der Verwendung zu wenig trennscharf ist und Überschneidungen zu mehreren bereits definierten Zugmodi aufweist. Dieser Zugmodus wird somit nicht kodiert und nur der Vollständigkeit und Dokumentation des Forschungsprozesses wegen an dieser Stelle erwähnt.

Definition 6.2.7 *Anpassendes Ziehen*
Das anpassende Ziehen wird durch eine Verwendung des Zugmodus definiert, welcher dazu dient, die Länge oder die spezielle Gestalt bzw. Form eines mathematischen Objektes an ein in der Konstruktion bereits vorhandenes mathematisches Objekt anzupassen.

Bemerkung
Bei der vorangehenden Definition des Zugmodus strebt der Nutzer bspw. durch reines Ziehen die Kongruenz zweier Figuren an, ohne dabei geometrische Konstruktionen zu verwenden. Ebenfalls unter den Begriff des *anpassenden Ziehens* fällt das Anpassen eines Winkelmaßes an ein bereits bestehendes Maß mithilfe des Zugmodus.

Definition 6.2.8 *Explorierende Eltern-Kind-Untersuchung*
Unter der explorierenden Eltern-Kind-Untersuchung ist ein Ziehen zu verstehen, das die explorierende Untersuchung der Abhängigkeit von mathematischen Objekten zum Ziel hat. Bedingung hierbei ist, dass noch keine Hypothesen von Seiten der Nutzer über eventuelle Gründe der Abhängigkeit vorhanden sein dürfen.

Definition 6.2.9 *Explorativer Funktionstest*
Unter dem explorativen Funktionstest ist eine Verwendungsweise des Zugmodus zu verstehen, um den Grund der Konstruktion eines zuvor konstruierten Punktes oder mathematischen Objektes auf explorative Weise wiederzufinden. Hierbei ist entscheidend, dass noch keine Hypothesen über die Funktion des betreffenden mathematischen Objektes vorliegen.

Definition 6.2.10 *Explorativer Test der Freiheitsgrade*
Unter dem explorativen Test der Freiheitsgrade ist eine Verwendungsweise des Zugmodus zu verstehen, die darauf abzielt, die Freiheitsgrade eines vorhandenen Punktes festzustellen. Auch in diesem Fall dürfen noch keine Hypothesen auf Seiten des Nutzers generiert sein.

Bemerkung
Die Definitionen splitten die in Studie 2 identifizierten und im Anschluss definierten Verwendungsweisen *Funktionstest* und *Test der Freiheitsgrade* aus Abschnitt 5.7.1 in „explorierende“ und die noch folgenden „validierenden“ Verwendungsweisen auf. Dieses Vorgehen dient der Erweiterung der möglichen Verwendungsweisen und erlaubt eine bessere Differenzierung und Einordnung von Daten in das vervollständigte Kategoriensystem.

Definition 6.2.11 *Explorative Untersuchung/Zielfokussiertes Ziehen*
Unter der explorativen Untersuchung/dem zielfokussierten Ziehen ist eine Verwendung des Zugmodus zu verstehen, welche es erlaubt ein interessantes Verhalten eines speziellen, vor der Verwendung des Zugmodus bereits fokussierten, mathematischen Objektes genauer zu untersuchen bzw. um eine speziell beabsichtigte Konfiguration innerhalb der Konstruktion herzustellen.

Definition 6.2.12 *Hypothesengenerierendes Ziehen*
Unter dem hypothesengenerierenden Ziehen ist ein Ziehen zu verstehen, das aufgrund einer mathematischen Intention auf das Auffinden von Regelmäßigkeiten oder Invarianten in der vorhandenen Konstruktion abzielt. Das Auffinden von zunächst unbekannten Konstruktionen ist ebenfalls unter dem Begriff des hypothesengenerierenden Ziehens zu subsumieren.

Bemerkung
Beim *hypothesengenerierenden Ziehen* handelt es sich um das bekannte *wandering dragging*, welches von Restrepo in *déplacement pour identifier les invariants de la figure* und *déplacement pour constater les variations au cours du mouvement* aufgesplittet ist. Diese Unterscheidung wird nicht vorgenommen, da ein solches Vorgehen für eine erste quantitative Untersuchung in 3D-Systemen als zu detailliert und für das Forschungsinteresse nicht notwendig erscheint.

Definition 6.2.13 *Validierender Funktionstest*
Unter dem validierenden Funktionstest ist eine Verwendungsweise des Zugmodus zu verstehen, welche es erlaubt, den Grund der Konstruktion eines zuvor konstruierten Punktes oder mathematischen Objektes auf validierende Weise zu überprüfen. Hierunter ist ebenfalls die Überprüfung von zu erfüllenden Funktionen eines mathematischen Objektes zu fassen. Voraussetzung

für diese Art des Zugmodus ist, dass bereits Hypothesen über Grund bzw. Funktion des betreffenden mathematischen Objektes vorliegen.

Definition 6.2.14 *Validierender Test der Freiheitsgrade*
Unter dem validierenden Test der Freiheitsgrade ist eine Verwendungsweise des Zugmodus zu fassen, die darauf abzielt, die Freiheitsgrade eines vorhandenen Punktes festzustellen. Entscheidend ist hierbei, dass bereits eine Hypothese über die Anzahl der Freiheitsgrade vorliegt.

Definition 6.2.15 *Validierend abtestendes Ziehen*
Das validierend abtestende Ziehen deckt den klassischen Begriff des dragging tests nach Arzarello ab, vgl. Abschnitt 2.3.3, also das Ziehen an beweglichen Punkten einer Konstruktion, um festzustellen, ob entscheidende Eigenschaften der Konstruktion während des Zugprozesses erhalten bleiben. Das validierend abtestende Ziehen beinhaltet auch die Überprüfung von Teilkonstruktionen und nicht nur die Überprüfung der endgültigen Aufgabenlösung. Weiterhin ist unter dem Begriff des validierenden abtestenden Ziehen auch das von Restrepo eigens definierte déplacement pour invalider une construction zu fassen, wobei der Nutzer davon ausgeht, dass sich in der Konstruktion ein Fehler befindet und dieser Fehler durch das Ziehen an beweglichen Punkten „bestätigt" wird.

Bemerkung
Bei den vorangehenden Definition wird der Standpunkt eingenommen, dass es sich bei beiden Verwendungsweisen um ein validierendes Testen der Konstruktion handelt, auch wenn die zu validierenden Hypothesen unterschiedlich sind. Entweder geht der Nutzer von einer korrekten oder einer fehlerhaften Konstruktion aus und testet dies mithilfe des Zugmodus. Restrepo unterscheidet in diesem Zusammenhang noch das *déplacement pour valider une conjecture/proprieté*, vgl. Abschnitt 2.3.3, welches in vorangehender Definition einbezogen ist. Beim *validierenden abtestenden Ziehen* steht eine endgültige Validierung einer Konstruktion bzw. Teilkonstruktion im Vordergrund, während beim *validierenden Funktionstest* davon ausgegangen wird, dass eine bestimmte Funktion eines Teils der Gesamtkonstruktion „getestet" wird und eine größere Unsicherheit als beim *validierenden abtestenden Ziehen* vorherrscht. Die Übergänge der beiden Zugmodi sind jedoch fließend.

Alle zuvor definierten Verwendungsweisen des Zugmodus sind zielgerichtet, beschreiben also im Sinn der Aktivitätstheorie die vom Nutzer intendierte Absicht bei der jeweiligen Verwendung. Die folgenden Definitionen unterscheiden sich in dieser Hinsicht von den vorausgehenden.

Definition 6.2.16 *Ziehen ohne mathematische Intention*
Unter dem Ziehen ohne mathematische Intention ist exakt der Zugmodus des déplacement non-finalisé mathématiquement nach Restrepo zu verstehen, der durch die unvoreingenommene Verwendung des Zugmodus ohne mathematische Intention gekennzeichnet ist, vgl. Abschnitt 2.3.3.

Definition 6.2.17 *Zugmodus 2.Art*
Unter dem Zugmodus 2.Art ist eine Verwendung des Zugmodus zu fassen, die es in der Softwareumgebung Cabri 3D erlaubt, mathematische Objekte zu bewegen, welche vom Nutzer noch nicht vollständig definiert sind.

Bemerkung
Beispielsweise erscheint während der Konstruktion einer Geraden g bei Festlegung eines Punktes bereits eine Gerade, welche sich in Abhängigkeit des zweiten, noch festzulegenden Punktes bewegen lässt. Bei der Implementierung einer Ebene E wird bereits nach der Festlegung von 2 Punkten eine Ebene sichtbar, die sich wiederum in Abhängigkeit des noch nicht definierten dritten Punktes bewegen lässt.

6.3 Erweiterungen des vorhandenen Kategoriensystems

An dieser Stelle erfolgt eine Ergänzung der bereits definierten Subkategorien *Komplexitätsstufen* der Einbindung, *Artefakteinschränkungen* und *Verwendungsweisen des Zugmodus*, um im nächsten Abschnitt das vollständige Kategoriensystem zur Analyse vorzustellen. Somit wird der Datenerhebung aus Studie 3 vorgegriffen, um bereits zu Beginn der Analyse ein vollständig ausgearbeitetes Analyseinstrument zur Verfügung zu haben.

6.3.1 Erweiterung der Komplexitätsstufen

Während der Analyse des Datenmaterials aus Studie 3 erweist es sich als nützlich, Zugprozesse in explorativen Aufgaben zu kennzeichnen, die an Punkten ausgeführt werden, welche bei Beginn der Aufgabenbearbeitung bereits in der Aufgabenstellung vorhanden sind. Somit ergibt sich eine weitere Komplexitätsstufe, die es erlaubt, zwischen Zugprozessen an vom Nutzer implementierten und bereits in der Aufgabenstellung vorhandenen Punkten zu unterscheiden.

Definition 6.3.1 *Komplexitätsstufe 4*
Unter einem Ziehen in explorativen Aufgaben auf Komplexitätsstufe 4 ist ein Ziehen an bereits in der Aufgabenstellung vorhandenen Punkten zu verstehen.

In die Komplexitätsstufe 4 fallen Verwendungsweisen wie das Ziehen an bereits vorhandenen Punkten in *Schwarzen Boxen.*

Bemerkung
Die Einführung der *Komplexitätsstufe 4* ist notwendig, um eine sinnvolle Einordnung von Implementierungen des Zugmodus zu den anderen Komplexitätsstufen zu ermöglichen. Ohne eine Unterscheidung von Zugprozessen an bereits vorhandenen und vom Nutzer selbst implementierten Objekten wird eine Kodierung, welche die Beschreibung einer Komplexität einer Implementierung zum Ziel hat, erheblich erschwert. Die Nummerierung von *Komplexitätsstufe 4* soll nicht andeuten, dass diese Stufe komplexer bzw. höher einzustufen ist als die Komplexitätsstufen 1, 2 und 3 bzw. die zuvor definierte *Grundkompetenz.* Mithilfe der *Komplexitätsstufe 4* werden nur solche Zugprozesse kenntlich gemacht, die an bereits in der Konstruktion vorhandenen Punkten ausgeführt werden. Bei der Kodierung der Komplexitätsstufen in der Auswertungssoftware ist die soeben definierte *Komplexitätsstufe 4* mit *freie Variable* bezeichnet.

6.3.2 Erweiterung der Artefakteinschränkungen

Bei der Kodierung der Artefakteinschränkung wird die zusätzliche Kategorie *kein Ziehen möglich* definiert, welche in der Auswertungssoftware mit *Var 4* bezeichnet ist. Die Definition dieser Artefakteinschränkung erscheint zunächst etwas künstlich, sie eröffnet jedoch die Möglichkeit, in der späteren Auswertung der Kodierungsdaten Zusammenhänge von Zugmodi und Artefakteinschränkungen zu analysieren. So lässt beispielsweise ein gemeinsames Auftreten des Zugmodus *validierendes abtestendes Ziehen* und der Artefakteinschränkung *kein Ziehen möglich* eventuell darauf schließen, dass das *Eltern-Kind-Verständnis* der Probanden nicht hinreichend ausgeprägt ist und sie in dieser Situation versuchen, an einem konstruierten Punkt zu ziehen, dessen Lage durch die vorangehende Konstruktion jedoch vollkommen festgelegt ist.

Definition 6.3.2 *Kein Ziehen möglich*
Unter der Einschränkung kein Ziehen möglich ist zu verstehen, dass der Nutzer mithilfe des Zugmodus versucht, an einem mathematischen Objekt zu ziehen, welches jedoch aufgrund der Konstruktion nicht direkt zu bewegen ist.

6.3.3 Erweiterung der Verwendungsweisen des Zugmodus

Um die Subkategorien der Verwendungsweisen des Zugmodus zu vervollständigen erfolgt die Definition eines weiteren Zugmodus, der bei der Kodierung des Videomaterials von Studie 3 auftritt.

Definition 6.3.3 *Demonstration einer Eigenschaft*
Unter dem Zugmodus Demonstration einer Eigenschaft ist ein Einsatz des Zugmodus zu verstehen, mit dessen Hilfe ein Proband seinem Partner Gegebenheiten oder Möglichkeiten in der Softwareumgebung demonstriert.

Bemerkung
Diese Verwendung des Zugmodus ist somit nur in der Interaktion der beiden Probanden möglich. Beispiele der Verwendung sind die Demonstration von Eigenschaften, wie die Beweglichkeit von konstruierten mathematische Objekten, oder die konkrete Demonstration von Möglichkeiten in der Software, die eventuell zuvor vom Partner bezweifelt wurden.

6.4 Endgültiges Kategoriensystem für Studie 3

Zur Auswertung von Studie 3 wird folgendes Analysierungsraster mit den Kategorien *Zugmodi*, *Artefakteinschränkungen* und *Komplexitätsstufen* der Einbindung beweglicher Objekte verwandt. Zusammenfassend können nun alle Kategorien des für Studie 3 nun zur Verfügung stehenden Analysierungsrasters aufgeführt werden. In der Kategorie der Zugmodi ergeben sich folgende Subkategorien zur Kodierung:

1. *Hypothesengenerierendes Ziehen*
2. *Explorative Eltern-Kind-Untersuchung*
3. *Explorativer Test der Freiheitsgrade*
4. *Explorativer Funktionstest*
5. *Explorative Untersuchung/Zielfokussiertes Ziehen*
6. *Validierender Funktionstest*
7. *Validierender Test der Freiheitsgrade*
8. *Validierendes abtestendes Ziehen*

9. *Anpassendes Ziehen*
10. *Ziehen ohne mathematische Intention*
11. *Anbinden und Ziehen eines mathematischen Objektes*
12. *Demonstration einer Eigenschaft*
13. *Zugmodus 2.Art*

In der Kategorie der Artefakteinschränkungen ergeben sich die vervollständigten Subkategorien:

1. *Systemgebundenes Ziehen*
2. *Gebundenes Ziehen*
3. *Indirektes Ziehen*
4. *Kein Ziehen möglich*

Bei der Implementierung des Zugmodus in explorativen Aufgaben werden die folgenden Komplexitätsstufen unterschieden:

1. *Grundkompetenz*
2. *Komplexitätsstufe 1*
3. *Komplexitätsstufe 2*
4. *Komplexitätsstufe 3*
5. *Komplexitätsstufe 4*

Um Ergebnisse nicht durch Einschränkung des Rasters bei einem bestimmten Typus von Aufgaben vorwegzunehmen, wird obiges Analysierungsraster sowohl zur Analyse von explorativen Aufgaben als auch von Konstruktionsaufgaben benutzt, obwohl a priori davon auszugehen ist, dass manche Verwendungsweisen eher bei Konstruktionsaufgaben, andere wiederum eher bei explorativen Aufgaben auftreten. Bei Konstruktionsaufgaben erfolgt jedoch keine Kodierung der *Komplexitätsstufen*, da eine Implementierung von beweglichen Objekten in Konstruktionsaufgaben nur selten nachzuweisen ist. Diese Aussage wird durch das Datenmaterial von Studie 3 gestützt werden.

7 Studie 3: Ablauf

Das vorliegende Kapitel beinhaltet die Methodologie und den Ablauf der Datenerhebung von Studie 3 inklusive einer a priori Analyse der verwandten Aufgaben. Zunächst werden die neu erarbeitete Methodologie und die zu beantwortenden Forschungsfragen thematisiert, welche jeweils auf die Beschreibung längerfristiger Entwicklungen im Bereich von Werkzeugkompetenzen und Verwendungsweisen des Zugmodus abzielen. Es schließt sich eine detaillierte Beschreibung des Seminarverlaufs an, dessen Teilnehmer die Probanden der dritten Studie bilden. Das Kapitel schließt mit einer a priori Analyse der sechs Aufgaben, deren Bearbeitung von Probandenseite zu Beginn, im Verlauf bzw. am Ende des Semesters stattfindet. Aufgrund des Umfangs der in Studie 3 erhobenen Daten ist deren Auswertung in den folgenden Kapiteln 8 und 9 dargestellt.

7.1 Methodologie und Forschungsfragen von Studie 3

Aufgrund der geänderten Methodologie in Bezug auf die Datenerhebung und Auswertungstechnik im Vergleich zu den Studien 1 und 2 erfolgt in diesem Abschnitt eine detaillierte Darlegung des Vorgehens und der zu beantwortenden Forschungsfragen.

Erhebungstechnik

Da der Gegenstand der dritten Studie in der Untersuchung von Entwicklungsprozessen bzw. Verläufen von Verwendungsweisen des Zugmodus über einen längeren Zeitraum besteht (vgl. hierzu die konkreten Forschungsfragen bzw. Abschnitt 5.8), fällt der Entschluss zur dreimaligen Datenerhebung im Verlauf des Sommersemesters 2008. Die Probanden arbeiten dabei in Zweiergruppen mit der Software *Cabri 3D*. Es wird an der erprobten Erhebungstechnik festgehalten und wiederum die Screen-recording-Software *Camtasia* sowie die Video- und Audioaufnahmen einer Webcam verwandt, um die Bearbeitungen der Studierenden in der Softwareumgebung zu verfolgen und die Interaktionen zwischen den Probanden zu analysieren.

Aufbereitungstechnik

Die Aufbereitungstechnik unterscheidet sich nur unwesentlich von dem Vorgehen in den Studien 1 und 2. Wiederum werden Verlaufsprotokolle der einzelnen Sitzungen während der drei Untersuchungen angefertigt, vgl. hierzu die Abschnitte A.6, A.7 und A.8 des Anhangs. Mithilfe der 36 Verlaufsprotokolle lassen sich die einzelnen Bearbeitungen in ihrem groben Verlauf nachvollziehen, wobei wiederum markante Bearbeitungen kenntlich gemacht bzw. für die Forschungsfragen relevante Konversationen transkribiert und Kommentare von Forscherseite festgehalten werden. Darüber hinaus wird jede Verwendung des Zugmodus dokumentiert, um diese im Anschluss genauer auszuwerten. Im sich an das Verlaufsprotokoll anschließenden Fazit können Auffälligkeiten der Bearbeitungen, insbesondere jedoch am Datenmaterial konkret erarbeitete Ausprägungen von Bearbeitungsmerkmalen (bspw. Verwendung von Kugel- im Vergleich zu Kreiskonstruktionen, Nachweis eines *Eltern-Kind-Verständnisses*,... vgl. hierzu Kapitel 8) reflektiert werden, sodass das Fazit der Verlaufsprotokolle ein selektives Protokoll darstellt und streng genommen als Auswertungstechnik zu betrachten ist. Die Dateien der Screen-recording-Software und der Webcam werden zusätzlich in ein wmv-Format umgewandelt, um eine anschließende Auswertung mit der Software *Videograph* zu ermöglichen, welche im Folgenden erläutert werden wird.

Auswertungstechnik

Zur Auswertung des Datenmaterials in Studie 3 werden sowohl qualitative Techniken im Sinne der *Grounded Theory* als auch quantitative Methoden verwandt und kombiniert, um Synergien zu nutzen. Zur quantitativen Auswertung ist das in Kapitel 6 erarbeitete Analysierungsraster mit den Kategorien *Verwendungsweisen des Zugmodus*, *Komplexitätsstufen* der Implementierung und *Artefakteinschränkung*, das auf den Ergebnissen der Studien 1 und 2 bzw. existierenden Vorarbeiten aus zweidimensionalen Umgebungen aufbaut, heranzuziehen, vgl. hierzu die Abschnitte 6.4 bzw. 2.3.3. In allen Konstruktionsaufgaben (Aufgaben II, III und V) wird jede Anwendung des Zugmodus einer der Subkategorien zwischen 1 und 13 zugeordnet. Zusätzlich wird festgehalten, welche Form der *Artefakteinschränkung* zwischen 1 und 4 bei Verwendung des Zugmodus vorliegt.

Während der Auswertung der explorativen Aufgaben IV und VI wird zusätzlich festgehalten, welche *Komplexitätsstufe* bei der Implementierung des Zugmodus von den Probanden umgesetzt wird. Aufgabe I ist ebenfalls als explorative Aufgabe einzustufen, sie unterscheidet sich jedoch von den Aufgaben IV und VI dadurch, dass alle zur Lösung notwendigen beweglichen Punkte bereits in der Aufgabenstellung implementiert sind, sodass eine Kodierung von *Komplexitätsstufen* bei Aufgabe I hinfällig ist.

Aus allen Kodierungen geht weiterhin die Dauer der jeweiligen Verwendung hervor, sodass nach Durchführung der Kodierung Diagramme erstellt werden, aus denen die Gesamtdauer der Verwendung von einzelnen *Zugmodi*, *Artefakteinschränkungen* bzw. *Komplexitätsstufen* hervorgeht, vgl. Abschnitt B des Anhangs.

Zur Auswertung der vorliegenden Videos kommt die Software *Videograph* zum Einsatz. In Abbildung 21 ist ein Screenshot der Auswertungssoftware zu sehen, in dem der Kodierungsvorgang nachvollzogen werden kann. Im Fenster oben links sind die in Kapitel 6 definierten Subkategorien der *Verwendungsweisen* des Zugmodus, der *Artefakteinschränkung* und der *Komplexitätsstufen* der Implementierung dargestellt, welche auf der *Timeline* im unteren Fenster kodiert werden. Im sich rechts oben befindenden Fenster ist das von der Screen-recording-Software *Camtasia* aufgezeichnete Video zu sehen. Im gleichen Fenster ist während eines Kodiervorgangs zusätzlich das von der *Webcam* aufgezeichnete Bild der Probanden dargestellt. Aus Gründen des Datenschutzes ist dieser Teil des Videos im Screenshot ausgeblendet.

Weiterhin ermöglichen *Excel-Dateien* das Einlesen und die Weiterverarbeitung von Datenmaterial der *Videograph-Auswertungen*, sodass nach Eingabe der Gesamtbearbeitungszeit die relativen Anteile der verschiedenen Subkategorien (*Verwendungsweisen*, *Komplexitätsstufen* und *Artefakteinschränkungen*) berechnet werden, wobei die Gesamtzeit der Verwendung des Zugmodus als Bezugsgröße herangezogen wird und somit quantitative Ergebnisse in übersichtlicher Form vorliegen.

Die Auswertung der Daten erfolgt getrennt, sowohl nach einzelnen Aufgaben als auch nach fortlaufenden Gruppenbearbeitungen, um einerseits aufgabenspezifische Merkmale der Bearbeitungen, aber auch gruppenspezifische Entwicklungen konstatieren zu können.

Weiterhin differenziert die Analyse hinsichtlich des Aufgabentypus, wobei Konstruktionsaufgaben (Aufgaben II, III, V) und explorative Aufgaben (I, IV, VI) zu unterscheiden sind, was an geeigneter Stelle im folgenden Kapitel ausführlich begründet wird.

Die qualitative Auswertung erfolgt wiederum anhand der *komparativen Analyse* basierend auf der *Grounded Theory*, wobei anhand der Videomitschnitte beobachtbare Bearbeitungsmerkmale identifiziert und in den jeweiligen, überwiegend selektiven, Zusammenfassungen der Verlaufsprotokolle dokumentiert werden. Somit stehen zunächst quantitative und qualitative Auswertungen zur Verfügung, welche im Sinn einer Methodentriangulation anschließend zu kombinieren sind.

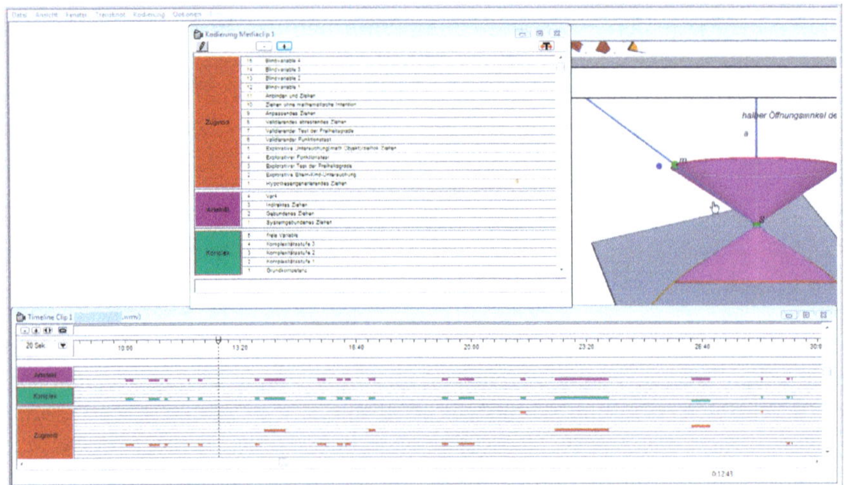

Abbildung 21: Datenauswertung mit der Software *Videograph*

Reflexion von Gütekriterien qualitativer Forschung

Eine ausführliche Verfahrensdokumentation begleitet sowohl die Darlegung der Methodologie als auch die verschiedenen Auswertungsverfahren. Das Vorverständnis ist aufgrund der vorangehenden Kapitel klar umrissen, die Konzeption des Analysierungsrasters am Datenmaterial von Studie 2 belegt. Hinsichtlich der argumentativen Interpretationsabsicherung kann das originale Datenmaterial im Ordner *Studie 3* im Ordner des jeweiligen Gruppennamens eingesehen werden, wobei die Originaldateien hinsichtlich ihrer Zugehörigkeit zur Untersuchung 3(1) (Aufgaben I und II), Untersuchung 3(2) (Aufgaben III und IV) bzw. Untersuchung 3(3) (Aufgaben V und VI) archiviert sind. An gleicher Stelle können sowohl die originalen Videodateien der Software *Camtasia* als auch die von den Probanden erstellten *Cabri 3D*-Dateien abgerufen werden.

Die *Videograph*-Dateien sind zusammen mit allen Diagrammen und zugehörigen *Excel*-Dateien der einzelnen Gruppenauswertungen in dem Ordner *AuswertungVideograph* gespeichert, in welchem die Dateien nochmals nach Aufgaben getrennt einzusehen sind. Diese Dokumente beinhalten jeweils eine grafische Darstellung der *Verwendungsweisen* des Zugmodus, der *Artefakteinschränkungen* und der *Komplexitätsstufen* im png-Format sowie die zugehörigen *Excel*-Tabellen, welche das quantitative Datenmaterial in komprimierter tabellarischer Form enthalten. Eine Verschriftlichung der *Excel*-Tabellen, der *Videograph*-Auswertungen und grafischen Darstellungen ist in Abschnitt B des Anhangs nachzulesen, die Verlaufsprotokolle der einzelnen Gruppenbearbeitungen befinden sich in Kapitel 8, ebenso wie Auswertungstabellen nach Gruppen bzw. Aufgaben geordnet. Die quantitativen Auswertungen der einzelnen Aufgaben sind zusätzlich in Abschnitt C.1, die quantitativen Auswertungen nach einzelnen Gruppen in Abschnitt C.2 des Anhangs nachzulesen. Quantitative Vergleiche von Konstruktionsaufgaben und explorativen Aufgaben finden sich nochmals in komprimierter Form in Abschnitt C.3. Somit können Interpretationen argumentativ am Datenmaterial überprüft und nachvollzogen werden. Die globale Regelgeleitetheit der Auswertung lässt sich anhand der Gliederung des Auswertungskapitels 8 für die Aufteilung in qualitative und quantitative Auswertungen und deren Kombination ersehen. Innerhalb der lokalen Untersuchung dient das Verfahren der *komparativen Analyse*, welches einen ständigen Vergleich der Daten und ein Überprüfen von gebildeten Hypothesen erfordert, zur qualitativen Auswertung bzw. der Erarbeitung von Vergleichsmerkmalen der Gruppenbearbeitungen. Eine Dokumentation dieses sehr kleinschrittigen Verfahrens bis ins Detail ist bei solch umfangreichem Datenmaterial jedoch nicht möglich und für das Forschungsinteresse nicht erforderlich. Die Nähe zum Gegenstand ist durch die gewählte Erhebungstechnik gesichert, auch wenn die möglichst „natürliche Umgebung“ der Datenerhebung aus Sicht der Probanden strittig bleibt, vgl. hierzu die Diskussion in Abschnitt 3.9. Eine kommunikative Validierung ist aufgrund des Designs von Studie 3 nicht durchführbar. Eine Methodentriangulation wird jedoch sowohl durch die Anlage der Konzeption des Analysierungsrasters als auch durch die Kombination der ausgewerteten qualitativen und quantitativen Daten realisiert. Schließlich basiert das zur quantitativen Datenauswertung von Studie 3 konzipierte Analysierungsraster auf qualitativen Daten aus Studie 2, sodass die Konzeption und Verwendung eines wesentlichen Auswertungsinstruments der dritten Studie bereits auf einer Kombination von quantitativen und qualitativen Daten beruht. Bei der Auswertung dieser Studie ist somit eine kombinierte Vorgehensweise von qualitativen und quantitativen Ansätzen und deren sinnvolle gegenseitige Ergänzung gegeben.

Forschungsfragen und Probandenauswahl

Nach Darlegung der Methodologie des Vorgehens sind die konkreten Forschungsfragen und Vorkenntnisse der Probanden bzw. deren Auswahl noch genau zu explizieren. Die Ergebnisse von Studie 2 legen ein Interesse für Entwicklungsprozesse nahe, welche mit der Zugmodusverwendung eng verbunden sind. Somit steht zunächst die Analyse und Entwicklung von Verwendungsweisen des konkreten Zugmodus als bedeutendster Eigenschaft von DGS im Mittelpunkt des weiteren Vorgehens. In engem Zusammenhang mit der Verwendung des Zugmodus steht die Frage nach einem sich entwickelnden Verständnis von *Eltern-Kind-Beziehungen* auf Probandenseite, zu dessen Untersuchung ebenfalls eine mehrmalige Datenerhebung unerlässlich ist. Probleme im Verständnis von *Eltern-Kind-Beziehungen* wurden bereits in ebenen Systemen konstatiert, vgl. hierzu Abschnitt 2.3.3, sodass im aktuellen Forschungsdesign Entwicklungen in 3D-Systemen bzgl. dieser Frage einen Erkenntnisgewinn versprechen.

Anhaltspunkte für die Untersuchung der Entwicklung von Werkzeugkompetenzen bieten ebenfalls die Daten von Studie 2, welche erhebliche Differenzen der Probandenleistungen in diesem Bereich zeigen. Diese Daten belegen weiterhin ein recht einfaches Vorgehen bei der Implementierung von beweglichen Objekten, sodass die Frage zu beantworten ist, inwiefern sich Änderungen im Vorgehen dieser Implementierungen bei Beobachtungen über einen längeren Zeitraum ergeben. Diese Beobachtungen können ebenfalls zur Beantwortung von Fragen hinsichtlich einer Entwicklung von Werkzeugkompetenzen bzw. einer Adaption der Nutzer an die 3D-Umgebung beitragen. Welche Werkzeugkompetenzen zur Beschreibung geeignet sind und an welchen Bearbeitungsmerkmalen Entwicklungen deutlich gemacht werden können, muss die Analyse des Datenmaterials von Studie 3 ergeben. Anhand dieses Datenmaterials können Bearbeitungsmerkmale identifiziert, Verwendungsweisen des Zugmodus quantitativ und qualitativ erfasst bzw. interpretiert und die Generierung einer materialen Theorie im Sinne der *Grounded Theory* durchgeführt werden, sodass die Beantwortung der folgenden Fragen Hinweise für Vergleichsdimensionen zur Erstellung einer Nutzertypologie liefern wird:

- Welche Zugmodi werden in welchem Umfang verwandt und inwiefern ist eine Entwicklung von Verwendungsweisen der Zugmodi zu beobachten?
- Wann bzw. wie entwickelt sich im Umgang mit 3D-dynamischen Geometriesystemen ein Verständnis von *Eltern-Kind-Beziehungen*?
- Gibt es einen Zusammenhang zwischen der Komplexitätsstufe der Implementierung und der Verwendungsweise des Zugmodus bzw. inwiefern

ändert sich die Komplexitätsstufe der Implementierung von beweglichen Objekten auf Nutzerseite über einen längeren Zeitraum?

- Wie lassen sich die teilweise sehr unterschiedlichen Werkzeugkompetenzen der Studierenden erklären und wie entwickeln sich diese Kompetenzen?
- Wie verläuft der Übergang von zwei- zu dreidimensionalen Systemen bezüglich Grundvorstellungsumbrüchen auf Seiten der Probanden?

Über die Beantwortung der Forschungsfragen hinaus ist zu beachten, dass die Analyse des Datenmaterials immer eine theoriegenerierende Funktion besitzt, sodass auch in den Forschungsfragen nicht explizit genannte Aspekte zur Theoriegenerierung genutzt werden müssen, vgl. hierzu Kelle & Kluge [2010, S. 70]:

> „Bei der Konstruktion eines Kategorienschemas für die Systematisierung qualitativen Datenmaterials darf die hypothesengenerierende und theoriebildende Funktion qualitativer Forschung nie aus dem Blick geraten. Das zentrale Ziel einer qualitativen Untersuchung besteht i.d.R. ja nicht darin, Hypothesen zu falsifizieren, sondern darin, einen Zugang zu den Relevanzen, Weltdeutungen und Sichtweisen der Akteure zu finden.“

Die dritte Studie wurde im Sommersemester 2008 an der Justus-Liebig-Universität in Gießen durchgeführt. Wiederum fungierten Lehramtsstudierende des Haupt- und Realschulstudiengangs zwischen dem fünften und siebten Semester als Probanden, um Vergleiche mit den vorherigen Studien zu ermöglichen. Die zwölf Probanden besuchten das Seminar *Raumgeometrie mit dynamischer Geometriesoftware*, wobei alle am Seminar teilnehmenden Studierenden zuvor die Vorlesung *Computer im Mathematikunterricht* gehört und somit bereits mit dem 2D-DGS *Euklid DynaGeo* gearbeitet hatten. Um den organisatorischen Aufwand einzuschränken, arbeiteten die Probanden nur noch mit einer Software. Da prozesshafte Entwicklungen in der Implementierung und Verwendung des Zugmodus im Fokus standen, schien die Software *Cabri 3D* aufgrund der sehr intuitiven Handhabung und bisherigen Beobachtungen geeigneter zu sein, weswegen auf die Verwendung von *Archimedes Geo3D* in der dritten Studie verzichtet wurde.[1]

[1] *Cabri 3D* ist nicht unbedingt für alle Betrachtungen im 3D-Raum als die insgesamt bessere Software zu betrachten, sie ist jedoch aufgrund der Erfahrungen für Anfänger in 3D-Systemen zunächst für den Novizen intuitiver und etwas leichter zu handhaben. Die Arbeit mit *Archimedes Geo 3D* würde eine etwas längere Eingewöhnungszeit benöti-

7.2 Themen und Ablauf des Seminars

Das Seminar *Raumgeometrie mit dynamischer Geometriesoftware* erstreckt sich über einen Zeitraum von 14 Wochen. Nach einer Einführung in das Programm in den Anfangswochen des Semesters erfolgt die erste Untersuchung 3(1) in der vierten Semesterwoche, die zweite und dritte Untersuchung 3(2) und 3(3) schließen sich in den Semesterwochen neun und vierzehn an. Die Studierenden sind in den von ihnen geleiteten Sitzungen zur Einbindung von Praxisphasen mit *Cabri 3D* angehalten, sodass in jeder Sitzung, mit Ausnahme der Einführungsveranstaltung, verschiedene Probleme und Aufgaben von den Probanden in der Softwareumgebung bearbeitet werden müssen. Zusätzlich ist jede Gruppe zu der Leitung einer Veranstaltung verpflichtet, in deren Vorbereitung nochmals eine individuelle Auseinandersetzung mit der Software stattfindet.

Es wird im Folgenden ein Kurzüberblick über den Zeitplan gegeben. Dabei werden sowohl die Themen als auch die Referenten der jeweiligen Sitzungen expliziert. Im Anschluss erfolgt die Thematisierung von Anforderungen und konkreten Aufgaben der einzelnen Sitzungen.

Tabelle 6: Ablauf des Seminars *Raumgeometrie mit dynamischer Geometriesoftware*

Sitzung	Titel	Referent(en)
1	Einführungsveranstaltung zum Seminar	Hattermann
2	Einf. *Cabri 3D* und theoret. Grundlagen I	Hattermann
3	Einf. *Cabri 3D* und theoret. Grundlagen II	Hattermann
4	**Untersuchung Nummer 1**	Hattermann
5	Die Zentralprojektion in *Cabri 3D*	BW
6	Die Parallelprojektion in *Cabri 3D*	Hattermann
7	Platonische Körper und ihre Netze	BF
8	Mentale Rotationen	AL

gen. Da es sich bei den Probanden wiederum um in 3D-Systemen unerfahrene Benutzer handelt und eine Entwicklung von Kompetenzen beobachtet werden soll, kommt die Software *Cabri 3D* zum Einsatz. *Archimedes Geo 3D* ist in Bereichen der algebraischen Darstellung von Kurven oder Flächen *Cabri 3D* überlegen und spielt seine besonderen Stärken erst im Bereich der analytischen Geometrie der Sekundarstufe II bzw. der Hochschulmathematik aus.

Sitzung	Titel	Referent(en)
9	**Untersuchung Nummer 2**	Hattermann
10	Würfelgebäude à la *BAUWAS*	DK1
11	Schulbücher der Sek.I und Raumgeometrie	FH
12	Exp. Lösen raumgeom. Berechn.aufgaben	DK2
13	Dandelinsche Kugeln	Hattermann
14	**Untersuchung Nummer 3**	Hattermann

7.2.1 Einführungsveranstaltung zum Seminar

Die einzige Sitzung, in der die Studierenden nicht selbst mit *Cabri 3D* arbeiten bildet die Einführungsveranstaltung. Die Sitzung dient der Motivation und Klärung von organisatorischen Aspekten, wie der Themenvergabe und dem konkreten Ablauf des Seminars. Im Anschluss werden den Studierenden die definierenden Eigenschaften eines dynamischen Geometriesoftwaresystems, der Zugmodus, die Ortslinienfunktion und die Möglichkeit der Makroerstellung, vorgestellt und demonstriert. Der Präsentation des Zugmodus dient das *Cabri-Auto* (vgl. [Restrepo, 2008, S. 60]), an dem die Eigenschaften des Zugmodus in einer 2D-Umgebung adäquat veranschaulicht werden können.

Der Anwender muss bei dem gegebenen Beispiel in Abbildung 22 ein fehlendes Rad konstruieren, sodass das *Cabri-Auto* „fahren" kann. Die naive Konstruktion, wobei der Anwender den Mittelpunkt des Kreises bzw. Rades per Augenmaß feststellt und in der Folge einen nach Augenmaß zunächst richtigen Kreis konstruiert, erweist sich bei einer Überprüfung mithilfe des Zugmodus als fehlerhafte Konstruktion. Erst ein Vorgehen, bei dem der Mittelpunkt des Kreises selbst konstruiert und nicht per Augenmaß festgelegt wird, erweist sich als invariant unter dem Zugmodus. Als weiteres Beispiel einer typischen Aufgabe aus der analytischen Geometrie wird eine *Cabri*-Datei zur Abstandsbestimmung zweier windschiefer Geraden demonstriert, welche auch schon in Studie 1 Verwendung fand.

In dieser Umgebung besitzt der Anwender die Möglichkeit, die Punkte P und Q auf den Geraden h und g mithilfe des Zugmodus zu verschieben, um den Abstand der Geraden experimentell herauszufinden und mit dem konstruierten Abstand von $3,8$cm der beiden Punkte R und S zu vergleichen, vgl. Abbildung 23. Im gezeigten Screenshot beträgt die Entfernung der Punk-

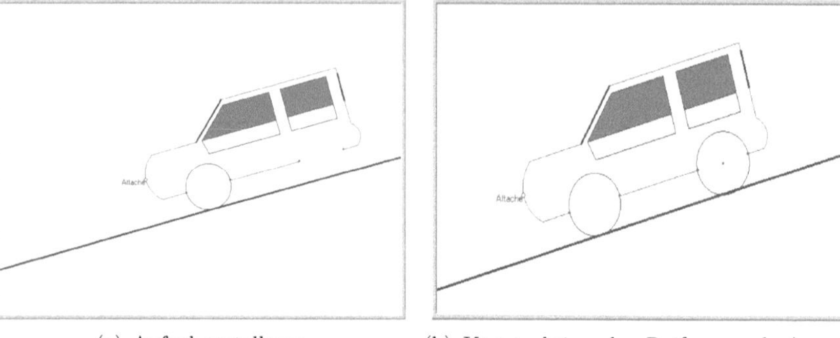

(a) Aufgabenstellung

(b) Konstruktion des Reifens nach Augenmaß

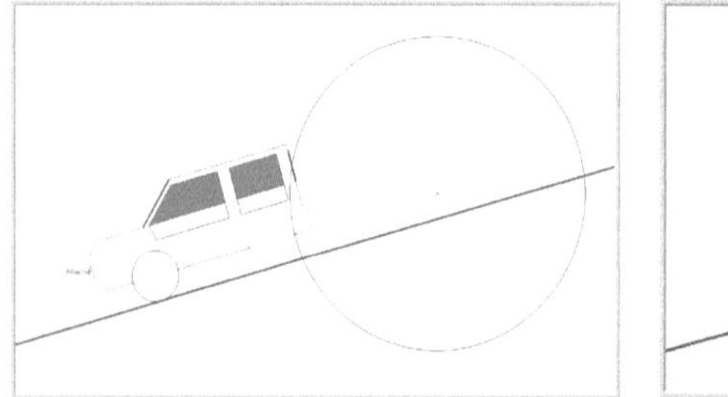

(c) Überprüfung der fehlerhaften Konstruktion mithilfe des Zugmodus

(d) Richtige Konstruktion des Reifens nach Anwendung des Zugmodus

Abbildung 22: Veranschaulichung der Zugmodusfunktion am *Cabri-Auto*

te P und Q momentan 8,6 cm. Somit erhalten die Studierenden in der ersten Seminarsitzung einen ersten Eindruck von der Software *Cabri 3D* und ihren Einsatzmöglichkeiten.

Es folgt eine inhaltliche Beschreibung der einzelnen Sitzungen, wobei die Verantwortlichen für die jeweilige Durchführung in Klammern hinter dem Seminartitel aufgeführt sind [2].

[2] Das Kürzel „Ha" deutet an, dass der Dozent selbst die Veranstaltung leitet. Die weiteren Kürzel bezeichnen die Teilnehmer des Seminars bzw. die späteren Probanden von Studie 3.

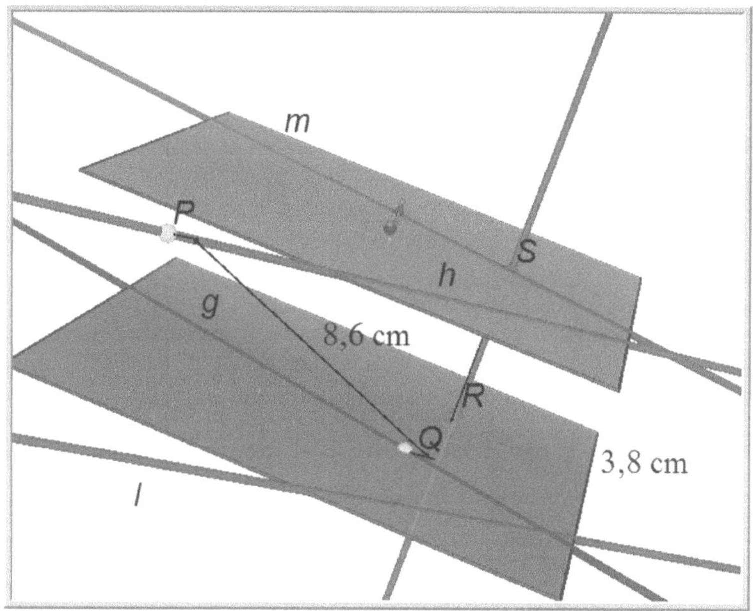

Abbildung 23: Abstand windschiefer Geraden

7.2.2 Einführung in *Cabri 3D* und theoretische Grundlagen I (Ha)

Die Konzeption der zweiten und dritten Seminarsitzung ist identisch und dient sowohl der Vermittlung von Grundkenntnissen im Umgang mit der Software *Cabri 3D* als auch der Beschäftigung mit theoretischen Inhalten, welche einen Bezug zum räumlichen Vorstellungsvermögen aufweisen, wobei bei der Behandlung der theoretischen Aspekte vorrangig eine Orientierung an Maier [1999] erfolgt. Dabei werden „optische Täuschungen" thematisiert und die Begriffe „Anschauung", „Wahrnehmung" bzw. „Vorstellung" diskutiert und voneinander abgegrenzt, um schließlich zu einer Definition des Begriffs der „Raumvorstellung" vorzudringen, die für das weitere Arbeiten im Seminar als Begriffsbasis dienen soll.

> „Anschaulich kann Raumvorstellung umschrieben werden als die Fähigkeit, in der Vorstellung räumlich zu sehen und räumlich zu denken. Sie geht über die sinnliche Wahrnehmung hinaus, indem die Sinneseindrücke nicht nur registriert, sondern auch gedanklich verarbeitet werden. So entstehen Vorstellungsbilder, die auch oh-

> ne das Vorhandensein der realen Objekte verfügbar sind. Dabei ist zu betonen, dass Raumvorstellung sich jedoch nicht darauf beschränkt, diese Bilder im Gedächtnis zu speichern und - in Form von Erinnerungsbildern - bei Bedarf abzurufen. Vielmehr kommt die Fähigkeit, mit diesen Bildern aktiv umzugehen, sie mental umzuordnen und neue Bilder aus vorhandenen vorstellungsmäßig zu entwickeln, als wichtige Komponente mit hinzu."
> [Maier, 1999, S. 14]

Die Aufgaben zum Umgang mit *Cabri 3D* entsprechen den Aufgaben der Einführungsveranstaltungen zu *Cabri 3D* aus Studie 2. Die Erklärungen und die von den Studierenden in Zweiergruppen ausgeführten Arbeitsanweisungen in der Computerumgebung werden nochmals kurz zusammengefasst:

1. Wie funktioniert der Zugmodus in 3D-Umgebungen mit 2D-Eingabemedium?
    - Ein neuer Punkt wird von *Cabri 3D* in die x-y-Ebene gelegt.
    - Mithilfe des Zugmodus bewegen Sie den Punkt zunächst nur in der x-y-Ebene.
    - Durch anhaltendes Drücken der *Shift*-Taste können Sie den Punkt senkrecht zur x-y-Ebene bewegen.
    - Nach Loslassen der *Shift*-Taste können Sie den Punkt in einer Ebene, die parallel zur x-y-Ebene liegt, bewegen.
2. Freie, halbfreie[3] und feste Punkte
    - Freie Punkte haben volle Variabilität (können auf dem ganzen Bildschirm gezogen werden).
    - Halbfreie Punkte können nur auf einem Objekt bewegt werden (z.B. auf einer Geraden, einem Kreis, einer Strecke, einer Ebene,...).
    - Feste Punkte können nicht bewegt werden (Punkte mit festen Koordinaten, Schnittpunkte von Geraden,...).
3. Übungen
    - Konstruieren Sie zwei beliebige Geraden im Raum, die beide nicht in der x-y-Ebene liegen. Versuchen Sie mithilfe des Zugmodus die beiden Geraden zur Deckung zu bringen!

[3] Für diese Punkte wird auch der Begriff „gebundene" Punkte verwandt.

- ... ändern Sie jetzt mithilfe der rechten Maustaste den Blickwinkel!
- Konstruieren Sie den Mittelpunkt zweier beliebiger Punkte im Raum! (Suchen Sie im Menü den Befehl „Mittelpunkt"!)
- Konstruieren Sie eine Gerade g in der x-y- Ebene! Konstruieren Sie dann eine Lotebene zu dieser Geraden durch einen Punkt der x-y-Ebene! (Befehl: Lotebene im Menü)
- Konstruieren Sie durch einen beliebigen Punkt P von g eine Lotgerade h in der x-y- Ebene! (*Ctrl*-Taste)
- Konstruieren Sie einen Kreis durch Mittelpunkt und Randpunkt in einer beliebigen Ebene außer der x-y- Ebene und spiegeln Sie diesen Kreis an einem beliebigen Punkt (außer seinem Mittelpunkt)!
- Konstruieren Sie eine Gerade k, die nicht in der x-y- Ebene liegt! Konstruieren Sie dann eine Ebene, die k enthält!
- Konstruieren Sie eine Ebene mithilfe von drei Punkten derart, dass einer der definierenden Punkte auf einer Geraden bewegt werden kann!

Die Lösungen der Einstiegsaufgaben sind im Abschnitt 5.3 zur Einführungsveranstaltung der zweiten Studie zum Programm *Cabri 3D* zu finden.

7.2.3 Einführung in *Cabri 3D* und theoretische Grundlagen II (Ha)

Im Mittelpunkt der theoretischen Betrachtungen in dieser Sitzung stehen Strukturkonzepte der menschlichen Intelligenz, wobei Thurstones definierte Primärfähigkeiten[4] diskutiert werden. Anschließend erfolgt an konkreten Beispielen eine Erläuterung seiner 3-Faktoren-Hypothese, nach der sich der Faktor *Space* in die Unterkomponenten *Visualisation*, *spatial rotations* und *spatial orientation* aufspaltet, vgl. hierzu [Maier, 1999, S. 34ff.]. Im Umgang mit der neu eingeführten Software werden wichtige Inhalte der vorangegangenen Sitzung wiederholt und anspruchsvollere Aufgaben bearbeitet, welche neben der Vertiefung von Grundkonstruktionen auch die Thematisierung der Implementierung von *Abbildungen* zum Ziel haben. Neben der Verwendung von Abbildungen sollen sich die Studierenden mit der Konstruktion eines Schneemanns in *Cabri 3D* auseinandersetzen, der nach Aufgabenstellung invariant unter der Anwendung des Zugmodus sein soll. Bei der Wiederholung

[4] Verbal, Word Fluency, Number, Perception, Space, Memory, Reasoning

gilt den Schwierigkeiten der Probanden aus Studie 1 und 2 besondere Aufmerksamkeit, was an den zu besprechenden Stichpunkten der Folieneinträge im Folgenden aufgezeigt werden kann:

1. kurze Erinnerung
   - Zugmodus in 3D-Umgebung mit 2D-Eingabemedium? (*Shift*-Taste)
   - Freie, halbfreie und feste Punkte
   - Konstruktion eines „Mittelpunktes“
   - Konstruktion einer „Lotebene zu einer Geraden“, „Lotgerade zu einer Geraden in einer Ebene“ (*Ctrl*-Taste)
   - „Kreis“ (def. durch Randpunkte oder Ebene, Mittelpunkt und Randpunkt)
   - Punkte auf Objekte (Geraden, Strecken, Kreise, Kugeloberfläche,...) legen.
   - Abbildungen (Online-Hilfe aktivieren!)
   - Benutzen Sie den Zugmodus! Wann auch immer!
2. Abbildungen in *Cabri 3D*
   - Testen Sie experimentell, ob es möglich ist, eine Ebene mit gleichseitigen Dreiecken zu pflastern (ohne Überdeckung der Dreiecke)! Pflastern Sie eine Ebene, die senkrecht zur x-y-Ebene steht!
   - Konstruieren Sie ein regelmäßiges Achteck (Menü) in der x-y-Ebene und drehen Sie dieses um eine Achse in eine Ebene, die diese Achse enthält und die senkrecht zur x-y-Ebene steht!
   - Ziehen Sie an den Ausgangspunkten!
3. Nochmal Konstruieren
   - Konstruieren Sie einen Schneemann, der invariant unter dem Zugmodus ist.
   - Ziehen Sie an den Ausgangspunkten!

   Mögliche Lösungen der Übungsaufgaben sind den folgenden Abbildungen 24, 25, 26 und 27 zu entnehmen.

7.2.4 Untersuchung Nummer 1 (Ha)

Die Darstellung und Analyse der einzelnen Aufgaben erfolgt im Abschnitt *A priori Analyse der Aufgaben* in 7.3.

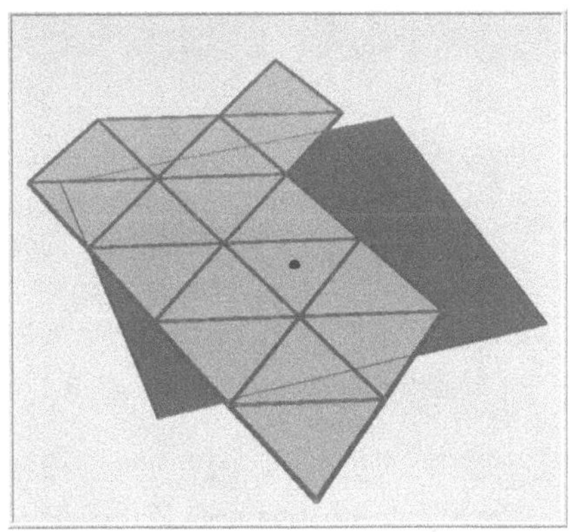

(a) Teilpflasterung ohne Verwendung des Zugmodus

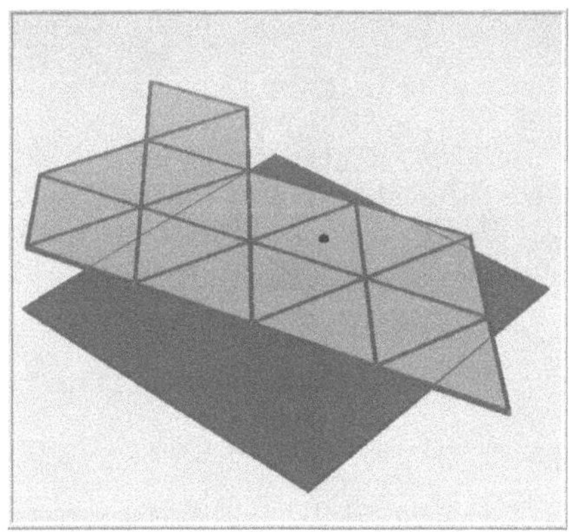

(b) Gleiche Teilpflasterung nach Verwendung des Zugmodus

Abbildung 24: Mögliche Pflasterung der x-y-Ebene mit gleichseitigen Dreiecken

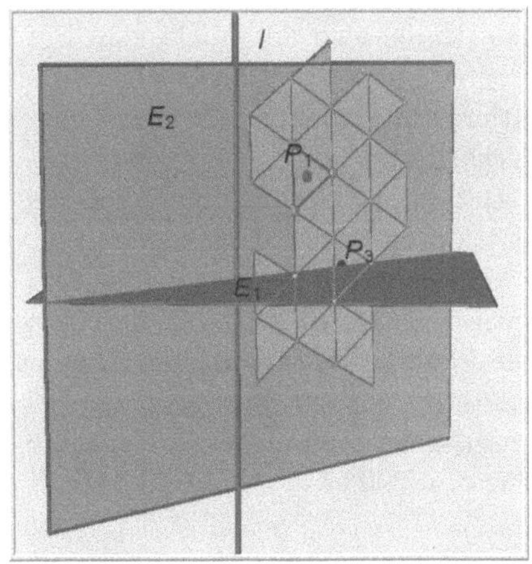

(a) Teilpflasterung ohne Verwendung des Zugmodus

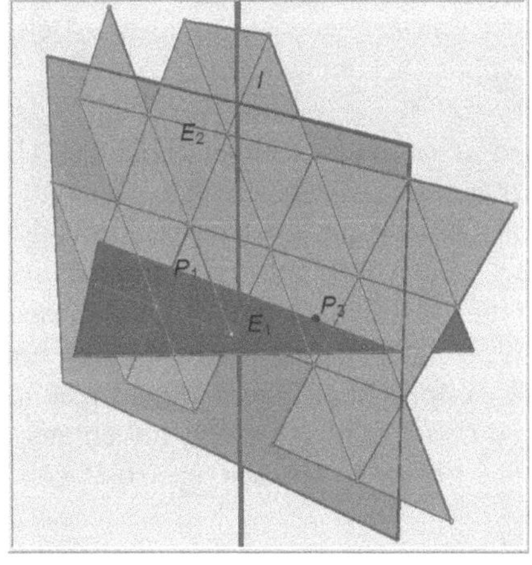

(b) Gleiche Teilpflasterung nach Verwendung des Zugmodus

Abbildung 25: Mögliche Pflasterung einer Lotebene zur x-y-Ebene mit gleichseitigen Dreiecken

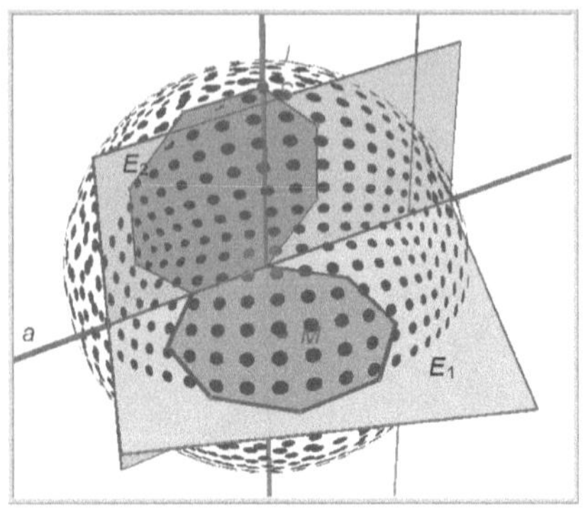

(a) Drehung eines Achtecks in eine vorgegebene Ebene

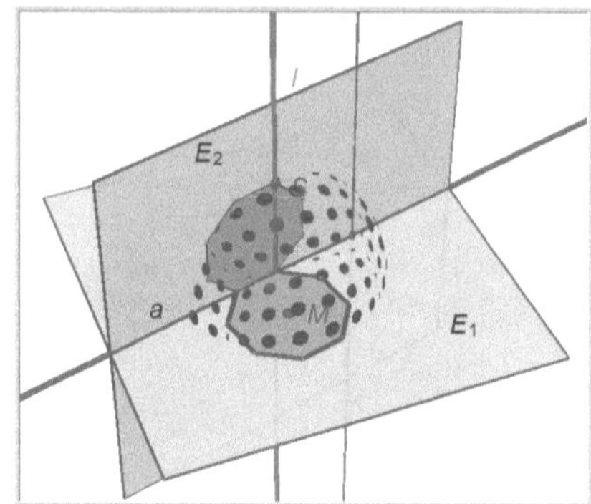

(b) Gleiche Konstruktion nach Verwendung des Zugmodus

Abbildung 26: Konstruktion eines gedrehten Achtecks in eine zuvor festgelegte zur x-y-Ebene lotrecht stehende Ebene

7.2.5 Die Zentralprojektion in Cabri 3D (BW)

In der Sitzung mit dem Thema „Zentralprojektion“ erläutern die Referenten zunächst verschiedene Alltagsbezüge zur Zentralprojektion und geben begriffliche Erklärungen an konkreten Beispielen. In der sich anschließenden Praxisphase setzen sich die Studierenden in einer *Cabri 3D*-Umgebung mit der konkreten Umsetzung von Zentralprojektionen auseinander. Zunächst wird der Schattenwurf eines 2D-Bildes (Dreiecks) unter einer Zentralprojektion untersucht, woran sich eine Analyse der Bilder von Geraden anschließt. Es folgt eine konkrete Konstruktion des zentralprojektiven Bildes eines Würfels, vgl. Abbildung 28. Untersuchungen am konkreten Beispiel zur Winkeltreue, Ähnlichkeit und Teilverhältnissen von zentralprojektiven Bildern runden schließlich die Praxisphase ab. Für eine fachliche Darstellung des Themas Zentralprojektion siehe Strehl [2003], konkrete Umsetzungsvorschläge in einer *Cabri 3D*-Umgebung finden sich sowohl in Schumann [2007, Kapitel 5] als auch in der Zulassungsarbeit von Heberlein [2007].

7.2.6 Die Parallelprojektion in Cabri 3D (Ha)

Zur Wiederholung werden zu Beginn des Seminars die bearbeiteten Dateien der vorangegangenen Veranstaltung zur Zentralprojektion nochmals präsentiert. Die Studierenden sollen anhand der vorgestellten Konstruktionen die erarbeiteten Inhalte der letzten Sitzung wiederholen und vertiefen. Nach Vor-

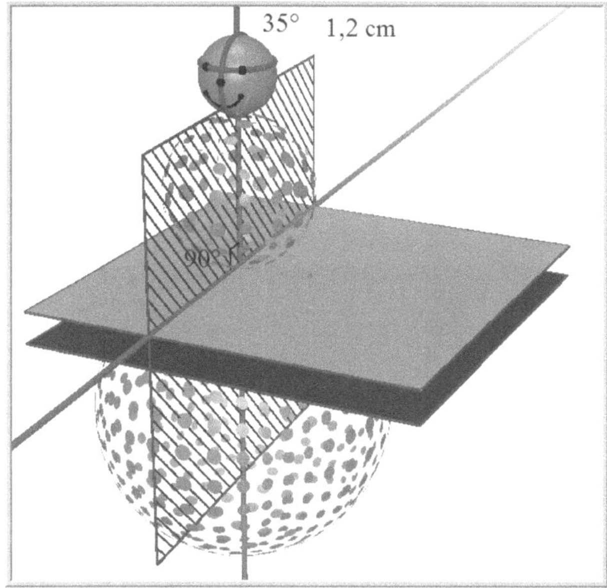

(a) Konstruktion eines Schneemanns

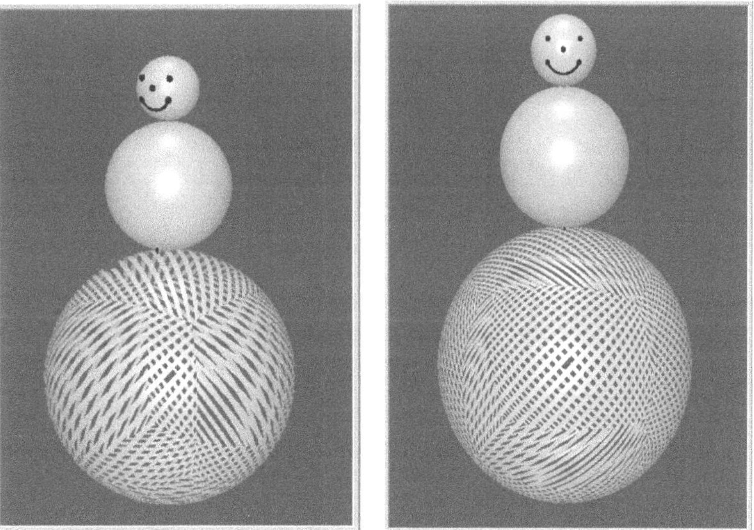

(b) Fertige Schneemannkonstruktion

(c) Schneemannkonstruktion nach Verwendung des Zugmodus

Abbildung 27: Konstruktion eines unter Verwendung des Zugmodus invarianten Schneemanns

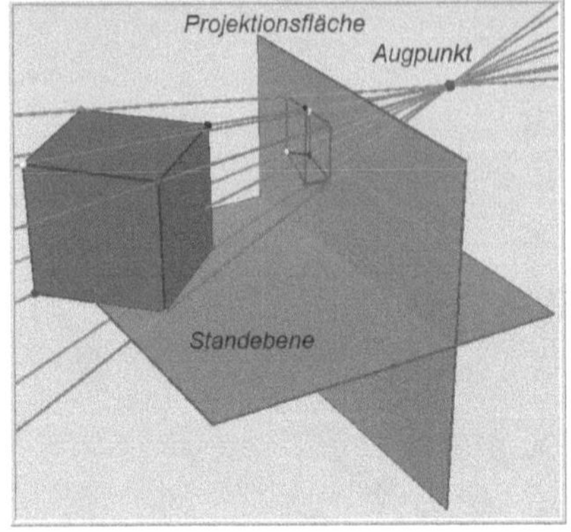

(a) Zentralprojektives Bild eines Würfels

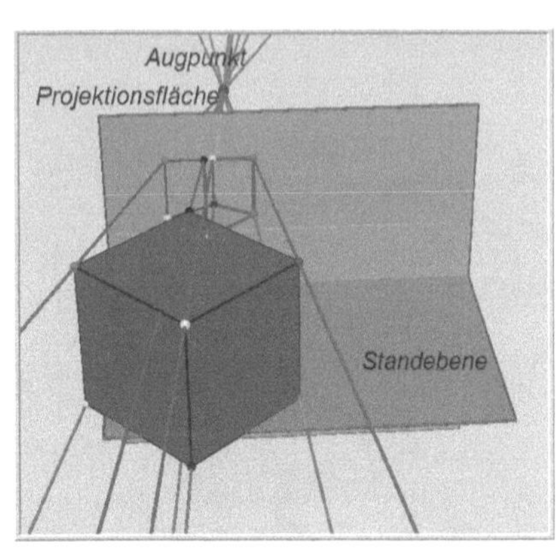

(b) Zentralprojektives Bild eines Würfels aus anderem Blickwinkel

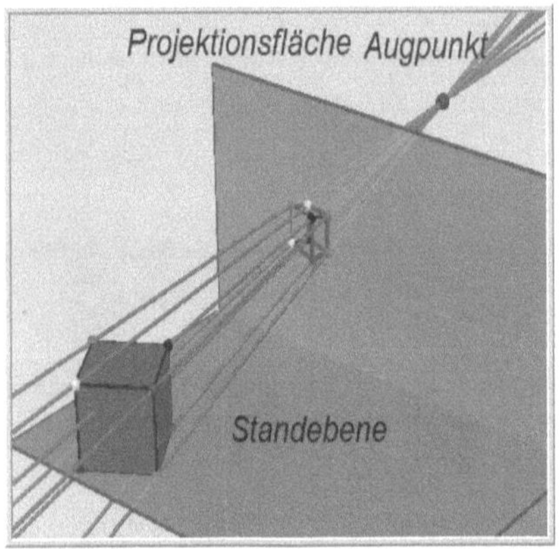

(c) Zentralprojektives Bild eines Würfels nach Verwendung des Zugmodus

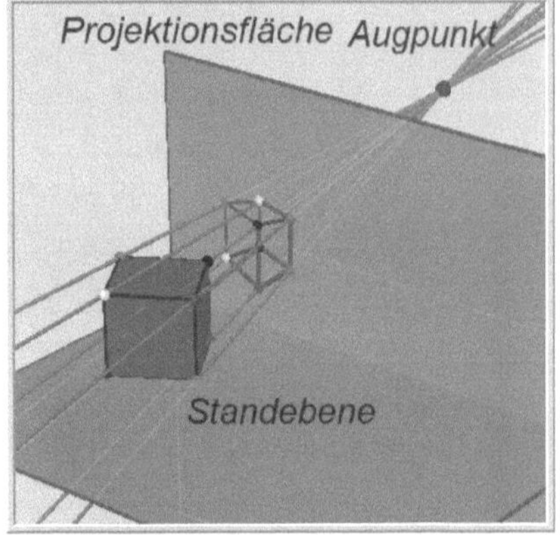

(d) Zentralprojektives Bild eines Würfels nach weiterer Verwendung des Zugmodus

Abbildung 28: Zentralprojektives Bild eines Würfels

gabe der allgemeinen Definition einer Parallelprojektion besteht die Aufgabe der Studierenden in der Praxisphase darin, eine variable Projektionsebene und einen beweglichen Referenzstrahl zu konstruieren und sich von *Cabri 3D* den Winkel zwischen Referenzstrahl und Projektionsebene anzeigen zu lassen. Im Folgenden konstruieren die Studierenden das parallelprojektive Bild eines Würfels und untersuchen die Eigenschaften *Inzidenz*, *Flächeninhalt*, *Winkelgröße*, *Teilverhältnis* und *Parallelität* auf Invarianz unter einer Parallelprojektion, wobei noch zwischen allgemeiner und paralleler Lage von

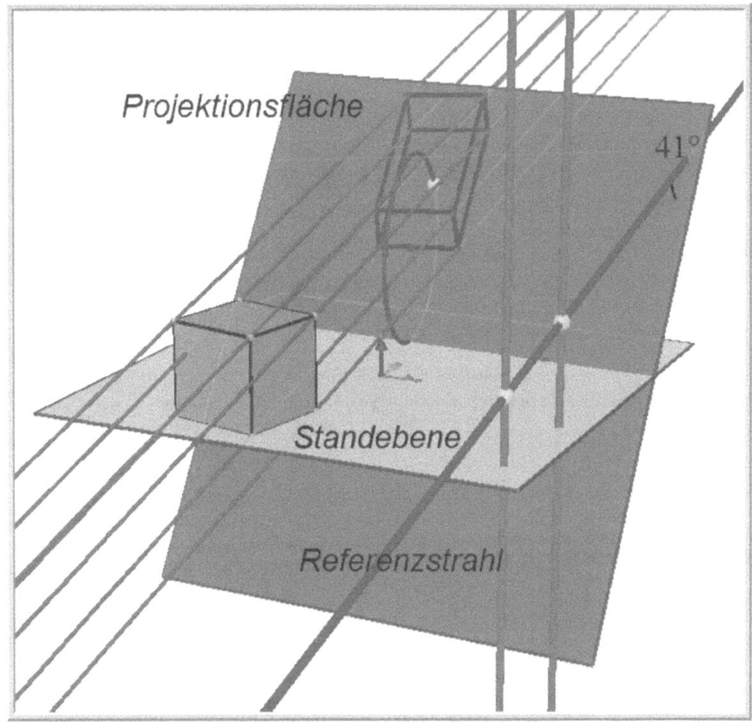

Abbildung 29: Parallelprojektives Bild eines Würfels mit beweglichem Referenzstrahl und variabler Lage der Projektionsfläche

Bild und Urbildebene zu unterscheiden ist, vgl. Abbildung 29. Anregungen zur Implementierung von Parallelprojektionen in einer *Cabri 3D*-Umgebung finden sich in Schumann [2007, Kapitel 4] und in der Zulassungsarbeit von Heberlein [2007], für eine fachliche Darstellung des Themas vgl. Strehl [2003].

7.2.7 Platonische Körper und ihre Netze (BF)

Im Zentrum dieser Sitzung steht zunächst ein Kurzreferat über die existierenden platonischen Körper und ihre Eigenschaften. Die Studierenden beschäftigen sich in der Folge mit Würfelnetzen, wobei sie entscheiden müssen, ob die angegebenen Netze zu einem Würfel zusammengesetzt werden können. Manche Aufgaben sollen rein mental, andere wiederum enaktiv mithilfe von zweidimensionalen Zeichnungen in einer *Papier und Bleistift-Umgebung* ge-

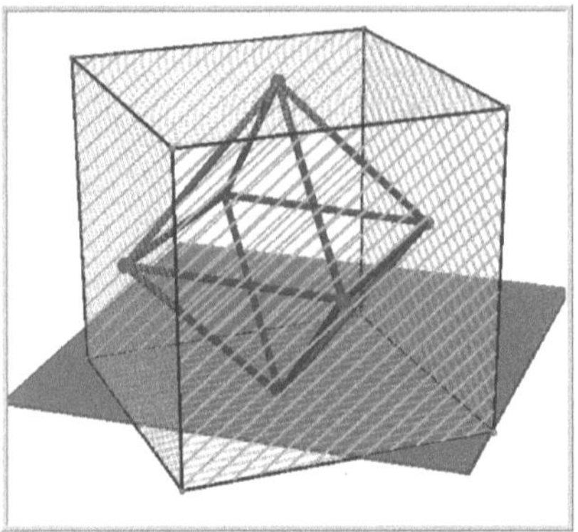

(a) Oktaeder als dualer Körper des Würfels

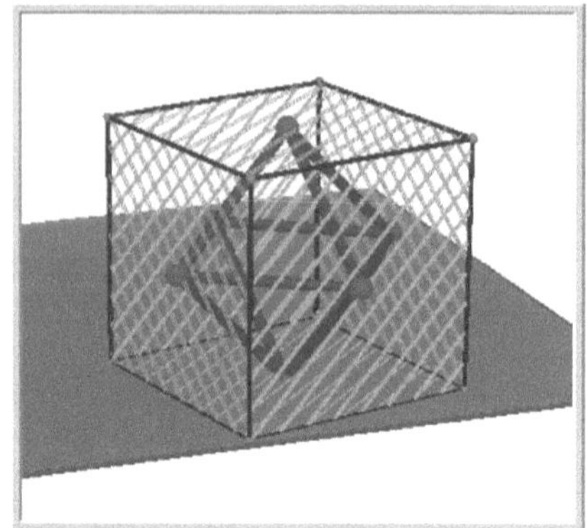

(b) Oktaeder als dualer Körper des Würfels nach Verwendung des Zugmodus

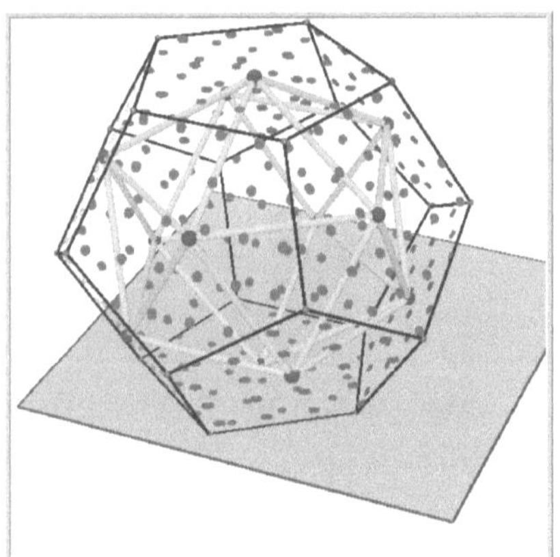

(c) Ikosaeder als dualer Körper des Dodekaeders

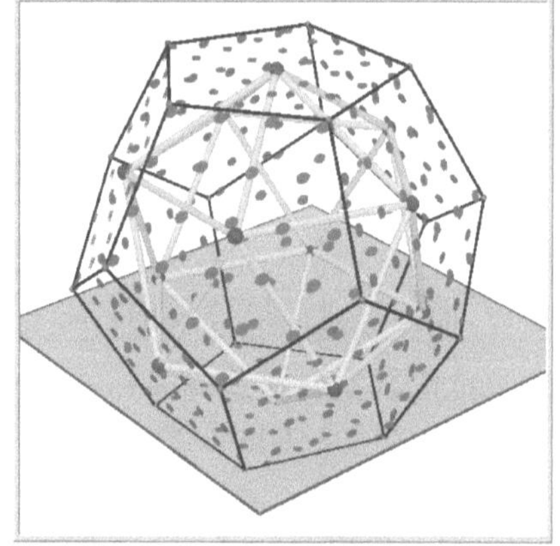

(d) Ikosaeder als dualer Körper des Dodekaeders nach Verwendung des Zugmodus

Abbildung 30: Konstruktionen dualer Körper

löst werden. In der Praxisphase untersuchen die Studierenden die Eigenschaft der Dualität von platonischen Körpern und stellen nach einer Konstruktionsanweisung ein Oktaeder aus einem Würfel sowie ein Ikosaeder aus einem Dodekaeder in einer *Cabri 3D*-Umgebung her, vgl. Abbildung 30. Anregungen zu Netzen und platonischen Körpern finden sich in Franke [2007], Umsetzungsmöglichkeiten in der Softwareumgebung *Cabri 3D* sind Schumann [2007, Kapitel 8] zu entnehmen.

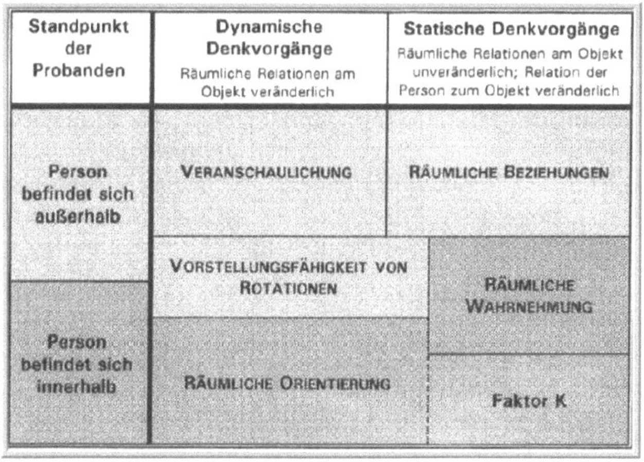

Standpunkt der Probanden	Dynamische Denkvorgänge Räumliche Relationen am Objekt veränderlich	Statische Denkvorgänge Räumliche Relationen am Objekt unveränderlich; Relation der Person zum Objekt veränderlich
Person befindet sich außerhalb	VERANSCHAULICHUNG	RÄUMLICHE BEZIEHUNGEN
	VORSTELLUNGSFÄHIGKEIT VON ROTATIONEN	RÄUMLICHE WAHRNEHMUNG
Person befindet sich innerhalb	RÄUMLICHE ORIENTIERUNG	Faktor K

Abbildung 31: Faktoren des räumlichen Vorstellungsvermögens nach Maier [1999, S. 52]

7.2.8 Mentale Rotationen (AL)

In der Sitzung werden von Seiten der Referenten zunächst Thurstones Drei-Faktoren-Hypothese der Raumvorstellung (Thurstone [1949, 1950]), welche aus Veranschaulichung (visualisation), räumlichen Beziehungen (spatial relations) und räumlicher Orientierung (spatial orientation) besteht, wiederholt und an konkreten Beispielaufgaben vertieft.[5] Mithilfe des Kategoriensystems von Linn & Petersen [1985, 1986], das unter anderem den Bereich der Vorstellungsfähigkeit von Rotationen einführt und den Bereich der räumlichen Wahrnehmung ergänzt, arbeiten die Referenten die fünf wesentlichen Komponenten der räumlich-visuellen Qualifikationen[6] nach Maier [1999, S. 34-54] heraus, welche in Abbildung 31 dargestellt sind. Im Anschluss beschäftigen sich die Seminarteilnehmer mit verschiedenen Aufgaben zur Raumvorstellung, welche sich oft in Intelligenztests wiederfinden. Die Hauptaufgabe besteht darin, die zur Lösung der Probleme erforderlichen mentalen Prozesse

[5] Pittalis & Christou [2010] zeigen in einer quantitativen Untersuchung, dass diese drei Faktoren einen starken Indikator für das Vorhandensein von unterschiedlichen Typen des Begründens (Darstellung von 3D-Objekten, räumliches Strukturieren, Konzeptualisierung mathematischer Eigenschaften, Messen) darstellen. Somit können „Formen des Begründens“ und räumliche Fähigkeiten im Sinne Thurstones getrennt analysiert werden.

[6] Pinkernell [2003] stellt ein Modell des räumlichen Vorstellungsvermögens vor, das speziell auf mathematikdidaktische Fragestellungen zugeschnitten ist und drei Kategorien zur Einordnung räumlich-visueller Fähigkeiten vorsieht.

den verschiedenen Faktoren des räumlichen Vorstellungsvermögens zuzuordnen. In der Praxisphase wird eine Aufgabe zur Vorstellungsfähigkeit von Rotationen in *Cabri 3D* implementiert, wobei die Probanden aus einer gegebenen Menge von Körpern in einer *Cabri 3D*-Umgebung einen bestimmten Körper identifizieren sollen, vgl. Abbildung 32. Im Anschluss konstruieren die Probanden eigene Aufgaben in Anlehnung an das Eingangsbeispiel, um diese anschließend von ihren Kommilitonen bearbeiten und lösen zu lassen.

7.2.9 Untersuchung Nummer 2 (Ha)

Die Darstellung und Analyse der einzelnen Aufgaben erfolgt im Abschnitt *A priori Analyse der Aufgaben* in 7.3.

7.2.10 Würfelgebäude à la *BAUWAS* (DK1)

In dieser Sitzung erfolgt zunächst die Präsentation der Software *BAUWAS*[7], die ursprünglich für Schüler der Primarstufe und Sekundarstufe I konzipiert wurde. Die Software enthält sieben Übungsmodule, die sich mit dem Erkennen, Nachbauen, Berechnen und der Dreitafelprojektion von Würfelgebäuden beschäftigen, vgl. Abbildung 33. Nachdem alle Übungsmodule besprochen sind, gilt es in der Praxisphase, ausgewählte Übungsmodule in die Software *Cabri 3D* einzubetten. Nach der Implementierung einer schachbrettartigen Standebene, auf der mit Würfeln „gebaut" werden kann, sollen die Studierenden zunächst einen gegebenen Würfelbauplan in der Softwareumgebung umsetzen und in der Folge eine Dreitafelprojektion so in *Cabri 3D* implementieren, dass sowohl der gegebene Körper als auch die einzelnen Projektionen zu erkennen sind, vgl. die Abbildungen 34 und 35. Unterrichtsvorschläge mithilfe des Programms *BAUWAS* finden sich in Haug [2006] bzw. Sandner [2003], eine wissenschaftliche Analyse des Programms im Zusammenhang mit empirischen Erfahrungen ist in der Zulassungsarbeit von Möbs [1999] nachzulesen.

7.2.11 Schulbücher der Sekundarstufe I und Raumgeometrie (FH)

Im Mittelpunkt dieser Sitzung steht die Analyse von aktuellen Schulbuchaufgaben mit raumgeometrischem Inhalt, wobei insbesondere eine sinnvolle Umsetzung in die Softwareumgebung *Cabri 3D* zur Diskussion steht. Die

[7] Download unter: http://www.bics.be.schule.de/son/machmit/sw/bauwas/index.htm (letzter Zugriff am 25.11.2010)

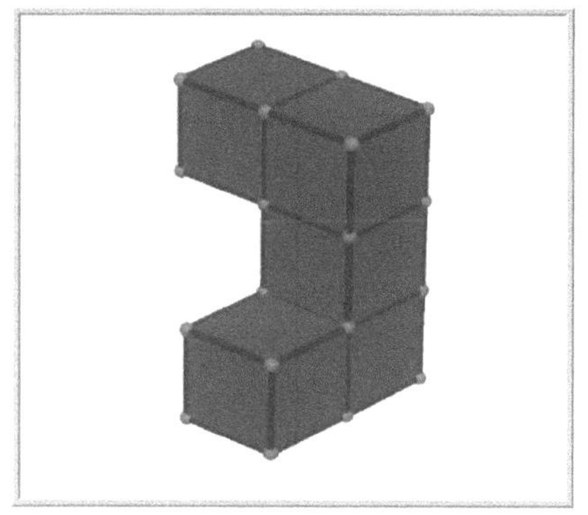

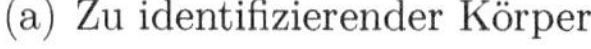

(a) Zu identifizierender Körper

(b) Menge, in der dieser Körper identifiziert werden soll

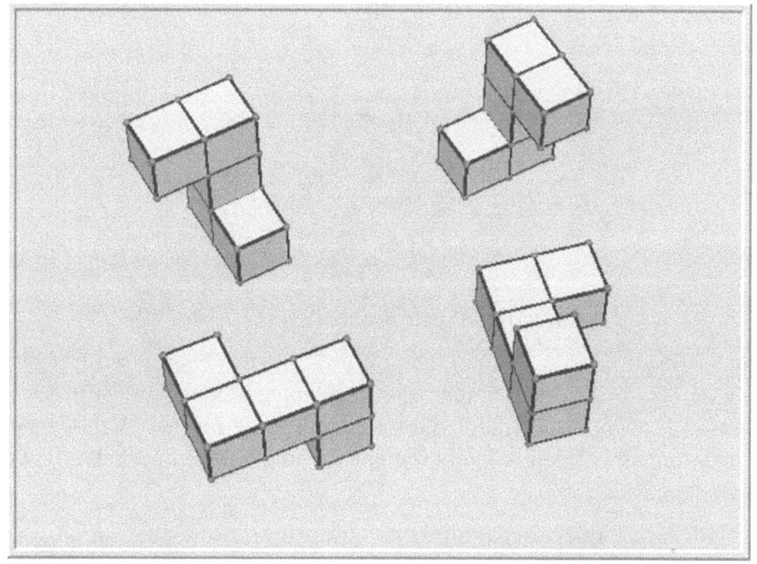

(c) Gleiche Menge von Körpern aus anderem Blickwinkel

Abbildung 32: Identifikation eines Körpers aus einer gegebenen Menge in einer *Cabri 3D*-Umgebung

Studierenden beschäftigen sich mit einer gegebenen Auswahl von Schulbuchaufgaben und setzen daraus selbst ausgewählte Aufgaben in der Softwareumgebung um. Eine Diskussion über die Eignung der betrachteten Aufgaben

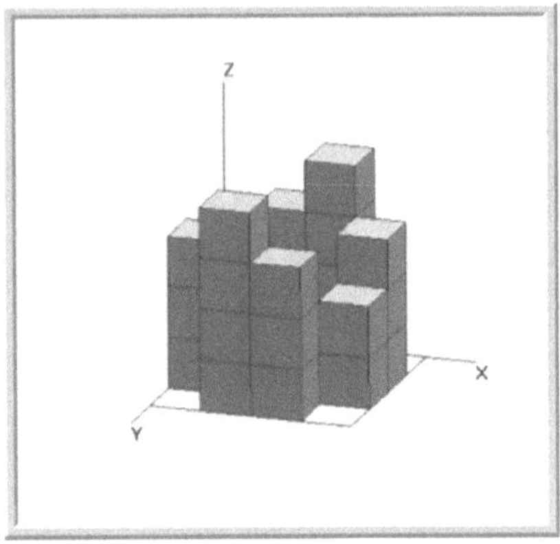

Abbildung 33: Screenshot der Softwareumgebung *BAUWAS*

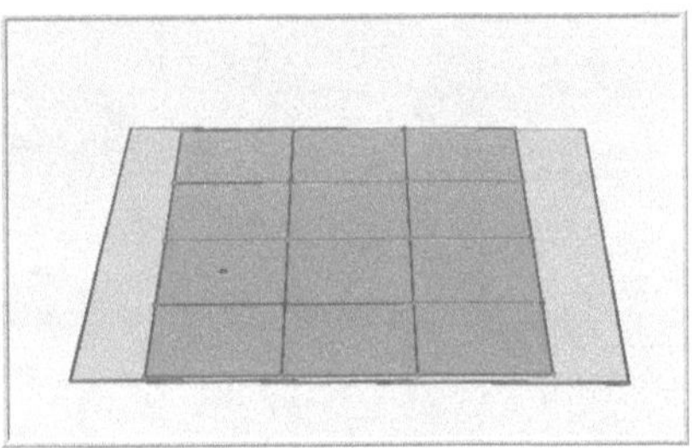

Abbildung 34: Würfelstandebene in *Cabri 3D*

und eventuell nötige Änderungen der Aufgabenstellung zur sinnvollen Behandlung mit *Cabri 3D* rundet die praxisnahe Sitzung ab. Als Beispiel der zur Verfügung stehenden Aufgaben dient die folgende Schulbuchaufgabe aus Schröder [2003, S. 138].

> „Aus einem Holzwürfel mit der Kantenlänge 5 cm soll eine möglichst große Kugel hergestellt werden.
>
> a) Welchen Durchmesser hat diese Kugel?
>
> b) Berechne Oberfläche und Volumen der Kugel!
>
> c) Wie viel cm^3 beträgt der Abfall?“

Bei der Lösung dieser Aufgabe in der *Cabri 3D*-Umgebung bieten sich gute Möglichkeiten, um den Einfluss von Mess- bzw. Rundungsfehlern zu thematisieren, welche in der zugehörigen Abbildung 36 einer möglichen Aufgabenlösung ersichtlich sind. Für eine detaillierte Analyse der Behandlung von

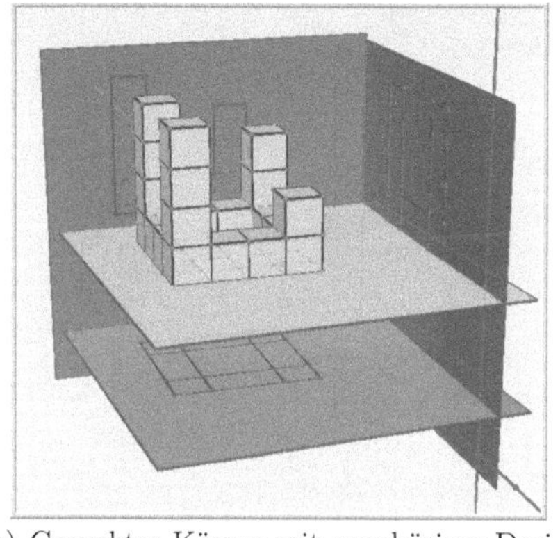

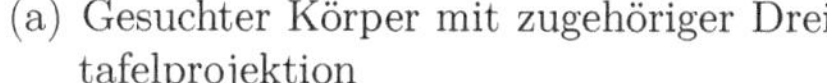

(a) Gesuchter Körper mit zugehöriger Dreitafelprojektion

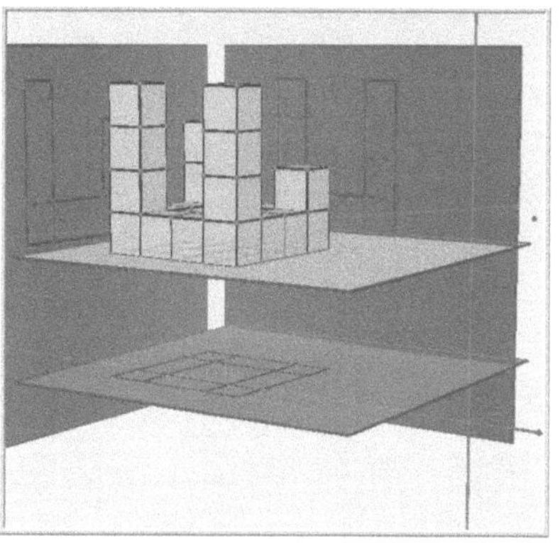

(b) Dreitafelprojektion aus anderem Blickwinkel

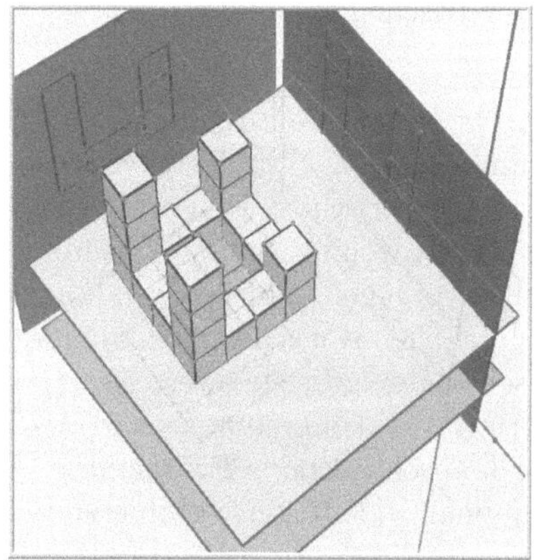

(c) Dreitafelprojektion aus weiterem Blickwinkel

(d) Dreitafelprojektion nach Anwendung des Zugmodus

Abbildung 35: Aufgaben zur Implementierung von Übungsmodulen der Software *BAUWAS* in *Cabri 3D*

aktuellen raumgeometrischen Schulbuchaufgaben mit den Programmen *Archimedes Geo3D* und *Cabri 3D* vergleiche die Zulassungsarbeit von Probst [2008].

7.2.12 Experimentelles Lösen raumgeometrischer Berechnungsaufgaben (DK2)

Die Auseinandersetzung mit raumgeometrischen Berechnungsaufgaben in einer *Cabri 3D*-Umgebung steht im Fokus dieser Seminarsitzung. Die Refe-

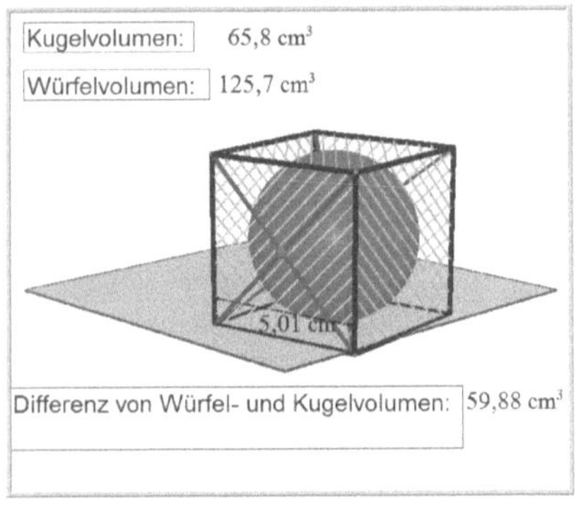

(a) Mögliche Aufgabenlösung

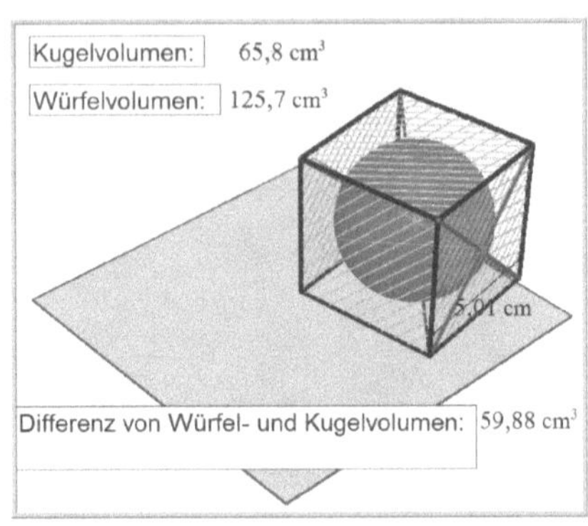

(b) Aufgabenlösung aus anderem Blickwinkel

Abbildung 36: Lösung der raumgeometrischen Schulbuchaufgabe

renten erläutern zunächst den Unterschied zwischen *K-Berechnungsaufgaben* und *M-Berechnungsaufgaben* nach Schumann [2007, S. 455]. Hierbei werden *K-Berechnungsaufgaben* mittels raumgeometrischem Konstruieren und Messen ohne Anwendung des Zugmodus gelöst, wohingegen zur Lösung von *M-Berechnungsaufgaben* ein experimentelles Vorgehen unter Verwendung des Zugmodus in Kombination mit raumgeometrischen Konstruktionen und Messen erlaubt ist. Neben Genauigkeitsanalysen angezeigter Messwerte von Oberflächen und Volumina steht die Bearbeitung von konkreten *K-* und *M-Berechnungsaufgaben* im Mittelpunkt der sich anschließenden Praxisphase. Als Beispiel dient folgende Aufgabe nach Schumann [2007] an, vgl. hierzu auch Abbildung 37:

> „Gegeben ist eine quadratische Säule mit der Grundkante 6cm und der Höhe 5cm. Die Kantenmitten der Deckfläche werden mit den Ecken der Grundfläche verbunden, so dass ein vierseitiges Antiprisma entsteht. Vier der Seitenflächen des Antiprisma, die mit der Grundfläche eine Kante gemein haben, dreht man um die Grundkanten nach innen, so dass sie zu Seitenflächen einer geraden quadratischen Pyramide werden. Berechne das Volumen und die Oberfläche dieser Pyramide.“
> [Schumann, 2007, S. 456]

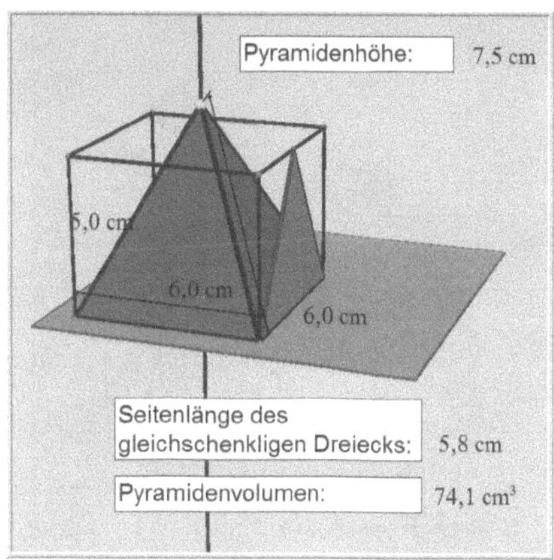

(a) Ungleiches Maß von Pyramidenhöhe und Seitenlänge des gleichschenkligen Dreiecks

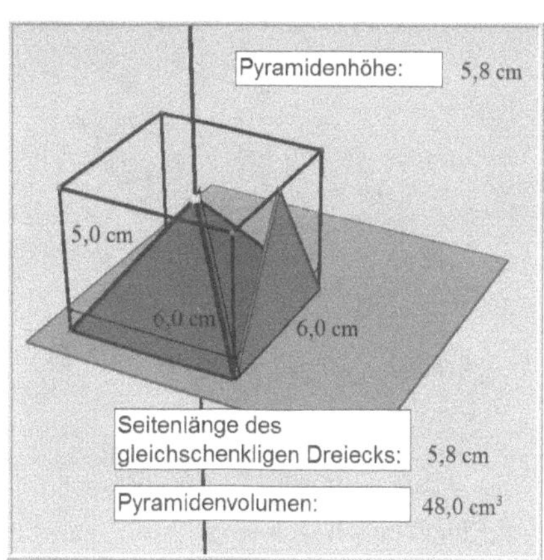

(b) Gleiches Maß von Pyramidenhöhe und Seitenlänge des gleichschenkligen Dreiecks nach Verwendung des Zugmodus

Abbildung 37: Beispiel einer *M-Berechnungsaufgabe* nach Schumann [2007, S. 456]

7.2.13 Kegelschnittkonstruktionen und Dandelinsche Kugeln (Ha)

Der Schwerpunkt dieser Sitzung liegt in der Wiederholung der in Untersuchung 2 von den Probanden identifizierten nichtentarteten Kegelschnittkurven *Ellipse*, *Hyperbel*, *Kreis* und *Parabel*. Nach der Ausführung von Brennpunktkonstruktionen von *Hyperbel* und *Ellipse* mit Zirkel und Lineal bzw. in einer *Euklid DynaGeo*-Umgebung schließt sich die Konstruktion einer *Parabel* nach der Leitgeradendefinition in einer *Cabri 3D*-Umgebung an. Weiterhin wird, nach einer kurzen Wiederholung des Sekanten-Tangentensatzes und der Besprechung des räumlichen Pendants, die Konstruktionsidee der Dandelinschen Kugeln thematisiert sowie in einer weiteren Praxisphase mit den in *Cabri 3D* bereits vorhandenen Dateien *Dandelin-Kugel Parabel* und *Dandelin-Kugeln Ellipse*, die Leitgeradendefinition der *Parabel* bzw. die Brennpunktdefinition der *Ellipse* verifiziert, vgl. Abbildung 38.
Für eine ausführliche Behandlung der Dandelinschen Kugeln in einer *Cabri 3D*-Umgebung vgl. Schumann [2007, Kapitel 6].

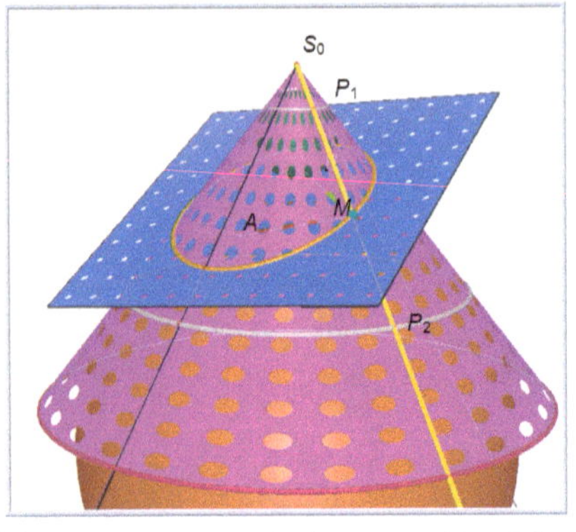

(a) Ellipse als Kegelschnitt mit Dandelinschen Kugeln

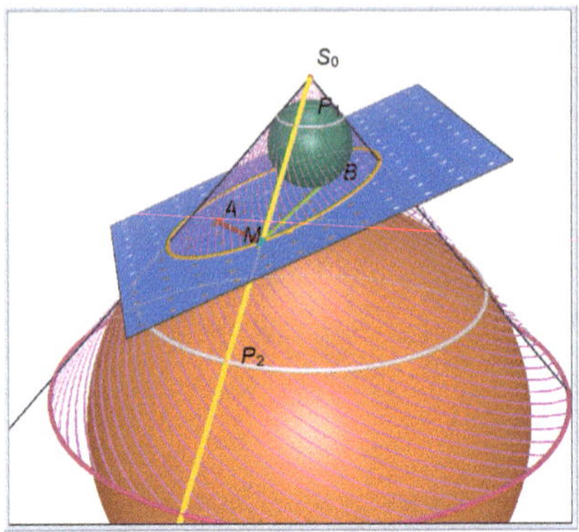

(b) Gleiche Konstruktion nach Verwendung des Zugmodus

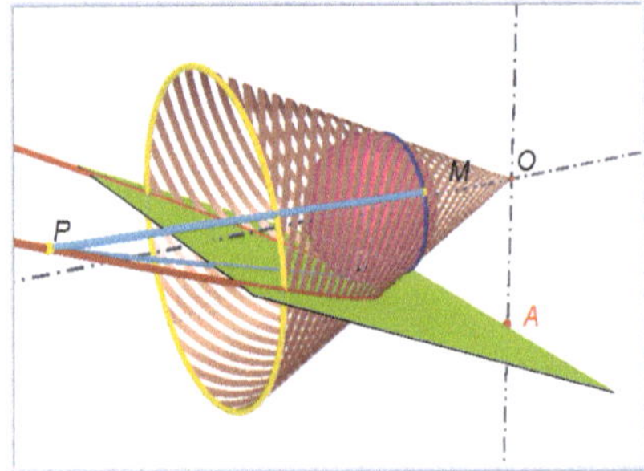

(c) Parabelkonstruktion als Kegelschnitt mit Dandelinschen Kugeln

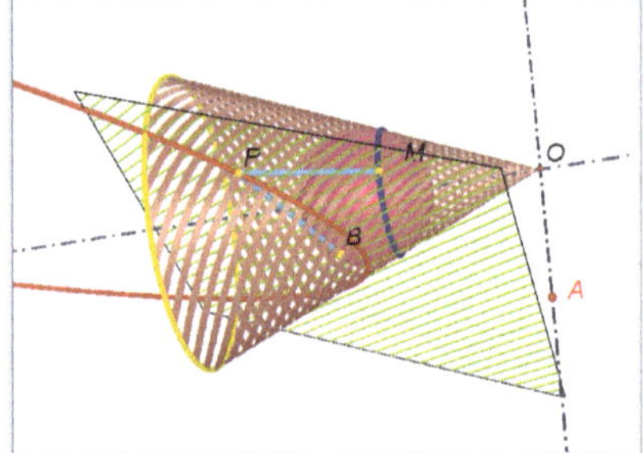

(d) Gleiche Konstruktion nach Verwendung des Zugmodus

Abbildung 38: Dandelinsche Kugeln für die Ellipsen- und Parabelkonstruktion

7.2.14 Untersuchung Nummer 3 (Ha)

Die einzelnen Aufgaben dieser, sowie der beiden vorangegangenen Untersuchungen 1 und 2 werden im folgenden Abschnitt dargelegt und analysiert. Mögliche Lösungen werden ebenfalls aufgeführt.

7.3 A priori Analyse der Aufgaben

In den jeweiligen Aufgabenanalysen werden spezifische Probleme identifiziert, welche aufgrund der Erfahrungen aus vorangegangenen Studien bei der Bearbeitung in Betracht gezogen werden müssen. Weiterhin erfolgt eine Begründung hinsichtlich der Aufgabenauswahl sowie eine Darlegung des Potentials für den Erkenntnisgewinn der Forschungsfragen von Studie 3.

Die drei Untersuchungen, die zu Beginn, im Verlauf und am Ende des Semesters durchgeführt werden, sind alle durch einen ähnlichen Aufbau hinsichtlich der Aufgabentypen charakterisiert. In jeder Untersuchung gilt es, sowohl eine explorative Aufgabe als auch eine Konstruktionsaufgabe zu lösen, um eine gewisse Vergleichbarkeit der Anforderungen hinsichtlich der Tätigkeiten zu erreichen. Die Reihenfolge der zu bearbeitenden Aufgaben ergibt sich durch eine subjektive Einschätzung des Schwierigkeitsgrades von Forscherseite. Aus Gründen der besseren Vergleichbarkeit während der späteren Datenauswertung sowie einer konsistenten Reihenfolge der Aufgabenbearbeitungen liegt den Probanden die jeweils leichtere Aufgabe, im Sinne der soeben beschriebenen Betrachtung, vor.

7.3.1 Erste Untersuchung 3(1) in Sitzung Nummer 4

Wie in der Einführungsveranstaltung zu Studie 2 sind die Probanden zunächst angehalten, fünf *Schwarze Boxen* zu bearbeiten, vgl. Abschnitt 5.3. Mithilfe dieser ersten Aufgabe kann ein Einstieg sowohl in den Ablauf der Untersuchungen und somit auch in die Verwendung von Webcam und Screenrecording-Software als auch in die selbstständige Gruppenarbeit innerhalb der Computerumgebung ohne ständige Betreuung eines Tutors erreicht werden. Als zweite Aufgabe schließt sich die Konstruktion eines Tetraeders an. Mit dieser Reihenfolge der Aufgabenstellungen wird bereits in der ersten Untersuchung sichergestellt, dass sowohl eine einfache *explorative Aufgabe* (*Schwarze Boxen*) als auch eine Konstruktionsaufgabe von den Probanden zu bearbeiten ist.

Aufgabe I: Schwarze Boxen

Da die Komplexität der aufzufindenden Konstruktionen innerhalb der *Schwarzen Boxen* mit steigender Aufgabennummerierung zunimmt, jedoch die ersten Beispiele sehr leicht zu lösen sind, wird die Bearbeitung der *Schwarzen Boxen* der Tetraederkonstruktion vorangestellt, um die Wahrscheinlichkeit eines erfolgreichen Einstiegs in die Untersuchung für alle Gruppen zu maximieren. Die konkrete Aufgabenstellung lautet:

> „Ihnen stehen verschiedene Beispiele von *Schwarzen Boxen* zur Verfügung. Benutzen Sie den Zugmodus, um eine Idee zu entwickeln, nach der der gelbe Punkt konstruiert sein könnte! Führen Sie die Konstruktion durch und überprüfen Sie Ihre Hypothese!“

Aufgabenanalyse
Die Intention der Aufgabenstellung liegt in der Beantwortung der Frage, inwieweit die Probanden den Zugmodus nutzen und wie bzw. mit welchen Mitteln sie einfache Konstruktionen durchführen. Der explorative Charakter der Aufgabe ist nicht direkt vergleichbar mit der Aufgabe *Würfelschnitte* aus Studie 2, da in Aufgabenlösungen zu *Schwarzen Boxen* mehr konkrete Konstruktionen gefordert sind und eine Implementierung des Zugmodus nicht von Bedeutung ist. Alle zur Lösung der Aufgabe erforderlichen beweglichen Punkte sind in der Ausgangskonstruktion bereits implementiert und zudem mit grüner Farbgebung hervorgehoben, sodass das Feststellen von *Komplexitätsstufen* der Implementierung des Zugmodus nicht im Fokus der Analyse stehen kann.

Auf das allgemeine Verhalten der Probanden und nachweisbarer Werkzeugkompetenzen hinsichtlich der bereits behandelten Grundkonstruktionen in den Seminarsitzungen 1 und 2 ist jedoch zu achten. In den vorausgehenden Studien war festzustellen, dass die Probanden, vermutlich in der Arbeit in 2D-Umgebungen begründet, zur Konstruktion von äquidistanten Abständen Kreise verwandten, obwohl Kugeln im 3D-Raum meist geeigneter und auch einfacher zu konstruieren sind. Die Tatsache, dass zur Definition eines Kreises im Raum die Angabe eines Mittel- und eines Randpunktes nicht zur Konstruktion ausreicht, verwirrte die Probanden in früheren Studien, weswegen auch die zur Konstruktion im 3D-Raum benutzten mathematischen Objekte im Fokus der Analyse behalten werden. Trotz der wiederholten Behandlung der Kreisdefinition in den Einführungssitzungen ist davon auszugehen, dass noch einige Probanden mit Schwierigkeiten bei solchen Konstruktionen konfrontiert sein werden.

Ebenfalls von Bedeutung für den Übergang von zwei- zu dreidimensionalen Umgebungen ist die Verwendung des Zugmodus in der dritten Dimension, die in *Cabri 3D* mit der Verwendung der *Shift*-Taste einhergeht. Inwiefern die Probanden diese Taste verwenden, ist zu dokumentieren und in der Analyse der weiteren Aufgaben zu berücksichtigen.
Die Aufgabenstellungen und mögliche Lösungen der verschiedenen *Schwarzen Boxen* sind den Abbildungen 39, 40, 41 und 42 zu entnehmen.

Aufgabe II: Tetraederkonstruktion

Die zweite Aufgabe verlangt die Konstruktion eines Tetraeders. Als Anschauungshilfe steht den Probanden ein reales Kantenmodell eines Tetraeders zur Verfügung, mit dessen Hilfe sie sich Konstruktionsansätze überlegen bzw. durchgeführte Schritte am fertigen Modell verifizieren können.
Die konkrete Aufgabenstellung lautet:

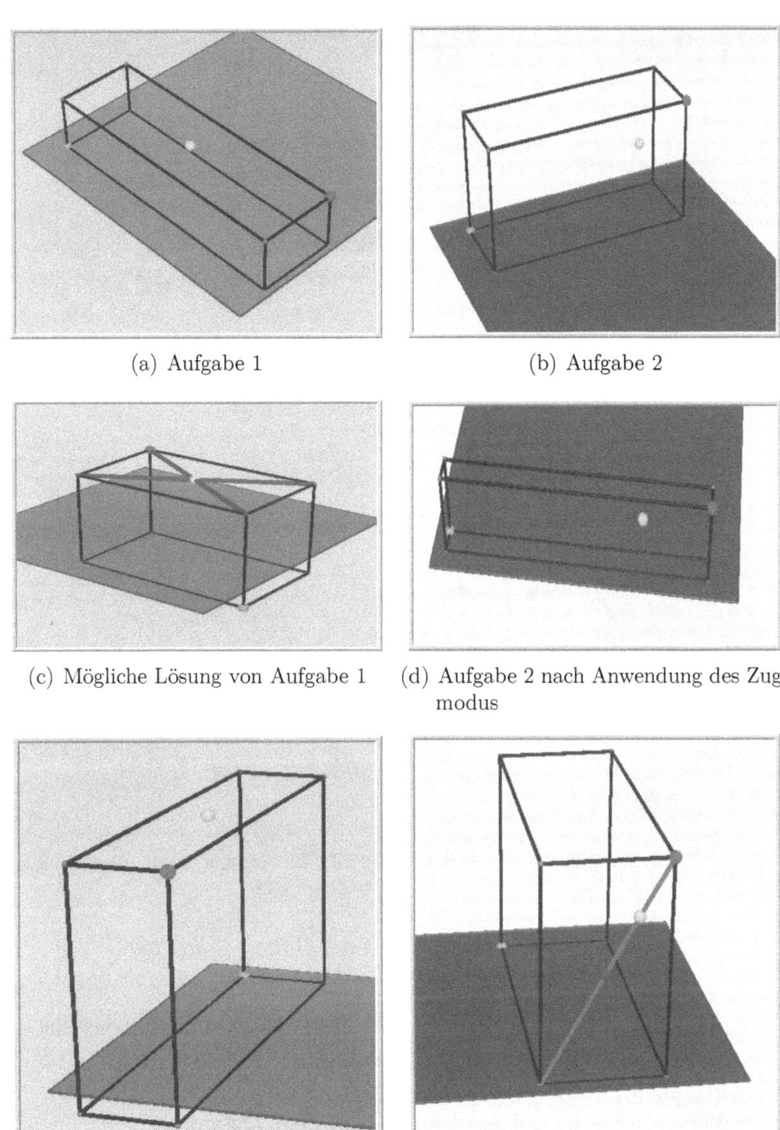

(a) Aufgabe 1

(b) Aufgabe 2

(c) Mögliche Lösung von Aufgabe 1

(d) Aufgabe 2 nach Anwendung des Zugmodus

(e) Aufgabe 1 nach Anwendung des Zugmodus

(f) Mögliche Lösung von Aufgabe 2

Abbildung 39: Erste und zweite *Schwarze Box* in *Cabri 3D*

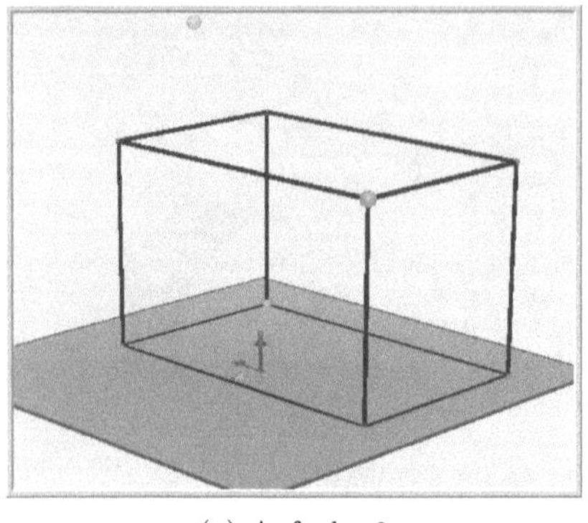

(a) Aufgabe 3

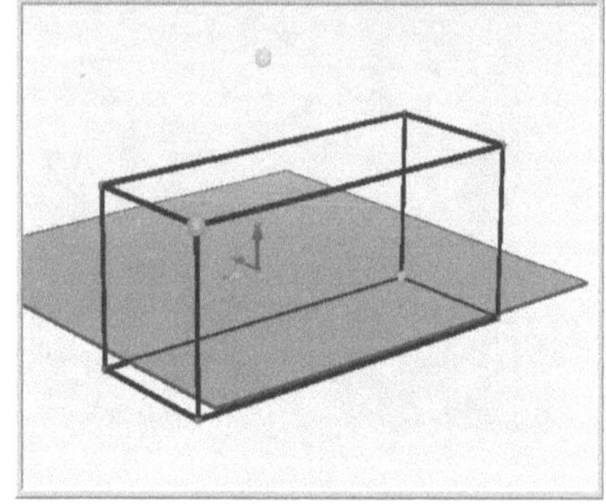

(b) Aufgabe 3 nach Anwendung des Zugmodus

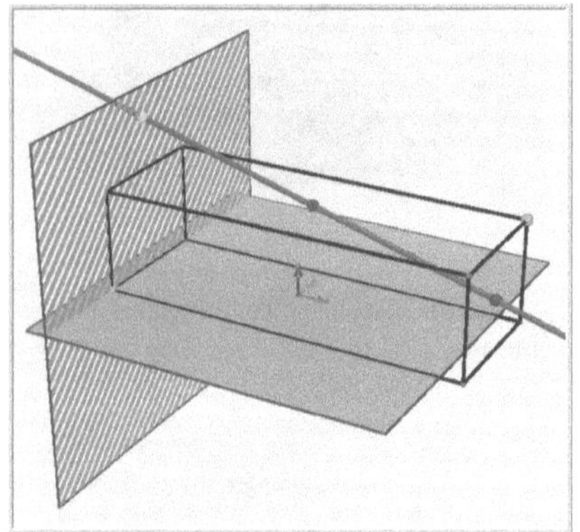

(c) Mögliche Lösung von Aufgabe 3

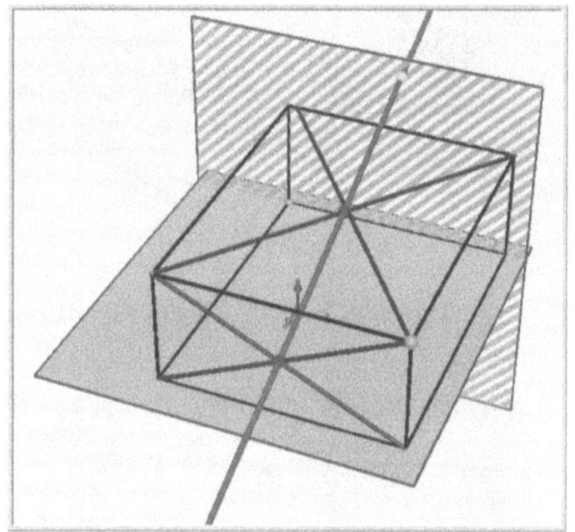

(d) Gleiche Lösung nach Anwendung des Zugmodus

Abbildung 40: Dritte *Schwarze Box* in *Cabri 3D*

„Konstruieren Sie eine Strecke mithilfe zweier Punkte! Konstruieren Sie ausgehend von dieser Strecke ein Tetraeder, dessen eine Kante mit dieser konstruierten Strecke zusammenfällt! Das konstruierte Tetraeder soll invariant unter dem Zugmodus sein.

Anmerkung:
Die Seitenflächen eines Tetraeders werden von gleichseitigen Dreiecken gebildet. Gleichseitige Dreiecke besitzen gleich lange Seiten und drei 60°-Winkel.“

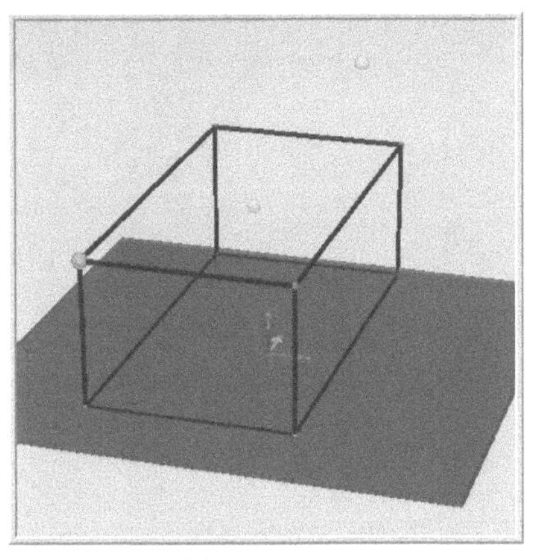

(a) Aufgabe 4

(b) Aufgabe 4 nach Anwendung des Zugmodus

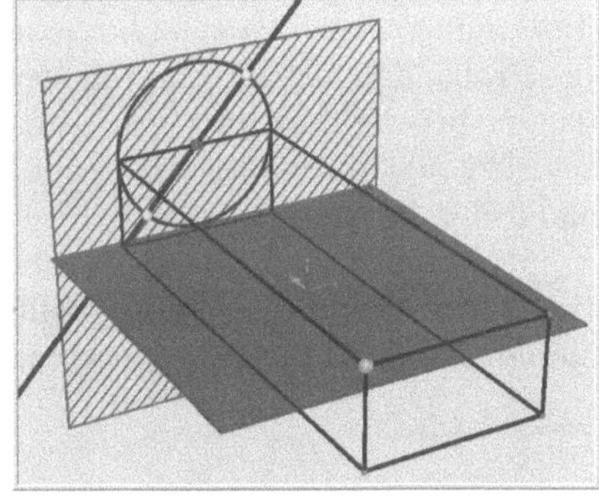

(c) Mögliche Lösung von Aufgabe 4

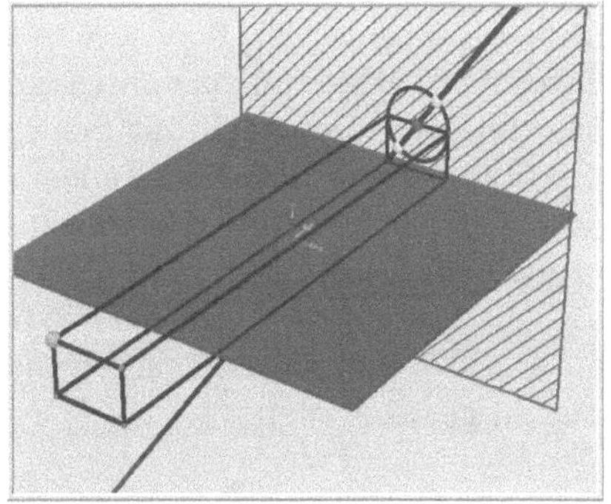

(d) Gleiche Lösung nach Anwendung des Zugmodus

Abbildung 41: Vierte *Schwarze Box* in *Cabri 3D*

Aufgabenanalyse

Bei der Konstruktion des Tetraeders ist die Verwendung von Kreisen bzw. Kugeln zur Erzeugung äquidistanter Punkte interessant. Es sind Schwierigkeiten bei der Implementierung von Kreisen mithilfe der Angabe von Kreisebene, Mittelpunkt und Randpunkt zu erwarten. Die Werkzeugkompetenz hinsichtlich der Konstruktion von Lotgeraden bzw. Lotebenen steht ebenfalls im Fokus der Betrachtungen. Es ist davon auszugehen, dass trotz der Thematisierung in den Einführungsveranstaltungen Probleme bei der Konstruktion

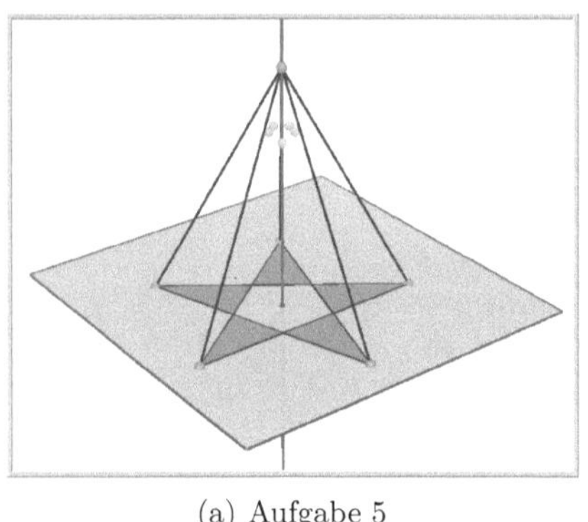

(a) Aufgabe 5

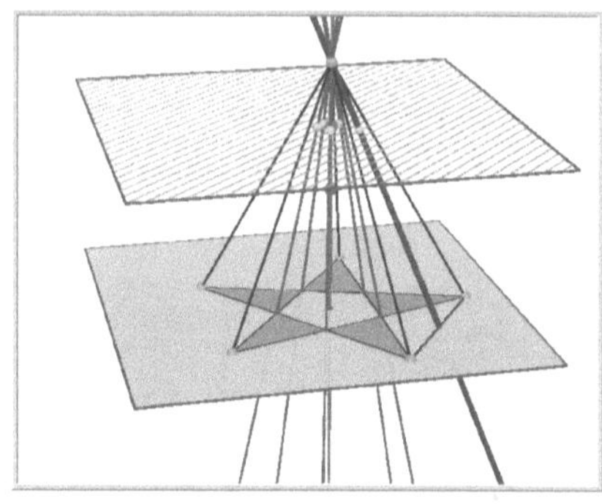

(b) Mögliche Lösung von Aufgabe 5

Abbildung 42: Fünfte *Schwarze Box* in *Cabri 3D*

von Lotgeraden in Ebenen, die eine Verwendung der *Ctrl*-Taste erfordern, auftreten. An eine zusätzlich notwendige Betätigung einer Taste, um Lotgeradenkonstruktionen durchzuführen, sind die Probanden aus 2D-Umgebungen nicht gewöhnt, weswegen mit Schwierigkeiten bei den beschriebenen Konstruktionen zu rechnen ist. Zudem bietet sich bei Konstruktionsaufgaben dieser Art meistens die Möglichkeit, anhand der Probandenkonversationen auf das *Eltern-Kind-Verständnis* der Gruppenmitglieder zu schließen. Eine mögliche Lösung der Tetraederkonstruktion ist in Abbildung 43 dargestellt. Hilfsobjekte sind teilweise ausgeblendet, um die Übersichtlichkeit der Abbildung zu gewährleisten.

7.3.2 Zweite Untersuchung 3(2) in Sitzung Nummer 9

In der zweiten Untersuchung sind wiederum eine Konstruktionsaufgabe sowie eine explorative Aufgabe von den Probanden zu bearbeiten. Während es in Aufgabe 1 (III) ein Oktaeder zu konstruieren gilt, wird in der darauffolgenden explorativen Aufgabe (IV) die Erkundung von Kegelschnittkurven thematisiert, die sich zwischen einem in einer gegebenen Datei bereits befindlichen Doppelkegel und einer Schnittebene ergeben können. Aufgrund der in Untersuchung 1 vorangegangenen Tetraederkonstruktion, aber auch aus Gründen der Gesamtkomplexität der Kegelschnittaufgabe, ist der Schwierigkeitsgrad der Konstruktionsaufgabe im Vergleich zur explorativen Aufgabe als wesentlich geringer einzuschätzen.

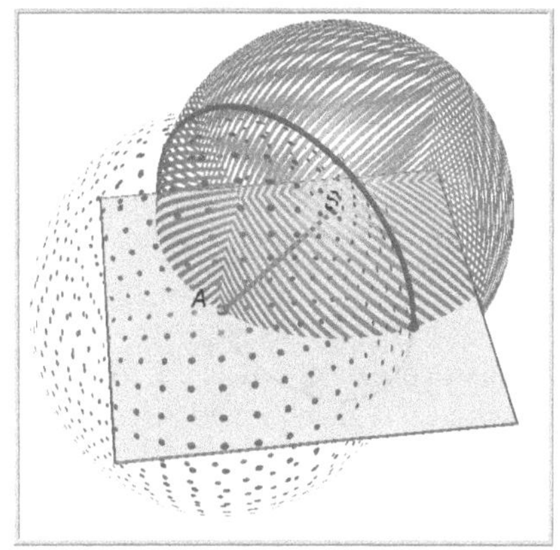

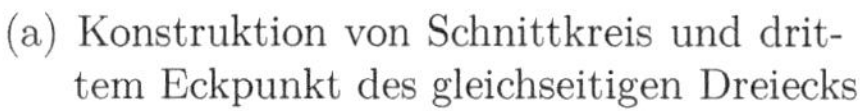
(a) Konstruktion von Schnittkreis und drittem Eckpunkt des gleichseitigen Dreiecks

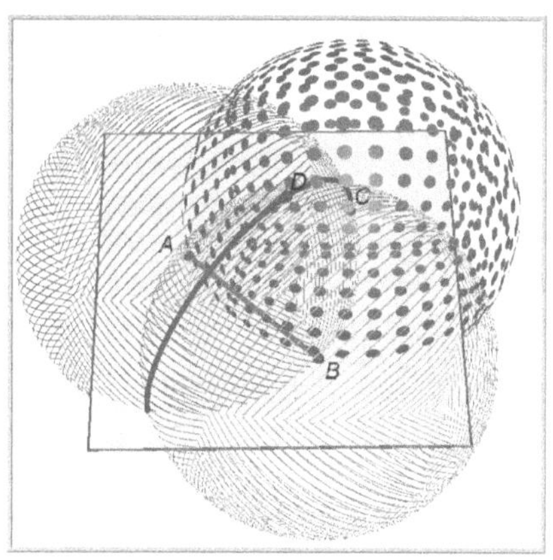

(b) Konstruktion der Tetraederspitze

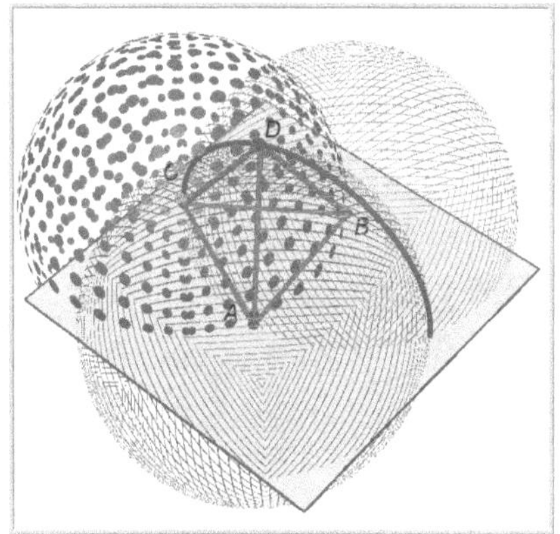

(c) Fertige Konstruktion

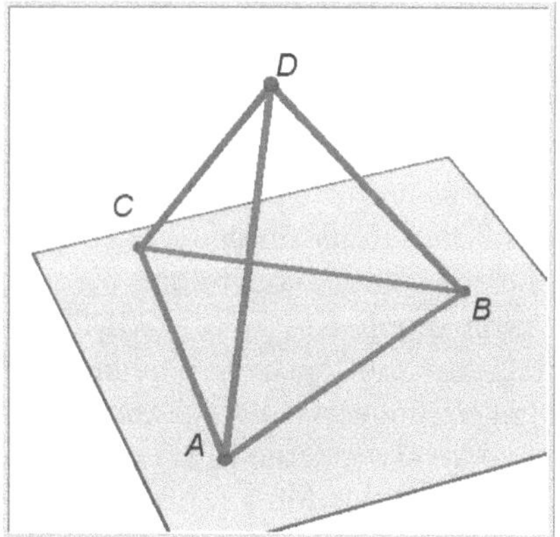

(d) Tetraeder nach dem Ausblenden der Hilfsobjekte

Abbildung 43: Mögliche Lösung der Tetraederkonstruktion ausgehend von der Strecke AB

Aufgabe III: Oktaederkonstruktion

In der ersten Aufgabe von Untersuchung 2 müssen die Probanden erneut einen platonischen Körper konstruieren, der invariant unter dem Zugmodus sein soll. Die konkrete Aufgabenstellung lautet:

„Konstruieren Sie eine Strecke mithilfe zweier Punkte! Konstruieren Sie ausgehend von dieser Strecke ein Oktaeder, dessen eine Kante mit dieser konstruierten Strecke zusammenfällt! Das konstruierte Oktaeder soll invariant unter dem Zugmodus sein. Benutzen Sie nicht die Dualitätseigenschaft von Würfel und Oktaeder!

Anmerkung:
Die Seitenflächen eines Oktaeders werden von gleichseitigen Dreiecken gebildet. Gleichseitige Dreiecke besitzen gleich lange Seiten und drei 60°-Winkel.
Tipp: Beginnen Sie mit der Konstruktion des „Quadrates“!“

Aufgabenanalyse
Den Probanden steht als Anschauungsmittel ein reales Modell eines Oktaeders zur Verfügung, mit dessen Hilfe Ideen zur Konstruktion generiert werden können.
Das Anforderungsniveau der Oktaederkonstruktion ist als vergleichbar zur Konstruktion des Tetraeders in Untersuchung 1 einzuschätzen. Kugelkonstruktionen zur Bestimmung von äquidistanten Abständen bieten sich bei räumlichen Konstruktionen an. Falls die Probanden Kreiskonstruktionen bevorzugen sollten, könnte dies die Aufgabenlösung bzgl. der komplexeren Definition durch Kreisebene, Mittelpunkt und Randpunkt erschweren. Diese Kreiskonstruktionen bereiteten den Probanden in vorangehenden Untersuchungen immer wieder Schwierigkeiten, daher ist eine direkte Gegenüberstellung der verwendeten Konstruktionsobjekte zur Tetraederkonstruktion in der Analyse durchzuführen, um eine eventuelle Entwicklung zu konstatieren.
Die Verwendung von Lotgeraden- und Lotebenenkonstruktionen bzw. eine Entwicklung in deren Gebrauch im Vergleich zur Tetraederkonstruktion aus Untersuchung 1 steht ebenso im Fokus der Datenanalyse. Weiterhin können eventuell anhand der Probandenkonversationen Hinweise auf das Verständnis bzw. die Entwicklung von *Eltern-Kind-Beziehungen* in Verbindung mit Erkenntnissen über den Zugmoduseinsatz gewonnen werden.
Eine mögliche Lösung der Oktaederkonstruktion ist in Abbildung 44 dargestellt.

Aufgabe IV: Kegelschnitte

Die Aufgabe der Probanden besteht in Aufgabe 2 (IV) darin, alle vorkommenden Schnittfiguren zu finden, die sich zwischen einem in einer gegebenen Datei bereits befindlichen Doppelkegel und einer Schnittebene ergeben kön-

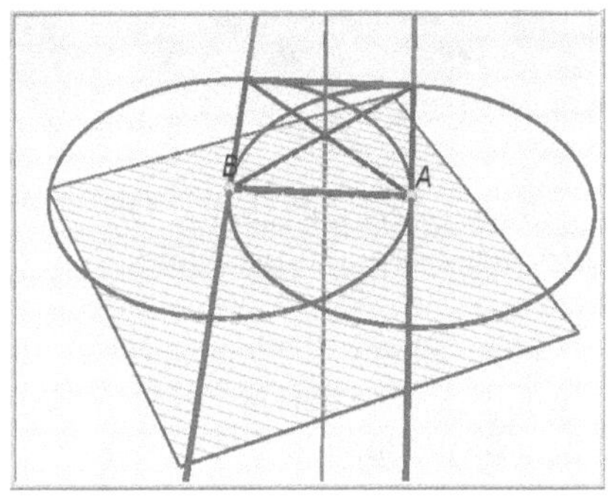

(a) Konstruktion eines Quadrates

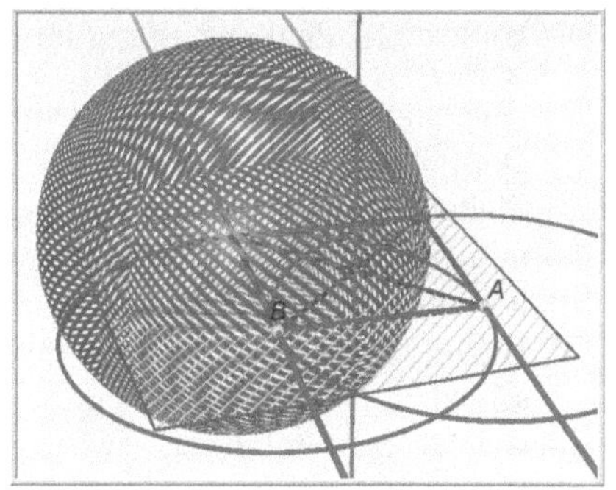

(b) Teilkonstruktion des Oktaeders mithilfe einer Kugel

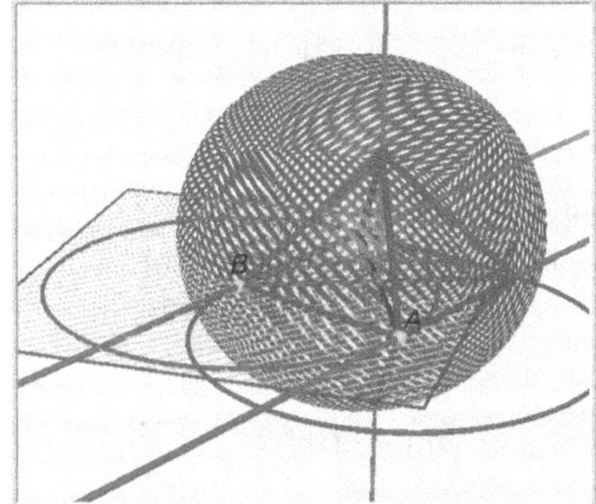

(c) Oktaederkonstruktion mit sichtbaren Hilfsobjekten

(d) Oktaeder nach dem Ausblenden der Hilfsobjekte

Abbildung 44: Mögliche Lösung der Oktaederkonstruktion ausgehend von der Strecke AB

nen. Zusätzlich sollen die Probanden den halben Öffnungswinkel des Doppelkegels, den Schnittwinkel der Ebene mit der Kegelachse sowie die entstehende Schnittfigur zueinander in Beziehung setzen. Mithilfe zweier beweglicher Punkte können der halbe Öffnungswinkel und die Lage der Kegelspitze auf der fest konstruierten Kegelachse von Seiten der Probanden verändert werden.

Die konkrete Aufgabenstellung lautet:

> „Sie finden in der Datei „Doppelkegel“ die Konstruktion eines Doppelkegels.
> Ziehen Sie an den grünen Punkten! Der angegebene „halbe Öffnungswinkel des Kegels“ wird von der Achse a und einer Mantellinie m des Kegels gebildet.
> Beim Schnitt eines Doppelkegels mit einer Ebene E können verschiedene Schnittkurven entstehen. Versuchen Sie herauszufinden welche „Schnittkurven“ zwischen einer Ebene und einem Doppelkegel auftreten können!
>
> 1. Konstruieren Sie hierzu eine, wenn möglich, bewegliche Ebene und erkunden Sie experimentell die Schnittfigur der Ebene mit dem Doppelkegel mithilfe der Funktion „Schnittgerade/-kurve“!
> 2. Wie viele verschiedene „Schnittfiguren“ finden Sie? Gibt es auch „ganz einfache“ Schnittfiguren und wenn ja, welche?
> 3. Können Sie die Schnittfiguren in Abhängigkeit vom halben Öffnungswinkel des Kegels und des Schnittwinkels der Ebene mit der Achse a klassifizieren?
>
> Tipp: Achten Sie auf die Aktivierung der Online-Hilfe!“

Aufgabenanalyse
Aufgrund des explorativen Charakters ist bei dieser Aufgabe besonderes Augenmerk auf die Implementierung und die Art und Weise der Nutzung des Zugmodus zu legen. Die Verwendung des Zugmodus liegt aufgrund der Aufgabenstellung nah, daher ist weiterhin von Interesse, wie bewegliche Objekte in die Konstruktion implementiert und welche Verwendungsweisen des Zugmodus bei der Lösungsfindung benutzt werden. Auch quantitative Auswertungen der einzelnen Verwendungsweisen des Zugmodus und des Erreichens von Komplexitätsstufen der Implementierung werden dabei von Bedeutung sein.

Es ist darauf hinzuweisen, dass als mögliche Objekte, auf denen bewegliche Punkte gebunden werden können, zunächst nur die Mantellinie, die Kegelachse, die Mantelfläche des Doppelkegels bzw. die den Doppelkegel mitdefinierende Kreislinie zur Verfügung stehen. Sollen andere Objekte, wie bspw. weitere Geraden, zur Bindung von Punkten Verwendung finden, so müssen diese zusätzlich von den Probanden konstruiert werden.

Von den Anforderungen an die Probanden bezüglich der Implementierung des Zugmodus ist die Aufgabe „Kegelschnittkurven“ als schwieriger einzuschätzen als die Aufgabe zum Auffinden der Schnittfiguren von Ebene und Würfel aus Studie 2. Bei der Würfelschnittaufgabe standen bereits Würfelkanten zur Bindung von Punkten zur Verfügung, wohingegen Geraden bzw. Strecken neben Kegelachse und Mantellinie beim Doppelkegel erst zusätzlich konstruiert werden müssen. Zudem führt eine Konstruktion einer Schnittebene, die bereits bewegliche Punkte der Ausgangskonstruktion benutzt, eventuell dazu, dass die Schnittebene und der Doppelkegel nicht mehr unabhängig voneinander mithilfe des Zugmodus verändert werden können. Eine solche Vorgehensweise macht die Untersuchung eines Zusammenhangs des halben Öffnungswinkels des Kegels mit dem Schnittwinkel von Kegelachse und Schnittebene nahezu unmöglich, da sich ein Winkel nicht unabhängig vom anderen verändern lässt. Es ist ohnehin davon auszugehen, dass eine genaue Formulierung aufgrund der komplexeren Zusammenhänge den Probanden Schwierigkeiten bereitet. Zudem steht eine mathematisch exakte Formulierung der Gegebenheiten auch nicht im Fokus der Analyse. Der Arbeitsauftrag dient dazu, die Teilnehmer weiter zu einem Einsatz des Zugmodus zu motivieren, um Verwendungsweisen und Komplexitätsstufen der Einbindung beweglicher Objekte identifizieren zu können.

Die von den Probanden aufzufindenden Schnittgebilde sind der *Punkt*, die *sich kreuzenden Geraden*, die *Doppelgerade*, die *Ellipse*, die *Hyperbel*, der *Kreis* und die *Parabel*, vgl. hierzu die Abbildungen 45 und 46.

Cabri 3D bietet dem Anwender durch die Funktion „Schnittgerade/-kurve“ eine Hilfe beim Aufsuchen der Schnittfiguren *Ellipse*, *Kreis*, *Parabel* und *Hyperbel*. Ist diese Funktion aktiviert, so zeigt *Cabri 3D* beim Berühren der Schnittfigur mit dem Cursor den jeweiligen Namen *Ellipse*, *kreisförmige Ellipse*, *Hyperbel* oder *Parabel* an.

Problematisch ist die Tatsache, dass bei einer experimentellen Vorgehensweise die Schnittebene nie exakt parallel zu einer Mantellinie verläuft bzw. senkrecht auf der Kegelachse steht. Daher werden die Schnittfiguren *Kreis* und *Parabel* von *Cabri 3D* nur als solche benannt, wenn die sie erzeugende Schnittebene exakt konstruiert ist und die soeben beschriebenen Voraussetzungen gelten. Ist dies nicht der Fall, werden auch bei augenscheinlicher Kreis- und Parabelform die Figuren *Ellipse* bzw. *Hyperbel* angezeigt. Ein ähnliches Problem ergibt sich beim experimentellen Aufsuchen der Doppelgeraden.

Darüber hinaus besitzen die Probanden vermutlich weder die Werkzeugkompetenz noch die fachliche Kompetenz, um eine Schnittebene so in *Cabri 3D* zu konstruieren, dass sich eine *Doppelgerade* bzw. eine *Parabel* als Schnitt von Ebene und Doppelkegel ergeben. Da Kegelschnittkurven in der Fachvorlesung behandelt wurden ist davon auszugehen, dass die Existenz der *Parabel* als Schnittfigur von Ebene und Doppelkegel den meisten Probanden aus der Theorie bekannt ist.

Ein Auffinden der Schnittfiguren von *Ellipse* und *Hyperbel* auf experimentellem Weg mithilfe des Zugmodus ist wahrscheinlich, weil hierzu eine sehr einfache Implementierung des Zugmodus genügt. Da der Kreis in der Aufgabenumgebung relativ leicht als Schnittfigur zu identifizieren ist, kann aufgrund der Beobachtungen aus Studie 2 angenommen werden, dass der Kreis nicht auf experimentellem Weg gesucht, sondern mithilfe einer auf der Kegelachse senkrecht stehenden Ebene als Schnittkurve erzeugt wird. Der triviale Kegelschnitt des *Punktes* wird von den Probanden vermutlich nicht gefunden, da dieser nicht als „Schnittfigur" betrachtet wird. Im Rahmen der Beobachtung eines Verlauf des Übergangs von zwei- in dreidimensionale Umgebungen, ist weiterhin der Gebrauch der *Shift*-Taste zu analysieren, um Hypothesen über das Zugverhalten der Probanden in der dritten Dimension abzuleiten.

Der Vollständigkeit wegen wird eine formale Lösung der Aufgabe angeschlossen, die von den Probanden jedoch nicht erwartet wird. Sei im Folgenden der halbe Öffnungswinkel des Doppelkegels mit α, der Winkel zwischen Schnittebene E und Kegelachse a mit β und die Doppelkegelspitze mit S bezeichnet. Als entartete Kegelschnitte sind der *Punkt*, die *sich kreuzenden Geraden* und die *Doppelgerade* zu nennen. Der *Punkt* entsteht als Kegelschnitt, wenn sich Kegel und Schnittebene nur in einem Punkt, der Kegelspitze, schneiden. Die entarteten Kegelschnitte sind als Spezialfall der nichtentarteten Kegelschnitte *Ellipse*, *Hyperbel* und *Parabel* zu deuten, wobei *Ellipse* und *Punkt*, *Hyperbel* und die sich *kreuzenden Geraden* bzw. die *Parabel* und die *Doppelgerade* „korrespondieren". Die entarteten Kegelschnitte entstehen durch eine Parallelverschiebung der Schnittebene bei vorliegendem nichtenarteten Kegelschnitt durch die Kegelspitze. Die Zusammenhänge sind an dieser Stelle nochmals formal dargestellt:

$$\text{Für} \quad \alpha \begin{cases} < \beta & \wedge \quad S \notin E & \text{ergibt sich eine Ellipse.} \\ < \beta & \wedge \quad S \in E & \text{ergibt sich ein Punkt.} \\ > \beta & \wedge \quad S \notin E & \text{ergibt sich eine Hyperbel.} \\ > \beta & \wedge \quad S \in E & \text{ergeben sich kreuzende Geraden.} \\ = \beta & \wedge \quad S \notin E & \text{ergibt sich eine Parabel.} \\ = \beta & \wedge \quad S \in E & \text{ergibt sich eine Doppelgerade.} \end{cases}$$

Unabhängig von α ergeben sich *sich kreuzende Geraden*, wenn die Schnittebene parallel zur Kegelachse verläuft und $S \in E$. Ist die Schnittebene parallel zur Kegelachse und weiterhin $S \notin E$, so besteht die Schnittfigur aus einer *Hyperbel.* Für $\beta = 90° \wedge S \notin E$ ist die Schnittfigur ein *Kreis*, für $\beta = 90° \wedge S \in E$ ergibt sich ein *Punkt*, die Doppelkegelspitze.

7.3.3 Dritte Untersuchung 3(3) in Sitzung Nummer 14

Die dritte Untersuchung in der letzten Seminarsitzung bildet den Abschluss der Gesamtstudie. Um auch Vergleiche mit den Probanden aus Studie 2 zu ermöglichen, werden die Aufgaben zur Würfelkonstruktion und zum Auffinden der Schnittfiguren von Ebene und Würfel zum wiederholten Mal gestellt. Aufgrund der Einschätzung des Schwierigkeitsgrades der gestellten Aufgaben sollte auch in der abschließenden Untersuchung die Konstruktionsaufgabe zu Beginn bearbeitet werden.

Aufgabe V: Würfelkonstruktion

Die konkrete Aufgabenstellung, zu deren Lösung erneut ein Kantenmodell eines Würfels zu Verfügung steht, lautet:

> „Konstruieren Sie, ohne die im Programm *Cabri 3D* bereits vorhandene Funktion *Würfel* zu benutzen, einen Würfel! Verwenden Sie keine festen Koordinaten, um Punkte zu definieren!“

Aufgabenanalyse

Im Fokus der Betrachtungen steht weiterhin die Anpassung von Vorstellungen auf Probandenseite bzw. die Ausführung von adäquaten Konstruktionen beim Übergang in eine 3D-Umgebung. Ein Verständnis für Freiheitsgrade mathematischer Objekte bzw. für Relationen und Begriffe wie *senkrecht* und *Abstand* soll ebenfalls betrachtet werden, wobei Entwicklungen zu den zuvor beschrittenen Lösungswegen vermutet werden. Ebenso ist von einem verbesserten Verständnis im Vergleich zu den Bearbeitungen der Tetraeder- und Oktaederkonstruktion hinsichtlich des Umgangs mit *Eltern-Kind-Beziehungen* zu erwarten. Inwieweit und von welchen Probandengruppen der Zugmodus für welche Ziele eingesetzt wird, soll ebenso quantitativ dokumentiert werden. Des Weiteren gilt das Interesse den speziellen Lotgeradenkonstruktionen in einer Ebene, um den Einsatz der *Ctrl*-Taste beim Übergang in 3D-Umgebungen zu beobachten. Ebenso von Bedeutung ist eine Entwicklung des Gebrauchs von Kreis- bzw. Kugelkonstruktionen. Es lässt sich vermuten, dass die nun fortgeschrittenen Benutzer von *Cabri 3D* zur Beschleunigung der Konstruktion des Würfels auch Abbildungen verwenden. Eine mögliches Vorgehen ist in Abbildung 47 mithilfe von Spiegelungen des zuerst konstruierten Eckpunktes am Würfelzentrum demonstriert.

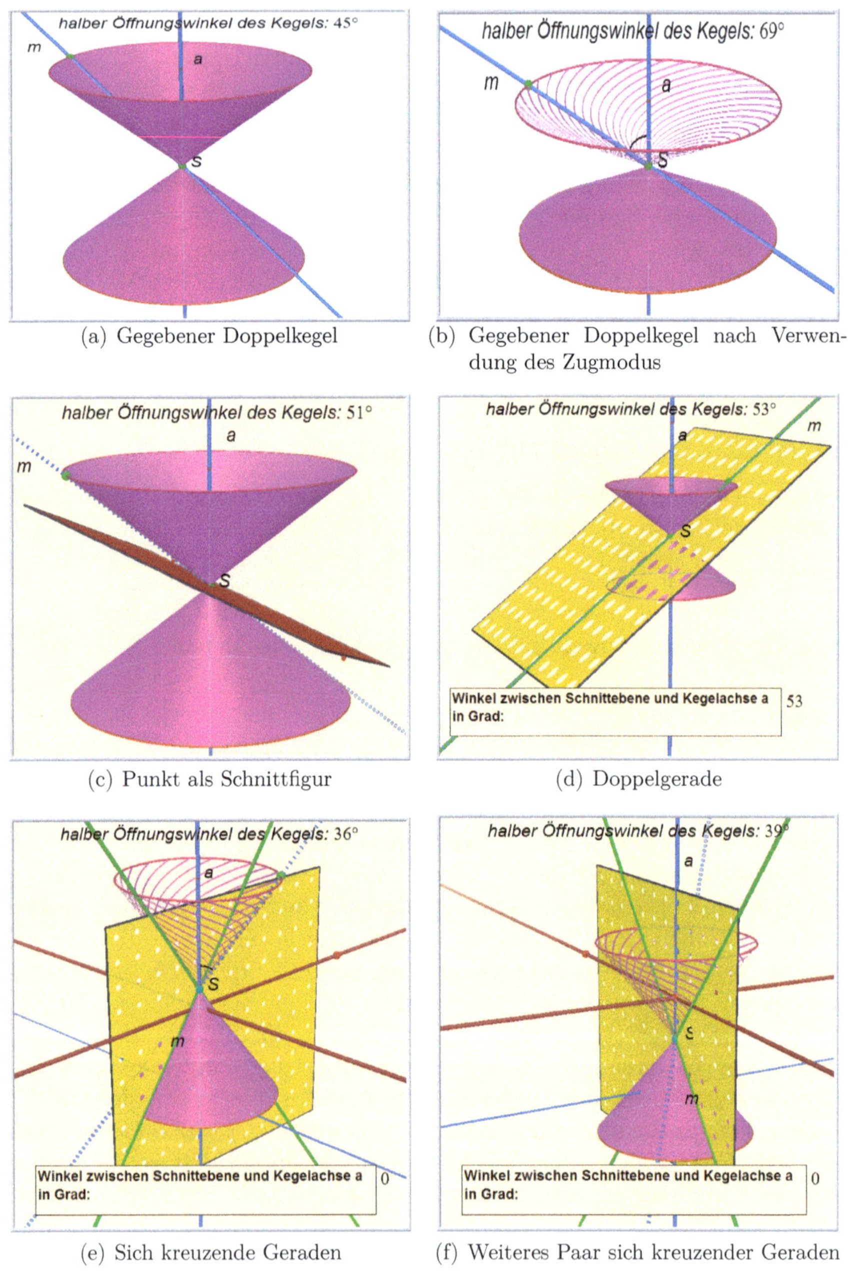

(a) Gegebener Doppelkegel

(b) Gegebener Doppelkegel nach Verwendung des Zugmodus

(c) Punkt als Schnittfigur

(d) Doppelgerade

(e) Sich kreuzende Geraden

(f) Weiteres Paar sich kreuzender Geraden

Abbildung 45: Entartete Schnittfiguren von Doppelkegel und Ebene

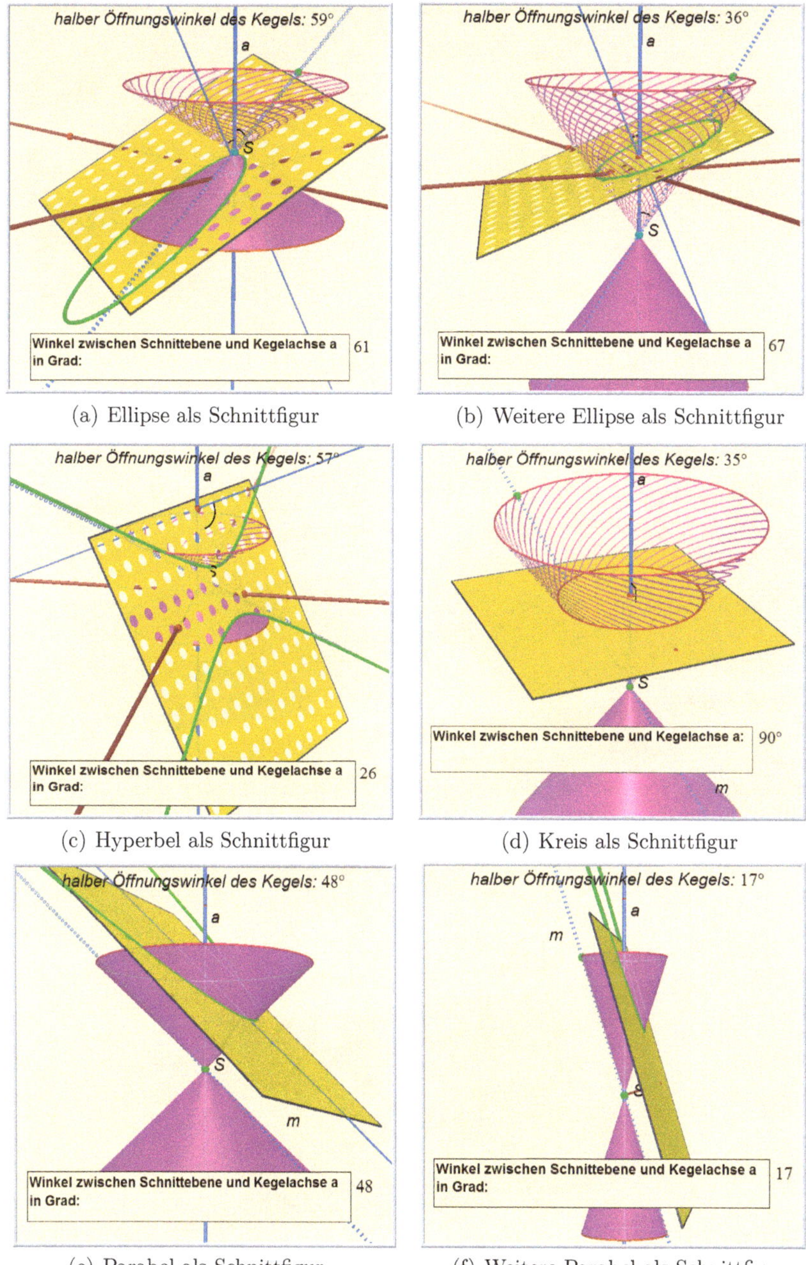

(a) Ellipse als Schnittfigur

(b) Weitere Ellipse als Schnittfigur

(c) Hyperbel als Schnittfigur

(d) Kreis als Schnittfigur

(e) Parabel als Schnittfigur

(f) Weitere Parabel als Schnittfigur

Abbildung 46: Nichtentartete Schnittfiguren von Doppelkegel und Ebene

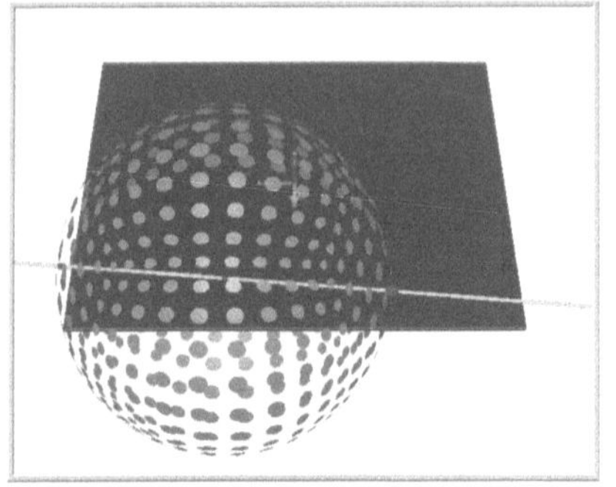

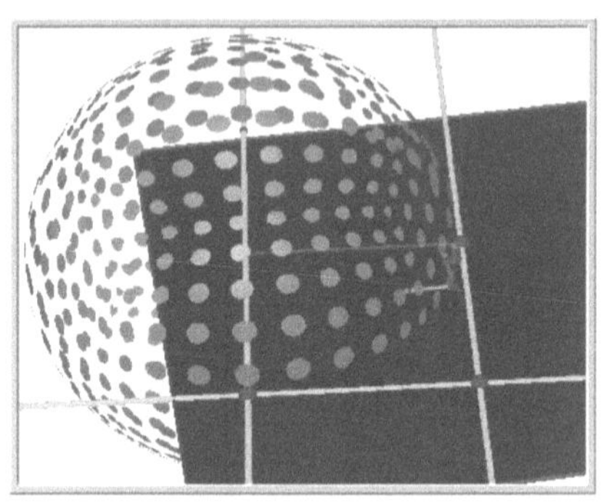

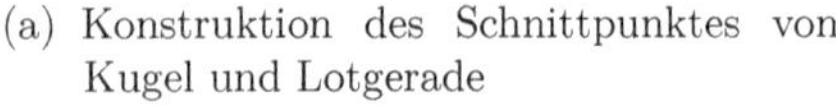

(a) Konstruktion des Schnittpunktes von Kugel und Lotgerade

(b) Konstruktion der Standfläche

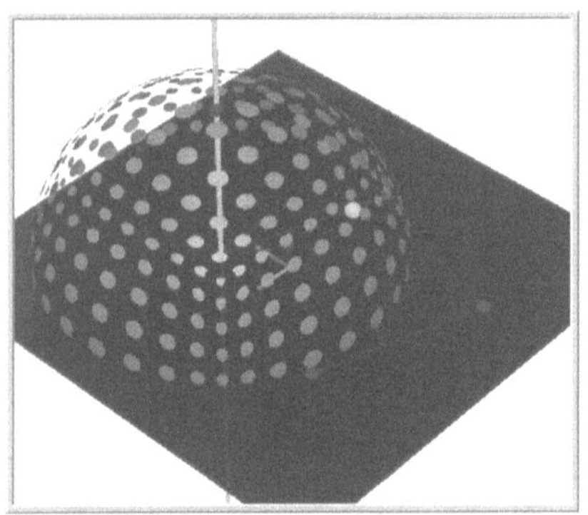

(c) Konstruktion von oberem Eckpunkt und Mittelpunkt des Würfels

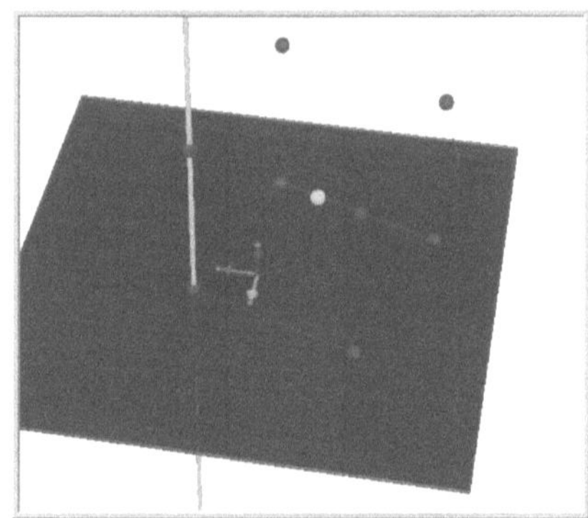

(d) Konstruktion aller Eckpunkte durch Spiegelung am Mittelpunkt

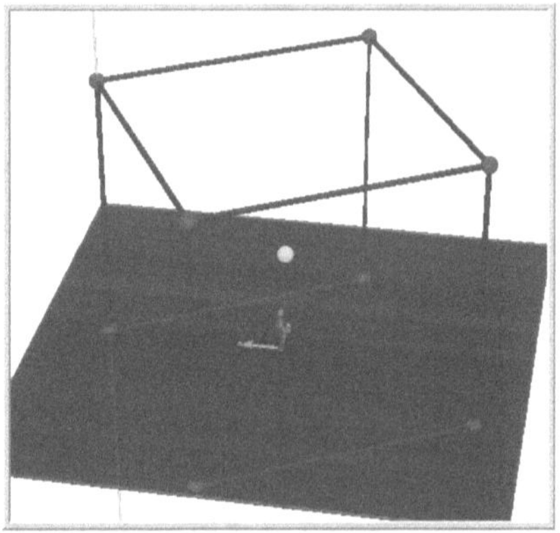

(e) Fertiger Würfel

Abbildung 47: Mögliche Lösung der Würfelkonstruktion ausgehend von einer Strecke

Aufgabe VI: Würfelschnitte

Die quantitativen Ergebnisse der Aufgabe *Würfelschnitte* werden mit den Ergebnissen der *Kegelschnittaufgabe* aus Untersuchung 2 der dritten Studie in Beziehung zu setzen sein. Die Aufgabenstellung ist bereits aus Studie 2 bekannt, sie lautet konkret:

> „Konstruieren Sie nun mithilfe der bereits vorhandenen Funktion „Würfel“ einen Würfel und finden Sie experimentell alle möglichen „n-Ecke“ ($n = 3, 4, \ldots$), welche als Schnittfigur einer Ebene mit einem Würfel auftreten können! Achten Sie besonders auf rechtwinklige und symmetrische Formen! Führen Sie jeweils eine Konstruktion durch, die die spezielle Schnittfigur liefert und speichern Sie die Konstruktion unter einem eindeutigen Namen ab.“

Aufgabenanalyse

Das Hauptinteresse der Würfelschnittaufgabe liegt sowohl in der quantitativen Analyse der verschiedenen Verwendungsweisen des Zugmodus als auch in der Beobachtung der Implementierung von mathematischen Objekten bezüglich der jeweiligen Komplexitätsstufe. Es ist davon auszugehen, dass der Zugmodus aufgrund der fortgeschrittenen Werkzeugkompetenzen der Probanden und der bisher im Seminar gemachten Erfahrungen verstärkt eingesetzt werden wird. Die Ergebnisse hinsichtlich der Verwendung des Zugmodus werden in direkten Bezug zur Kegelschnittaufgabe zu setzen sein, da sich die Aufgabenstellungen sehr ähneln.

Aufgrund der rechtwinklig aufeinander stehenden Würfelkanten ist die Aufgabe zur Erkundung der Würfelschnitte als leichter im Vergleich zur Kegelschnittaufgabe einzuschätzen, in der rechtwinklige Trägerobjekte von beweglichen Punkten erst konstruiert werden müssen, wohingegen sie in der vorliegenden Aufgabe durch die Beschaffenheit des Würfels „nur noch“ als geeignete Trägerobjekte zu erkennen sind. Des Weiteren ist aufgrund der zentralprojektiven Darstellung in *Cabri 3D* nicht damit zu rechnen, dass die Probanden weniger Schwierigkeiten mit der konkreten Benennung der auftretenden Schnittfiguren haben werden. In Studie 2 erwies sich besonders die Unterscheidung von *Rechteck*, *Trapez*, *Parallelogramm* bzw. *Raute* als schwierig. Eine mögliche Aufgabenlösung ist den Abbildungen 48 und 49 zu entnehmen, wobei der Vollständigkeit wegen noch die *leere Menge* und die *Strecke* als mögliche Schnitte zu ergänzen wären.

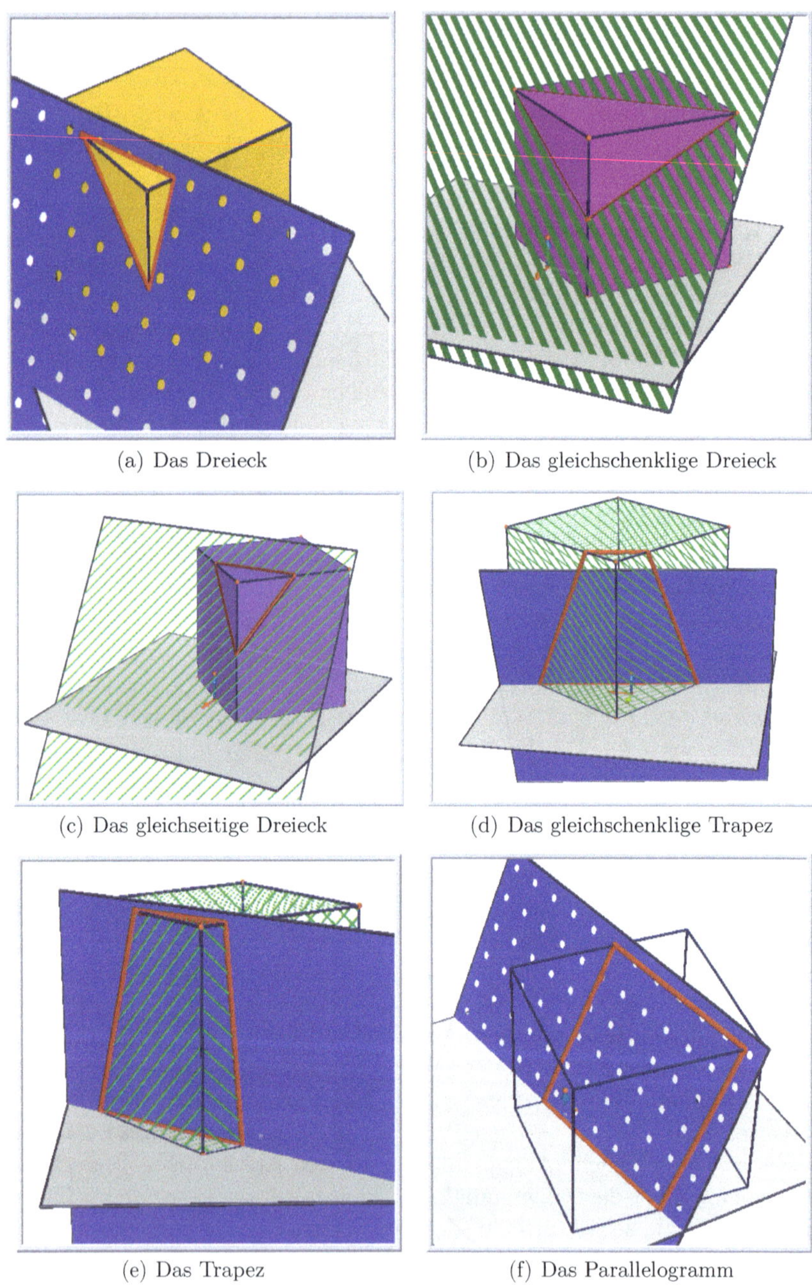

(a) Das Dreieck

(b) Das gleichschenklige Dreieck

(c) Das gleichseitige Dreieck

(d) Das gleichschenklige Trapez

(e) Das Trapez

(f) Das Parallelogramm

Abbildung 48: Mögliche Schnittfiguren eines Würfels mit einer Ebene

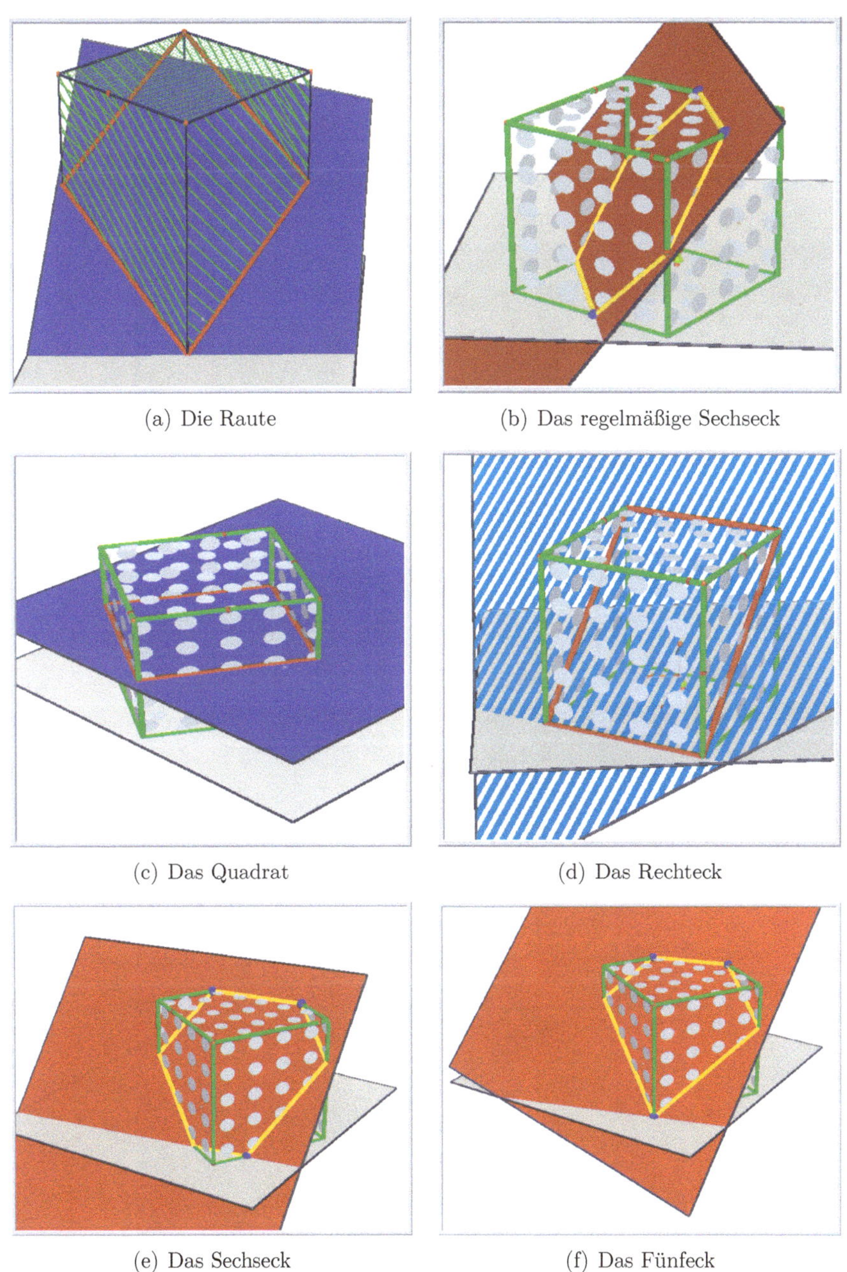

(a) Die Raute

(b) Das regelmäßige Sechseck

(c) Das Quadrat

(d) Das Rechteck

(e) Das Sechseck

(f) Das Fünfeck

Abbildung 49: Weitere Schnittfiguren eines Würfels mit einer Ebene

8 Studie 3: Auswertung (1)

In der folgenden Analyse werden zunächst die Konstruktionsaufgaben (Tetraeder II, Oktaeder III, Würfel V) mithilfe des erarbeiteten Analysierungsrasters quantitativ ausgewertet und interpretiert, wobei die Benutzung verschiedener Verwendungsweisen des Zugmodus im Fokus steht. Es schließt sich eine qualitative Analyse der einzelnen Gruppenbearbeitungen zu jeder Konstruktionsaufgabe an, welche abschließend gemeinsam diskutiert werden. Im letzten Abschnitt dieses Kapitels erfolgt die Darlegung eines Typisierungsprozesses, an dessen Ende eine Typologie bezüglich am Datenmaterial nachweisbarer Bearbeitungsmerkmale von Konstruktionsaufgaben stehen wird, in welche die einzelnen Probandengruppen einzuordnen sind.

Erst im nächsten Kapitel erfolgt die Auswertung der explorativen Aufgaben nach dem gleichen Verfahren. An die Datenanalyse schließt sich ebenso die Erarbeitung einer Typologie an, in welche die Probandengruppen anhand identifizierter Bearbeitungsmerkmale bei der Lösung explorativer Aufgaben eingeordnet werden.

Wiederholung und Darlegung des Auswertungsverfahrens

Zur quantitativen Auswertung der dritten Studie wird das in Kapitel 6 erarbeitete Analysierungsraster mit den Kategorien *Verwendungsweisen des Zugmodus*, *Komplexitätsstufen* der Implementierung und *Artefakteinschränkung* verwendet, das auf den Ergebnissen der Studien 1 und 2 bzw. existierenden Vorarbeiten aus zweidimensionalen Umgebungen aufbaut, vgl. hierzu die Abschnitte 6.4 bzw. 2.3.3. Die Auswertung der vorliegenden Videos erfolgt mit der Software *Videograph*, was bereits in Abschnitt 7.1 beschrieben wurde.
Die im Folgenden präsentierten berechneten Prozentzahlen der einzelnen Subkategorien beziehen sich auf die gesamte Zeit der Zugmodusverwendung, die von der gesamten Bearbeitungszeit der jeweiligen Aufgabe zu unterscheiden ist. Im Text wird jeweils auf gerundete Werte Bezug genommen, da eine Angabe der ersten Nachkommastelle bereits nicht sinnvoll ist. Die Kodierung der Videodaten ist bei jedem Kodierungsvorgang mit einem gewissen Mess-

fehler behaftet, der zum einen auf der Wahrnehmung der kodierenden Person und zum anderen auf der verwandten Software beruht. Als maximale Feinheit der Kodierungsintervalle sind Zeitspannen von einer Sekunde möglich, welche auch in der Kodierung benutzt werden. Im theoretisch ungünstigsten Fall, in dem sowohl der Beginn als auch das Ende des Zugvorganges minimal in das vorherige bzw. nächste Zeitintervall hineinreichen, beträgt der Messfehler zwei Sekunden als obere Schranke. Man kann nun argumentieren, dass diese Fehler bei jeder Kodierung zustande kommen und so bei prozentualen Angaben der jeweiligen Zugzeiten keinen Einfluss nehmen. Dieses Argument ist jedoch nur richtig, wenn die Kodierungen von verschiedenen Zugmodi gleichverteilt simd. Diese Situation liegt jedoch nicht vor. Als gültiges Argument lässt sich die Durchführung der Kodierung anführen, bei der darauf geachtet wird, einen für den Beginn der Kodierung „ungünstigen" Zeitpunkt des Ereignisses bei der Kodierung des Endpunktes zu berücksichtigen bzw. auszugleichen. Daher kann, auch aufgrund der Wahrnehmung der kodierenden Person, pro Zugvorgang ein Fehler von maximal einer Sekunde angenommen werden. Als Folge muss beachtet werden, dass häufig kodierte Verwendungsweisen des Zugmodus somit auch einem größeren Fehler unterliegen und daher als maximale Verwendungszeiten zu interpretieren sind. Großen Einfluss hätte dieser Fehler bei einer sehr häufigen und zusätzlich jeweils sehr kurzen Verwendung des Zugmodus im Bereich von ca. einer Sekunde. Die vorliegenden Zugzeiten sind meist länger und liegen ungefähr zwischen fünf und dreißig Sekunden. Durch die Wahl der kurzen Intervalldauer von einer Sekunde kommt es in den vorliegenden Daten auch nicht zu „Überschneidungen" von verschiedenen zu kodierenden Prozessen, was die Fehleranalyse vereinfacht. Für eine Fehlerbetrachtung einer Datenerhebung mit zehn Sekunden-Intervallen und sich überschneidenden Prozessen mit der Software *Videograph* vgl. Fleischhauer et al. [2009, S. 295].

Die Feststellung „exakter" Werte bezüglich der Zugzeiten ist nicht das Ziel der Studie, da ein Erkennen von verschiedenen Verwendungsweisen des Zugmodus und eine Angabe über ein „häufiges" oder „seltenes" Auftreten im Zentrum der Betrachtungen steht. Exakte Zahlenwerte besäßen in diesem Zusammenhang keine bessere Aussagekraft, weshalb auf eine detaillierte Fehleranalyse zu allen Aufgaben verzichtet wird. Es ist festzuhalten, dass die angegebenen Werte als Maximalwerte zu verstehen sind und eine Diskussion mit gerundeten Ergebnissen ohne Nachkommastellen bereits eine bei der Messung nicht erreichte Genauigkeit widerspiegelt, welche weitläufig zu interpretieren ist.

Bei der Kodierung der einzelnen Gruppen ist der Index, der in den Studien 1 und 2 die verwandte Software kennzeichnete, unterdrückt, da alle Gruppen mit der Software *Cabri 3D* arbeiten. Die drei im Rahmen der dritten

Studie durchgeführten Teiluntersuchungen werden mit *Untersuchung 1*, *Untersuchung 2* und *Untersuchung 3* bezeichnet, um Verwechslungen zu den Studien 1 und 2 zu vermeiden. Weiterhin erfolgt eine Benennung der einzelnen Aufgaben in Studie 3 mit römischen Ziffern von I bis VI. In den sich anschließenden Auswertungstabellen sind die *gesamte Bearbeitungszeit* der jeweiligen Aufgabe in Minuten, die *gesamte Bearbeitungszeit* in Sekunden, die Zeit des *gesamten Zugmoduseinsatzes* in Sekunden und die Anteile der jeweilig kodierten Variablen an der gesamten Zeit des Zugmoduseinsatzes in Prozent angegeben. Darüber hinaus stehen noch Zeilen zur Markierung von richtiger oder falscher Aufgabenlösung und zu *Bemerkungen* zur Verfügung.

Um das Lesen der Auswertungstabellen zu erleichtern, ist das verwandte Analysierungsraster aus Abschnitt 6 mit entsprechenden Subkategorien an dieser Stelle nochmals aufgeführt. In der Subkategorie der Zugmodi wird folgende Kodierung verwandt:

1. *Hypothesengenerierendes Ziehen*
2. *Explorative Eltern-Kind-Untersuchung*
3. *Explorativer Test der Freiheitsgrade*
4. *Explorativer Funktionstest*
5. *Explorative Untersuchung/Zielfokussiertes Ziehen*
6. *Validierender Funktionstest*
7. *Validierender Test der Freiheitsgrade*
8. *Validierend abtestendes Ziehen*
9. *Anpassendes Ziehen*
10. *Ziehen ohne mathematische Intention*
11. *Anbinden und Ziehen eines mathematischen Objektes*
12. *Demonstration einer Eigenschaft*
13. *Zugmodus 2.Art*

In der Subkategorie der *Artefakteinschränkung* werden folgende Einträge unterschieden:

1. *Systemgebundenes Ziehen*
2. *Gebundenes Ziehen*
3. *Indirektes Ziehen*
4. *Kein Ziehen möglich*

Bei der Implementierung des Zugmodus in explorativen Aufgaben werden die folgenden *Komplexitätsstufen* unterschieden:

1. *Grundkompetenz*
2. *Komplexitätsstufe 1*
3. *Komplexitätsstufe 2*
4. *Komplexitätsstufe 3*
5. *Komplexitätsstufe 4*

Um Missverständnissen vorzubeugen muss zur korrekten Interpretation der späteren quantitativen Analysen darauf hingewiesen werden, dass *die Grundkompetenz* mit der Ziffer 1 kodiert ist, die *Komplexitätsstufe 1* mit der Ziffer 2 usw. Die Ziffer 4 kodiert somit die maximal erreichbare *Komplexitätsstufe 3* bzgl. der Einbindung von beweglichen Objekten. *Komplexitätsstufe 4* spiegelt nur das Ziehen an bereits in der Aufgabenstellung vorhandenen Punkten wider und ist mit der Ziffer 5 kodiert, vgl. hierzu die Definitionen der betreffenden Stufen in den Abschnitten 6.2.1 und 6.3.1.

8.1 Quantitative Analyse der Konstruktionsaufgaben

Die quantitative Analyse wird zunächst nach Aufgaben getrennt durchgeführt, wobei die einzelnen Konstruktionsaufgaben nach der Reihenfolge ihres Auftretens in Studie 3 ausgewertet werden.

8.1.1 Aufgabe II: Tetraederkonstruktion

Die quantitative Auswertung der Tetraederkonstruktion ergibt folgende Ergebnisse:

Tabelle 7: Aufgabe II: Tetraederkonstruktion

Gruppe	Zugm	AL	BF	BW	DK1	DK2	FH
HypoZ	1	0,0%	0,0%	0,0%	0,0%	0,0%	0,0%
ExpEK	**2**	25,0%	0,0%	16,7%	0,0%	0,0%	0,0%
ExpTF	**3**	4,9%	0,0%	0,0%	0,0%	0,0%	0,0%
ExpFkt	4	0,0%	0,0%	0,0%	0,0%	0,0%	0,0%
ExpUnt	**5**	0,0%	0,0%	0,0%	2,7%	13,8%	0,0%
ValFkt	**6**	4,9%	0,0%	16,7%	6,9%	0,0%	0,0%
ValTFr	7	0,0%	0,0%	0,0%	0,0%	0,0%	0,0%
ValabZ	**8**	26,6%	43,5%	55,6%	13,3%	22,4%	27,6%
AnpZ	**9**	3,3%	7,0%	11,1%	19,7%	0,0%	0,0%
ZomInt	**10**	0,0%	10,0%	0,0%	9,6%	0,0%	19,0%
AnbuZ	11	0,0%	0,0%	0,0%	0,0%	0,0%	0,0%
DemoE	12	0,0%	0,0%	0,0%	0,0%	0,0%	0,0%
ZM2.A	**13**	35,3%	39,5%	0,0%	47,9%	63,8%	53,4%
	14	0,0%	0,0%	0,0%	0,0%	0,0%	0,0%
	15	0,0%	0,0%	0,0%	0,0%	0,0%	0,0%
Bzeit (min)		20:00	39:00	19:25	22:20	13:20	21:30
Bzeit (s)		1200	2340	1165	1340	800	1290
ZM (s)		184	200	54	188	58	58
AnteilZzeit		15%	9%	5%	14%	7%	4%
Lösung		r	r	r	f	r	r
Bem			Hilfe		Hilfe		
	Artefakt						
SysG	1	27,7%	43,0%	0,0%	7,4%	63,8%	24,1%
Geb	2	62,5%	43,5%	48,1%	90,4%	27,6%	56,9%
Ind	3	0,0%	0,0%	0,0%	0,0%	0,0%	0,0%
kZm	4	4,9%	17,0%	24,1%	2,1%	8,6%	19,0%

Bei der Bearbeitung der ersten Konstruktionsaufgabe treten die folgenden Verwendungsweisen des Zugmodus auf:

2. *Explorative Eltern-Kind-Untersuchung,*

3. *Explorative Test der Freiheitsgrade,*

5. *Explorative Untersuchung/Zielfokussierte Ziehen,*

6. *Validierende Funktionstest,*

8. *Validierend abtestendes Ziehen,*

9. *Anpassendes Ziehen,*

10. *Ziehen ohne mathematische Intention,*

13. *Zugmodus 2.Art,*

Es dominiert der *Zugmodus 2.Art* mit einem Medianwert von 43% die Verwendung. Erst an zweiter Stelle folgt das *validierend abtestende Ziehen* mit einem Medianwert von 27%. Diese Verwendung ist bei allen Gruppen zu konstatieren, während die Gruppe BW den *Zugmodus 2.Art* nicht benutzt.

Weiterhin ist zu bemerken, dass die Probanden bei Bearbeitungszeiten zwischen 13 und 22 Minuten, wobei die Gruppe BF mit 39 Minuten eine Ausnahme bildet, prozentuale Verwendungszeiten des Zugmodus zwischen 4 und 15 Prozent generieren. Die absoluten Verwendungszeiten liegen hierbei zwischen einer und drei Minuten.

An der Kodierung der Artefakteinschränkung ist weiterhin festzustellen, dass alle Gruppen Einträge bei der Artefakteinschränkung 4 (kein Ziehen möglich) aufweisen, wobei die prozentualen Anteile der Gruppe BF mit 17%, der Gruppe BW mit 24,1% und der Gruppe FH mit 19% hoch im Vergleich zu den übrigen Gruppen mit 2,1%, 4,9%, 8,6% und 12,8% sind. Am häufigsten benutzen die Probanden die Artefakteinschränkungen des systemgebundenen und des gebundenen Ziehens.

Interpretation der Ergebnisse

Die Gruppe BF fällt durch eine besonders lange Bearbeitungszeit bis zur fertigen Tetraederkonstruktion auf. Des Weiteren macht sie als einzige Gruppe neben DK1 von Hilfestellungen des Dozenten Gebrauch.

Allgemein bestätigt das Auftreten von acht verschiedenen Verwendungsweisen des Zugmodus die nicht ausgeprägte Werkzeugkompetenz der Probanden. Der Konstruktionsvorgang ist noch in vielen Fällen durch Unsicherheit und ein Ausprobieren von verschiedenen Zugmodi gekennzeichnet, was die Vielzahl der beobachteten Verwendungsweisen erklärt. Der Gebrauch des *Zugmodus 2.Art* ist im beschriebenen Ausmaß überraschend, wobei auch Überschneidungen bei der Kodierung zu einem *explorativen* Gebrauch in Betracht zu ziehen sind. Die Analyse der *Artefakteinschränkung* lässt sich ebenfalls durch die Unerfahrenheit der Studierenden erklären. Eine häufige Kodierung der Artefakteinschränkung *kein Ziehen möglich* zeigt, dass alle Gruppen versuchen an konstruierten Punkten zu ziehen, was einen Hinweis auf ein eventuell nicht ausgeprägtes bzw. nicht vorhandenes *Eltern-Kind-Verständnis* gibt.

Die vorliegenden Artefakteinschränkungen lassen sich dadurch erklären, dass bei der Verwendung des *gebundenen Ziehens* meist die Ausgangspunkte der Konstruktion gezogen werden, die in der Ausgangsebene gebunden sind. Das *systemgebundene Ziehen* findet meist in Verbindung mit dem Gebrauch des *Zugmodus 2.Art* und somit während der Implementierung neuer mathematischer Objekte statt.

Die Verlaufsprotokolle der einzelnen Gruppen sind in Abschnitt A.6 des Anhangs aufgeführt. Die quantitativen Einzelauswertungen der Gruppen, in denen die Daten aus *Videograph* und die verschiedenen Verwendungsweisen zusätzlich in Diagrammform dargestellt sind, können dem Anhang B.2 entnommen werden.

8.1.2 Aufgabe III: Oktaederkonstruktion

Die quantitative Auswertung der Oktaederkonstruktion ergibt folgende Ergebnisse:

Tabelle 8: Aufgabe III: Oktaederkonstruktion

Gruppe	Zugm	AL	BF	BW	DK1	DK2	FH
HypoZ	1	0,0%	0,0%	0,0%	0,0%	0,0%	0,0%
ExpEK	**2**	0,0%	0,0%	0,0%	0,0%	0,0%	10,9%
ExpTF	3	0,0%	0,0%	0,0%	0,0%	0,0%	0,0%
ExpFkt	4	0,0%	0,0%	0,0%	0,0%	0,0%	0,0%
ExpUnt	5	0,0%	0,0%	0,0%	0,0%	0,0%	0,0%
ValFkt	6	0,0%	0,0%	0,0%	0,0%	0,0%	0,0%
ValTFr	7	0,0%	0,0%	0,0%	0,0%	0,0%	0,0%
ValabZ	**8**	0,0%	94,3%	0,0%	30,0%	0,0%	23,4%
AnpZ	**9**	0,0%	0,0%	0,0%	0,0%	0,0%	7,8%
ZomInt	**10**	0,0%	5,7%	0,0%	0,0%	0,0%	0,0%
AnbuZ	11	0,0%	0,0%	0,0%	0,0%	0,0%	0,0%
DemoE	12	0,0%	0,0%	0,0%	0,0%	0,0%	0,0%
ZM2.A	**13**	100,0%	0,0%	100,0%	70,0%	0,0%	57,8%
	14	0,0%	0,0%	0,0%	0,0%	0,0%	0,0%
	15	0,0%	0,0%	0,0%	0,0%	0,0%	0,0%
Bzeit (min)		05:45	21:20	14:30	16:20	09:45	19:30
Bzeit (s)		345	1280	870	980	585	1170
ZM (s)		6	53	10	40	0	64
Anteil Zzeit		2%	4%	1%	4%	0%	5%
Lösung		r	r	r	r	r	r
Bem			Hilfe				D.ZM

Gruppe	Artefakt	AL	BF	BW	DK1	DK2	FH
SysG	1	0%	0,0%	0,0%	0,0%	0,0%	28,1%
Geb	2	100,0%	69,8%	100,0%	92,5%	0,0%	71,9%
Ind	3	0,0%	0,0%	0,0%	0,0%	0,0%	0,0%
kZm	4	0,0%	30,2%	0,0%	7,5%	0,0%	0,0%

In den Bearbeitungen der zweiten Konstruktionsaufgabe in Untersuchung 2 sind fünf verschiedene Verwendungsweisen des Zugmodus zu konstatieren:

2. *Explorative Eltern-Kind-Untersuchung*

8. *Validierend abtestende Ziehen*

9. *Anpassende Ziehen*

10. *Ziehen ohne mathematische Intention*

13. *Zugmodus 2.Art*

Dabei werden das *Ziehen ohne mathematische Intention* nur von der Gruppe BF sowie die *explorative Eltern-Kind-Untersuchung* und das *anpassende Ziehen* nur von der Gruppe FH verwendet. Drei der sechs Gruppen benutzen das *validierend abtestende Ziehen.* Dieser Zugmodus forderte der Dozent bei der Gruppe FH ein, sodass eine Verwendung ohne Eingreifen des Dozenten eventuell nicht stattgefunden hätte. Der *Zugmodus 2.Art* dominiert abermals und tritt bei vier der sechs Gruppen auf. Die Gruppe BF benötigt auch bei dieser Aufgabe die Hilfe des Dozenten, um die Konstruktion des Oktaeders durchführen zu können. Die Bearbeitungszeiten liegen zwischen ca. zehn und zwanzig Minuten, wobei die Gruppe AL mit knapp sechs Minuten die Ausnahme bildet.

Beim Vergleich der gesamten Verwendungszeiten des Zugmodus sind die Gruppen DK2 mit null Sekunden, AL mit sechs Sekunden und BW mit zehn Sekunden aufgrund der extrem kurzen Verwendungszeiten auffällig.

Weiterhin versuchen nur noch zwei Gruppen (BF und DK1) an konstruierten Punkten zu ziehen, was aus der Analyse der Artefakteinschränkung 4 hervorgeht. Zusätzlich lässt sich aus den Daten ablesen, dass die Gruppen AL, BW und DK2 mit den kürzesten Bearbeitungszeiten entweder den Zugmodus gar nicht verwenden (DK2) oder einzig das *validierend abtestende Ziehen* (AL und BW) benutzen. Zudem tritt bei diesen Gruppen keine Kodierung der Artefakteinschränkung *kein Ziehen möglich* auf. Ein Ziehen an systemgebundenen Punkten ist, mit Ausnahme der Gruppe FH, nicht mehr in den Bearbeitungen vorzufinden. Alle anderen Zugprozesse finden überwiegend an gebundenen Punkten statt, wobei der Versuch des Ziehens an unbeweglichen Punkten noch bei den Gruppen BF und DK1 nachgewiesen werden kann.

Interpretation der Ergebnisse

Bei der Datenauswertung ist zu beachten, dass die prozentualen Angaben aufgrund der geringen gesamten Verwendungszeit des Zugmodus nicht besonders aussagekräftig sind, sodass die Interpretation von genauen Zahlenwerten unterlassen werden sollte. Die geringere Zahl von verschiedenen aufgetretenen Verwendungsweisen des Zugmodus in Aufgabe III lässt im Vergleich zu Aufgabe II auf eine bessere Werkzeugkompetenz der Probanden schließen. Die Gruppen AL, BW und DK2 sind als die Gruppen mit den kürzesten Bearbeitungszeiten und zusätzlich richtigen Lösungen zu identifizieren. Aus den sehr kurzen Verwendungszeiten des Zugmodus ist eventuell abzuleiten, dass sich diese Gruppen bei der Konstruktion sicher fühlen und eine Validierung mithilfe des Zugmodus für sie nicht unbedingt notwendig erscheint. Falls diese Gruppen den Zugmodus überhaupt verwenden, ziehen sie auch nicht an konstruierten Punkten, was möglicherweise darauf schließen lässt, dass sie die *Eltern-Kind-Beziehung* ihrer Konstruktionen durchschauen. Allerdings kann dieses Phänomen auch auf die nur sehr kurze Zugzeit zurückzuführen sein.

Ebenfalls auffällig sind die Bearbeitungen der Gruppen BF und DK1, die jeweils durch recht lange Bearbeitungszeiten und durch Einträge im Bereich der Artefakteinschränkung *kein Ziehen möglich* auffallen. Es ist davon auszugehen, dass diese Gruppen noch unsicher in der Computerumgebung sind und auch beide ihre fertigen Konstruktionen mithilfe des *validierend abtestenden Ziehens* überprüfen.

Eine Zwischenposition nimmt die Gruppe FH ein, welche sich durch den Gebrauch von vier verschiedenen Verwendungsweisen des Zugmodus auszeichnet, wobei die Benutzung des *anpassenden Ziehens* auf unerfahrene Nutzer schließen lässt. Allerdings beträgt die Zeit dieser Zugmodusverwendung auch nur wenige Sekunden, sodass dieser Schluss nicht überbewertet werden darf. Die Bearbeitungszeit der Gruppe FH ist mit fast 20 Minuten vergleichsweise lang, jedoch kann keine Kodierung der Artefakteinschränkung *kein Ziehen möglich* identifiziert werden, sodass kein Hinweis auf ein nicht ausgebildetes *Eltern-Kind-Verständnis* vorliegt.

Das Vorkommen der bei diesen Aufgabenbearbeitungen vorliegenden Artefakteinschränkungen lässt sich dadurch erklären, dass bei einer Nutzung des *gebundenen Ziehens* meist die Ausgangspunkte der Konstruktion bewegt werden. Die geringere Gesamtzugzeit im Vergleich zur ersten Konstruktionsaufgabe führt auch dazu, dass der *Zugmodus 2.Art* bei der vorliegenden Aufgabe weniger häufig als in der Tetraederkonstruktion kodiert wird. Mit diesem Ergebnis geht eine Reduzierung der Artefakteinschränkung *systemgebundenes Ziehen* im Vergleich zu Aufgabe II aus Untersuchung 1 einher, da der *Zugmodus 2.Art* an *systemgebundenen Punkten* ausgeführt wird.

Die Verlaufsprotokolle der einzelnen Gruppen sind im Abschnitt A.7 des Anhangs aufgeführt. Die quantitativen Einzelauswertungen der Gruppen, aus denen die Daten aus *Videograph* und die verschiedenen Verwendungsweisen zusätzlich in Diagrammform ersichtlich sind, können dem Abschnitt B.3 des Anhangs entnommen werden.

8.1.3 Aufgabe V: Würfelkonstruktion

Die quantitative Auswertung der Würfelkonstruktion ergibt folgende Ergebnisse:

Tabelle 9: Aufgabe V: Würfelkonstruktion

Gruppe		**AL**	**BF**	**BW**	**DK1**	**DK2**	**FH**
HypoZ	1	0,0%	0,0%	0,0%	0,0%	0,0%	0,0%
ExpEK	2	0,0%	0,0%	0,0%	0,0%	0,0%	0,0%
ExpTF	3	0,0%	0,0%	0,0%	0,0%	0,0%	0,0%
ExpFkt	4	0,0%	0,0%	0,0%	0,0%	0,0%	0,0%
ExpUnt	5	0,0%	0,0%	0,0%	0,0%	0,0%	0,0%
ValFkt	6	0,0%	0,0%	0,0%	0,0%	0,0%	0,0%
ValTFr	7	0,0%	0,0%	0,0%	0,0%	0,0%	0,0%
ValabZ	**8**	100,0%	9,5%	63,6%	40,0%	0,0%	7,1%
AnpZ	9	0,0%	0,0%	0,0%	0,0%	0,0%	0,0%
ZomInt	10	0,0%	0,0%	0,0%	0,0%	0,0%	0,0%
AnbuZ	11	0,0%	0,0%	0,0%	0,0%	0,0%	0,0%
DemoE	12	0,0%	0,0%	0,0%	0,0%	0,0%	0,0%
ZM2.A	**13**	0,0%	90,5%	36,4%	60,0%	0,0%	92,9%
	14	0,0%	0,0%	0,0%	0,0%	0,0%	0,0%
	15	0,0%	0,0%	0,0%	0,0%	0,0%	0,0%
Bzeit (min)		09:00	14:30	08:20	09:50	05:40	06:15
Bzeit (s)		540	870	500	590	340	375
ZM (s)		9	42	22	30	0	42
Anteil Zzeit		2%	5%	4%	5%	0%	11%
Lösung		r	r	r	r	r	r
Bem		Doz.ZM					
	Artefakt						
SysG	1	0,0%	40,5%	36,4%	60,0%	0,0%	26,2%
Geb	2	100,0%	52,4%	31,8%	20,0%	0,0%	73,8%
Ind	3	0,0%	0,0%	0,0%	0,0%	0,0%	0,0%
kZm	4	0,0%	7,1%	31,8%	20,0%	0%	0,0%

In der zuletzt bearbeiteten Konstruktionsaufgabe im Rahmen der dritten Untersuchung können

8. *das validierend abtestende Ziehen* und

13. *der Zugmodus 2.Art*

in den Bearbeitungen der Studierenden festgestellt werden. Weitere Verwendungsweisen des Zugmodus treten nicht mehr auf. Die Bearbeitungszeiten aller Gruppen liegen zwischen fünf und zehn Minuten, wobei die Gruppe BF mit knapp 15 Minuten die Ausnahme bildet. Abermals zeichnen sich die Gruppen AL und DK2 durch eine sehr kurze bzw. keine Verwendung des Zugmodus aus, wobei die Gruppe AL vom Dozenten zum Einsatz des Zugmodus aufgefordert wird und ohne dieses Eingreifen eventuell kein Einsatz stattgefunden hätte. Darüber hinaus versuchen diese beiden Gruppen auch nicht, an bereits konstruierten Punkten zu ziehen. Dieser Versuch ist jedoch bei den Gruppen BF, BW und DK1 in den Daten nachzuweisen.

Interpretation der Ergebnisse

In der aktuellen Auswertung ist ebenfalls zu beachten, dass die prozentualen Angaben aufgrund der geringen gesamten Verwendungszeit des Zugmodus nicht sehr aussagekräftig sind. An ihnen lässt sich jedoch das Auftreten eines gewissen Zugmodus und dessen Artefakteinschränkung ablesen, die exakten Zahlenwerte dürfen jedoch nicht überinterpretiert werden.

Es ist auffällig, dass die Gruppe BW nun doch versucht, an konstruierten Punkten zu ziehen, obwohl die Probanden diesen Versuch bei der Oktaederkonstruktion nicht unternahmen. Um dieses Verhalten weiter zu untersuchen, muss auf die qualitativen Daten zurückgegriffen werden.

Die Gruppen BF und DK1 besitzen vermutlich auch in der letzten Seminarsitzung noch kein *Eltern-Kind-Verständnis* und versuchen zu diesem Zeitpunkt immer noch, an konstruierten Punkten zu ziehen.

Auch bei dieser Auswertung ist die Artefakteinschränkung des *systemgebundenen Ziehens* in den meisten Fällen an die Verwendung des *Zugmodus 2.Art* gekoppelt, während ein *gebundenes Ziehen* überwiegend mit dem *validierenden abtestenden Ziehen* einhergeht.

Auch zu dieser Aufgabe sind in Abschnitt A.8 des Anhangs die jeweiligen Verlaufsprotokolle abgedruckt. Die zugehörigen quantitativen Einzelauswertungen sind dem Abschnitt B.5 des Anhangs zu entnehmen.

8.1.4 Quantitativer Vergleich der Konstruktionsaufgaben

In Tabelle 10 erfolgt eine Betrachtung der Ergebnisse aller Konstruktionsaufgaben (II, III und V) anhand des bekannten Analysierungsrasters, um einen Vergleich zwischen den einzelnen Aufgaben zu ermöglichen und Entwicklungen im Gebrauch des Zugmodus im Verlauf des Seminars festzustellen. Um den Überblick zu erleichtern, sind alle unterhalb von fünf Prozent liegenden Daten nicht aufgeführt.

In dieser Tabelle lässt sich erkennen, dass die Bearbeitungszeiten tendenziell abnehmen, wobei die Konstruktionszeit von AL(III) eine Ausnahme bildet. Im Vergleich zu den Bearbeitungen der übrigen Gruppen für Aufgabe II ist die Zeit von knapp sechs Minuten sehr gering.

Darüber hinaus ist der prozentuale Anteil der Zugzeit an der Gesamtzeit in Aufgabe II bei allen Gruppen deutlich höher als bei den Aufgaben III und V. Mit den Ausnahmen BW und FH sind die prozentualen Anteile der Verwendungszeiten des Zugmodus an der Gesamtbearbeitungszeit nahezu konstant. Des Weiteren tritt das *anpassende Ziehen* bei vier von sechs Gruppen in Aufgabe II auf, während die gleiche Verwendungsweise in den Aufgaben III und V nur noch bei der Gruppe FH zu identifizieren ist und ansonsten von keiner Gruppe bei der Lösung dieser Aufgaben benutzt wird.

Die vermehrte Kodierung der Artefakteinschränkung *kein Ziehen möglich* wird bei allen Gruppen in Aufgabe II nachgewiesen, während sie bei den Gruppen AL, DK2 und FH weder in der Aufgabe III noch V aufzufinden ist. Bei den Gruppen BF und DK1 hingegen ist diese Artefakteinschränkung in allen Aufgaben zu identifizieren. Eine Sonderstellung nehmen die Probanden der Gruppe BW ein, die mit einer Kodierung der Artefakteinschränkung *kein Ziehen möglich* in den Aufgaben II und V, jedoch mit keiner Kodierung in Aufgabe III auffallen.

Tabelle 10: Vergleich: Konstruktionsaufgaben II, III, V über 5 Prozent (1)

ZugM	AL(II)	AL(III)	AL(V)	BF(II)	BF(III)	BF(V)	BW(II)	BW(III),	BW(V)
1									
2	25,0%						16,7%		
3	4,9%								
4									
5									
6	4,9%						16,7%		
7									
8	26,6%		100,0%	43,5%	94,3%	9,5%	55,6%		63,6%
9				7,0%			11,1%		
10				10,0%	5,7%				
11									
12									
13	35,3%	100,0%		39,5%		90,5%		100,0%	36,4%
14									
15									
Bzeit	20:00	05:45	09:00	39:00	21:20	14:30	19:25	14:30	08:20
Bzeit(s)	1200	345	540	2340	1280	870	1165	870	500
ZM(s)	184	6	9	200	53	42	54	10	22
Ant.ZM	15%	2%	2%	9%	4%	5%	5%	1%	4%
Lös.	r	r	r	r	r	r	r	r	r
Artef.	AL(II)	AL(III)	AL(V)	BF(II)	BF(III)	BF(V)	BW(II)	BW(III)	BW(V)
1	27,7%	100,0%		43,0%		40,5%			36,4%
2	62,5%		100,0%	43,5%	69,8%	52,4%	48,1%	100,0%	31,8%
3									
4	4,9%			17,0%	30,2%	7,1%	24,1%		31,8%

Tabelle 11: Vergleich: Konstruktionsaufgaben II, III, V über 5 Prozent (2)

ZugM	DK1(II)	DK1(III)	DK1(V)	DK2(II)	DK2(III)	DK2(V)	FH(II)	FH(III)	FH(V)
1									
2								10,9%	
3									
4									
5				13,8%					
6	6,9%								
7									
8	13,3%	30,0%	40,0%	22,4%			27,6%	23,4%	7,1%
9	19,7%							7,8%	
10	9,6%						19,0%		
11									
12									
13	47,9%	70,0%	60,0%	63,8%			53,4%	57,8%	92,9%
14									
15									
Bzeit	22:20	16:20	09:50	13:20	09:45	05:40	21:30	19:30	06:15
Bzeit(s)	1340	980	590	800	585	340	1290	1170	375
ZM(s)	188	40	30	58	0	0	58	64	42
Ant.ZM	14%	4%	5%	7%	0%	0%	4%	5%	11%
Lös.	f	r	r	r	r	r	r	r	r
Artef.	DK1(II)	DK1(III)	DK1(V)	DK2(II)	DK2(III)	DK2(V)	FH(II)	FH(III)	FH(V)
1	7,4%		60,0%	63,8%			24,1%	28,1%	26,2%
2	90,4%	92,5%	20,0%	27,6%			56,9%	71,9%	73,8%
3									
4	2,1%	7,5%	20,0%	8,6%			19,0%		

Interpretation der Ergebnisse

Aus den Daten ist zu schließen, dass die Probanden zu Beginn des Seminars noch unsicher in der Softwareumgebung und dem zu bearbeitenden Aufgabenformat sind und somit verschiedene Verwendungsweisen des Zugmodus ausprobieren.

Die Anzahl der unterschiedlichen nachgewiesenen Zugmodi nimmt mit dem Fortgang der dritten Studie von acht über fünf zu zwei ab, woraus eine Gewöhnung der Studierenden sowohl an die Softwareumgebung als auch an die Aufgabenstellung abzuleiten ist. In der letzten Untersuchung sind noch der *Zugmodus 2.Art* und das *validierend abtestende Ziehen* zu identifizieren, wobei der *Zugmodus 2.Art* in der Mehrzahl der Fälle sogar dominiert. Dieser Zugmodus wird bei der Definition von neuen Objekten eingesetzt, sodass dessen häufige Verwendung für eine überlegte Implementierung neuer mathematischer Objekte spricht, deren Definition nicht „schnellstmöglich" durchgeführt werden kann. Ebenso sind jedoch auch unsichere Anwender potentielle Nutzer des *Zugmodus 2.Art*, wenn es sich um die Einbindung neuer Objekte handelt, deren Freiheitsgrade bzw. deren genaue Implementierung den Nutzern nicht unmittelbar bewusst sind.

Die Gruppen AL und DK2 fallen durch kurze Bearbeitungszeiten und extrem kurze Verwendungszeiten des Zugmodus auf, sodass die Vermutung nahe liegt, dass diese Studierenden über gute Werkzeugkompetenzen verfügen, sich der Korrektheit ihrer Konstruktionen sicher sind und den Zugmodus weder als heuristisches noch als validierendes Hilfsmittel gebrauchen.

Im Gegensatz hierzu fällt die Gruppe BF durch sehr lange Bearbeitungszeiten auf, zudem muss diese Gruppe auch mehrere Male die Hilfe des Dozenten in Anspruch nehmen, um die Aufgaben lösen zu können. Ebenfalls eher lange Bearbeitungszeiten benötigt die Gruppe DK1, wobei beide Gruppen in allen Aufgaben versuchen, an konstruierten Punkten zu ziehen, weshalb auf durchgängige Schwierigkeiten mit *Eltern-Kind-Beziehungen* zu schließen ist.

Allerdings unterscheidet *Cabri 3D* nicht in der optischen Darstellung zwischen beweglichen und unbeweglichen Punkten, sodass die Probanden gelegentlich nach den beiden zu Beginn der Konstruktion vorhandenen Punkten „suchen" müssen. Somit geht ein versuchtes abtestendes Ziehen an Punkten der Standebene nicht unbedingt mit Schwierigkeiten im *Eltern-Kind-Verständnis* einher. Wird hingegen von Probandenseite der Versuch unternommen an Punkten der Deckfläche des Würfels oder der konstruierten Tetraeder- bzw. Oktaederecke zu ziehen, kann auf ein mangelndes *Eltern-Kind-Verständnis* geschlossen werden.

Die Gruppen FH und BW nehmen Sonderstellungen ein, wobei das Bearbeitungsverhalten der Gruppe BW den Gruppen AL und DK2 ähnelt, was durch nur geringfügig erhöhte Bearbeitungszeiten und Verwendungsweisen des Zugmodus begründet wird. Jedoch kann bei der Gruppe BW eine Kodierung der Artefakteinschränkung *kein Ziehen möglich* in Aufgabe III nachgewiesen werden, was schließlich im qualitativen Teil durch ein unterschiedliches *Eltern-Kind-Verständnis* der Probanden erklärt wird. Die Aufgabenlösungen der Gruppe FH sind durch lange Bearbeitungs- und Verwendungszeiten des Zugmodus gekennzeichnet, wobei aufgrund der quantitativen Daten ab Aufgabe III keine Schwierigkeiten mehr mit *Eltern-Kind-Beziehungen* vorzuliegen scheinen.

8.2 Qualitative Analyse der Konstruktionsaufgaben

Es zeigt sich, dass die vorangegangenen Auswertungen Aussagen über Verwendungsweisen des Zugmodus erlauben und diese auch quantitativ belegen. Die quantitative Auswertung wirft jedoch auch Fragen auf, die in einer qualitativen Analyse substantieller bzw. überhaupt erst beantwortet werden können. So ist der Versuch des Ziehens an konstruierten Punkten bei der Gruppe BW in Aufgabe VI auffällig, da dieser Versuch in Aufgabe IV nicht stattgefunden hat. Darüber hinaus ist zu untersuchen, ob Anzeichen des quantitativen Datenmaterials hinsichtlich des Unverständnisses von *Eltern-Kind-Beziehungen* bei einzelnen Gruppen durch die qualitativen Daten bestätigt werden. Es ist durchaus möglich, dass einige Probanden an fest konstruierten Punkten in der Standebene des zu konstruierenden Körpers ziehen, weil sie die in der Ebene beweglichen Punkte auffinden möchten. Eine optische Unterscheidung zwischen beweglichen und festen Punkten wird von *Cabri 3D* nicht vorgenommen. Im Gegensatz hierzu ist der Versuch des Ziehens an konstruierten Punkten der Deckfläche des Würfels oder an der konstruierten Tetraeder- bzw. Oktaederecke mit einem nicht vorhanden *Eltern-Kind-Verständnis* zu interpretieren. Um solche Fragen klären und weitere wichtige Hinweise im Umgang mit der Software auffinden zu können, erfolgt nun eine qualitative Analyse des Videomaterials hinsichtlich der Fragestellungen von Studie 3, welche bereits in der a priori Analyse der jeweiligen Aufgaben diskutiert wurden.

8.2.1 Qualitative Analyse des Datenmaterials von Aufgabe II: Tetraederkonstruktion

Die Auswertung des qualitativen Datenmaterials konzentriert sich auf die Analyse der Verwendung des Zugmodus, um Hinweise aus der quantitativen Datenauswertung zu bestätigen, zu widerlegen bzw. zu erklären. Bei der Analyse der Daten sind die Fähigkeiten der Probanden, was die Einbindung von Lotgeradenkonstruktionen in einer Ebene und Kreis- bzw. Kugelkonstruktionen betrifft, im Blick zu behalten. Darüber hinaus steht das Verständnis von *Eltern-Kind-Beziehungen* im Fokus der Betrachtungen.

Gruppe AL

Die Konstruktion einer Lotgeraden in der x-y-Ebene gelingt problemlos, vgl. S3/AL/wmv-Dateien/AL2 2:50. Die Probanden verwenden ohne Schwierigkeiten eine Kreiskonstruktion mithilfe von Mittelpunkt, Randpunkt und Kreisebene, wobei sie als Kreisebene die bereits vorhandene x-y-Ebene verwenden, vgl. S3/AL/wmv-Dateien/AL2 9:50. Auch für die Konstruktion der Tetraederecke verwenden die Studierenden eine Kreiskonstruktion, obwohl diese noch die zusätzliche Implementierung einer Ebene erfordert, vgl. S3/-AL/wmv-Dateien/AL2 ab 15:00. Unter der Anleitung von Proband 2 wird eine Lotgerade in der x-y-Ebene zu einer bereits vorhandenen Gerade mithilfe der *Ctrl*-Taste konstruiert, vgl. S3/AL/wmv-Dateien/AL2 14:50. Es werden keine Kugelkonstruktionen verwandt. Zur Verifikation der richtigen Seitenlängen benutzen die Probanden das Werkzeug „Messen“. Der Zugmodus wird auch zur Validierung von „Zwischenergebnissen“ genutzt. Die Probanden versuchen während der Bearbeitung einmal, an bereits konstruierten Punkten zu ziehen (vgl. S3/AL/wmv-Dateien/AL2 17:50), spätestens am Ende der Bearbeitung hat Proband 2 die *Eltern-Kind-Beziehung* durchschaut und erläutert Proband 1, warum der konstruierte Punkt nicht bewegt werden kann, vgl. S3/AL/wmv-Dateien/AL2 ab 19:00. P2 besitzt eine auffallend hohe Werkzeugkompetenz und erklärt P1 häufig Konstruktionsabläufe.

Zur Gruppenauswertung vergleiche die Ablaufprotokolle in Abschnitt A.6.2 des Anhangs bzw. die Videodateien in S3/AL/wmv-Dateien/AL2.

Gruppe BF

Es treten erhebliche Probleme mit der Kreiskonstruktion auf Seiten der Probanden auf, sie versuchen mehrmals erfolglos solche Konstruktionen durchzuführen, vgl. S3/BF/wmv-Dateien/BF2 2:00, 8:30, 10:40, 14:10. Die Verwendung einer Kugel wird kurz diskutiert, eine richtige Implementierung findet jedoch nicht statt, vgl. S3/BF/wmv-Dateien/BF2 22:30 - 26:00. Die Probanden beginnen zunächst mit keiner „echten“ Konstruktion und verwenden den Zugmodus zum Anpassen der Lage von Strecken an gemessene Winkel. Die Konstruktion gelingt nur mit intensiver Hilfe des Dozenten, der auch bei der Konstruktion der Tetraederspitze mit einer Kugelkonstruktion behilflich ist. Bei den Studierenden dominieren eindeutig Kreiskonstruktionen. Die Probanden verwenden häufig die Funktion „Messen“. Außerdem versuchen sie, an konstruierten Punkten zu ziehen (vgl. S3/BF/wmv-Dateien/BF2 35:00), reflektieren aber nicht über die Tatsache, dass diese Punkte nicht direkt bewegt werden können. Die allgemeine Werkzeugkompetenz ist weniger gut entwickelt. Der Versuch einer Lotgeradenkonstruktion in einer Ebene wird nicht unternommen.

Zur Gruppenauswertung vergleiche die Ablaufprotokolle in Abschnitt A.6.6 bzw. die Videodateien in S3/BF/wmv-Dateien/BF2.

Gruppe BW

Proband 2 möchte gleich zu Beginn eine Kugelkonstruktion verwenden, er wird jedoch von Proband 1 zur Verwendung eines Kreises angehalten, vgl. S3/BW/wmv-Dateien/BW2 1:20. Im Anschluss ergeben sich Probleme bei der Kreiskonstruktion, in deren Verlauf Proband B schließlich die Konstruktion übernimmt und sich an die nötigen Eingabeparameter erinnert, er führt anschließend die Konstruktion zügig durch, vgl. S3/BW/wmv-Dateien/BW2 ab 1:40. Die Probanden verwenden den Zugmodus zur Überprüfung des zunächst falsch konstruierten Tetraeders. Die fehlerhafte Konstruktion fällt jedoch erst durch das Nachmessen der Winkel bzw. Seitenlängen auf. Es ist festzustellen, dass die Probanden in der richtigen Konstruktion auch nachmessen und nicht auf den Einsatz des Zugmodus zur Validierung vertrauen. Durch das Überprüfen der Konstruktionen (in der zunächst fehlerhaften Konstruktion) werden die Probanden auf *Eltern-Kind-Beziehungen* aufmerksam, wobei sie versuchen, an konstruierten Punkten zu ziehen. Im Anschluss reflektieren sie kurz die Situation. Proband 2 scheint sich der Zusammenhänge bewusst zu sein, er sagt: „Wir können ja nur wenige benutzen, da die alle von einem Punkt abhängig sind", vgl. S3/BW/wmv-Dateien/BW2 ab 8:10. Während der Aufgabenbearbeitung verwenden die Probanden sowohl Kreis- als auch vermehrt Kugelkonstruktionen während der Aufgabenlösung. Eine Lotgeradenkonstruktion in einer Ebene wird nicht durchgeführt, die Probanden verfügen über eine gute Werkzeugkompetenz.

Zur Gruppenauswertung vergleiche die Ablaufprotokolle in Abschnitt A.6.4 bzw. die Videodateien in S3/BW/wmv-Dateien/BW2.

Gruppe DK1

Zunächst versuchen die Probanden, das gleichseitige Dreieck mit einem Makro bzw. mithilfe des Zugmodus unter Verwendung des *anpassenden Ziehens* und eines Winkels von 60° herzustellen. Danach erarbeiten sie die richtige Idee der Kreiskonstruktion, können diese jedoch nicht umsetzen. Es treten erhebliche Probleme bei der Kreiskonstruktion auf (vgl. S3/DK1/wmv-Dateien/DK1 9:15, 10:20, 11:15), welche mithilfe des Dozenten geklärt werden müssen, wobei das Hauptproblem in der Angabe der Kreisebene besteht, vgl. S3/DK1/wmv-Dateien/DK1 ab 14:40. Es ist auffällig, dass die Probanden viele verschiedene Zugmodi verwenden. Nach einer Erklärung des Dozenten wie ein Kreis mit Mittelpunkt, Randpunkt und Kreisebene zu definieren ist, gelingt die Konstruktion des gleichseitigen Dreiecks. In der Folge treten noch Schwierigkeiten mit der Benutzung der *Ctrl*-Taste auf, vgl. S3/DK1/wmv-Dateien/DK1 18:30. Lotgeradenkonstruktionen in Ebenen werden nicht von den Probanden umgesetzt. Zur Konstruktion der Tetraederecke wird eine fehlerhafte Kugelkonstruktion verwandt, vgl. S3/DK1/wmv-Dateien/DK1 20:30. Die resultierende Tetraederkonstruktion ist somit falsch, der Fehler wird auch nicht durch das validierende Ziehen am Ende der Konstruktion entdeckt. Ohne Hilfe wären die Probanden bereits an der Dreieckskonstruktion gescheitert. Die Werkzeugkompetenz der Studierenden ist nicht gut ausgeprägt. In der Konversation in S3/DK1/wmv-Dateien/DK1 22:05 stellen die Probanden fest, dass manche Punkte beweglich sind, andere jedoch nicht. Eine Reflexion nach dem Ziehen erfolgt jedoch nicht, sodass nicht von einem *Eltern-Kind-Verständnis* der Probanden ausgegangen werden kann.

Zur Gruppenauswertung vergleiche die Ablaufprotokolle in Abschnitt A.6.8 bzw. die Videodateien in S3/DK1/wmv-Dateien/DK2.

Gruppe DK2

Die Implementierung einer Lotgeraden in einer Ebene stellt die Probanden vor Probleme, sie erhalten stattdessen immer eine Lotebene, da sie nicht die *Ctrl*-Taste verwenden, vgl. S3/DK2/wmv-Dateien/DK1 0:35, 9:50. Weiterhin bereitet die Konstruktion von Kreisen mithilfe von Mittelpunkt, Randpunkt und Kreisebene erhebliche Schwierigkeiten, die auch nicht bewältigt werden können, vgl. S3/DK2/wmv-Dateien/DK2 2:10, 4:40. Anstatt des Kreises verwenden die Probanden in der Folge immer Kugelkonstruktionen, obwohl sie eigentlich Kreiskonstruktionen präferieren, diese jedoch nicht umsetzen können. Der Versuch des bewussten Ziehens der konstruierten Tetraederecke lässt darauf schließen, dass die Probanden noch kein adäquates Verständnis von *Eltern-Kind-Beziehungen* aufbauen konnten. Die Unbeweglichkeit der Spitze wird jedoch nicht weiter reflektiert, vgl. S3/DK2/wmv-Dateien/DK2 12:20. Die Probanden können weder eine Lotgerade in einer Ebene noch eine Kreiskonstruktion durchführen. Sie gelangen jedoch mithilfe von schwierigeren Lotebenen- und Kugelkonstruktionen zur richtigen Lösung.

Zur Gruppenauswertung vergleiche die Ablaufprotokolle in Abschnitt A.6.10 bzw. die Videodateien in S3/DK2/wmv-Dateien/DK2.

Gruppe FH

Zu Beginn versuchen die Probanden, 60°-Winkel zu zeichnen bzw. die Ausgangsstrecke zu drehen, eine Umsetzung der Drehung gelingt jedoch nicht, vgl. vgl. S3/FH/wmv-Dateien/FH2 ab 1:30. Auffällig ist außerdem, dass die Probanden auf Probleme bei der Umsetzung von Kreiskonstruktionen mithilfe von Mittelpunkt, Randpunkt und Kreisebene stoßen, wobei mehrere Konstruktionsversuche erfolglos bleiben, vgl. S3/FH/wmv-Dateien/FH ab 9:40.

Am Ende der Aufgabenbearbeitung versuchen die Probanden an der konstruierten Tetraederecke und dem konstruierten Eckpunkt des gleichseitigen Dreiecks zu ziehen. Eine Reflexion über die Unbeweglichkeit dieser Punkte findet nicht statt. Der Zugmodus wird danach an einem beweglichen Punkt durchgeführt, vgl. S3/FH/wmv-Dateien/FH2 ab 20:30. Lotgeradenkonstruktionen in einer Ebene werden nicht ausgeführt, die Gruppe verwendet sowohl Kugel- als auch Kreiskonstruktionen, wobei letztere mit der Hilfestellung des Dozenten durchgeführt werden.

Zur Gruppenauswertung vergleiche die Ablaufprotokolle in Abschnitt A.6.12 bzw. die Videodateien in S3/FH/wmv-Dateien/FH2.

8.2.2 Qualitative Analyse des Datenmaterials von Aufgabe III: Oktaederkonstruktion

Gruppe AL

Die Probanden konstruieren sehr schnell und weisen eine hohe Werkzeugkompetenz auf. Es treten nur sehr kurze Schwierigkeiten mit der Kreiskonstruktion in einer Ebene auf, vgl. S3/AL/wmv-Dateien/AL3 1:20. Ebenso gelingt ihnen nach wenigen Sekunden die Implementierung einer Lotgeraden in der Ausgangsebene zur gegebenen Strecke mithilfe der *Ctrl*-Taste, vgl. S3/AL/-wmv-Dateien/AL3 1:20. Auffällig ist die Kugelkonstruktion, mit deren Hilfe weitere Oktaederecken konstruiert werden, wobei die Konstruktion zwar korrekt ist, ohne Vorüberlegungen jedoch „unnatürlich“ wirkt. Der Zugmodus wird nahezu nicht verwandt. Sowohl Kreis- als auch Kugelkonstruktionen sind in der Aufgabenbearbeitung implementiert, vgl. S3/AL/wmv-Dateien/-Al3 4:30.

Zur Gruppenauswertung vergleiche die Ablaufprotokolle in Abschnitt A.7.1 bzw. die Videodateien in S3/AL/wmv-Dateien/AL3.

Gruppe BF

Zunächst treten Schwierigkeiten mit Kreiskonstruktionen in einer Ebene auf, den Probanden gelingt jedoch nach einigem Ausprobieren eine richtige Umsetzung, vgl. S3/BF/wmv-Dateien/BF3 3:00, 4:30. Mithilfe des Dozenten gelingt die Quadratkonstruktion, in der die Probanden nach kurzem Suchen selbstständig die Verwendung der *Ctrl*-Taste zur Konstruktion einer Lotgeraden zur Ausgangsstrecke in der Standebene herausfinden bzw. sich erinnern, vgl. S3/BF/wmv-Dateien/BF3 ab 16:00. Die Funktion „Messen“ wird häufig eingesetzt, so werden nach Abschluss der Konstruktion noch beispielsweise Winkel des Oktaeders gemessen, vgl. S3/BF/wmv-Dateien/BF3 20:30. Auch bei der Quadratkonstruktion messen die Probanden die Seitenlängen zur Überprüfung. Sowohl nach der Konstruktion des Quadrates als auch nach der Herstellung des Oktaeders versuchen die Probanden, an konstruierten Punkten zu ziehen, vgl. S3/BF/wmv-Dateien/BF3 17:45, 20:00. Deren Unbeweglichkeit bleibt jedoch unreflektiert, ein Verständnis von *Eltern-Kind-Beziehungen* ist nicht zu erkennen. Zur Konstruktion weiterer Oktaederecken wird eine Lotgerade durch den Mittelpunkt des „Grundquadrates“ mit einer Kugel geschnitten. Hier bildet der Mittelpunkt des Quadrates den Mittelpunkt der Kugel. Der Radius der Kugel ist so groß wie die halbe Diagonalenlänge des Quadrates. Diese Konstruktion ist richtig, jedoch ohne weitere Überlegungen nicht naheliegend. Es werden sowohl Kreis- als auch Kugelkonstruktionen bei der Aufgabenlösung verwandt.

Zur Gruppenauswertung vergleiche die Ablaufprotokolle in Abschnitt A.7.5 bzw. die Videodateien in S3/BF/wmv-Dateien/BF3.

Gruppe BW

Die Probanden verwenden zur Verifikation von Teilkonstruktionen bzw. der fertigen Konstruktion nicht den Zugmodus. Die Funktion „Messen“ wird zur Überprüfung von Abständen verwandt, wobei eine zunächst fehlerhafte Konstruktion identifiziert wird. Des Weiteren benutzen die Probanden diese Funktion am Ende der Konstruktion zur Überprüfung von Winkeln, vgl. S3/BW/wmv-Dateien/BW3 6:00, 10:40, 12:30. Zur Konstruktion der noch fehlenden Oktaederecken wird eine Kugel verwandt, wobei der Mittelpunkt der Kugel der Diagonalenschnittpunkt des „Grundquadrates“ und der Radius aus der halben Länge der Diagonalen besteht. Dieses Vorgehen ist richtig, wirkt jedoch unnatürlich. Die Kreiskonstruktion bereitet den Probanden nur sehr kurz Schwierigkeiten, vgl. S3/BF/wmv-Dateien/BF3 1:20. Der Gebrauch der *Ctrl*-Taste wird nicht beobachtet, weil die Probanden Lotebenen an Stelle von Lotgeradenkonstruktionen zur Konstruktion des Quadrates in der Ausgangsebene verwenden. Der Zugmodus wird nicht zur Validierung eingesetzt. Hinweise auf das Verständnis von *Eltern-Kind-Beziehungen* sind nicht zu identifizieren, die allgemeine Werkzeugkompetenz ist gut.

Zur Gruppenauswertung vergleiche die Ablaufprotokolle in Abschnitt A.7.3 bzw. die Videodateien in S3/BW/wmv-Dateien/BW3.

Gruppe DK1

Die Kreiskonstruktion bereitet den Probanden Schwierigkeiten. Die Definition mithilfe von Kreisebene, Mittelpunkt und Randpunkt gelingt nicht, vgl. S3/DK1/wmv-Dateien/DK13 1:45. Nach längerem Probieren wird der Kreis durch seine Achse (Lotgerade auf Ausgangsebene) und einen Randpunkt definiert, vgl. S3/DK1/wmv-Dateien/DK13 5:00. Auch die Konstruktion einer Senkrechten in der Ausgangsebene beschäftigt die Probanden ca. fünf Minuten, bis sie durch die „Hilfe-Funktion“ auf die *Ctrl*-Taste aufmerksam werden und die nötigen Schritte gelingen, vgl. S3/DK1/wmv-Dateien/DK13 1:10, 5:20, 7:15, 12:15. Die Konstruktion des Oktaeders ist korrekt, wobei der Schritt der Kugelkonstruktion um den Mittelpunkt des Ausgangsquadrates mit dem Radius der halben Diagonalenlänge ebenfalls richtig ist, jedoch wenig anschaulich erscheint. Der Zugmodus wird bei der Validierung nur kurz benutzt, eine Reflexion über die Unbeweglichkeit eines konstruierten Punktes findet nicht statt, vgl. S3/DK1/wmv-Dateien/DK13 15:00. Die Konversation in S3/DK1/wmv-Dateien/DK13 15:00 lässt darauf schließen, dass ein Verständnis von *Eltern-Kind-Beziehungen* nicht vorhanden ist. Die Probanden sind immer noch unsicher im Umgang mit der Software, sie verwenden sowohl Kreis- als auch Kugelkonstruktionen zur Aufgabenlösung.

Zur Gruppenauswertung vergleiche die Ablaufprotokolle in Abschnitt A.7.7 bzw. die Videodateien in S3/DK1/wmv-Dateien/DK13.

Gruppe DK2

Die Probanden konstruieren schnell und können die richtige Idee zügig in der Software umsetzen. Es fällt auf, dass der Zugmodus nicht verwendet wird. Die Benutzung der *Ctrl*-Taste, um eine Lotgerade in der Ausgangsebene und nicht senkrecht zu ihr konstruieren zu können, bringt keine Schwierigkeiten mit sich, wobei die Verwendung dieser Taste lästig erscheint. P1 äußert sich während der Betätigung der *Ctrl-Taste*: „Ah, das nervt so“, vgl. S3/DK2/wmv-Dateien/DK23 1:00. Die Konstruktion des Kreises mit Mittelpunkt, Kreisebene und Randpunkt gelingt jedoch nicht (vgl. S3/DK2/-wmv-Dateien/DK23 2:15), sodass sich die Probanden mit einer Kugelkonstruktion weiterhelfen, vgl. S3/DK2/wmv-Dateien/DK23 ab 2:35. Um die noch fehlenden Oktaederecken zu konstruieren, verwenden die Studierenden eine Kugelkonstruktion, die den Mittelpunkt des Grundquadrates als Mittelpunkt besitzt und deren Radius die halbe Diagonalenlänge des Quadrates misst. Diese Konstruktion ist richtig, jedoch ohne nähere Begründung bzw. Rechnung nicht naheliegend. Hinweise für das Verständnis von *Eltern-Kind-Beziehungen* sind nicht zu identifizieren, mit Ausnahme der Kreiskonstruktion verfügen die Probanden über eine sehr gute Werkzeugkompetenz.

Zur Gruppenauswertung vergleiche die Ablaufprotokolle in Abschnitt A.7.9 bzw. die Videodateien in S3/DK2/wmv-Dateien/DK23.

Gruppe FH

Die Konstruktion von Kreisen, die während der gesamten Arbeitsphase nicht gelingt, bereitet den Probanden große Schwierigkeiten, vgl. S3/FH/wmv-Dateien/FH3 3:00, 4:40. Auch der Einsatz der *Ctrl*-Taste zur Konstruktion einer Senkrechten zu einer Geraden in einer Ebene führt trotz mehrfacher Anläufe zu keinem Erfolg, vgl. S3/FH/wmv-Dateien/FH3 2:00, 3:30. Aus diesem Grund sind die Probanden gezwungen, das „Grundquadrat“ senkrecht zur Ausgangsebene zu konstruieren. Die Aufgabenlösung gelingt am Ende mithilfe von Kugelkonstruktionen, obwohl zunächst immer Kreiskonstruktionen angedacht sind, diese aber nicht realisiert werden können. Sehr interessant ist die Konversation in S3/FH/wmv-Dateien/FH3 10:30, in der die Probanden über *Eltern-Kind-Beziehungen* diskutieren und mithilfe des Zugmodus die Frage klären. Es findet hier ein reflektierter Umgang mit *Eltern-Kind-Beziehungen* statt.

> P1: „Die Frage ist, ob die jetzt auch abhängig sind voneinander, glaub ich nämlich nicht.“
> P2: „Glaub ich schon... doch, die sind es, weil wenn du das als Radius hast und wenn du die veränderst, dann ändert sich das auch, weil das ja der Schnittpunkt war.“
> P1: „Wenn du hier ziehst... (P1 zieht an Anfangspunkt und Konstruktion ist invariant)... na wunderbar!“
> (vgl. S3/FH/wmv-Dateien/FH3 10:30)

Somit können die *Eltern-Kind-Beziehungen* zwischen den Objekten in diesem konkreten Beispiel geklärt werden, es ist jedoch offen, ob ein Transfer auf ähnliche Konfigurationen gelingt.

In der Konversation nach 17:00 fällt auf, dass die Probanden das Abtragen von Abständen sofort mit der Konstruktion von Kreisen in Beziehung setzen und die Kugelkonstruktion erst später bedacht oder aus „Hilflosigkeit“ umgesetzt wird. Weder die Konstruktion von Lotgeraden in einer Ebene noch die Kreiskonstruktion gelingen, sodass die eigentliche Konstruktion mithilfe von Kugeln und Lotebenen durchgeführt werden muss und die gelöste Aufgabe daher schwieriger ist. Die Werkzeugkompetenz der Probanden ist nicht besonders gut ausgeprägt.

Zur Gruppenauswertung vergleiche die Ablaufprotokolle in Abschnitt A.7.11 bzw. die Videodateien in S3/FH/wmv-Dateien/FH3.

8.2.3 Qualitative Analyse des Datenmaterials von Aufgabe V: Würfelkonstruktion

Gruppe AL

Die Probanden konstruieren mit guter Werkzeugkompetenz. Sie verwenden sowohl Kreis- als auch Kugelkonstruktionen, um äquidistante Abstände herzustellen. Die Kreiskonstruktion erfolgt ohne Schwierigkeiten, vgl. S3/FH/-wmv-Dateien/FH5 0:50. Nach kurzen anfänglichen Problemen gelingt die Benutzung der *Ctrl*-Taste zur Konstruktion einer Lotgeraden in der Standebene des Würfels. Hierbei wird deutlich, dass sich die Werkzeugkompetenzen beider Probanden deutlich unterscheiden. Zur Validierung der Konstruktion wird der Zugmodus in einer sehr kleinen Umgebung an einem beweglichen Punkt benutzt, vgl. S3/FH/wmv-Dateien/FH5 ab 0:50. Die Kreiskonstruktionen werden verwandt, um die quadratische Grundfläche des Würfels herzustellen. Zur Herstellung der Eckpunkte der Deckfläche werden Kugeln benutzt. Weder die Implementierung der Kreiskonstruktion mithilfe von Kreisebene, Mittelpunkt und Randpunkt noch die Konstruktion einer Lotgeraden in der Standebene zu einer gegebenen Strecke bereitet Schwierigkeiten. Es stellt sich jedoch die Frage, ob der Proband mit niedrigerer Werkzeugkompetenz alleine ebenso gut die Aufgabe hätte lösen können. Das validierende Ziehen findet erst nach dem Nachfragen des Dozenten statt und es kann bezweifelt werden, ob die Probanden ohne diesen Einwand den Zugmodus zur Validierung verwendet hätten, vgl. S3/AL/wmv-Dateien/AL5 8:20. Proband 2 antwortet auf die Frage des Dozenten, ob der Würfel invariant sei, sofort mit „ja“, obwohl er diese Invarianz erst im Anschluss nachprüft. Er ist sich offensichtlich sicher, die Konstruktion richtig durchgeführt zu haben und versteht auch die Frage nach der Invarianz sofort, woraus ein vorhandenes *Eltern-Kind-Verständnis* abgeleitet werden kann, vgl. S3/AL/wmv-Dateien/-AL5 ab 8:10.

Zur Gruppenauswertung vergleiche die Ablaufprotokolle in Abschnitt A.8.1 bzw. die Videodateien in S3/AL/wmv-Dateien/AL5.

Gruppe BF

Die Probanden hinterlassen beim Beobachter einen immer noch eher unsicheren Eindruck hinsichtlich der Handhabung der Software und der Generierung von Lösungsideen. Zunächst treten große Probleme bei der Quadratkonstruktion auf, die erst nach über zehn Minuten Bearbeitungszeit gelingt. Vorher werden gleichseitige Dreiecke konstruiert, die jedoch nur bei den vorherigen Aufgaben zur Tetraeder- bzw. Oktaederkonstruktion hilfreich waren. Es fällt auf, dass die Probanden noch oft die Funktion „Messen“ zur Verifikation von gleich langen Strecken verwenden. Sowohl die Kreiskonstruktion mit Kreisebene, Mittelpunkt und Randpunkt (vgl. S3/BF/wmv-Dateien/BF5 1:00, 2:50, 7:00) als auch die Konstruktion einer Lotgeraden zu einer gegebenen Strecke in der Standebene gelingen, vgl. S3/BF/wmv-Dateien/BF5 9:20. Darüber hinaus werden Kugeln und Kreise zur Bestimmung äquidistanter Abstände verwandt. Die Probanden versuchen nach erfolgter Aufgabenlösung, an konstruierten Punkten der Deckfläche zu ziehen, um die Konstruktion zu validieren, vgl. S3/BF/wmv-Dateien/BF5 14:20. Daher kann davon ausgegangen werden, dass ein Verständnis von *Eltern-Kind-Beziehungen* nicht vorliegt. Es ist auffällig, dass die Studierenden nach dem Ablauf eines Semesters immer noch versuchen, mithilfe des *Zugmodus 2.Art* einen rechten Winkel ohne eine echte Konstruktion zu implementieren, vgl. S3/BF/wmv-Dateien/BF5 2:00.

Zur Gruppenauswertung vergleiche die Ablaufprotokolle in Abschnitt A.8.5 bzw. die Videodateien in S3/BF/wmv-Dateien/BF5.

Gruppe BW

Die Probanden konstruieren schnell und sicher, auffällig ist jedoch, dass immer noch Probleme mit der Konstruktion einer Lotgeraden zu einer gegebenen Geraden in einer vorgegebenen Ebene auftreten, vgl. S3/BW/wmv-Dateien/BW5 4:20. Es wird nicht auf die *Ctrl*-Taste zurückgegriffen, um eine Lotgerade anstatt einer Lotebene zu konstruieren. Daher erfolgt eine Lösung mit der Hilfe von Lotebenen und der Konstruktion von Schnittgeraden zwischen den betreffenden Ebenen. Die Probanden verwenden sofort Kugelkonstruktionen zum Abtragen von äquidistanten Abständen, Kreiskonstruktionen kommen nicht vor, vgl. S3/BW/wmv-Dateien/BW5 1:00, 2:35, 4:00. Zu Beginn greifen die Probanden auf die Funktion „Messen“ zurück, um konstruierte Abstände zu überprüfen. Bei der Validierung der Konstruktion ist das Verhalten von P2 auffällig, der zunächst versucht, an konstruierten Punkten der Deckfläche zu ziehen. Im Anschluss findet eine kurze Diskussion über die Invarianz unter dem Zugmodus statt. P1 durchschaut die *Eltern-Kind-Beziehungen* der mathematischen Objekte und erklärt P2 die Abhängigkeit von der Ausgangsstrecke.

> 8:00: P1 versucht, an konstruierten Ecken der Deckfläche zu ziehen, diese Punkte sind jedoch unbeweglich.
> P2: „Lässt sich nicht bearbeiten.“
> P1: „Doch, an einem Punkt muss es gehen.“
> P2: „Klappt ja nicht.“

> P1: „Doch, klar klappts." (zieht an Ausgangspunkt der ersten Strecke)
> P2: „Es muss invariant unter dem Zugmodus sein."
> P1: „Ja, ist es doch."
> P2: „Ok."
> P1: „Wenn Du die Strecke... feste Strecke konstruierst und die veränderst, muss sich das Ding auch verändern."
> P2: „Ja stimmt, an der Ausgangsstrecke, an der ersten."
> (vgl. S3/BW/wmv-Dateien/BW5 8:00)

Es kann davon ausgegangen werden, dass ein Verständnis für *Eltern-Kind-Beziehungen* bei Proband 1 vorliegt, ob dieses bei Proband 2 nun gebildet werden konnte, ist anhand der vorliegenden Daten nicht zu klären. Die Probanden verfügen über eine gute Werkzeugkompetenz und lösen letztlich eine anspruchsvollere Aufgabe, da ihnen die Lotgeradenkonstruktion in der Ebene nicht gelingt.

Zur Gruppenauswertung vergleiche die Ablaufprotokolle in Abschnitt A.8.3 bzw. die Videodateien in S3/BW/wmv-Dateien/BW5.

Gruppe DK1

Die Probanden erinnern sich, dass sie im bisherigen Verlauf der Studie bereits mehrmals Probleme mit der Kreiskonstruktion hatten. Sie definieren Kreise mithilfe einer Achse, um die Definition mithilfe von Mittelpunkt, Ebene und Randpunkt zu umgehen, vgl. S3/DK1/wmv-Dateien/DK15 1:10. Auch werden nur Kreise und keine Kugeln zur Ermittlung äquidistanter Abstände verwendet, vgl. S3/DK1/wmv-Dateien/DK15 4:10. P1 spricht die Verwendung von Kugeln kurz an, P2 konstruiert jedoch mit Kreisen weiter, vgl. S3/DK1/wmv-Dateien/DK15 4:20. Die Verwendung der *Ctrl*-Taste zur Erstellung einer Lotgeraden in einer Ebene gelingt nach kurzem Überlegen, vgl. S3/DK1/wmv-Dateien/DK15 ab 2:35. Die Sequenz in S3/DK1/wmv-Dateien/DK15 5:10 zeigt Schwierigkeiten der Probanden beim Erkennen von festzulegenden Freiheitsgraden mathematischer Objekte im Raum auf. Die Tatsache, dass die Probanden nur bewegliche Punkte in der Standebene zum validierenden Ziehen suchen und nicht etwa Punkte der Würfeldeckfläche in Betracht ziehen, lässt darauf schließen, dass ein Verständnis für die *Eltern-Kind-Beziehungen* zwischen den konstruierten Objekten vorhanden ist, vgl. S3/DK1/wmv-Dateien/DK15 9:15.

Zur Gruppenauswertung vergleiche die Ablaufprotokolle in Abschnitt A.8.7 bzw. die Videodateien in S3/DK1/wmv-Dateien/DK15.

Gruppe DK2

Die Probanden konstruieren auch bei dieser Aufgabe zügig und sicher in der Softwareumgebung. Zur Bestimmung äquidistanter Abstände verwenden sie ausschließlich Kugeln, vgl. S3/DK2/wmv-Dateien/DK25 2:00. Die Konstruktion von Lotgeraden in einer vorgegebenen Ebene zu einer gegebenen Geraden umgehen sie mit der Konstruktion einer Lotebene und anschließender Bestimmung der Schnittgeraden von Ausgangsebene und konstruierter Lotebene, vgl. S3/DK2/wmv-Dateien/DK25 0:50. Die Probanden versuchen auch nicht eine Lotgerade in einer Ebene zu konstruieren. Es ist aufgrund der Daten aus den vorangegangenen Konstruktionsaufgaben davon auszugehen, dass sie diese Konstruktion mithilfe der *Ctrl*-Taste nicht durchführen können, anhand der vorliegenden Daten zur betreffenden Aufgabe ist dies jedoch nicht zu belegen. Die Gruppe validiert die Konstruktion nicht mit dem Zugmodus. Mithilfe der qualitativen Daten ist ebenfalls keine Aussage über das *Eltern-Kind-Verständnis* der Probanden bei der Lösung dieser Aufgabe möglich.

Zur Gruppenauswertung vergleiche die Ablaufprotokolle in Abschnitt A.8.9 bzw. die Videodateien in S3/DK2/wmv-Dateien/DK25.

Gruppe FH

Die Konstruktion gelingt schnell und sicher. Bei der Definition von Objekten wird deutlich, dass Schwierigkeiten bei der Festlegung von Freiheitsgraden eines zu definierenden Objektes auf Seiten der Probanden auftreten, vgl. S3/FH/wmv-Dateien/FH5 1:30. Zur Konstruktion von äquidistanten Abständen werden nur Kugeln verwandt, vgl. S3/FH/wmv-Dateien/FH5 2:40, 4:00. Nach anfänglichen Problemen gelingt die Benutzung der *Ctrl*-Taste zur Konstruktion einer Lotgeraden in der Standebene des Würfels, vgl. S3/FH/-wmv-Dateien/FH5 2:00. Zur Validierung der Konstruktion wird der Zugmodus in einer sehr kleinen Umgebung an einem beweglichen Punkt benutzt. Die vorliegenden Daten erlauben keine Aussage über das Verständnis von *Eltern-Kind-Beziehungen.*

Zur Gruppenauswertung vergleiche die Ablaufprotokolle in Abschnitt A.8.11 bzw. die Videodateien in S3/FH/wmv-Dateien/FH5.

8.2.4 Fazit der qualitativen Betrachtungen

In Tabelle 12 werden die Kompetenzen der Probanden anhand der qualitativen Daten im Verlauf von Studie 3 zusammengefasst. Hierbei wird festgehalten, ob die Gruppen bei den jeweiligen Konstruktionsaufgaben über bestimmte, anhand des Datenmaterials verifizierbare, Kompetenzen verfügen. Außerdem ist abzulesen, in welcher Aufgabe ein Verständnis von *Eltern-Kind-Beziehungen* vorliegt und ob die selbstständige Implementierung von Lotgeradenkonstruktionen in einer Ebene bzw. die Kreiskonstruktion mithilfe von Kreisebene, Mittelpunkt und Randpunkt gelingt. Des Weiteren ist eine eventuelle Präferenz für Kreis- oder Kugelkonstruktionen von Interesse, wobei die dominierende Form der Verwendung als „Kreis“ oder „Kugel“ in die Tabelle eingetragen ist. Werden sowohl Kreise als auch Kugeln in etwa gleichem Umfang benutzt, so ist dies mit dem Eintrag „beide“ gekennzeichnet. Werden ausschließlich Kreise bzw. Kugeln verwandt, so wird dies mit den Einträgen „nKreis“ bzw. „nKugel“ gekennzeichnet. Eine Einschätzung der allgemeinen Werkzeugkompetenz ist sehr subjektiv und wird daher nicht explizit vorgenommen.

In den meisten Fällen kann eine bestimmte Kompetenz in einer als Quelle angeführten Sequenz nur bei einem der Probanden nachgewiesen werden. Aus diesem Grund sind die Einträge so zu interpretieren, dass mindestens ein Proband diese Kompetenz besitzt. Als Beispiele für eindeutig einseitig ausgeprägte Kompetenzen, welche beim zweiten Probanden nachweisbar nicht vorliegen, dienen S3/AL/wmv-Dateien/AL2 ab 19:00 und S3/FH/wmv-Dateien/FH3 10:30.
Kompetenzen, die anhand des vorliegenden Datenmaterials anhand der Aufgabe weder nachgewiesen noch widerlegt werden können, sind mit dem Eintrag „k.A.“ gekennzeichnet. Dieser Eintrag soll verdeutlichen, dass keine belegbare Aussage mithilfe der Daten möglich ist. In solchen Fällen ist es naheliegend, die jeweilige Kompetenz der vorangegangenen Untersuchung anzunehmen. Diese Annahme ist meistens korrekt, jedoch nicht immer gerechtfertigt, wie das folgende Beispiel zeigt.

Die Gruppe FH führt in Aufgabe I (*Schwarze Boxen*) eine Kreiskonstruktion mithilfe von Kreisebene, Mittelpunkt und Randpunkt durch. Trotz mehrmaliger Versuche in den folgenden Konstruktionsaufgaben II, III und V gelingt eine Wiederholung dieser Konstruktion nicht mehr.

Beim Lesen der Tabelle ist zu beachten, dass Kreiskonstruktionen teilweise mit der Hilfe des Dozenten zustande kommen. Da diese Konstruktionen jedoch nicht selbstständig durchgeführt werden, sind entsprechende Kompetenzen in der Tabelle nicht gekennzeichnet. Die Einträge der Gruppe DK1 bedürfen hinsichtlich dieser Aussage einer Erläuterung, da in der Zeile, welche die Präferenz für Kugel- bzw. Kreiskonstruktionen enthält, in den Aufgaben II und III der Eintrag „beide“ aufgeführt ist, die entsprechenden Einträge der Kompetenz der selbstständigen Kreiskonstruktionen jedoch verneint sind. Diese zunächst widersprüchlich erscheinende Aussage ist dadurch zu erklären, dass die Kreiskonstruktion im einen Fall durch die Anleitung des

Dozenten erfolgt und im anderen Fall der Kreis mithilfe der Angabe von Kreisachse und Randpunkt durchgeführt wird.

Die Quellenangaben der einzelnen Tabelleneinträge sind den qualitativen Gruppenauswertungen des sktuellen Abschnitts 8.2 zu entnehmen.

Tabelle 12: Entwicklung von Gruppenkompetenzen in Konstruktionsaufgaben

	AL	BF	BW	DK1	DK2	FH
Eltern-Kind-Bez.						
Aufgabe II	ja	nein	ja	k.A.	nein	nein
Aufgabe III	k.A.	nein	k.A.	nein	k.A.	ja
Aufgabe V	ja	nein	ja	ja	k.A	k.A.
Kreisk.?						
Aufgabe II	ja	nein	ja	nein	nein	nein
Aufgabe III	ja	ja	ja	nein	nein	nein
Aufgabe V	ja	ja	k.A.	nein	k.A.	k.A.
Lotgeradenk.?						
Aufgabe II	ja	k.A.	k.A.	k.A.	nein	k.A.
Aufgabe III	ja	ja	k.A.	ja	ja	nein
Aufgabe V	ja	ja	k.A.	ja	k.A.	ja
KreisKugelpräf						
Aufgabe II	nKreis	Kreis	Kugel	beide	Kugel	beide
Aufgabe III	beide	beide	beide	beide	Kugel	Kugel
Aufgabe V	beide	beide	nKugel	nKreis	Kugel	Kugel

8.3 Darstellung des Typisierungsprozesses

Die Auswertungen der quantitativen und qualitativen Daten werden in der aktuellen Sektion herangezogen, um eine Typologie der Probandengruppen hinsichtlich des Auftretens von Bearbeitungsmerkmalen bei der Lösung von Konstruktionsaufgaben auszuarbeiten. Hierzu sind die klassischen Schritte eines Typisierungsprozesses nach Kelle & Kluge [2010] zu durchlaufen, vgl. hierzu auch Abschnitt 3.6.1 des Methodenkapitels. Die wesentlichen Stufen des Typisierungsprozesses stellen

1. die Erarbeitung relevanter Vergleichsdimensionen,
2. die Gruppierung der Fälle sowie die Analyse empirischer Regelmäßigkeiten,
3. die Analyse inhaltlicher Zusammenhänge und
4. die Charakterisierung der gebildeten Typen

dar. Der Typisierungsprozess wird in der folgenden schriftlichen Darstellung aus Gründen der Übersichtlichkeit linear dargestellt, obwohl er in der konkreten Auswertungsphase zirkulär verläuft. In der Praxis sind die genannten Schritte mehrfach zu durchlaufen und zu prüfen, um schließlich das für die Fragestellung geeignetste Vorgehen auszuarbeiten, vgl. Kelle & Kluge [2010, S. 92].

8.3.1 Erarbeitung relevanter Vergleichsdimensionen

Die Erarbeitung relevanter Vergleichsdimensionen impliziert im strengen Sinn die bereits durchgeführten Untersuchungen der Abschnitte 8.1 und 8.2, da die dort durchgeführten Vergleiche von Daten den Ausgangspunkt zur Analyse von geeigneten Vergleichsmerkmalen darstellen. Im Folgenden sind mögliche Vergleichsdimensionen, inklusive der jeweiligen Merkmalsausprägungen zu erarbeiten, wobei auf den Ergebnissen der beiden vorausgegangenen Abschnitte aufgebaut wird.

Um die quantitativen und qualitativen Ergebnisse kombinieren und zusätzlich den Vergleich von sich entwickelnden Kompetenzen darstellen zu können, erfolgen zunächst komparative Analysen von quantitativen Daten. Hierbei werden sowohl die Bearbeitungsgeschwindigkeit als auch die Anzahl der verschiedenen benutzten Zugmodi bzw. die Dauer des Zugmoduseinsatzes gruppenweise gegenübergestellt und grob kategorisiert. Im Anschluss sind qualitative und quantitative Ergebnisse zu kombinieren, sodass die quantitativen Ergebnisse durch die zeitliche Einordnung von nachgewiesenen Kompetenzen aus den qualitativen Betrachtungen ergänzt werden. Anschließend erfolgt eine Darstellung des erarbeiteten Merkmalsraums $\mathbb{M}^6$mit entsprechender Darlegung von zugehörigen Ausprägungen der einzelnen Dimensionen. Die Positionierung der Gruppen im Merkmalsraum ist Inhalt des darauf folgenden Abschnitts 8.3.2.

Betrachtungen zur Bearbeitungsgeschwindigkeit

In Tabelle 13 sind die „Platzierungen“ der Gruppen hinsichtlich der Bearbeitungsgeschwindigkeit bei den einzelnen Aufgaben dargestellt. Diese werden summiert, um einen Überblick in Bezug auf die relative Bearbeitungsgeschwindigkeit der Gruppen während des Lösungsprozesses von Konstruktionsaufgaben zu erhalten. Die Bearbeitungszeiten von richtig gelösten Aufgaben dienen hierbei als Datengrundlage, vgl. hierzu Abschnitt C.1 des Anhangs.

Tabelle 13: Bearbeitungsgeschwindigkeit der Gruppen

	AL	BF	BW	DK1	DK2	FH
Aufgabe II	3.	5.	2.	6.	1.	4.
Aufgabe III	1.	6.	3.	4.	2.	5.
Aufgabe V	4.	6.	3.	5.	1.	2.
Summe der Platzierungen:	8	17	8	15	4	11

Die Gruppe DK1 löst Aufgabe II falsch und wird folglich auf Platz sechs positioniert. Aufgrund der Datenlage eignet sich weder die Bildung eines arithmetischen Mittels noch die Verwendung des Medians zur Berechnung eines klassischen Mittelwerts bezüglich der Bearbeitungsgeschwindigkeit, weshalb eine qualitative Ordnung zur Bildung zweier Kategorien hinsichtlich „schnellerer“ (s) und „langsamerer“($\overline{s}$) Bearbeitungsgeschwindigkeit vorgenommen wird.

Die folgenden Kategorien ermöglichen einen Vergleich der Gruppen hinsichtlich der Bearbeitungsgeschwindigkeit.

Kategorie s: Die Gruppen konstruieren im relativen Vergleich zu den übrigen Probanden schneller: $\{AL, BW, DK2\}_s$.

Kategorie $\overline{s}$: Die Gruppen konstruieren im relativen Vergleich zu den übrigen Probanden langsamer: $\{BF, DK1, FH\}_{\overline{s}}$.

Betrachtungen zur Verwendung des Zugmodus

In Tabelle 14 sind die prozentualen Verwendungszeiten des Zugmodus bei der Bearbeitung der Konstruktionsaufgaben dargestellt, wobei sich die prozentualen Anteile auf die gesamte Bearbeitungszeit der jeweiligen Gruppe beziehen. Die Datengrundlage bildet die quantitative Auswertung, vgl. Tabelle 10 auf Seite 244.

Tabelle 14: Prozentuale Verwendungszeiten des Zugmodus

	AL	BF	BW	DK1	DK2	FH
Aufgabe II	15%	9%	5%	14%	7%	4%
Aufgabe III	2%	4%	1%	4%	0%	5%
Aufgabe V	2%	5%	4%	5%	0%	11%

Gewichtet man die Aufgaben III und V etwas stärker und berücksichtigt dabei, dass die Probanden in Aufgabe II zum ersten Mal mit einer Konstruktionsaufgabe konfrontiert werden, so lassen sich die folgenden Kategorien hinsichtlich kürzerer (k) und längerer prozentualer Verwendungszeit ($\overline{k}$) des Zugmodus für einen Vergleich bilden[1] :

Kategorie k: Die Gruppen verwenden im relativen Vergleich zu den übrigen Probanden den Zugmodus in einem kürzeren Zeitraum: $\{AL, BW, DK2\}_k$.

Kategorie $\overline{k}$: Die Gruppen verwenden im relativen Vergleich zu den übrigen Probanden den Zugmodus in einem längeren Zeitraum: $\{BF, DK1, FH\}_{\overline{k}}$.

Hinsichtlich der Anzahl von verschiedenen verwandten Zugmodi in den einzelnen Aufgaben ergibt sich der in Tabelle 15 dargestellte Gruppenvergleich, der auf den quantitativen Daten aus Abschnitt 8.1 basiert.

Bei wiederum leicht stärkerer Gewichtung der Aufgaben III und V lassen sich Kategorien bilden, aus deren jeweiliger Zugehörigkeit auf die Benutzung einer weniger hohen (w) bzw. höheren ($\overline{w}$) Anzahl von verschiedenen benutzten Verwendungsweisen des Zugmodus geschlossen werden kann.

Diese Anzahlen der unterschiedlichen benutzten Zugmodi sind in den Aufgaben III und V bei allen Probandengruppen gering und liegen zwischen null und vier. Es werden zwei Kategorien gebildet, wobei Gruppen zur Kategorie

[1] Auf eine leicht stärkere Gewichtung der Aufgaben III und V bei der Analyse der Bearbeitungsgeschwindigkeit wurde aus Gründen der Einfachheit verzichtet. Das Ergebnis einer gewichteten Analyse würde in dieser Untersuchung zu einer exakt gleichen Gruppenverteilung führen.

w zu zählen sind, falls sie in der Summe der verschiedenen verwandten Zugmodi bezüglich der Aufgaben III und V die Zahl drei nicht überschreiten. Sind bei Gruppen in der Summe mehr als drei verschiedene verwandte Zugmodi zu konstatieren, so sind diese in die Kategorie $\overline{w}$ einzuordnen. Da diese Anzahlen bei allen Gruppen gering sind, liegen auch deren Summen nah beieinander, sodass eine Änderung der die Kategorien trennenden Grenze auf zwei bzw. vier bereits leicht veränderte Gruppenzugehörigkeiten zur Folge hätte. Diese Tatsache ist bei den weiteren Betrachtungen zu berücksichtigen.

Es werden folgende Kategorien gebildet, wobei aus oben genannten Gründen für deren weitere Verwendung keine quantitative Festlegung für eine maximal erlaubte Zahl unterschiedlich verwandter Zugmodi zur Definition geeignet ist.
Kategorie w: Die Gruppen verwenden im relativen Vergleich zu den übrigen Probanden weniger verschiedene Zugmodi: $\{AL, BW, DK2\}_w$.
Kategorie $\overline{w}$: Die Gruppen verwenden im relativen Vergleich zu den übrigen Probanden eine höhere Anzahl verschiedener Zugmodi: $\{BF, DK1, FH\}_{\overline{w}}$.

Tabelle 15: Anzahl verschiedener verwandter Zugmodi

	AL	BF	BW	DK1	DK2	FH
Aufgabe II	5	4	4	6	3	3
Aufgabe III	1	2	1	2	0	4
Aufgabe V	1	2	2	2	0	2
Summe aus III und V:	2	4	3	4	0	6

Mögliche Vergleichsdimensionen

In Tabelle 16 sind Gruppeneigenschaften bezüglich der Bearbeitungsgeschwindigkeit, der Dauer bzw. der Anzahl von verschiedenen benutzten Verwendungsweisen des Zugmodus und der bereits in Tabelle 12 ausgearbeiteten Kompetenzen der einzelnen Gruppen kombiniert. Somit stellt Tabelle 16 neben Informationen über Bearbeitungsgeschwindigkeit und Zugmodusverwendung Fakten darüber bereit, in welcher Konstruktionsaufgabe eine bestimmte Kompetenz erstmalig am Datenmaterial nachgewiesen werden kann, sodass ein Vergleich der Gruppen hinsichtlich der zeitlichen Einordnung bezüglich der Erlangung von Kompetenzen im Verlauf von Studie 3 ermöglicht wird.

Bei diesen beobachtbaren Kompetenzen handelt es sich um den Nachweis eines Verständnisses von *Eltern-Kind-Beziehungen*, die selbstständig durchgeführte Kreiskonstruktion mithilfe von Kreisebene, Mittelpunkt und Randpunkt sowie die selbstständige Konstruktion einer Lotgeraden in einer Ebene zu einer gegebenen Geraden durch einen vorgegebenen Punkt. Die Präferenz der Gruppen für die Durchführung von Kreis- bzw. Kugelkonstruktionen wird nicht weiter aufgeführt, da deren Potential hinsichtlich einer Differenzierungseigenschaft von Probandengruppen als zu gering eingeschätzt wird und somit die Forderung von Kelle & Kluge [2010, S. 93] nicht erfüllt:

> „Ziel ist es dabei, solche Kategorien zu finden bzw. Kategorien in einer solchen Weise zu dimensionalisieren, dass die Fälle, die einer Merkmalskombination zugeordnet werden, sich möglichst ähneln, wobei aber zwischen den einzelnen Gruppen bzw. Merkmalskombinationen maximale Unterschiede bestehen sollen."

Mit der Einbeziehung der Kreis- bzw. Kugelpräferenz in die Merkmalskombination zur späteren Typengenerierung wäre die Forderung nach maximalen Unterschieden zwischen verschiedenen Typen und möglichst ähnlichen Kombinationen beim gleichen Typ nicht zu realisieren. Daher kommt dieses Merkmal in Tabelle 16, in der die für die folgende Typisierung näher in Frage kommenden Merkmale aufgeführt sind, nicht vor.

Tabelle 16: Mögliche Vergleichsdimensionen

	AL	BF	BW	DK1	DK2	FH
Bearbzeit	s	$\overline{s}$	s	$\overline{s}$	s	$\overline{s}$
VerwZeitZugm	k	$\overline{k}$	k	$\overline{k}$	k	$\overline{k}$
AnzverschZugm	w	$\overline{w}$	w	$\overline{w}$	w	$\overline{w}$
Eltern-Kind-Bez.	II	fehlt	II	V	k.A.	III
KonstrLotg	II	III	fehlt	III	III	V
KonstrKreis	II	V	II	fehlt	fehlt	fehlt

Konzept des Merkmalsraums

Aus den quantitativen und qualitativen Auswertungen lassen sich Merkmale identifizieren, welche sich nach der noch durchzuführenden Reduktion des Merkmalsraums zum Vergleich der Gruppen und einer sich anschließenden Typisierung dergleichen eignen. Bei diesen identifizierten Merkmalen handelt es sich um Bearbeitungsmerkmale von Gruppen bei der Lösung von Konstruktionsaufgaben, deren jeweilige Ausprägungen im Folgenden expliziert werden. Zunächst müssen die Bearbeitungsmerkmale folgenden Forderungen genügen, um für einen Typologie Verwendung zu finden:

- Die Merkmale müssen für die Lösung von Konstruktionsaufgaben in 3D-DGS relevant sein.
- Die Merkmale müssen nach der erfolgten Reduktion des Merkmalsraums eine interne Homogenität und eine äußere Heterogenität der im Anschluss gebildeten Typologie ermöglichen, vgl. Kelle & Kluge [2010, S. 91].
- Die Merkmale müssen in möglichst vielen Bearbeitungen identifizierbar sein.
- Die Merkmale müssen möglichst einfach zu unterscheidende und leicht identifizierbare Ausprägungen besitzen.

Anhand der Aufgabenbearbeitungen sind sechs Merkmale zu identifizieren, welche die Bearbeitung von Konstruktionsaufgaben charakterisieren. Diese Merkmale spannen einen sechsdimensionalen Merkmalsraum $\mathbb{M}^6$ mit folgender Dimensionalisierung auf:

1. Die relative Bearbeitungsgeschwindigkeit im Vergleich zu den übrigen Probandengruppen
    - mit den Ausprägungen schnell (s) und langsam ($\overline{s}$).
2. Die relative Verwendungszeit des Zugmodus im Vergleich zu den übrigen Probandengruppen
    - mit den Ausprägungen kurz (k) und lang ($\overline{k}$).
3. Die Anzahl von verschiedenen Verwendungsweisen des Zugmodus während der Bearbeitung
    - mit den Ausprägungen weniger (w) und mehr ($\overline{w}$).

4. Der Zeitpunkt eines ersten nachweisbaren *Eltern-Kind-Verständnisses*
   - mit den Ausprägungen II, III, V und „nicht vorhanden" (0).
5. Die erstmals belegbare Werkzeugkompetenz zur Konstruktion einer Lotgeraden zu einer gegebenen Geraden in einer vorgegebenen Ebene durch einen Punkt
   - mit den Ausprägungen II, III, V und „nicht vorhanden"(0).
6. Der Zeitpunkt der Fähigkeit zur selbstständigen Konstruktion eines Kreises mithilfe von Kreisebene, Mittelpunkt und Randpunkt
   - mit den Ausprägungen II, III, V und „nicht vorhanden"(0).

In diesem Merkmalsraum $\mathbb{M}^6$ lässt sich theoretisch jede Probandengruppe nach erfolgter Identifikation der jeweiligen Merkmalsausprägungen eindeutig einem Punkt zuordnen. Diese Zuordnungen sind Inhalt des folgenden Abschnitts.

8.3.2 Gruppierung und Analyse von Regelmäßigkeiten

In dieser Sektion erfolgt die Positionierung der Gruppen im soeben erarbeiteten Merkmalsraum $\mathbb{M}^6$. Der Raum besitzt sechs Dimensionen, weshalb eine differenzierte Betrachtung von theoretisch möglichen Merkmalskombinationen zunächst nicht in Betracht kommt. Eine detaillierte Beschreibung von Merkmalskombinationen kann erst nach erfolgter Reduktion des Merkmalsraums auf verwertbare Weise erfolgen.

Um die Reduktion des Merkmalsraums vorzubereiten, zu deren Durchführung zunächst geeignete Gemeinsamkeiten und Unterschiede der empirisch nachweisbaren Ausprägungen festgestellt werden müssen, wird zunächst die Positionierung der Gruppen im $\mathbb{M}^6$ vorgenommen.

Theoretisch kann jede Gruppe im vorläufig definierten Merkmalsraum anhand der identifizierten Ausprägungen, welche in Tabelle 16 zusammengefasst sind, einem eindeutigen Punkt in diesem Raum zugeordnet werden. Bei der folgenden Darstellung in Tabelle 17 wird die Position der Koordinaten mit der Reihenfolge des Auftretens des betreffenden Merkmals in Tabelle 16 identifiziert.

Die Gruppe DK2 ist im Merkmalsraum $\mathbb{M}^6$ nicht zu positionieren, da die Merkmalsausprägung des *Eltern-Kind-Verständnisses* im Datenmaterial weder nachzuweisen noch zu widerlegen ist. Aufgrund dessen wäre nur eine Zuordnung im zugehörigen Hyperraum $\mathbb{M}^5$, welcher ein *Eltern-Kind-Verständnis* nicht berücksichtigt, möglich.

In Tabelle 17 sind die Probandengruppen entsprechenden Punkten des $\mathbb{M}^6$ zugeordnet, wobei die Gruppe DK2 aufgeführt, die erwähnte Koordinate jedoch mit einem „?“ belegt ist.

Tabelle 17: Gruppen als Punkte im Merkmalsraum $\mathbb{M}^6$

AL:	$(s;\ k;\ w;\ \text{II};\ \text{II};\ \text{II})$	BF:	$(\overline{s};\ \overline{k};\ \overline{w};\ 0;\ \text{III};\ \text{V})$
BW:	$(s;\ k;\ w;\ \text{II};\ 0;\ \text{II})$	DK1:	$(\overline{s};\ \overline{k};\ \overline{w};\ \text{V};\ \text{III};\ 0)$
DK2:	$(s;\ k;\ w;\ ?;\ \text{III};\ 0)$	FH:	$(\overline{s};\ \overline{k};\ \overline{w};\ \text{III};\ \text{V};\ 0)$

Das Ziel des weiteren Vorgehens besteht darin, die Dimension des Merkmalsraums zu reduzieren und geeignete Merkmale zusammenzufassen. Eine solche Reduktion des Merkmalsraums dient der Vorbereitung der sich anschließenden Typisierung, in der Gruppen ähnlicher Merkmalsausprägungen innerhalb eines Typs vereint werden. Dieses Vorgehen impliziert eine Betonung von äußerer Heterogenität und innerer Homogenität der späteren Typen, sodass eine deskriptive Typologie auf der Ebene von materialer Theorie erstellt werden kann, welche konkret auf den gewonnenen Daten fußt und somit im Sinne der *Grounded Theory* gegenstandsverankert ist, vgl. Kelle & Kluge [2010, S. 91].

8.3.3 Analyse inhaltlicher Zusammenhänge und Reduktion des Merkmalsraums

Die Darstellung in Tabelle 17 erlaubt noch keine übersichtliche Typologie der Probandengruppen hinsichtlich der Beschreibung von gemeinsam auftretenden Bearbeitungsmerkmalen, welche im Folgenden angestrebt wird. Durch die Reduktion des Merkmalsraums entstehen überschaubare Dimensionen, die dennoch den Gegenstandsbereich adäquat beschreiben.

Im Anschluss können Typen gebildet werden, welche anhand der sie charakterisierenden Merkmale zu beschreiben sind. Treten Fälle auf, welche nicht in die Typologie einzuordnen sind, so müssen diese als Sonderfälle individuell betrachtet und erläutert, intervenierende Bedingungen der Zuordnung identifiziert und expliziert werden, vgl. Strauss & Corbin [2010, S. 115f.].

Die Darstellung in Tabelle 16 legt nahe, die Merkmale der Bearbeitungsgeschwindigkeit, der Anzahl verschiedener benutzter Zugmodi und die prozentuale Verwendungszeit des Zugmodus als ein Merkmal $\mathcal{A}$ mit zwei Ausprägungen $\mathcal{A}_1$ und $\mathcal{A}_2$ zu betrachten.
Somit sind die Gruppen, welche die Merkmalsausprägung $\mathcal{A}_1$ tragen dadurch

charakterisiert, dass sie im Vergleich zu den Gruppen mit Ausprägung $\mathcal{A}_2$ schneller die richtigen Konstruktionen erstellen, den Zugmodus in einem zeitlich geringeren Umfang benutzen und weniger verschiedene Zugmodi verwenden. Hierbei ist außerdem zu beobachten, dass sich die Unterschiede der in $\mathcal{A}$ zusammengefassten Merkmale tendenziell mit zunehmender Anzahl von bearbeitenden Aufgaben zu verstärken scheinen.

Somit lassen sich die Gruppen AL, BW und DK2 als Träger der Merkmalsausprägung $\mathcal{A}_1$ betrachten, während bei den Gruppen BF, DK1 und FH die Ausprägung $\mathcal{A}_2$ zu konstatieren ist.

Weiter wird das Merkmal $\mathcal{B}$ definiert, das die Merkmale des Nachweises eines *Eltern-Kind-Verständnisses* und der Fähigkeit zur Konstruktion eines Kreises mithilfe von Kreisebene, Mittelpunkt und Randpunkt zusammenfasst. Die Ausprägung $\mathcal{B}_1$ tragen Gruppen, bei denen sowohl ein *Eltern-Kind-Verständnis* als auch der Nachweis der Kreiskonstruktion bereits in Aufgabe II nachgewiesen werden kann.

Die Merkmalsausprägung $\mathcal{B}_2$ tragen Gruppen, deren *Eltern-Kind-Verständnis* in Aufgabe III oder V nachgewiesen werden kann und die darüber hinaus im Verlauf aller Konstruktionsaufgaben keine Kreiskonstruktion mithilfe von Kreisebene, Mittelpunkt und Randpunkt durchführen können.

Die Kompetenz der Fähigkeit zu einer Lotgeradenkonstruktion tritt im reduzierten Merkmalsraum nicht mehr auf, da sie sich aufgrund ihres unterschiedlichen Vorkommens nicht zur Festlegung von Typen eignet und darüber hinaus von manchen Gruppen durch eine Schnittgeradenkonstruktion von Lotebene und Ebene ersetzt wird, welche in *Cabri 3D* leichter umzusetzen ist.

Aufgrund der durchgeführten Reduktion des Merkmalsraums entsteht ein reduzierter zweidimensionaler Merkmalsraum $\mathbb{M}^2$ mit Achsen $\mathcal{A}$ und $\mathcal{B}$ mit jeweiligen Ausprägungen $\mathcal{A}_1$, $\mathcal{A}_2$ bzw. $\mathcal{B}_1$ und $\mathcal{B}_2$. Die Typologie $\mathcal{T}_K$, welche in Tabelle 18 dargestellt ist, beschreibt Probandengruppen hinsichtlich von Bearbeitungsmerkmalen bei der Lösung von Konstruktionsaufgaben. Die Gruppen BF und DK2 lassen sich dieser Typologie nicht zuordnen. Die Beschreibung der gebildeten Typen und der beiden Sonderfälle erfolgt im nächsten Abschnitt.

8.3.4 Charakterisierung der gebildeten Typen

Die erarbeitete Typisierung $\mathcal{T}_K$ enthält Fälle, welche mit genau den identifizierten Merkmalskombinationen im Datenmaterial vorkommen. Eine Charakterisierung der beiden auftretenden Typen fällt leicht, wenn die aufgefundenen Bearbeitungsmerkmale als Entwicklungsstufen beim Umgang mit einem 3D-DGS gedeutet werden. Im Prinzip wählen die beiden Typen (AL, BW)

Tabelle 18: Typologie $\mathcal{T}_K$

$\mathcal{T}_K$		Merkmal $\mathcal{B}$: $\mathcal{B}_1$	Merkmal $\mathcal{B}$: $\mathcal{B}_2$
Merkmal $\mathcal{A}$	$\mathcal{A}_1$	AL BW	-
Merkmal $\mathcal{A}$	$\mathcal{A}_2$	-	DK1 FH

und (DK1, FH) ähnliche Bearbeitungsstile, sie unterscheiden sich jedoch in ihrer Bearbeitungsgeschwindigkeit, der Häufigkeit und Dauer der Zugmodusverwendung sowie dem Zeitpunkt des Nachweises von Werkzeugkompetenzen und eines *Eltern-Kind-Verständnisses*. Die Bearbeitungsmerkmale der Gruppe AL können als Merkmale eines prototypischen Vertreters angesehen werden, der mit dem 3D-DGS sehr gut vertraut ist und Konstruktionsaufgaben problem- und verständnisorientiert löst, dabei Zusammenhänge erkennt und diese durchschaut. Die Gruppe BW besitzt ähnliche Kompetenzen, wobei sich diese im zeitlichen Verlauf der Studie langsamer entwickeln bzw. erst zu einem späteren Zeitpunkt nachgewiesen werden können. Es ist möglich die beiden Gruppen hinsichtlich der Kompetenz zur Durchführung von Lotgeradenkonstruktionen, welche bei der Gruppe BW nicht nachzuweisen ist, noch voneinander zu unterscheiden.

Deutlich größer sind jedoch die Unterschiede zu den Gruppen DK1 und FH bezüglich der Werkzeugkompetenz, da bei diesen Gruppen die wichtige Kreiskonstruktion in keiner Aufgabe nachgewiesen werden kann. Darüber hinaus verwenden sie mehr verschiedene Zugmodi und benutzten den Zugmodus länger bzw. öfter als die Gruppen AL und BW, was mit einer geringeren Vertrautheit mit der Softwareumgebung bei der Bearbeitung von Konstruktionsaufgaben gedeutet werden kann. Die Tatsache der wesentlich späteren Identifikation eines *Eltern-Kind-Verständnisses* trennt die beiden Typen ebenfalls voneinander. Die Gruppen DK1 und FH finden meist selbstständig zu Lösungen und sind mit der Software hinreichend vertraut, um zu adäquaten Problemlösungen zu kommen. Es stehen jedoch nicht alle relevanten Kenntnisse bzw. Kompetenzen frühzeitig zur Verfügung, sodass die Bearbeitungen zum Teil mehr Zeit in Anspruch nehmen oder umständliche Lösungen enthalten.

Aus der erarbeiteten Typologie kann die Hypothese abgeleitet werden, dass routinierte Benutzer, welche schnell konstruieren und über geeignete Vorstellungen von Implementierungen mathematischer Objekte (z.B. Kreiskonstruktion) in 3D-Umgebungen besitzen, den Zugmodus in einem geringen Umfang verwenden. Je sicherer sich eine Gruppe im Umgang mit einem DGS bei der Durchführung von Konstruktionsaufgaben fühlt, desto seltener benutzt sie den Zugmodus. Dieser wird, wenn überhaupt, höchstens zur Überprüfung der Konstruktion genutzt. Eine häufigere Verwendung verschiedener Zugmodi bzw. ein längerer Gebrauch des Zugmodus lässt auf Unsicherheiten in der Softwareumgebung bzw. im Verständnis von Aufgabenstellungen schließen. Diese These wird durch die Analyse des Verlaufs hinsichtlich aller Gruppenbearbeitungen der Konstruktionsaufgaben bestätigt, da sowohl die Verwendungszeit als auch der Gebrauch verschiedener Zugmodi bei jeder Gruppen abnehmen. Darüber hinaus können alle Bearbeitungsmerkmale bzw. deren Ausprägungen als Entwicklungsstufen interpretiert werden, welche bei der Gruppe AL sehr früh nachzuweisen sind. Die restlichen bisher erwähnten Gruppen sind bezüglich der verschiedenen genannten Merkmale weniger weit fortgeschritten.

Die Gruppen BF und DK2 können aus unterschiedlichen Gründen, welche im Folgenden erläutert werden, nicht in die Typologie $\mathcal{T}_K$ eingeordnet werden. Bei Gruppe BF ist im Verlauf von Studie 3 kein Verständnis von *Eltern-Kind-Beziehungen* nachzuweisen. Durch den Versuch des Ziehens an konstruierten Punkten der Würfeldeckfläche (vgl. S3/BF/wmv-Dateien/BF5 14:20) während der letzten Untersuchung, ist das Nichtvorhandensein dieses Verständnisses in Aufgabe V sogar eindeutig zu belegen. Daher ist die Gruppe BF die einzige Gruppe, bei der große Probleme in fast jeder Konstruktionsaufgabe nachgewiesen werden können und die über den gesamten Zeitraum kein *Eltern-Kind-Verständnis* aufbaut, vgl. hierzu die qualitativen Untersuchungen in Abschnitt 8.2. Zwar sind Werkzeugkompetenzen nachzuweisen, das nicht vorhandene *Eltern-Kind-Verständnis*, die Schwierigkeiten der Aufgabenbearbeitung und die allgemeine Sonderstellung der Gruppe hinsichtlich verschiedener Auffälligkeiten, welche in den qualitativen und quantitativen Analysen bereits dargelegt wurden, separieren die Gruppe von allen anderen. Davon seien an dieser Stelle nur die mit Abstand längsten Bearbeitungszeiten bei allen Konstruktionsaufgaben und das im Vergleich zu den übrigen Gruppen relativ häufig gebrauchte *Ziehen ohne mathematische Intention* genannt.

Die Gruppe DK2 muss gesondert charakterisiert werden, da sie ebenfalls eine besondere Stellung im Vergleich zu den übrigen Probandengruppen einnimmt. Durch die extrem seltene Verwendung des Zugmodus ist bei dieser Gruppe ebenfalls kein *Eltern-Kind-Verständnis* direkt am Datenmaterial nachzuweisen. Die Gruppe konstruiert jedoch schnell und kommt ohne Hilfe des Dozenten zu richtigen Lösungen der Aufgaben. Ein besonderes Merkmal ist weiterhin darin zu sehen, dass die Gruppe bis zur letzten Untersuchung weder eine Kreiskonstruktion mithilfe von Ebene, Mittelpunkt und Randpunkt noch eine Lotgeradenkonstruktion durchführt. Die Probanden verwenden stattdessen Kugeln bzw. Lotebenen und bilden die gesuchten Lotgeraden als Schnittgeraden von geeigneten Ebenen, sodass die Probanden aufgrund fehlender Werkzeugkompetenzen teilweise schwierigere Aufgaben lösen und dabei im Vergleich zu den übrigen Gruppen schnell zu Lösungen kommen. Zudem benutzt die Gruppe den Zugmodus in Aufgabe III und V überhaupt nicht, wodurch sie ebenfalls eine Sonderstellung einnimmt. Somit entstehen auch keine Gesprächsanlässe über *Eltern-Kind-Beziehungen*, sodass diese nicht nachgewiesen werden können. Aus rein subjektiver Sicht des Beobachters ist davon auszugehen, dass den Probanden diese Zusammenhänge bewusst sind, da ihr Vorgehen meist überlegt, teilweise sogar routiniert wirkt und sie sich in der Computerumgebung problemadäquat verhalten und innerhalb kurzer Zeit zu richtigen Lösungen kommen.

9 Studie 3: Auswertung (2)

Im vorliegenden Kapitel werden die explorativen Aufgaben I, IV und VI ausgewertet. Der strukturelle Aufbau ist zu dem des vorausgegangenen Kapitels analog. Zunächst erfolgt die Auswertung der quantitativen Daten, an die sich die Analyse der qualitativen Betrachtungen anschließt. Dabei werden geeignete Bearbeitungsmerkmale der Probandengruppen zur Kegelschnittaufgabe (IV) und zur Würfelschnittaufgabe (VI) identifiziert. Im letzten Abschnitt sind die Ergebnisse zueinander in Beziehung zu setzen und zur Generierung zweier Typologien $\mathcal{T}_{E,Kegel}$ und $\mathcal{T}_{E,Würfel}$ zu verwenden. Da die explorativen Aufgaben deutliche Unterschiede hinsichtlich ihrer Anforderungen aufweisen, müssen für diese Aufgaben zwei Typologien erstellt werden, welche im folgenden Kapitel mit der bereits erarbeiteten Typologie $\mathcal{T}_K$ für Konstruktionsaufgaben zu einer vom konkreten Datenmaterial abstrahierten Typologie $\mathcal{T}$ erweitert werden.

9.1 Quantitative Analyse der explorativen Aufgaben

Erwartungsgemäß liegen die verwandten Zugzeiten der Probandengruppen in den explorativen Aufgaben in einem höheren Bereich im Vergleich zu den Konstruktionsaufgaben. Aus diesem Grund sind die prozentualen Angaben auch weitaus aussagekräftiger als sie es noch im Bereich der Konstruktionsaufgaben waren. Die Daten sind wiederum mit einem Messfehler behaftet, der bei der Kodierung unvermeidlich ist. Auch aus diesem Grund ist eine Diskussion der Ergebnisse mithilfe von Nachkommastellen nicht sinnvoll, sodass eine Beschränkung auf ganzzahlige Werte vorzunehmen ist.

9.1.1 Aufgabe I: Schwarze Boxen

Die quantitativen Auswertungen der Aufgabe I, welche mithilfe des erarbeiteten Analysierungsrasters erfasst sind, werden in der folgenden Tabelle 19 zusammengefasst und anschließend interpretiert.

Tabelle 19: Auswertungen Aufgabe I: *Schwarze Boxen*

	Zugm						
Gruppe		**AL**	**BF**	**BW**	**DK1**	**DK2**	**FH**
HypoZ	**1**	0,0%	0,0%	6,4%	0,0%	9,8%	12,2%
ExpEK	2	0,0%	0,0%	0,0%	0,0%	0,0%	0,0%
ExpTF	3	0,0%	0,0%	0,0%	0,0%	0,0%	0,0%
ExpFkt	4	0,0%	0,0%	0,0%	0,0%	0,0%	0,0%
ExpUnt	**5**	68,2%	66,7%	49,0%	55,9%	60,2%	65,7%
ValFkt	**6**	10,6%	0,0%	4,4%	0,0%	0,0%	0,0%
ValTFr	7	0,0%	0,0%	0,0%	0,0%	0,0%	0,0%
ValabZ	**8**	21,2%	30,5%	27,7%	13,2%	14,8%	13,6%
AnpZ	9	0,0%	0,0%	0,0%	0,0%	0,0%	0,0%
ZomInt	**10**	0,0%	1,1%	7,2%	3,7%	1,1%	0,8%
AnbuZ	11	0,0%	0,0%	0,0%	0,0%	0,0%	0,0%
DemoE	**12**	0,0%	1,7%	1,6%	0,0%	0,0%	0,0%
ZM2.A	**13**	0,0%	0,0%	3,6%	27,2%	14,2%	7,7%
	14	0,0%	0,0%	0,0%	0,0%	0,0%	0,0%
	15	0,0%	0,0%	0,0%	0,0%	0,0%	0,0%
Bzeit(mi)		15:50	26:00	33:45	40:40	46:05	53:55
Bzeit(s)		950	1560	2025	2440	2765	3235
ZM(s)		85	174	249	136	379	507
ZM(min)		1:25	2:54	4:09	2:16	6:19	8:27
Ant.Zzeit		**9%**	**11%**	**12%**	**6%**	**14%**	**16%**

	Artef						
Gruppe		**AL**	**BF**	**BW**	**DK1**	**DK2**	**FH**
SysG	1	81,2%	55,7%	79,5%	55,7%	71,5%	81,1%
Geb	2	18,8%	44,3%	20,5%	44,3%	28,5%	18,3%
Ind	3	0,0%	0,0%	0,0%	0,0%	0,0%	0,0%
kZm	4	0,0%	0,0%	0,0%	0,0%	0,0%	0,0%

	Kstufe						
Gruppe		**AL**	**BF**	**BW**	**DK1**	**DK2**	**FH**
GK	1	0,0%	0,0%	5,6%	27,2%	14,2%	7,7%
K1	2	0,0%	0,0%	0,0%	0,0%	0,0%	0,0%
K2	3	0,0%	0,0%	0,0%	0,0%	0,0%	0,0%
K3	4	0,0%	0,0%	0,0%	0,0%	0,0%	0,0%
K4	5	100,0%	100,0%	94,4%	72,8%	85,8%	92,3%

In den Bearbeitungen der ersten explorativen Aufgabe in Untersuchung 1 sind sieben verschiedene Verwendungsweisen des Zugmodus zu konstatieren. Konkret handelt es sich um die einzelnen Verwendungsweisen

1. *des hypothesengenerierenden Ziehens,*
5. *der explorativen Untersuchung/des zielfokussierten Ziehens,*
6. *des validierenden Funktionstests,*
8. *des validierend abtestenden Ziehens,*
10. *des Ziehens ohne mathematische Intention,*
12. *der Demonstration einer Eigenschaft* und
13. *des Zugmodus 2.Art,*

wobei *die explorative Untersuchung/das zielfokussierte Ziehen* eindeutig dominiert und von allen Probandengruppen verwendet wird. Ebenfalls nutzen alle Studierende das *validierende abtestende Ziehen*, das in der Abfolge der Häufigkeit der Verwendung auf dem zweiten Platz folgt.

Auch von fünf der sechs Gruppen wird das *Ziehen ohne mathematische Intention* verwandt, dessen Häufigkeit jedoch weit hinter den bisher erwähnten Zugmodi zurückbleibt. Von vier Gruppen wird *der Zugmodus 2.Art* eingesetzt, wobei dessen Verwendung bei der Gruppe DK1 sogar ca. ein Viertel der Gesamtverwendungszeit einnimmt. Von drei Gruppen wird *das hypothesengenerierende Ziehen* benutzt, während nur zwei Gruppen von der Verwendung des *validierenden Funktionstests* Gebrauch machen. Ebenfalls zwei Gruppen nehmen den Zugmodus zur *Demonstration einer Eigenschaft* zu Hilfe, um ihre Kommilitonen von bestehenden Zusammenhängen oder Abhängigkeiten in den jeweiligen Konstruktionen zu überzeugen.

Bei den benutzten Artefakteinschränkungen tritt nur das Ziehen an systemgebundenen und das Ziehen an gebundenen auf, wobei ersteres bei allen Gruppen dominiert. Bei fast allen Zugprozessen handelt es sich bezüglich der bewegten Punkte um bereits zu Beginn in der Konstruktion vorhandene Punkte, was an dem fast ausschließlichen Auftreten der Komplexitätsstufe 4 (mit Kodierungsziffer 5) abzulesen ist. Gelegentlich werden auch auf dem Niveau der Grundkompetenz (mit Kodierungsziffer 1) Punkte bewegt, wobei die Gruppe DK1 mit 27% im Vergleich zu den übrigen Gruppen einen recht hohen Anteil der Verwendung verzeichnet. Der Anteil der Zugzeit liegt zwischen 6% und 16%.

Die Verlaufsprotokolle der einzelnen Gruppen sind in Abschnitt A.6 aufgeführt. Die quantitativen Einzelauswertungen der Gruppen, in denen die

Daten aus *Videograph* und die verschiedenen Verwendungsweisen zusätzlich in Diagrammform dargestellt sind, können dem Abschnitt B.1 entnommen werden.

Interpretation der Ergebnisse

Es sind zwei Verwendungsweisen des Zugmodus auszumachen, welche bei allen Gruppen vorkommen und die Nutzung eindeutig dominieren. Es handelt sich hierbei um die *explorative Untersuchung/das zielfokussierte Ziehen* bzw. das *validierend abtestende Ziehen.* Das vermehrte Auftreten dieser beiden Verwendungsweisen ist durch die Konzeption der Aufgabe zu erklären. Mithilfe *der explorativen Untersuchung* generieren die Studierenden Hypothesen, um die Konstruktion der jeweiligen *Schwarzen Box* zu erkunden und durch die Anwendung des *validierenden abtestenden Ziehens* kann die von Probandenseite durchgeführte Konstruktion auf Richtigkeit überprüft werden.

Die Intention der Aufgabenstellung, nämlich die Studierenden zur Verwendung des Zugmodus zu animieren und sowohl eine explorative als auch eine validierende Verwendung anzuregen, war somit erfolgreich. Bei der Bearbeitung dieser Aufgabe tritt der *Zugmodus 2.Art* bei vier von sechs Gruppen auf, was auf ein „Ausprobieren“ bei der Implementierung neuer mathematischer Objekte hinweist.

Die übrigen Verwendungsweisen sind von untergeordneter Bedeutung, wobei zusätzlich anzumerken ist, dass die Kodierung des *Ziehens ohne mathematische Intention* problematisch ist, da eine mathematische Intention nicht immer geäußert wird und somit nicht unbedingt als solche wahrgenommen werden kann.

Das Ziehen an systemgebundenen Punkten dominiert die Verwendung, da meist sowohl die vom Nutzer implementierten Punkte als auch der bewegliche Punkt der bereits vorhandenen *Schwarzen Box*, der sich nicht in der Standebene befindet, an keine weiteren Objekte gebunden sind. Dagegen kann der gegebene und zusätzlich bewegliche Punkt der *Schwarzen Box* in der Standebene auch nur in dieser Ebene bewegt werden, was die Einträge im Bereich des gebundenen Ziehens erklärt. Die Analyse der jeweiligen Komplexitätsstufe der Implementierung ergibt, dass fast ausschließlich bereits vorhandene Punkte der Konstruktion mithilfe des Zugmodus bewegt werden. Das Ziehen an diesen Punkten reicht zur Generierung einer Lösungsidee aus, sodass weitere Implementierungen von beweglichen Objekten nicht notwendig sind. Die restlichen Einträge im Bereich der Grundkompetenz sind auf den *Zugmodus 2.Art* zurückzuführen, der bei der Implementierung neuer Objekte bei manchen Gruppen Verwendung findet. Dadurch lässt sich auch die erhöhte Verwendung dieser Nutzungsweise und des Ziehens an systemgebundenen Punkten der Gruppe DK1 erklären.

9.1.2 Aufgabe IV: Schnittfiguren von Doppelkegel und Würfel

Die quantitativen Auswertungen zur Kegelschnittaufgabe werden in der folgenden Tabelle 20 zusammengefasst und anschließend interpretiert.

Tabelle 20: Auswertungen Aufgabe IV: Kegelschnitte

	Zugm						
Gruppe		**AL**	**BF**	**BW**	**DK1**	**DK2**	**FH**
HypoZ	**1**	0,9%	22,6%	0,0%	0,0%	0,0%	3,7%
ExpEK	2	0,0%	0,0%	0,0%	0,0%	0,0%	0,0%
ExpTF	3	0,0%	0,0%	0,0%	0,0%	0,0%	0,0%
ExpFkt	**4**	1,4%	0,4%	3,0%	16,2%	0,0%	0,0%
ExpUnt	**5**	66,3%	38,4%	60,7%	44,8%	66,1%	56,2%
ValFkt	6	0,9%	0,0%	1,3%	0,6%	0,0%	0,0%
ValTFr	7	0,0%	0,0%	0,0%	0,0%	0,0%	0,0%
ValabZ	8	0,0%	8,2%	7,9%	0,0%	0,0%	0,0%
AnpZ	**9**	10,8%	0,0%	3,2%	3,8%	27,7%	23,2%
ZomInt	10	2,4%	25,0%	0,0%	2,5%	0,0%	5,3%
AnbuZ	11	0,0%	0,0%	0,0%	0,0%	0,0%	0,0%
DemoE	12	0,0%	0,0%	0,0%	0,0%	0,0%	0,0%
ZM2.A	**13**	17,4%	5,5%	23,8%	32,2%	6,2%	7,8%
	14	0,0%	0,0%	0,0%	0,0%	0,0%	3,7%
	15	0,0%	0,0%	0,0%	0,0%	0,0%	0,0%
Bzeit mi)		37:30	31:30	47:00	50:00	30:00	43:00
Bzeit(s)		2250	1890	2820	3000	1800	2580
ZM(s)		585	784	529	692	386	617
ZM(min)		9:45	13:04	8:49	11:32	6:26	10:17
Ant.Zzeit		**26%**	**41%**	**19%**	**23%**	**21%**	**24%**
Bem							

	Artef						
Gruppe		**AL**	**BF**	**BW**	**DK1**	**DK2**	**FH**
SysG	1	30,9%	81,6%	76,2%	44,4%	9,8%	93,7%
Geb	2	68,7%	18,4%	23,8%	57,7%	90,2%	6,3%
Ind	3	0,0%	0,0%	0,0%	0,0%	0,0%	0,0%
kZm	4	0,3%	0,0%	0,0%	0,0%	0,0%	0,0%

Gruppe	Kstufe	AL	BF	BW	DK1	DK2	FH
GK	1	15,6%	22,6%	26,3%	20,4%	6,2%	8,8%
K1	2	15,2%	66,8%	50,9%	44,9%	0,0%	85,4%
K2	3	40,9%	0,0%	1,9%	13,3%	76,9%	1,1%
K3	4	4,3%	0,0%	0,0%	0,0%	0,0%	0,0%
K4	5	24,1%	9,8%	21,0%	23,4%	17,9%	4,7%

In den Bearbeitungen der Kegelschnittaufgabe in Untersuchung 2 sind acht verschiedene Verwendungsweisen des Zugmodus zu konstatieren. Dabei treten auf:

1. *das hypothesengenerierende Ziehen*
4. *der explorative Funktionstest*
5. *die explorative Untersuchung/das zielfokussierte Ziehen*
6. *der validierende Funktionstest*
8. *das validierend abtestende Ziehen*
9. *das anpassende Ziehen*
10. *das Ziehen ohne mathematische Intention*
13. *der Zugmodus 2.Art*

Hierbei sind die Verwendungsweisen *der explorativen Untersuchung/des zielfokussierten Ziehens*, des *Zugmodus 2.Art* und *des anpassenden Ziehens* dominant, wobei alle Gruppen die soeben genannten Zugmodi benutzen, mit Ausnahme der Gruppe BF, die auf den Gebrauch des *anpassenden Ziehens* verzichtet. Diese Gruppe ist weiterhin durch eine sehr hohe Verwendungszeit des *Ziehens ohne mathematische Intention* auffällig und übertrifft hierbei mit einem Anteil der Zugzeit von 41% an der Gesamtbearbeitungszeit die Werte der anderen Gruppen, welche zwischen 19% und 26% liegen, deutlich. Zudem weist die Gruppe BF auch einen hohen Zuganteil beim *hypothesengenerierenden Ziehen* auf.

Die Gruppe DK1 ist im Vergleich zu den übrigen Probandengruppen aufgrund der erhöhten Verwendung des *explorativen Funktionstests* und des *Zugmodus 2.Art* auffällig.

Im Bereich der Artefakteinschränkung erfolgt im Wesentlichen nur ein Ziehen an systemgebundenen und gebundenen Punkten, wobei bei den Gruppen BF, BW und FH das Ziehen an systemgebundenen Punkten dominiert, während bei den Gruppen AL und DK2 gebundene Punkte bevorzugt bewegt werden. Die Verwendung ist mit 44% zu 57% bei Gruppe DK1 nahezu ausgeglichen.

Im Bereich der Implementierung des Zugmodus sind die Gruppen BF und FH dadurch auffällig, dass ein Ziehen an bereits in der Konstruktion vorhandenen Punkten im Vergleich zu den übrigen Probanden mit 9,8% und 4,7% seltener nachzuweisen ist.

Die höchste Komplexitätsstufe 3 (Kodierungsziffer 4) erreicht nur die Gruppe AL, während die Gruppe DK2 mit 77% der Verwendungszeit auf Komplexitätsstufe 2 (Kodierungsziffer 3) arbeitet. Die übrigen Gruppen arbeiten während der Aufgabenlösung mit meist wenig kontrollierbaren Verwendungsweisen des Zugmodus auf dem Niveau der Grundkompetenz (Kodierungsziffer 1) bzw. der Komplexitätsstufe 1 (Kodierungsziffer 2).

Für die Verlaufsprotokolle der einzelnen Gruppen vgl. Abschnitt A.7. Die Daten aus *Videograph* sind Abschnitt B.4 zu entnehmen.

Interpretation der Ergebnisse

Nach der Datenlage sind die Gruppen AL und DK2 diejenigen Probanden, die für längere Zeit eine Implementierung des Zugmodus wählen, welche über die Grundkompetenz und die Komplexitätsstufe 1 hinausreicht. Dieses Vorgehen spricht für eine erhöhte Werkzeugkompetenz im Vergleich zu den übrigen Probandengruppen.

Die Gruppen BF und FH ziehen seltener an Punkten, welche bereits zu Beginn in der Konstruktion vorhanden sind (vgl. hierzu Komplexitätsstufe 4 mit 9,8% und 4,7%), somit findet eher selten eine Variation des halben Öffnungswinkels des Kegels bzw. eine Verschiebung der Kegelspitze auf der Kegelachse statt. Daraus ist weiterhin zu schließen, dass die Gruppen überwiegend mit einem statischen Kegel arbeiten und somit ein experimenteller Zugang zur Aufgabe, wie in der Aufgabenstellung eigentlich gefordert, nur schwer möglich ist. Das Herstellen von Beziehungen zwischen halbem Öffnungswinkel und dem Schnittwinkel der Schnittebene mit der Kegelachse ist bei der Betrachtung eines meist statischen Kegels sehr schwierig und erfordert ein tieferes mathematisches Verständnis der Gegebenheiten.

Auch die Verwendung des *anpassenden Ziehens* der Gruppen AL (11%), BW (3%), DK1 (4%), DK2 (28%) und FH (23%) lässt sich mit einer erhöhten Werkzeugkompetenz interpretieren, wobei der prozentuale Anteil der Verwendung dieses Zugmodus doch stark differiert. Die Dominanz der *explorati-*

ven Untersuchung/des zielfokussierten Ziehens bei allen Gruppen verwundert aufgrund der Aufgabenstellung nicht. Weiterhin interessant ist der Gebrauch des *Zugmodus 2.Art*, der in nicht unbedingt erwarteter Weise eine hohe Verwendung von Seiten der Probanden erfährt. Es ist davon auszugehen, dass er in explorativer Form vorwiegend bei der Definition der Schnittebene auftritt, wobei sich auch die prozentualen Anteile der Verwendung mit AL (17%), BF (6%), BW (24%), DK1 (32%), DK2 (6%), FH (8%) unterscheiden.

Das ausschließliche Ziehen an systemgebundenen und gebundenen Punkten ist ebenfalls durch die Aufgabenstellung zu verstehen. Es bietet die Möglichkeit der Interpretation, dass Gruppen, die ein überwiegendes Ziehen an gebundenen Punkten bevorzugen (die Gruppen AL und DK2), den Zugvorgang besser kontrollieren können und diese Probanden somit wahrscheinlich eine höhere Werkzeugkompetenz besitzen und Komplexitätsstufen der Implementierung wählen, die über die Grundkompetenz bzw. die unteren Komplexitätsstufen hinausreichen.

9.1.3 Aufgabe VI: Schnittfiguren von Würfel und Ebene

Der quantitativen Auswertung folgt die Interpretation der Ergebnisse. Eine Tabelle, aus der die von den jeweiligen Gruppen aufgefundenen Schnittfiguren zu entnehmen sind, wird im Teil der qualitativen Auswertung bereitgestellt.

Tabelle 21: Auswertungen Aufgabe VI: Würfelschnitte

Gruppe	**Zugm**	**AL**	**BF**	**BW**	**DK1**	**DK2**	**FH**
HypoZ	**1**	0,0%	6,8%	0,0%	0,0%	0,0%	0,0%
ExpEK	2	0,0%	0,0%	0,0%	0,0%	0,0%	0,0%
ExpTF	3	0,0%	0,0%	0,0%	0,0%	0,0%	0,0%
ExpFkt	**4**	0,0%	13,3%	7,3%	5,7%	0,0%	0,0%
ExpUnt	**5**	65,5%	38,3%	71,9%	68,1%	26,4%	91,6%
ValFkt	**6**	2,9%	1,9%	0,0%	0,0%	0,0%	0,0%
ValTFr	7	0,0%	0,0%	0,0%	0,0%	0,0%	0,0%
ValabZ	8	0,0%	0,0%	0,0%	0,0%	0,0%	0,0%
AnpZ	**9**	0,0%	6,8%	0,0%	0,0%	8,2%	2,7%
ZomInt	**10**	1,1%	18,2%	1,4%	0,0%	0,0%	1,6%
AnbuZ	11	0,0%	0,0%	0,0%	0,0%	0,0%	0,0%
DemoE	**12**	1,1%	0,0%	0,0%	0,0%	0,0%	0,0%
ZM2.A	**13**	29,5%	14,7%	19,4%	26,2%	65,3%	4,1%
	14	0,0%	0,0%	0,0%	0,0%	0,0%	0,0%
	15	0,0%	0,0%	0,0%	0,0%	0,0%	0,0%

Bzeit (min)		37:40	42:00	42:40	40:00	42:40	42:20
Bzeit (s)		2260	2520	2560	2400	2560	2540
ZM (s)		455	483	509	592	401	629
ZM (min)		7:35	8:03	8:29	9:52	6:41	10:29
Anteil Zzeit		20%	19%	20%	25%	16%	25%
Bem		asy	42m				

	Artef						
Gruppe		**AL**	**BF**	**BW**	**DK1**	**DK2**	**FH**
SysG	1	7,7%	83,6%	18,1%	17,1%	65,3%	4,1%
Geb	2	92,3%	15,9%	81,1%	82,9%	34,7%	95,9%
Ind	3	0,0%	0,0%	0,0%	0,0%	0,0%	0,0%
kZm	4	0,0%	0,0%	0,8%	0,0%	0,0%	0,0%

	Kstufe						
Gruppe		**AL**	**BF**	**BW**	**DK1**	**DK2**	**FH**
GK	1	3,3%	33,7%	21,8%	26,7%	65,3%	5,2%
K1	2	26,4%	56,1%	0,6%	0,0%	0,0%	40,4%
K2	3	64,8%	4,8%	16,5%	73,5%	8,2%	2,4%
K3	4	0,0%	0,0%	34,2%	0,0%	26,4%	52,0%
K4	5	3,3%	6,2%	26,9%	0,0%	0,0%	0,0%

In den Bearbeitungen der Würfelschnittaufgabe in Untersuchung 3 sind acht verschiedene Verwendungsweisen des Zugmodus zu konstatieren. Zu identifizieren sind:

1. *das hypothesengenerierende Ziehen*
4. *der explorative Funktionstest*
5. *die explorative Untersuchung/das zielfokussierte Ziehen*
6. *der validierenden Funktionstest*
9. *das anpassende Ziehen*
10. *das Ziehen ohne mathematische Intention*
12. *die Demonstration einer Eigenschaft*
13. *der Zugmodus 2.Art*

Die Verwendungsweise des *validierend abtestenden Ziehens* tritt im Gegensatz zur Kegelschnittaufgabe nicht mehr auf, hinzu kommt die sehr kurze Verwendung der *Demonstration einer Eigenschaft* der Gruppe AL. Die sieben übrigen Verwendungsweisen konnten alle bereits in der Kegelschnittaufgabe identifiziert werden.

Mit Abstand am häufigsten wird *die explorative Untersuchung/das zielfokussierte Ziehen* benutzt, während der *Zugmodus 2.Art* die zweithäufigste Verwendung erfährt. Die Gruppe BF bildet die Ausnahme, da bei ihr das *Ziehen ohne mathematische Intention* die zweite Stelle der häufigsten Verwendung einnimmt und der *Zugmodus 2.Art* erst an dritter Stelle folgt.

Der *explorative Funktionstest* tritt bei drei Probandengruppen auf, ebenso wie *das anpassende Ziehen.* Das *Ziehen ohne mathematische Intention* kommt bei drei Gruppen in sehr geringer Ausprägung vor. Der *validierende Funktionstest* wird nur von zwei Probandengruppen verwandt, während das *hypothesengenerierende Ziehen* lediglich von der Gruppe BF benutzt wird.

Die Anteile der Verwendungszeiten des Zugmodus liegen zwischen 16% und 25% und somit in einem Bereich geringer Bandbreite, ebenso wie die Bearbeitungszeiten der Aufgaben, die zwischen 38 Minuten und 43 Minuten einzuordnen sind. Die Analyse der Artefakteinschränkung ergibt, dass die Gruppen AL, BW, DK1 und FH überwiegend an gebundenen Punkten ziehen, wobei alle Eintragungen mindestens einen Wert von 81% aufweisen, wohingegen die Gruppen BF mit 84% und DK2 mit 66% vorwiegend an systemgebundenen Punkten ziehen.

Aus den Komplexitätsstufen ist abzulesen, dass die Gruppen AL, BF und BW zur Aufgabenlösung auch an den definierenden Punkten des Würfels ziehen, während die restlichen Gruppen DK1, DK2 und FH den Würfel unberührt lassen, was an den Einträgen im Bereich der Komplexitätsstufe 4 (mit Kodierungsziffer 5) zu erkennen ist.

Wieder finden sich die Verlaufsprotokolle der Gruppen und die quantitativen Einzelauswertungen aus *Videograph* im Anhang, vgl. hierzu die Abschnitte A.8 und B.6.

Interpretation der Ergebnisse

Aus den kodierten Artefakteinschränkungen der Gruppen BF und DK2 lässt sich ein eher unkontrolliertes Ziehen von mathematischen Objekten ableiten. Diese erste Einschätzung wird bei der Gruppe BF auch durch die Kodierung der Implementierung des Zugmodus auf vorwiegend niedrigen Komplexitätsstufen bestärkt, während eine Kodierung der Komplexitätsstufe 3 (mit Kodierungsziffer 4) bei Gruppe DK2 diese Hypothese nicht bestätigt und somit in den qualitativen Betrachtungen zu analysieren ist. Es ist möglich, dass die Gruppe DK2 ein sehr breites Handlungsspektrum, was sowohl das Ziehen an systemgebundenen und gebundenen Punkten als auch deren Implementierung in kontrollierte sowie weniger kontrollierte Umgebungen betrifft, aufweist.

Die Gruppen AL, BW, DK1 und FH, die das Ziehen an gebundenen Punkten präferieren, erreichen bei der Implementierung auch höhere Komplexitätsstufen, wobei die höchste Stufe 3 (mit Kodierungsziffer 4), welche eine mathematische Intention und das kontrollierte Ziehen in mehreren Dimensionen ermöglicht nur von den Gruppen BW und DK2 erreicht wird.

9.1.4 Quantitativer Vergleich der explorativen Aufgaben IV und VI

Aufgrund der Aufgabenkonzeptionen ist Aufgabe I der *Schwarzen Boxen* nicht mit den Aufgaben IV und VI der Kegel- und Würfelschnitte zu vergleichen. In Aufgabe I muss lediglich der Zugmodus eingesetzt werden, um zunächst Hypothesen für die jeweilige Konstruktion zu generieren, anschließend ist die Ausführung von Grundkonstruktionen gefordert, um zu Lösungen der Aufgabe zu gelangen. Die Aufgaben IV und VI sind dagegen komplexer und müssen aus diesem Grund getrennt betrachtet werden.

Bei der genaueren Analyse ergeben sich auch Unterschiede im Vergleich der Aufgaben IV und VI, auf die bereits in der a priori Analyse hingewiesen wurde. So ist die Implementierung von Punkten, die auf Geraden bewegt werden können, in der Würfelschnittaufgabe einfacher, da diese durch die Würfelkanten bereits vorhanden sind. Zudem ist der Doppelkegel ein Körper, der durch eine gekrümmte Oberfläche und einen geringeren Alltagsbezug auch für Lehramtsstudierende der Mathematik insgesamt den komplexeren Körper im Vergleich zum Würfel darstellt. Darüber hinaus sind die aufzufindenden Schnittfiguren teilweise nicht geradlinig und ebenfalls schwerer zu identifizieren, wobei *Cabri 3D* eine Hilfe zur Identifikation durch Anwendung der Funktion *Schnittgerade/-kurve* bietet.

Trotz der beschriebenen Unterschiede im Schwierigkeitsgrad der Aufgabenstellungen IV und VI sind interessante Auffälligkeiten anhand des quantitativen Datenmaterials beim Vergleich der Aufgabenbearbeitungen festzustellen. So lässt sich die Hypothese aufstellen, dass der Anteil der Zugzeit an der Gesamtbearbeitungszeit für die Aufgaben IV und VI für einzelne Gruppen nahezu konstant ist. Für diese These sprechen die Bearbeitungen der Gruppen BW (19% und 20%), DK1 (23% und 25%) und FH (24% und 25%). Bei den Gruppen AL und DK2 liegen die Anteile mit 26% zu 20% bzw. mit 21% zu 16% etwas weiter, aber nicht wesentlich auseinander. Die Gruppe BF bildet wie schon zuvor mit Anteilen von 41% und 19% die Ausnahme, wobei nur der erste Wert stark von den übrigen Daten abweicht.

Darüber hinaus ist zu bemerken, dass sich der Anteil des gebundenen Ziehens beim Übergang von Aufgabe IV zu Aufgabe VI bei vier der sechs Gruppen deutlich vergrößert. Der Anteil steigt bei Gruppe AL von 69% auf 92%, bei Gruppe BW von 24% auf 81%, bei Grupe DK1 von 58% auf 83% und bei Gruppe FH von 6% auf 96%. Als Gegenbeispiele dienen die Gruppen BF und DK2. Während bei der Gruppe BF der Anteil mit 18% und 16% nahezu konstant bleibt, verringert er sich bei der Gruppe DK2 deutlich von 90% auf 35%.

Das erhöhte Vorkommen des gebundenen Ziehens kann plausibel mit dem Versuch der Probanden gedeutet werden, ihre Schnittebene kontrolliert zu bewegen. Als weitere Gemeinsamkeit der beiden Aufgaben sind die dominierenden Verwendungsweisen der *explorativen Untersuchung/des zielfokussierten Ziehens* und des *Zugmodus 2.Art* bei allen Probanden mit Ausnahme der Gruppe BF zu nennen.

Ein Vergleich der Aufgaben IV und VI bezüglich aller Gruppenbearbeitungen im Vergleich ist Tabelle 22 zu entnehmen. Aus Gründen der Übersichtlichkeit sind alle Einträge unter 4,5% nicht aufgeführt. Alle Einzeldaten zur jeweiligen Aufgabe sind in den bereits dargestellten Tabellen 20 und 21 nachzulesen.

Tabelle 22: Vergleich der explorativen Aufgaben IV und VI über 4,5 Prozent

Gruppe	ZM	AL (IV)	AL (VI)	BF (IV)	BF (VI)	BW (IV)	BW (VI)	DK1 (IV)	DK1 (VI)	DK2 (IV)	DK2 (VI)	FH (IV)	FH (VI)
hypoth.Z	1			22,6%	6,8%								
	2												
	3												
exp.Fktest	4				13,3%		7,3%	16,2%	5,7%				
exp.U/ziel.Z	5	66,3%	65,5%	38,4%	38,3%	60,7%	71,9%	44,8%	68,1%	66,1%	26,4%	56,2%	91,6%
val.Fktest	6												
	7												
val.abt.Z	8			8,2%		7,9%							
anp.Z	9	10,8%			6,8%					27,7%	8,2%	23,2%	
Z.o.mat.Int	10			25,0%	18,2%							5,3%	
	11												
	12												
ZM 2.Art	13	17,4%	29,5%	5,5%	14,7%	23,8%	19,4%	32,2%	26,2%	6,2%	65,3%	7,8%	
	14												
	15												
Bzeit min		37:30	37:40	31:30	42:00	47:00	42:40	50:00	40:00	30:00	42:40	43:00	42:20
Bzeit s		2250	2260	1890	2520	2820	2560	3000	2400	1800	2560	2580	2540
ZM s		585	455	784	483	529	509	692	592	386	401	617	629
ZM min		9:45	7:35	13:04	8:03	8:49	8:29	11:32	9:52	6:26	6:41	10:17	10:29
Ant.Zzeit		26%	20%	41%	19%	19%	20%	23%	25%	21%	16%	24%	25%
Gruppe	Artf.	AL(IV)	AL(VI)	BF(IV)	BF(VI)	BW(IV)	BW(VI)	DK1(IV)	DK1(VI)	DK2(IV)	DK2(VI)	FH(IV)	FH(VI)
	1	30,9%	7,7%	81,6%	83,6%	76,2%	18,1%	44,4%	17,1%	9,8%	65,3%	93,7%	
	2	68,7%	92,3%	18,4%	15,9%	23,8%	81,1%	57,7%	82,9%	90,2%	34,7%	6,3%	95,9%
	3												
	4												
Gruppe	Kst.	AL(IV)	AL(VI)	BF(IV)	BF(VI)	BW(IV)	BW(VI)	DK1 IV)	DK1(VI)	DK2(IV)	DK2(VI)	FH(IV)	FH(VI)
GK	1	15,6%		22,6%	33,7%	26,3%	21,8%	20,4%	26,7%	6,2%	65,3%	8,8%	5,2%
K1	2	15,2%	26,4%	66,8%	56,1%	50,9%		44,9%				85,4%	40,4%
K2	3	40,9%	64,8%		4,8%		16,5%	13,3%	73,5%	76,9%	8,2%		
K4	4						34,2%				26,4%		52,0%
K4	5	24,1%			6,2%	21,0%	26,9%	23,4%		17,9%		4,7%	

9.2 Qualitative Analyse der explorativen Aufgaben

Wie im vorigen Kapitel bereits im Kontext der Konstruktionsaufgaben ausgeführt, erfolgt nun die qualitative Analyse der explorativen Aufgabenbearbeitungen. Diese Analyse anhand von Videoaufzeichnungen und Verlaufsprotokollen dient erneut der Ergänzung und Kombination der quantitativen Untersuchungen.

Die Auswertung des qualitativen Datenmaterials konzentriert sich wiederum auf die Erarbeitung von Merkmalen, welche für einen Typisierungsprozess in Frage kommen. Die Verwendung des Zugmodus, besonders auch dessen Implementierung steht, neben der Verwendung der *Shift*-Taste und einem eher experimentellen bzw. statischen Vorgehen im Fokus der Betrachtungen.

9.2.1 Qualitative Analyse des Datenmaterials von Aufgabe I: Schwarze Boxen

Die qualitative Analyse der Bearbeitungen erfolgt getrennt nach Probandengruppen, wobei die jeweiligen Bearbeitungszeiten der Aufgaben in den Fußnoten vermerkt sind.

Gruppe AL

Die Gruppe vermittelt einen sicheren Eindruck beim Umgang mit der Software, der Zugmodus wird relativ selten verwendet. Dessen Verwendung erfolgt auch mit Einsatz der *Shift*-Taste, vgl. S3/AL/wmv-Dateien/AL1 3:50. Zum Testen der Aufgabenlösungen wird er in den Aufgaben 1, 2, 3 und 4 eingesetzt, vgl. S3/AL/wmv-Dateien/AL1 1:00, 4:45, 10:00, 12:45. Lediglich bei der Bearbeitung von Aufgabe 5 bleibt seine Benutzung aus, vgl. S3/AL/wmv-Dateien/AL1 18:50. Auch auf die Funktion „Messen" wird zurückgegriffen, um Hypothesen für Konstruktionen zu generieren, vgl. S3/-AL/wmv-Dateien/AL1 2:45. Zunächst treten kurz Probleme mit einer Kreiskonstruktion mithilfe von Mittelpunkt, Randpunkt und Kreisebene auf (vgl. S3/AL/wmv-Dateien/AL1 8:40), in der folgenden Aufgabe gelingt jedoch die Kreiskonstruktion, vgl. S3/AL/wmv-Dateien/AL1 12:00. Kugelkonstruktionen kommen nicht vor. Ebenso ist auffällig, dass die Gruppe sehr schnell[1] arbeitet und die Aufgaben zügig löst.

Zur Gruppenauswertung vergleiche die Ablaufprotokolle in Abschnitt A.6.1 bzw. die Videodateien in S3/AL/wmv-Dateien/AL1.

[1] A1: richtig; 1:00, A2: richtig; 2:50, A3: richtig; 4:20, A4: richtig; 2:10, A5: richtig; 5:30

Gruppe BF

Die Probanden verwenden den Zugmodus zur Validierung in den Aufgaben 1, 2 und 5. In den Aufgaben 3 und 4 bleibt eine Verwendung des *abtestenden Ziehens* aus. Die Studierenden benutzen nicht die *Shift*-Taste, um die Punkte auch in der dritten Dimension zu bewegen, sie ziehen immer in der von der Konstruktion bereits vorgegebenen Ebene. Es wird mehrmals der erfolglose Versuch unternommen, Kreiskonstruktionen durchzuführen (vgl. S3/BF/wmv-Dateien/BF1 6:10, 7:50, 9:00), schließlich gelingt die Konstruktion in Aufgabe 4, vgl. S3/BF/wmv-Dateien/BF1 19:00. Die Bearbeitung von Aufgabe 4 ist gesondert zu betrachten, da die Probanden die Lösung bereits beim Öffnen der Datei sehen konnten. Die Vorgängergruppe hatte die Aufgabenstellung mit ihrer Lösung überschrieben, somit konstruieren die Probanden die „gesehene Lösung" nach. Dadurch ist auch die kurze Bearbeitungszeit[2] zu erklären. Außerdem ist auffällig, dass die Probanden versuchen eine Kugelkonstruktion zu implementieren. Der Versuch schlägt jedoch fehl, vgl. S3/BF/wmv-Dateien/BF1 7:30.

Zur Gruppenauswertung vergleiche die Ablaufprotokolle in Abschnitt A.6.5 bzw. die Videodateien in S3/BF/wmv-Dateien/BF1.

Gruppe BW

Der Zugmodus wird zur Validierung aller Aufgaben verwandt (vgl. S3/-BW/wmv-Dateien/BW1 0:40, 3:45, 10:40, 24:30, 35:15), jedoch erfolgt nie der Gebrauch der *Shift*-Taste, somit liegt immer ein eingeschränktes Ziehen in einer Ebene vor. Des Weiteren fällt auf, dass die Probanden noch keine Kreiskonstruktionen mit Mittelpunkt, Randpunkt und Kreisebene durchführen können, vgl. S3/BW/wmv-Dateien/BW1 5:20, 22:30. Stattdessen nutzen sie Kugelkonstruktionen, vgl. S3/BW/wmv-Dateien/BW1 5:00, 7:10, 19:45, 23:30. Darüber hinaus verwenden die Probanden den Spurmodus (vgl. S3/-BW/wmv-Dateien/BW1 13:30), obwohl diese Funktion in der Einführung zwar erwähnt, aber nicht explizit eingeübt wurde. In manchen Situationen verwenden die Studierenden die Funktion „Messen", die sie in Aufgabe 5 auch zur richtigen Konstruktionsidee führt (vgl. S3/BW/wmv-Dateien/BW1 19:10, 31:00), wobei sie zügig[3] arbeiten.

Zur Gruppenauswertung vergleiche die Ablaufprotokolle in Abschnitt A.6.3 bzw. die Videodateien in S3/BW/wmv-Dateien/BW1.

---

[2] A1: richtig; 1:25, A2: richtig; 1:45, A3: richtig; 9:15, A4: richtig; 2:30 (mit bereits gesehener Lösung), A5: richtig; 11:05

[3] A1: richtig; 0:40, A2: richtig; 2:40, A3: richtig; 6:40, A4: richtig; 13:30, A5: richtig; 10:15

Gruppe DK1

Die Probanden validieren Aufgabe 1 und 2 mithilfe des Zugmodus, vgl. S3/-DK1/wmv-Dateien/DK11 1:50, 7:10. In Aufgabe 3 genügt den Studierenden das Aufleuchten des konstruierten Punktes als Bestätigung der richtigen Konstruktion, vgl. S3/DK1/wmv-Dateien/DK11 10:10. Bei der Verwendung des Zugmodus ist kein Gebrauch der *Shift*-Taste festzustellen. Verschiedene Vorgehensweisen mit Kreiskonstruktionen, welche eine Definition mithilfe von Mittelpunkt, Randpunkt und Kreisebene erfordern, scheitern, vgl. S3/DK1/-wmv-Dateien/DK11 21:10. Bei der Verwendung des Zugmodus in S3/DK1/-wmv-Dateien/DK11 23:15 sind die Probanden sehr gespannt, sogar etwas ängstlich bei der Benutzung. Die Probanden verwenden mehrere Kugelkonstruktionen (vgl. S3/DK1/wmv-Dateien/DK11 22:20, 41:00), die teilweise die nicht gelungene Kreiskonstruktion ersetzen. In Aufgabe 4 finden die Probanden die richtige Lösung, jedoch verwenden sie zur Konstruktion trotz des Einwandes von P2 einen zu konstruierenden Punkt, die Lösung der fünften Aufgabe gelingt nicht[4].

Zur Gruppenauswertung vergleiche die Ablaufprotokolle in Abschnitt A.6.7 bzw. die Videodateien in S3/DK1/wmv-Dateien/DK11.

Gruppe DK2

Bei der Auseinandersetzung mit den Aufgaben ist auffällig, dass der Zugmodus zur Validierung nur in den Aufgaben 1 und 5 benutzt wird (vgl. S3/DK2/wmv-Dateien/DK21 1:05), wobei die Verwendung in Aufgabe 5 auf einen Konstruktionsfehler aufmerksam macht, der anschließend verbessert werden kann, vgl. S3/DK2/wmv-Dateien/DK21 47:00. Eine Nutzung der *Shift*-Taste findet bei der Validierung nicht statt. Ein Aufleuchten der gesuchten Punkte bei den übrigen Konstruktionen genügt den Probanden zur Bestätigung ihrer Lösung. In Aufgabe 4 ist ein häufiger Gebrauch der *Shift*-Taste festzustellen, um Hypothesen zur gesuchten Konstruktion aufzustellen, vgl. S3/DK2/wmv-Dateien/DK21 19:15, 21:00, 22:00. Die Probanden versuchen vergebens in mehreren Aufgaben, Kreiskonstruktionen mithilfe von Mittelpunkt, Randpunkt und Kreisebene durchzuführen, vgl. S3/DK2/wmv-Dateien/DK21 6:40, 10:00. In der Folge weichen sie auf Kugelkonstruktionen aus, vgl. S3/DK2/wmv-Dateien/DK21 7:50, 14:30, 27:40. Alle Aufgaben werden richtig gelöst[5].

Zur Gruppenauswertung vergleiche die Ablaufprotokolle in Abschnitt A.6.9

[4] A1: richtig; 1:50, A2: richtig; 4:30, A3: richtig; 2:10, A4: falsch; 15:00, A5: falsch, Abbruch nach 17:10

[5] A1: richtig; 1:25, A2: richtig; 7:20, A3: richtig; 4:25, A4: richtig; 12:15, A5: richtig; 20:40

bzw. die Videodateien in S3/DK2/wmv-Dateien/DK21.

Gruppe FH

Die Werkzeugkompetenz der Probanden ist gut. Es ist jedoch auffällig, dass die Gruppe während der gesamten Bearbeitung bei keinem Einsatz des Zugmodus die *Shift*-Taste verwendet. Weiterhin ist festzustellen, dass die Gruppe im Gegensatz zu den übrigen Probanden den Zugmodus bei einzelnen Verwendungen relativ lange ununterbrochen benutzt, der Gebrauch ist somit durch länger anhaltendes Ziehen charakterisiert und nicht durch mehrfache kurze Anwendungen, vgl. S3/FH/wmv-Dateien/FH1 1:15, 8:30, 12:00, 56:00. Die Aufgaben 1, 2, 3 und 4 werden mithilfe des Zugmodus validiert, Aufgabe 5 hingegen nicht. Auch wird die Funktion „Messen" verwandt, vgl. S3/FH/-wmv-Dateien/FH1 4:10, 33:00. Schwierigkeiten treten bei der Kreisdefinition mit Mittelpunkt, Randpunkt und Kreisebene auf, die über einen längeren Zeitraum nicht gelingt, vgl. S3/FH/wmv-Dateien/FH1 18:20, 20:25. Interessant ist hierbei, dass die Gruppe die Bearbeitung der Aufgabe 4 abbricht und zunächst Aufgabe 5 bearbeitet[6]. Es vergehen ca. 19 Minuten, bis die Gruppe den Lösungsversuch von Aufgabe 4 wieder aufnimmt. Eine erneute Kreiskonstruktion schlägt zunächst fehl, vgl. S3/FH/wmv-Dateien/FH1 ab 52:20. Die Probanden erinnern sich und schließen die Kreiskonstruktion erfolgreich ab, vgl. S3/FH/wmv-Dateien/FH1 53:10. Um Ortslinien der zu konstruierenden Punkte aufzuzeichnen wird die Spurfunktion genutzt, vgl. S3/FH/wmv-Dateien/FH1 22:00. Diese Funktion wurde in der Einführung nur erwähnt und nicht eingeübt bzw. demonstriert, daher scheint diese Funktion noch von der Arbeit mit 2D-Systemen bekannt zu sein. Die Probanden verwenden keine Kugelkonstruktionen, weil sie eventuell die Kreiskonstruktion beherrschen.

Zur Gruppenauswertung vergleiche die Ablaufprotokolle in Abschnitt A.6.11 bzw. die Videodateien in S3/FH/wmv-Dateien/FH1.

9.2.2 Qualitative Analyse des Datenmaterials von Aufgabe IV: Kegelschnitte

Die qualitative Analyse beginnt mit der Darstellung der aufgefundenen Schnittfiguren der jeweiligen Gruppen in Tabelle 23. Außer der Figur des Kreises werden alle weiteren Schnittfiguren ausschließlich auf experimentellem Weg mithilfe des Zugmodus aufgefunden, weshalb auf eine explizite Kennzeichnung bezüglich eines eher experimentellen oder statischen Vorgehens ver-

[6] A1: richtig; 1:25, A2: richtig; 7:20, A3: richtig; 4:25, A4: richtig; 12:15, A5: richtig; 20:40

zichtet wird. Der Eintrag „nicht k." symbolisiert, dass sich die Gruppe dem Vorkommen der betreffenden Schnittfigur bewusst ist, diese jedoch nicht konstruiert.
Im Anschluss erfolgt die qualitative Analyse der Aufgabenbearbeitungen nach Gruppen getrennt.

Tabelle 23: Identifizierte Schnittfiguren von Doppelkegel und Ebene

Schnittfigur	AL	BF	BW	DK1	DK2	FH
Ellipse	ja	ja	ja	ja	ja	ja
Hyperbel	ja	ja	ja	ja	ja	ja
Kreis	ja	nein	ja	ja	ja	nicht k.
Parabel	nein	nein	nein	nein	nicht k.	nein
Doppelgerade	nein	ja	ja	nein	nein	nein
skreuz.Geraden	ja	nein	ja	ja	ja	ja
Punkt	ja	ja	ja	ja	nein	ja

Gruppe AL

Die Probanden zeigen eine hohe Werkzeugkompetenz und konstruieren schnell und sicher. Des Weiteren verwenden sie die Online-Hilfe bei Unsicherheiten. Eine Implementierung der Schnittebene, bei der sich der Schnittwinkel von Ebene und Achse unabhängig vom halben Öffnungswinkel des Kegels variieren lässt, gelingt ebenso wie das weitgehend kontrollierte Bewegen der Schnittebene problemlos. Auch die Verwendung der *Shift*-Taste bereitet keine Schwierigkeiten. Sowohl der Einsatz des Zugmodus als auch seine Implementierung erfolgen überlegt. Die Konstruktion der Parabel als Schnittfigur gelingt nicht.

Zur Gruppenauswertung vergleiche die Ablaufprotokolle in Abschnitt A.7.2 bzw. die Videodateien in S3/AL/wmv-Dateien/AL4.

Gruppe BF

Bezüglich des Umgangs mit der Software hinterlassen die Probanden einen recht unsicheren Eindruck. Zunächst bereitet das Verständnis der Aufgabenstellung Probleme. Des Weiteren treten Situationen, bspw. bei der Implementierung einer Ebene auf, in denen vermutet werden kann, dass *Eltern*--

Kind-Beziehungen von den Probanden nicht durchschaut werden, vgl. S3/-BF/wmv-Dateien/BF4 4:00. Ein kontrolliertes Ziehen der Ebene bereitet erhebliche Schwierigkeiten und gelingt nicht, vgl. S3/BF/wmv-Dateien/BF4 12:30. Insgesamt scheinen die Probanden mit der Aufgabenstellung teilweise überfordert zu sein. Die *Shift*-Taste wird für ungefähr eine Sekunde bei der Implementierung eines neuen Punktes benutzt, während des Zugvorgangs jedoch nie, vgl. S3/BF/wmv-Dateien/BF4 9:06. Eine überwiegend kontrollierte Bewegung der Schnittebene gelingt nicht.

Zur Gruppenauswertung vergleiche die Ablaufprotokolle in Abschnitt A.7.6 bzw. die Videodateien in S3/BF/wmv-Dateien/BF4.

Gruppe BW

Eine gute Werkzeugkompetenz der Probanden ist festzustellen. Der Einsatz der *Shift*-Taste zum Bewegen von Punkten senkrecht zur Ausgangsebene bereitet keine Probleme, vgl. S3/BW/wmv-Dateien/BW4 9:20, 27:20. Jedoch bestehen noch Schwierigkeiten bei der Konstruktion von Lotgeraden in Ebenen. Die Implementierung von Trägerobjekten, auf denen bewegliche Punkte bewegt werden können, gelingt den Probanden nicht in einer sinnvollen Art und Weise. Sie ziehen teilweise an den Objekten selbst, anstatt an den auf ihn definierten Objekten, was wiederum zu einem unkontrollierten Zugvorgang führt und die Erstellung des Trägerobjektes nutzlos macht, vgl. S3/BW/-wmv-Dateien/BW4 18:45. Das Feststellen von Freiheitsgraden mathematischer Objekte ist für die Probanden in manchen Bearbeitungsabschnitten problematisch, vgl. S3/BW/wmv-Dateien/BW4 ab 27:00. Der Gruppe gelingt es, die Schnittebene so zu implementieren, dass sie unabhängig von einer Veränderung des Doppelkegels bewegt werden kann.

Zur Gruppenauswertung vergleiche die Ablaufprotokolle in Abschnitt A.7.4 bzw. die Videodateien in S3/BW/wmv-Dateien/BW4.

Gruppe DK1

Zunächst tritt das Problem auf, dass sich die Probanden keine Schnittfigur von *Cabri 3D* anzeigen lassen können, da sie versehentlich die Funktion „Kegelschnitt" anstatt der Funktion „Schnittkurve" anwählen. Sie rufen die Online-Hilfe auf, die ihnen jedoch nicht weiterhilft. Im ersten Teil der Bearbeitung wird deutlich, dass die Probanden kein *Eltern-Kind-Verständnis* besitzen, da sie zunächst nicht wissen, wie eine Ebene beweglich implementiert werden kann, vgl. S3/DK1/wmv-Dateien/DK14 ab 1:05-2:30. Die Handhabung von Kreiskonstruktionen lässt vermuten, dass diese, zumindest mithilfe von Kreisebene, Mittelpunkt und Randpunkt, nicht beherrscht werden, vgl.

S3/DK1/wmv-Dateien/DK14 8:10.

Weiterhin ist auffällig, dass keine Verwendung der *Shift*-Taste zu beobachten ist und somit die Probanden nicht senkrecht zur Ausgangsebene ziehen. Bei der Definition von Objekten wird deutlich, dass die Probanden Schwierigkeiten bei der Feststellung der Anzahl der zur Definition nötigen Punkte bzw. Strecken/Geraden haben. So wissen sie beispielsweise nicht, dass zur Definition einer Ebene drei Punkte festzulegen sind, vgl. S3/DK1/wmv-Dateien/-DK14 7:10.

Die Schnittebene wird oft mithilfe der Mantelgeraden oder der Achse des Kegels definiert. Eine Ebenenkonstruktion, die unabhängig vom vorhandenen Kegel bewegt werden kann, gelingt den Probanden nur in Ausnahmefällen, vgl. S3/DK1/wmv-Dateien/DK14 4:00. In den übrigen Fällen ist eine unabhängige Variation von Schnittebene und Kegel überwiegend nicht möglich, vgl. S3/DK1/wmv-Dateien/DK14 29:00, 35:00. Es gelingt schließlich, einen definierenden Punkt der Ebene an eine Kreislinie zu binden. Beim Bewegen der Ebene benutzen die Studierenden jedoch einen definierenden Punkt des Kreises, sodass wieder keine kontrollierte Bewegung der Ebene möglich ist, vgl. S3/DK1/wmv-Dateien/DK14 41:50. Eine vom Kegel unabhängige Implementierung der Ebene gelingt nicht, woran auch die Untersuchung von Abhängigkeiten der Schnittfigur vom halben Öffnungswinkel des Kegels sowie des Schnittwinkels der Ebene mit der Kegelachse scheitern. Darüber hinaus ärgern sich die Probanden über die nur sehr schwer zu kontrollierende Implementierung der Schnittebene. In S3/DK1/wmv-Dateien/DK14 48:50 kommt deutlich zum Ausdruck, dass die Bewegung der Ebene beim Verändern eines Punktes zu schnell erfolgt und daher nicht zu beherrschen ist, was die Probanden auch beklagen.

Zur Gruppenauswertung vergleiche die Ablaufprotokolle in Abschnitt A.7.8 bzw. die Videodateien in S3/DK1/wmv-Dateien/DK14.

Gruppe DK2

Die Probanden konstruieren zügig und sicher und gelangen in kurzer Zeit zu guten Ergebnissen. Es gelingt ihnen sofort, eine bewegliche Ebene zu konstruieren, die auch kontrolliert bewegt werden kann, vgl. S3/DK2/wmv-Dateien/-DK24 1:40. Weiterhin gelingt mit dieser Implementierung die Variation des Schnittwinkels der Ebene mit der Achse unabhängig vom Öffnungswinkel des Kegels. Somit können die Probanden auch Klassifikationen der jeweiligen Kegelschnittkurven in Abhängigkeit des Schnittwinkels bzw. des halben Öffnungswinkels vornehmen. Eine präzise Formulierung der gefundenen Phänomene bereitet jedoch Schwierigkeiten, vgl. S3/DK2/wmv-Dateien/DK24 24:50, 28:00. Die Probanden scheinen keine Probleme mit der Handhabung des Programms zu haben, auch gelingt eine Konstruktion, in der der halbe Öffnungswinkel und der Schnittwinkel der Ebene mit der Achse identisch sind. Eine Verwendung der *Shift*-Taste ist nicht nachzuweisen, ebenso verwenden die Probanden keine Kreis- oder Kugelkonstruktionen. Die Online-Hilfe ist geöffnet, wird jedoch nicht benutzt.

Zur Gruppenauswertung vergleiche die Ablaufprotokolle in Abschnitt A.7.10 bzw. die Videodateien in S3/DK2/wmv-Dateien/DK24.

Gruppe FH

Die Aussage von P2: „Können wir (die Ebene) jetzt bewegen?" in S3/-FH/wmv-Dateien/FH4 3:10 deutet darauf hin, dass noch kein *Eltern-Kind-Verständnis* von den Probanden aufgebaut werden konnte. Die Sequenz in S3/FH/wmv-Dateien/FH4 2:20 macht deutlich, dass die Freiheitsgrade einer Ebene nicht genau bekannt sind. Keine Schwierigkeiten sind im Vergleich zu vorausgegangenen Aufgabenbearbeitungen mehr bei der Benutzung der Steuerungstaste festzustellen, sodass auch Punkte in der Vertikalen bewegt werden, vgl. S3/FH/wmv-Dateien/FH4 14:30, 16:30, 22:50.

Eine Konstruktion von Kreisen mithilfe von Mittelpunkt, Randpunkt und Kreisebene wird nicht durchgeführt, jedoch sind Konstruktionen mithilfe von drei Punkten der Kreislinie nachzuweisen. Es ist zu vermuten, dass entsprechende Kenntnisse zur Kreisdefinition mit Mittelpunkt, Randpunkt und Kreisebene nicht vorliegen.

Die Probanden definieren die Ebene zunächst ausschließlich über drei Punkte, wobei ein Punkt zu Beginn an die Kegelachse gebunden wird, vgl. S3/-FH/wmv-Dateien/FH4 18:20. Nach der Aufforderung des Dozenten, eine Implementierung der Ebene zu finden, die ein kontrolliertes Ziehen ermöglicht, konstruieren die Probanden einen Kreis und binden Punkte der Ebene an die Kreislinie. Allerdings erfolgt das anschließende Ziehen an den Punkten, die den Kreis definieren. Diese sind willkürlich im Raum platziert und erlauben daher keine Möglichkeit zur kontrollierten Bewegung der Schnittebene, vgl. S3/FH/wmv-Dateien/FH4 40:20. Häufig ziehen die Probanden vorsichtig und versuchen somit, die Bewegung der Ebene kontrollierbarer zu handhaben, vgl. S3/FH-/wmv-Dateien/FH4 22:25, 33:55, 37:00. Die Gruppe findet die relevanten Kegelschnitte, was allerdings auch teilweise auf Kenntnisse aus den Fachvorlesungen zurückzuführen ist. Die Parabel wird nicht konstruiert, der Kreis wird genannt, jedoch ebenfalls nicht konstruiert.

Zur Gruppenauswertung vergleiche die Ablaufprotokolle in Abschnitt A.7.12 bzw. die Videodateien in S3/FH/wmv-Dateien/FH4.

9.2.3 Qualitative Analyse des Datenmaterials von Aufgabe VI: Würfelschnitte

Aus Tabelle 24 gehen die von den jeweiligen Gruppen aufgefundenen Schnittfiguren hervor. Hierbei ist zusätzlich vermerkt, ob diese Schnittfiguren auf experimentellem (e) Weg mithilfe des Zugmodus gefunden wurden oder eine unbewegliche Schnittebene (u) zur Konstruktion Verwendung fand.
Die qualitative Analyse des Datenmaterials von Aufgabe VI erfolgt nach Gruppen getrennt im Anschluss.

Tabelle 24: Identifizierte Schnittfiguren

Schnittfiguren	AL	BF	BW	DK1	DK2	FH
Dreieck	ja(e)	ja(e)	ja(u)	-	ja(?)	ja(e)
gleichseitiges Dreieck	ja(e)	ja(u)	ja(u)	ja(e)	ja(u)	ja(e)
gleichschenkliges Dreieck	-	ja(e)	-	ja(e)	ja(u)	ja(e)
Trapez	ja(e)	ja(e)	ja(e)	[ja(e)]	ja(e)	ja(e)
gleichschenkliges Trapez	ja(e)	-	-	[ja(e)]	-	-
Parallelogramm	ja(e)	-	ja(e)	-	ja(e/u)	ja(e)
Rechteck	ja(e)	ja(e)	ja(u)	ja(e)	ja(u)	ja(e)
Raute	ja(e)	-	-	-	-	-
Quadrat	-	ja(e)	ja(u)	ja	ja(u)	ja(e)
Fünfeck	ja(e)	-	ja(e)	[ja(e)]	ja(u)	ja(e)
Sechseck	ja(e)	ja(e)	ja(e)	ja	ja(e)	ja(e)
regelmäßiges Sechseck	ja(e)	-	ja(u)	ja	ja(u)	ja(e)

Gruppe AL

Die Probanden sind mit der Software sehr gut vertraut und es gelingt ihnen, ihre Ideen schnell und ohne Schwierigkeiten umzusetzen. Während der Bearbeitung sind Unsicherheiten mit der Identifikation von Schnittfiguren festzustellen. Daher ergeben sich Diskussionen, ob es sich bei einer gefundenen Schnittfigur um ein Parallelogramm, einen Drachen, eine Raute oder ein Rechteck handelt, vgl. S3/AL/wmv-Dateien/AL6 11:00. Die Implementierung des Zugmodus ist manchmal schwer in eine Komplexitätsstufe einzuordnen. Es wird in strittigen Fällen der Kodierung die Komplexitätsstufe 2 (mit Kodierungsziffer 3) gewählt, obwohl auch eine Einordnung in Komplexitätsstufe 3 (mit Kodierungsziffer 4) möglich gewesen wäre. Die Funktion „Messen“ wird nicht benutzt, die Kreiskonstruktion mit Angabe von Kreisebene, Mittelpunkt und Randpunkt gelingt problemlos, vgl. S3/AL/-wmv-Dateien/AL6 6:00. Alle Schnittfiguren werden mithilfe des Zugmodus gefunden. Die Schnittebene wird nie mit drei unbeweglichen Punkten definiert, sie ist immer beweglich und kann meist kontrolliert variiert werden.

Zur Gruppenauswertung vergleiche die Ablaufprotokolle in Abschnitt A.8.2 bzw. die Videodateien in S3/AL/wmv-Dateien/AL6.

Gruppe BF

Die Probanden scheinen mit der Aufgabe überfordert zu sein. Das Verständnis der Aufgabenstellung ist bereits problematisch, da der Begriff der „Schnittfigur“ nicht gebildet ist. Die Aufgabenbearbeitung ist allgemein durch schnelle und unüberlegte Konstruktionen gekennzeichnet, welche im Anschluss wieder gelöscht und direkt durch neue Konstruktionen ersetzt werden, vgl. S3/-BF/wmv-Dateien/BF6 ab 5:30, 16:30. Des Weiteren sind die Probanden eher unsicher, was ihre Werkzeugkompetenz betrifft. Sie messen häufig Längen und Winkel, vgl. S3/BF/wmv-Dateien/BF6 11:30, 12:50, 15:30, 25:10, 26:10. Die Auswertung wird dadurch erschwert, dass sich die Probanden selten verständigen und daher nur selten aufgrund der stattfindenden Konversationen auf ihre aktuellen Absichten bzw. Vorgehensweisen geschlossen werden kann. Während der Untersuchung beschäftigen sich die Probanden ca. 15 Minuten mit Dingen, die nicht zur Aufgabenbearbeitung zu zählen sind, was auch auf mangelnde Motivation bzw. eine Überforderung der Studierenden schließen lässt. Auch durch mehrfache Hilfe des Dozenten (vgl. S3/BF/wmv-Dateien/-BF6 22:40) finden die Probanden nur schwer einen wirklichen Zugang zur Aufgabe. Ein kontrolliertes Ziehen der Schnittebene gelingt nicht selbstständig ohne vorherige Instruktion durch den Dozenten. Kreis- oder Kugelkonstruktionen treten ebenso wenig auf wie Lotgeradenkonstruktionen. Auch der Gebrauch der *Shift*-Taste ist nicht zu identifizieren. Die Probanden finden die identifizierten Schnittfiguren, mit Ausnahme des „gleichseitigen Dreiecks“ mithilfe des Zugmodus auf experimentelle Art.

Zur Gruppenauswertung vergleiche die Ablaufprotokolle in Abschnitt A.8.6 bzw. die Videodateien in S3/BF/wmv-Dateien/BF6.

Gruppe BW

Die Werkzeugkompetenz der Probanden ist sehr gut. Die Identifikation von Schnittfiguren bereitet den Studierenden Schwierigkeiten, sie messen daher Strecken und Winkel, um die vorliegende Schnittfigur benennen zu können, vgl. S3/BW/wmv-Dateien/BW6 4:10, 27:30, 29:00. Des Weiteren benutzen die Probanden ausschließlich eine spezielle Methode, um die Schnittebene zu definieren. Zu Beginn konstruieren sie einen Kreis und eine Lotgerade zur x-y-Ebene, wobei sie zwei Punkte auf der Kreislinie und einen Punkt auf der Lotgeraden zur Definition der Schnittebene verwenden. Im Wesentlichen ziehen die Probanden an diesen Punkten, bewegen den Würfel und die Lotgerade, an die ein Punkt der Ebene gebunden ist. Somit gelingt eine kontrollierte Bewegung der Schnittebene, vgl. S3/BF/wmv-Dateien/BF6 2:00. Die „einfachen“ Schnittfiguren konstruieren sie direkt über drei fest gewählte Punkte der Schnittebene, „schwierigere“ Schnittfiguren werden eher mithilfe des Zugmodus gefunden. Die Probanden verwenden nicht die *Shift*-Taste, auch Kugelkonstruktionen werden nicht benutzt. Eine Kreiskonstruktion mithilfe von Kreisebene, Mittelpunkt und Randpunkt tritt ebenfalls nicht auf, nur zu Beginn wird ein Kreis auf andere Weise konstruiert, vgl. S3/BF/wmv-Dateien/BF6 1:30.

Zur Gruppenauswertung vergleiche die Ablaufprotokolle in Abschnitt A.8.4 bzw. die Videodateien in S3/BW/wmv-Dateien/BW6.

Gruppe DK1

Die Handhabung der Software von Seiten der Probanden wirkt etwas unsicher, verstärkt zu Beginn der Bearbeitung. Es ist auffällig, dass alle erkannten Schnittfiguren experimentell mithilfe des Zugmodus gefunden werden und keine unbewegliche Ebene zur Bestimmung einer Schnittfigur Verwendung findet. Die konkrete Benennung von Schnittfiguren bereitet der Gruppe Probleme, jedoch werden weder Längen- noch Winkel gemessen, um eine Hypothese zu generieren bzw. zu überprüfen. Die Probanden scheinen in Problemsituationen zu raten oder sie versuchen durch „Hinsehen“, ihre Vermutung zu bestätigen, vgl. S3/DK1/wmv-Dateien/DK16 17:20, 33:20. Probleme mit der Kreiskonstruktion sind ebenfalls in S3/DK1/wmv-Dateien/DK16 19:40 aufzufinden. Eine Benutzung der *Shift*-Taste kann in der Bearbeitung nicht verifiziert werden. Weiterhin treten Schwierigkeiten bei der Implementierung von mathematischen Objekten auf. So gehen die Probanden zum Beispiel bei der Konstruktion einer Lotgeraden zu einer Geraden g im Raum durch einen Punkt von g davon aus, dass es nur eine solche Lotgerade gibt, vgl. S3/DK1/wmv-Dateien/DK16 3:45.

Bei der Implementierung des Zugmodus sind zwei Vorgehensweisen zu unterscheiden. Zu Beginn konstruieren die Probanden eine Strecke (z. B. Raumdiagonale, Kante,...) und verwenden als Schnittebene eine Lotebene zu dieser konstruierten Strecke, wobei ein Punkt der Lotebene auf dieser Strecke beweglich ist. Eine andere Vorgehensweise besteht darin, eine Parallele zu einer konstruierten Strecke in der Ausgangsebene zu konstruieren und zur Definition der Schnittebene diese Parallele in der Ausgangsebene und einen festen Eckpunkt des Würfels zu verwenden. Durch Verschieben der Ausgangsebene wird die Schnittebene somit variabel.

Der Dozent gibt in Minute 22 zu viele Hinweise (vgl. S3/DK1/wmv-Dateien/-DK16 22:00) und zeigt den Probanden eine Implementierung der Schnittebene, die sie selbst sehr wahrscheinlich nicht gefunden hätten. Im Sinne des Forschungsinteresses wird die anschließende Zugmodusverwendung mit Komplexitätsstufe 2 (mit Kodierungsziffer 3) anstatt Komplexitätsstufe 3 (mit Kodierungsziffer 4) kodiert und die aus dieser Konstruktion gefundenen Schnittfiguren sind mit eckigen Klammern versehen in Tabelle 24 dargestellt. Zur Gruppenauswertung vergleiche die Ablaufprotokolle in Abschnitt A.8.8 bzw. die Videodateien in S3/DK1/wmv-Dateien/DK16.

Gruppe DK2

Die Probanden zeichnen sich durch eine gute Werkzeugkompetenz aus, sie konstruieren schnell und sicher. Zu Beginn bereitet der Begriff der „Schnittfigur" Schwierigkeiten, das Problem kann jedoch in der Gruppe geklärt werden. Gelegentlich treten Probleme mit der Identifizierung von vorliegenden Schnittfiguren auf. Zur Klärung des Problems messen die Probanden Längen bzw. Winkel, vgl. S3/DK2/wmv-Dateien/DK26 1:45, 3:15, 5:10, 18:40, 25:20, 41:30. Auffällig ist weiterhin, dass erst gegen Ende der Sitzung der Zugmodus in einer explorativen Art und Weise zum Auffinden des Parallelogramms eingesetzt wird. Zuvor werden die Schnittebenen mit festen Punkten oder Kanten definiert, um Schnittfiguren zu finden, vgl. S3/DK2/wmv-Dateien/DK26 ab 40:00. Es werden auch Punkte auf Kanten platziert und deren jeweilige Abstände zum nächsten Eckpunkt gemessen. Diese Punkte werden auch verschoben, um jeweilige Abstände anzupassen, vgl. S3/DK2/wmv-Dateien/-DK26 ab 26:00. In der Mehrzahl der Fälle wird die Schnittebene erst nach diesem „Zurechtziehen" definiert und die Schnittfigur untersucht. Eine Lageveränderung der die Schnittebene bestimmenden Punkte mithilfe des Zugmodus und gleichzeitiger Untersuchung der Schnittfigur findet erst gegen Ende der Sitzung statt.

Bei mindestens einem Probanden lassen sich auch Probleme bei der Feststellung von Freiheitsgraden einer Ebene nachweisen, vgl. S3/DK2/wmv-

Dateien/DK26 0:40. Die Gruppe benutzt eine Kugelkonstruktion (vgl. S3/-DK2/wmv-Dateien/DK26 14:00), Kreiskonstruktionen und die Verwendung der *Shift*-Taste können nicht nachgewiesen werden.

Eine nähere Untersuchung des mit 66% hohen Anteils des Ziehens an systemgebundenen Punkten ergibt, dass dies in Verbindung mit der Verwendung des *Zugmodus 2.Art* zu erklären ist, der den gleichen Anteil der Verwendung erfährt. Dieser Zugmodus wird von der Gruppe häufig benutzt und geht mit dem Bewegen von noch nicht fest definierten Punkten einher, welche somit systemgebunden sind. Aus dieser Verwendung kann daher nicht geschlossen werden, dass die Probanden nicht die Fähigkeit besitzen, bewegliche Punkte auf mathematischen Objekten zu definieren.

Zur Gruppenauswertung vergleiche die Ablaufprotokolle in Abschnitt A.8.10 bzw. die Videodateien in S3/DK2/wmv-Dateien/DK26.

Gruppe FH

Die Werkzeugkompetenz der Probanden ist gut, wobei die benutzten Konstruktionen nicht kompliziert sind und sich die Art und Weise der Einbindung beweglicher Objekte über den gesamten Zeitraum der Bearbeitung nicht verändert. Die Probanden verwenden drei Lotgeraden, welche auf der x-y-Ebene senkrecht stehen. An diese Lotgeraden wird jeweils ein Punkt gebunden, welche anschließend zur Definition der Schnittebene dienen, vgl. S3/FH/wmv-Dateien/FH6 ab 0:40-2:50). Zum Auffinden von Schnittfiguren ziehen die Probanden an den Lotgeraden als auch an den drei beweglichen Punkten auf den Geraden, welche die eigentliche Schnittebene festlegen, vgl. S3/FH/wmv-Dateien/FH6 ab 4:00. Diese Art der Schnittebenenimplementierung ändert sich während des gesamten Verlaufs der Bearbeitung nicht.

Es ist auffällig, dass die Probanden alle Schnittfiguren experimentell finden und keine Schnittfigur durch eine Definition der Ebene mithilfe fester Punkte konstruieren.

Falls sich die Probanden bei Schnittfiguren nicht sicher sind, um welche Figuren es sich konkret handelt, messen sie Winkel und Streckenlängen, vgl. S3/FH/wmv-Dateien/FH6 ab 11:40, 12:20, 14:20, 15:20, 42:00. Um herauszufinden, ob zwei Geraden parallel sind, konstruieren sie eine Senkrechte auf eine der Geraden und messen den Winkel, den diese Senkrechte mit der anderen Geraden bildet, vgl. S3/FH/wmv-Dateien/FH6 26:00.

Eine Verwendung von Kreis-, Kugel oder Lotgeradenkonstruktionen in Ebenen kann ebenso wie eine Verwendung der *Shift*-Taste nicht am vorliegenden Datenmaterial verifiziert werden. Die einzelnen Zugphasen werden langsam und im Vergleich zu anderen Gruppen über einen längeren Zeitraum (bis ca. 20 Sekunden) ausgeführt, dabei erfolgt eine genaue Beobachtung des Bildschirms, vgl. S3/FH/wmv-Dateien/FH6 ab 16:00, 26:45, 27:28, 27:44.

Zur Gruppenauswertung vergleiche die Ablaufprotokolle in Abschnitt A.8.12 bzw. die Videodateien in S3/FH/wmv-Dateien/FH6.

9.3 Darstellung des Typisierungsprozesses

Der Typisierungsprozess hinsichtlich von Bearbeitungsmerkmalen der Probandengruppen bei der Lösung explorativer Aufgaben wird im vorliegenden Abschnitt durchgeführt. Die Orientierung des Vorgehens erfolgt erneut an den bekannten Phasen des Prozesses:

- Erarbeitung relevanter Vergleichsdimensionen,
- Gruppierung und Analyse von Regelmäßigkeiten,
- Analyse inhaltlicher Zusammenhänge und Reduktion des Merkmalsraums und
- Charakterisierung der gebildeten Typen.

Dieses Verfahren wurde bereits in Kapitel 8 am Beispiel der Konstruktionsaufgaben detailliert durchgeführt, sodass der aktuelle Typisierungsprozess komprimierter dargestellt werden kann.

Aufgabe I: Schwarze Boxen

Die Analyse ergibt, dass Aufgabe I (*Schwarze Boxen*) aus Untersuchung 1 keine geeigneten Vergleichsmerkmale enthält, welche sich für eine Typisierung eignen. Eventuell können die bei der Bearbeitung der Schwarzen Boxen identifizierten Merkmale jedoch dazu dienen, Ausprägungen von Merkmalen bestimmter Gruppen, welche in anderen Aufgaben auftreten, zu stützen bzw. zu widerlegen, weshalb ein Vergleich der Gruppen hinsichtlich der Verwendung der *Shift*-Taste und der Validierung mithilfe des Zugmodus in Tabelle 25 dargestellt ist. Falls die *Shift*-Taste mindestens einmal Verwendung findet, so wird dies mit dem Eintrag „ja“ kenntlich gemacht. Die Darstellung x/5 bedeutet, dass x der 5 Aufgaben mithilfe des Zugmodus validiert wurden.

Tabelle 25: Bearbeitungsmerkmale: *Schwarze Boxen*

	AL	BF	BW	DK1	DK2	FH
Validierung mit ZM	4/5	3/5	5/5	2/5(2 falsch)	2/5	4/5
Shift-Taste	ja	nein	nein	nein	A4	nein

Aufgabe IV: Kegelschnitte

Mithilfe einer Kombination der qualitativen und quantitativen Auswertungen der vorausgehenden Abschnitte gelingt die Zusammenstellung von Bearbeitungsmerkmalen der Kegelschnittaufgabe aus Untersuchung 2. Diese Merkmale spannen einen Merkmalsraum $\mathbb{M}^5$ auf, dessen Dimension für die Erarbeitung einer übersichtlichen Typologie zu groß ist.

Bei den identifizierten Merkmalen handelt es sich um die Fähigkeit zur überwiegend unabhängigen Implementierung von beweglichen Objekten. Darunter ist zu verstehen, dass die implementierten Objekte unabhängig vom Kegel verändert werden können. Oft definieren Probanden die Schnittebene mithilfe eines Punktes, der bereits den Öffnungswinkel bzw. die Kegelspitze definiert, sodass keine unabhängige Bewegung von Ebene und Kegel bei der Variation dieses Punktes möglich ist.

Ein weiteres Merkmal betrifft die Fähigkeit zur Implementierung einer Ebene, welche überwiegend kontrolliert bewegt werden kann, was durch eine Definition mithilfe dreier willkürlich im Raum gewählter Punkte nicht gelingt. Ein drittes Merkmal wird in der eventuellen Verwendung der *Shift*-Taste gesehen, wobei dies als gewöhnliche Werkzeugkompetenz, jedoch auch als Hinweis auf eine Gewöhnung an den 3D-Raum der Computerumgebung gedeutet werden kann.

Das vierte Merkmal bezieht sich wiederum auf die Art der Implementierung des Zugmodus. Die Fähigkeit zur Implementierung und überwiegenden Nutzung des Zugmodus auf Komplexitätsstufe 2 (mit Kodierungsziffer 3) definiert das Vorhandensein dieses vierten Merkmals. Ein weiteres Merkmal der Bearbeitung besteht in der deutlich überwiegenden Verwendung von gebundenen Punkten beim Einsatz des Zugmodus im Vergleich zum überwiegenden Gebrauch an systemgebundenen Punkten.

Bei den soeben beschriebenen Merkmalen ist kritisch anzumerken, dass diese nicht unabhängig sind. So ist eine vorwiegende Implementierung des Zugmodus auf Komplexitätsstufe 2 auch an eine Präferenz für die Verwendung des Zugmodus an gebundenen Punkten gekoppelt. Der umgekehrte Schluss ist jedoch nicht immer zulässig, was das konkrete Beispiel der Gruppe DK1 belegt. Die Gruppe DK1 präferiert ein Ziehen an gebundenen Punkten, erreicht jedoch keine überwiegende Implementierung auf Komplexitätsstufe 2. Zunächst erfolgt eine Darstellung der identifizierten Merkmale in Tabelle 26, bevor eine Reduktion des Merkmalsraums durchgeführt wird.

Tabelle 26: Bearbeitungsmerkmale der Kegelschnittaufgabe IV

	AL	BF	BW	DK1	DK2	FH
unabh.Impl.?	ja	nein	ja	nein	ja	ja
kontroll. ZM?	ja	nein	nein	nein	ja	nein
Shift-Taste	ja	nein	ja	nein	nein	ja
ZM an geb.P.dom.?	ja	nein	nein	ja	ja	nein
K_2 dominiert	ja	nein	nein	nein	ja	nein

Zur Reduktion des Merkmalsraums wird zunächst das Merkmal $\mathcal{C}$ mit den Ausprägungen $\mathcal{C}_1$ und $\mathcal{C}_2$ definiert. Die Ausprägung $\mathcal{C}_1$ vereint das Merkmale des vorwiegend kontrollierten Ziehens mit einem überwiegenden Erreichen von Komplexitätsstufe 2 (mit Kodierungsziffer 3) bei der Implementierung der Schnittebene. Weiterhin ziehen Gruppen, welche die Ausprägung $\mathcal{C}_1$ aufweisen, vor allem an gebundenen Punkten.

Gruppen mit der Merkmalsausprägung $\mathcal{C}_2$ hingegen gelingt weder ein überwiegend kontrolliertes Ziehen noch ein dominierendes Arbeiten auf Komplexitätsstufe 2 hinsichtlich der Einbindung beweglicher Schnittebenen. Darüber hinaus ziehen diese Probanden eher an systemgebundenen Punkten bei der Verwendung des Zugmodus.

Die Verwendung der *Shift*-Taste eignet sich nicht zur Typisierung von Gruppen. Eine Einbeziehung dieses Merkmals würde eine Homogenität auf der Ebene der einzelnen Typen verhindern. Zusätzlich stellt sich die Frage, ob im Fall des Nichtverwendens der Taste die Werkzeugkompetenz hierzu nicht vorhanden ist oder ob die Studierenden bereits geeignete Implementierungen von beweglichen Objekten einbinden konnten, welche ein Ziehen von einzelnen Punkten in der dritten Dimension überflüssig machen.

Das Merkmal der Fähigkeit zur Implementierung einer vom Kegel unabhängigen Bewegung der Schnittebene kann nicht zur Typisierung verwendet werden, da die Einbindung dieses Merkmals eine maximale Heterogenität unterschiedlicher Typen verhindern würde. Dabei ist zu beachten, dass eine unabhängige Implementierung einer Schnittebene zielgerichtet und aufgrund einer Überlegung durchgeführt werden kann, ebenso ist jedoch eine zufällig unabhängige Implementierung denkbar. Es ist durchaus möglich, dass diese beiden Arten der Einbindung im Datenmaterial vorliegen, sodass die jeweils vorliegende Form der Implementierung sich nicht zur Typisierung eignet.

Die Gruppe DK1 muss gesondert beschrieben werden, da sie überwiegend an gebundenen Punkten zieht, ansonsten jedoch alle Ausprägungen von $\mathcal{C}_2$ erfüllt. Eine nachträgliche Analyse des Datenmaterials ergibt, dass das überwiegende Ziehen an gebundenen Punkten dadurch zu erklären ist, dass manche der Punkte, welche zur Ebenendefinition herangezogen werden, zuvor an den Kegelmantel gebunden wurden. Dieses Vorgehen erlaubt jedoch noch nicht die Möglichkeit zur überwiegend kontrollierten Verwendung des Zugmodus. Die Gruppe DK1 weicht somit nur gering von den Merkmalsträgern von $\mathcal{C}_2$ ab, weshalb sie in die Typologie aufgenommen wird. Die Abweichung der Gruppe von den übrigen Merkmalsträgern ist durch das Setzen von Klammern kenntlich gemacht.

Somit ergibt sich folgende Typologie $\mathcal{T}_{E,Kegel}$ der Gruppen anhand von identifizierten Bearbeitungsmerkmalen der explorativen Aufgabe „Kegelschnitte", welche auf quantitativen und qualitativen Daten fußt.

Tabelle 27: Typisierung $\mathcal{T}_{E,Kegel}$

$\mathcal{T}_{E,Kegel}$	Merkmal $\mathcal{C}$	
	$\mathcal{C}_1$	$\mathcal{C}_2$
	AL DK2	BF BW (DK1) FH

Aufgabe VI: Würfelschnitte

Die Analyse des Datenmaterials ergibt die in Tabelle 28 dargestellten Bearbeitungsmerkmale, welche grundsätzlich zu einer Typisierung herangezogen werden können. Das erste Merkmal beschreibt die Präferenz für das Vorgehen beim Auffinden von Schnittfiguren. Es wird zwischen Gruppen unterschieden, die ein experimentelles Vorgehen mithilfe des Zugmodus präferieren und Gruppen, welche zur Darstellung der Schnittfigur eine durch feste Punkte definierte Ebene bevorzugen. Das zweite Merkmal beschreibt, wie in der Analyse der Kegelschnittaufgabe, ob den Probanden eine überwiegend kontrollierte Bewegung der Schnittebene gelingt. Das dritte Merkmal betrifft die Verwendung der *Shift*-Taste. Hierbei wird vermerkt, ob die jeweilige Gruppe die Taste mindestens einmal benutzt.

Beim Aufsuchen von Schnittfiguren ist zwischen Gruppen zu unterscheiden, welche nur die Schnittebene zur Untersuchung der jeweiligen Figur verwenden und solchen Gruppen, die sowohl die Schnittebene als auch den Würfel variieren. Diese Unterscheidung wird im Merkmal „Bewegen des Würfels?" festgehalten. Weiterhin bietet sich als Bearbeitungsmerkmal die dominierende Verwendung des Zugmodus an gebundenen Punkten im Vergleich zur Benutzung an systemgebundenen Punkten an.

In der abschließenden Zeile der Tabelle ist abzulesen, inwiefern der betreffenden Gruppe eine Implementierung der Schnittebene auf einer höheren Komplexitätsstufe gelingt, wobei die Stufen 2 und 3 (mit Kodierungsziffern 3 und 4) zusammengefasst werden. Ist die prozentuale Summe dieser Stufen größer als 50%, so ist davon auszugehen, dass den Probanden eine nicht nur zufällige Implementierung der Schnittebene auf höherer Stufe gelingt und sie über einen längeren Zeitraum mit dieser arbeiten.

Das Merkmal der unabhängigen Implementierung, welches zunächst in der Analyse der Kegelschnittaufgabe Verwendung fand, eignet sich bei der vorliegenden Aufgabe abermals nicht zur Gruppendifferenzierung. Eine unabhängige Implementierung der Schnittebene gelingt durch das Vorhandensein der x-y-Ebene in der vorliegenden Aufgabenstellung wesentlich leichter, was in erster Linie auf die Aufgabenstellung zurückzuführen ist.

Tabelle 28: Bearbeitungsmerkmale der Würfelschnittaufgabe VI

	AL	BF	BW	DK1	DK2	FH
exp.Vorgehen dom.?	ja	ja	beide	ja	nein	ja
kontroll. ZM?	ja	nein	ja	ja	ja	ja
Shift-Taste?	nein	nein	nein	nein	nein	nein
Bewegen des Würfels?	ja	ja	ja	nein	nein	nein
ZM an geb.P.dom.?	ja	nein	ja	ja	nein	ja
$K_{2+3} \geq 50\%$	ja	nein	ja	ja	ja	ja

Zur erneuten Reduktion des Merkmalsraums wird das Merkmal $\mathcal{D}$ mit den Ausprägungen $\mathcal{D}_1$ und $\mathcal{D}_2$ definiert. Die Merkmalsausprägung $\mathcal{D}_1$ besitzen Gruppen, welche überwiegend ein kontrolliertes Ziehen umsetzen und darüber hinaus vorwiegend an gebundenen Punkten ziehen. Weiterhin gelingt diesen Gruppen eine Implementierung von beweglichen Objekten, welche eine prozentuale Verwendungszeit in der Summe der Komplexitätsstufen 2 und 3 von 50% übersteigt. Ebenso präferieren diese Gruppen ein experimentelles Vorgehen beim Auffinden neuer Schnittfiguren.

Probandengruppen mit dem Merkmal $\mathcal{D}_2$ gelingt ein überwiegend kontrolliertes Ziehen nicht. Zusätzlich ist das Ziehen an systemgebundenen Punkten dominant. Die soeben definierte prozentuale Verwendungszeit auf den Komplexitätsstufen 2 (mit Kodierungsziffer 3) und 3 (mit Kodierungsziffer 4) wird nicht erreicht und es dominiert eine statische Vorgehensweise bei der Erkundung neuer Schnittfiguren.

Zusätzlich sagt das Merkmal $\mathcal{E}$ aus, ob eine Bewegung des Würfels bei der Suche nach neuen Schnittfiguren stattfindet oder nicht. So erfolgt die Zuweisung des Merkmals $\mathcal{E}_1$, falls der Würfel selbst während den Untersuchungen bewegt wird. Bleibt der Würfel weitgehend unverändert und ist nur eine Variation der Schnittebene zu beobachten, so kennzeichnet das Merkmal $\mathcal{E}_2$ ein solches Vorgehen.

Keine Gruppe benutzt die *Shift*-Taste während der Bearbeitungen, somit eignet sich dieses Merkmal nicht zur Typisierung. Mithilfe der soeben beschriebenen Merkmale lassen sich die Gruppen AL, BW, DK1 und FH typisieren, wobei jede dieser Gruppen eine Präferenz für ein experimentelles Vorgehen und das Ziehen an gebundenen Punkten, welche auf überwiegend höheren Komplexitätsstufen eingebunden werden können, nachgewiesen werden kann. Eine Unterscheidung ist hinsichtlich des Auffindens von Schnittflächen zu konstatieren, bei dem die Gruppen AL und BW auch den Würfel selbst bewegen, während die Gruppen DK1 und FH sich auf die Variation der Schnittebene beschränken. Somit ist das Vorgehen der Gruppen AL und BW in gewisser Weise variabler bzw. ihr Handlungsspektrum umfassender.

Es stellt sich die Frage, wie den verschiedenen Probandengruppen die Durchführung eines überwiegend kontrollierten Ziehens in einer schwierigeren Aufgabenstellung gelungen wäre. Das Vorhandensein der x-y-Ebene sowie die Beschaffenheit des Würfels mit aufeinander senkrecht stehenden Kanten als potentiellen Trägerobjekten für bewegliche Punkte erleichtern eine Einbindung von gut zu kontrollierenden beweglichen Objekten. Von den Gruppen AL, BW, DK1 und FH gelingt dies in der Kegelschnittaufgabe IV nur der Gruppe AL.

Die vorliegende Zuweisung der Merkmale ist dahingehend zu interpretieren, dass das Handlungsspektrum der Gruppen AL und BW etwas größer ist als das der beiden übrigen Gruppen, was zusätzlich durch die qualitativen Analysen der jeweiligen allgemeinen Werkzeugkompetenzen bestätigt wird.

Die Gruppen BF und DK2 sind anhand der beschriebenen Merkmale $\mathcal{D}$ und $\mathcal{E}$ bzw. deren Kombination nicht zu beschreiben. Die Gruppe BF unterscheidet sich von allen anderen Gruppen dadurch, dass einzig diesen Probanden keine überwiegend kontrollierte Verwendung des Zugmodus gelingt. Diese Feststellung anhand der qualitativen Daten wird durch den hohen Anteil von 84% beim Ziehen an systemgebundenen Punkten gestützt. Zudem lassen die qualitativen Betrachtungen eine Überforderung der Probanden erkennen, welche sich ca. 15 Minuten der gesamten Bearbeitungszeit nicht der Aufgabenlösung widmen[7]. Durch den häufigen und meist sehr kurzen Einsatz des Zugmodus wird diese Einschätzung bestätigt. Zusätzlich nimmt bei Gruppe BF die Kodierung des Zugmodus *Ziehen ohne mathematische Intention* den Platz der prozentual zweithäufigsten Verwendung ein, bei allen anderen Gruppen übernimmt der *Zugmodus 2.Art* diese Position.

Die Gruppe DK2 ist nicht mit den identifizierten Merkmalskombinationen zu beschreiben, da sie weder ein experimentelles Vorgehen bevorzugt noch die Verwendung des Zugmodus an gebundenen Punkten dominiert. Es liegt ein hoher Wert von 65% beim Ziehen an systemgebundenen Punkten vor, der sich jedoch durch die Verwendung des *Zugmodus 2.Art* mit ebenfalls 65% erklären lässt. Die Gruppe DK2 erreicht auch die höchste Komplexitätsstufe der Implementierung, eine Eigenschaft, die sie auch deutlich von der Gruppe BF separiert. Des Weiteren gelingt der Gruppe DK2 die kontrollierte Bewegung der Schnittebene, wobei sie gelegentlich ein experimentelles Vorgehen mithilfe des Zugmodus einsetzt, die Analyse anhand von statischen Ebenen jedoch bevorzugt. Für diese Art der eher statisch geprägten Analyse spricht auch die Arbeit am Würfel, der im Normalfall nicht bewegt wird. Weiterhin sind die Probanden gut mit der Software vertraut und können diese adäquat bedienen.

Anhand des reduzierten Merkmalsraums ergibt sich folgende Typisierung $\mathcal{T}_{E,Würfel}$ der explorativen Würfelschnittaufgabe in Tabelle 29.

Tabelle 29: Typisierung $\mathcal{T}_{E,Würfel}$

$\mathcal{T}_{E,Würfel}$		Merkmal $\mathcal{D}$	
		$\mathcal{D}_1$	$\mathcal{D}_2$
Merkmal $\mathcal{E}$	$\mathcal{E}_1$	AL BW	-
	$\mathcal{E}_2$	DK1 FH	-

7 Die angegebene Bearbeitungszeit aus Tabelle 21 entspricht der Nettobearbeitungszeit, wobei die 15-minütige „Pause“ bereits berücksichtigt wurde.

9.4 Diskussion der Sättigung von Kategorien

Während des Auswertungsprozesses von gewonnenen Daten und deren Strukturierung hinsichtlich von erarbeiteten Kategorien und Merkmalen stellt sich die Frage, wann diese Kategorien gesättigt sind und ob weitere Daten die gefundenen Kategorien weiter ausschärfen können, vgl. Glaser et al. [2008, S. 68f.].

Hinsichtlich der quantitativen Analyse von Verwendungsweisen des Zugmodus ist eine weitere Datenerhebung nicht notwendig, da eindeutige Tendenzen zu identifizieren und darüber hinaus verallgemeinerbare und möglichst exakte Prozentangaben hinsichtlich des Gebrauchs einzelner Zugmodi weder für die mathematikdidaktische Forschung noch für den Praxiseinsatz von Belang sind.

In Bezug auf das konkrete Vorhaben der Identifikation von Bearbeitungsmerkmalen hinsichtlich einer Typisierung von Nutzern ist die Frage der Ausschärfung von Kategorien dahingehend zu diskutieren, ob die gebildeten Typen durch Hinzunahme weiteren Datenmaterials detaillierter zu beschreiben und besser voneinander abzugrenzen wären als bisher geschehen.

Es ist durchaus möglich, dass die Hinzunahme weiterer Daten die Identifikation von zusätzlichen Merkmalen erlaubt. Fraglich ist jedoch, inwiefern sich eine solche Identifikation weiterer Merkmale für die Einordnung in einen Typisierungsprozess eignet, in dem ja gerade die Reduktion des Merkmalsraums, also das Aussortieren von weniger tragenden Merkmalen und die Zusammenfassung von gewichtigen bzw. für den Typisierungsprozess geeigneten Merkmalen, von Bedeutung ist. Ohne diese Reduktion ist die Erarbeitung einer Typologie mit kleinen Fallzahlen wenig sinnvoll, da eine geringe Anzahl von Probandengruppen in diesem Merkmalsraum zwar positionierbar, aber hinsichtlich deren innerer Homogenität und äußerer Heterogenität auf Ebene der zu identifizierenden Typen nur sehr schwer vereinbar wäre.

Zudem erscheint eine Überprüfung der erarbeiteten Ergebnisse, insbesondere der aufgefundenen Bearbeitungsmerkmale und erstellten Typologien, anhand eines eher quantitativen Designs sinnvoller als die weitere kleinschrittige Auffächerung von Merkmalen.

Auch die analysierte Datenmenge von Studie 3, welche insgesamt ca. 40 Zeitstunden an analysiertem Videomaterial beinhaltet, ist eher dahingehend zu interpretieren, dass die Analyse mit gleichen Auswertungsverfahren zu ähnlichen Ergebnissen führen würde. Aufgrund der angeführten Aspekte sind die Kategorien der Zugmodusverwendung bzw. der identifizierten Bearbeitungsmerkmale und zugehörigen Typologien als gesättigt anzusehen, sodass die weitere Datenerhebung eingestellt werden kann. Im nächsten Schritt erfolgt eine Abstraktion der gebildeten theoretischen Typen, um die Bildung einer formalen Theorie, welche auf materialen Konzepten fußt, im Ansatz durchzuführen.

10 Aufgabenübergreifende Typologie

Um die teilnehmenden Gruppen von Studie 3 ganzheitlich zu beschreiben, wird zunächst eine zusammenfassende Darstellung der einzelnen Gruppen über alle Aufgaben hinweg durchgeführt. Diese Zusammenfassung der gruppenspezifischen Eigenschaften bzw. Auffälligkeiten dient dazu, die empirische Basis der später auszuführenden aufgabenunabhängigen Typologie, welche aber noch im Datenmaterial verankert ist und sich an den bereits gebildeten Typologien $\mathcal{T}_K$, $\mathcal{T}_{E,Kegel}$ und $\mathcal{T}_{E,Würfel}$ orientiert, zu explizieren.

Am Ende des vorliegenden Kapitels erfolgt eine aufgabenübergreifende Typologie aus idealtypischer Sicht, die eine von den konkreten Daten und erstellten Typologien abstrahierte Sicht ermöglicht. Die zuvor erarbeiteten Typologien dienen im Sinn der *Grounded Theory* als materiale Theorie zum Erreichen dieses abstrakten Standpunktes, der sich von real existierenden Daten und Gruppen distanziert.

10.1 Empirische Basis

Im Folgenden werden anhand der bereits ausgeführten Analysen Regelmäßigkeiten, Auffälligkeiten und Eigenschaften der einzelnen Gruppen zusammenfassend und aufgabenübergreifend dargestellt. Zunächst erfolgen Vergleiche hinsichtlich der Aufgabenbearbeitungen II, III und V, welche von Aussagen bezüglich der explorativen Aufgaben IV und VI ergänzt werden. Aufgabe I der *Schwarzen Boxen* erlaubt keine hinreichend differenzierenden Aussagen hinsichtlich verschiedener Gruppenbearbeitungen. Pro Gruppe sind alle erfassten quantitativen Daten der einzelnen Aufgaben in Tabellen zusammengefasst, um gruppeninterne Entwicklungen oder Vergleiche einfacher feststellen bzw. Aussagen leichter verifizieren zu können. Die ganzheitliche Beschreibung der Gruppen erfolgt überblickartig, die bereits aufgeführten Details sind den qualitativen Analysen in den Kapiteln 8 und 9 zu entnehmen.

10.1.1 Auswertungen der Gruppe AL

Die Gruppe AL zeichnet sich von der ersten Sitzung an durch eine sehr gute Werkzeugkompetenz aus. Besonders Proband 2 verfügt von Beginn an über weitreichende Kenntnisse und führt bereits in der ersten Sitzung die Kreiskonstruktion mithilfe von Kreisebene, Mittelpunkt und Randpunkt durch. Proband 2 dominiert die Aufgabenbearbeitungen in allen Untersuchungen und führt auch überwiegend die Maus während des Lösungsprozesses. Bei der Gruppe AL können alle als bedeutend identifizierten Bearbeitungsmerkmale von Konstruktionsaufgaben bereits in der ersten Untersuchung nachgewiesen werden. Darüber hinaus gelingen Lotgeradenkonstruktionen oder Kreiskonstruktionen, welche anderen Gruppen teilweise erhebliche Schwierigkeiten bereiten, problemlos. Darüber hinaus benutzt die Gruppe Kreis- und Kugelkonstruktionen sehr flexibel, wobei Kreiskonstruktionen für die „ebene Abstandsmessung" und Kugelkonstruktionen für die Abtragung von Längen im Raum verwandt werden. Der Zugmodusgebrauch nimmt hinsichtlich der Bearbeitung von Konstruktionsaufgaben stetig ab, wobei in der letzten Bearbeitung nur nach Aufforderung des Dozenten das *validierend abtestende Ziehen* verwandt wird. In Aufgabe III ist lediglich eine kurze Verwendung des *Zugmodus 2.Art* festzustellen.

Hinsichtlich der Bearbeitung von explorativen Aufgaben zeichnet sich die Gruppe dadurch aus, dass es ihr bereits in Aufgabe IV (Kegelschnitte) gelingt, eine Einbindung der Schnittebene zu finden, welche erstens unabhängig vom Doppelkegel ist und zudem kontrolliert bewegt werden kann. Auch in Aufgabe VI (Würfelschnitte) gelingt ein solches Vorgehen, wobei in beiden Aufgaben im Vergleich zu den Bearbeitungen der übrigen Probanden meist auf höheren Komplexitätsstufen gearbeitet wird. Die prozentuale Verwendungszeit des Zugmodus kann in den Aufgaben IV und VI als nahezu konstant betrachtet werden, wobei die *explorative Untersuchung/das zielfokussierte Ziehen* das Vorgehen dominiert, während der *Zugmodus 2.Art* an zweiter Stelle folgt. In Aufgabe VI ist auffällig, dass alle Schnittfiguren experimentell gefunden werden und bei Problemen mit deren Identifikation die Funktion „Messen" nicht zum Einsatz kommt. Feste Ebenen, welche nicht direkt bewegt werden können, treten zudem während der gesamten Bearbeitungszeit nicht auf.

Zusammenfassend kann eine aufgabenübergreifende Präferenz für ein experimentelles Vorgehen bei der Lösung von explorativen Aufgaben festgestellt werden. Darüber hinaus arbeiten die Probanden schnell und flexibel, was sie in Verbindung mit der besten Werkzeugkompetenz sowie der Einbindung von beweglichen Objekten auf hohen Komplexitätsstufen als die fortgeschrittenste Gruppe in der Computerumgebung auszeichnet.

Tabelle 30: Auswertungen der Gruppe AL

	Zugmodi	**schwarze B**	**expl. Aufg**		**Kaufgaben**		
Gruppe		**AL (I)**	**AL (IV)**	**AL (VI)**	**AL (II)**	**AL (III)**	**AL (V)**
HypoZ	1	0,0%	0,9%	0,0%	0,0%	0,0%	0,0%
ExpEK	2	0,0%	0,0%	0,0%	25,0%	0,0%	0,0%
ExpTF	3	0,0%	0,0%	0,0%	4,9%	0,0%	0,0%
ExpFkt	4	0,0%	1,4%	0,0%	0,0%	0,0%	0,0%
ExpUnt	5	68,2%	66,3%	65,5%	0,0%	0,0%	0,0%
ValFkt	6	10,6%	0,9%	2,9%	4,9%	0,0%	0,0%
ValTFr	7	0,0%	0,0%	0,0%	0,0%	0,0%	0,0%
ValabZ	8	21,2%	0,0%	0,0%	26,6%	0,0%	100,0%
AnpZ	9	0,0%	10,8%	0,0%	3,3%	0,0%	0,0%
ZomInt	10	0,0%	2,4%	1,1%	0,0%	0,0%	0,0%
AnbuZ	11	0,0%	0,0%	0,0%	0,0%	0,0%	0,0%
DemoE	12	0,0%	0,0%	1,1%	0,0%	0,0%	0,0%
ZM2.A	13	0,0%	17,4%	29,5%	35,3%	100,0%	0,0%
	14	0,0%	0,0%	0,0%	0,0%	0,0%	0,0%
	15	0,0%	0,0%	0,0%	0,0%	0,0%	0,0%
Bzeit min		15:50	37:30	37:40	20:00	05:45	09:00
Bzeit s		950	2250	2260	1200	345	540
ZM in s		85	585	455	184	6	9
ZM in min		1:25	9:45	7:35	3:04	0:06	0:09
Anteil Zzeit		**9%**	**26%**	**20%**	15%	2%	**2%**
Bem							

Gruppe	Artefakt	AL (I)	AL (IV)	AL (VI)	AL (II)	AL (III)	AL (V)
SysG	1	81,2%	30,9%	7,7%	27,7%	100,0%	0,0%
Geb	2	18,8%	68,7%	92,3%	62,5%	0,0%	100,0%
Ind	3	0,0%	0,0%	0,0%	0,0%	0,0%	0,0%
kZm	4	0,0%	0,3%	0,0%	4,9%	0,0%	0,0%

Gruppe	Kstufe	AL (I)	AL (IV)	AL (VI)	AL (II)	AL (III)	AL (V)
GK	1	0,0%	15,6%	3,3%	x	x	x
K1	2	0,0%	15,2%	26,4%	x	x	x
K2	3	0,0%	40,9%	64,8%	x	x	x
K3	4	0,0%	4,3%	0,0%	x	x	x
K4	5	100,0%	24,1%	3,3%	x	x	x

10.1.2 Auswertungen der Gruppe BF

Das Vorgehen der Gruppe BF ist durch lange Konstruktionszeiten gekennzeichnet. Zudem sind die Probanden während der gesamten Bearbeitungen unsicher im Umgang mit der Software. Die Gruppe verwendet den Zugmodus im Vergleich zu allen anderen Gruppen sehr häufig, jedoch sind diese Verwendungen meist sehr kurz und erscheinen eher wie ein „Ausprobieren“. Darüber hinaus erfolgen diese Verwendungen selten überlegt und wirken sehr spontan. Weiterhin kann der Gruppe kein *Eltern-Kind-Verständnis* nachgewiesen werden. Es ist sehr wahrscheinlich, dass die Probanden dieses Verständnis bis zur Bearbeitung von Aufgabe VI nicht aufbauen, da sie den Versuch unternehmen, an konstruierten Punkten der Würfeldeckfläche zu ziehen. Hinsichtlich der Bearbeitung von Konstruktionsaufgaben benötigt die Gruppe mehrere Male die Hilfe des Dozenten, um Lösungsideen zu generieren. Als intervenierende Bedingung ist das Fehlen von mathematischen Grundkenntnissen festzustellen. So gelingt es nicht, eine Idee für die Konstruktion eines gleichseitigen Dreiecks oder eines Quadrates zu entwickeln, wobei das Hindernis nicht in der mangelnden Werkzeugkompetenz besteht, sondern im Fehlen geometrischer Vorstellungen zu suchen ist. Die selbstständige Konstruktion des Kreises sowie der Lotgeraden gelingt bereits in Aufgabe III. Die Probanden verwenden die Funktion „Messen“ durchgängig bei allen Konstruktionsaufgaben, auch bei der Würfelkonstruktion werden noch Strecken zur Verifikation abgemessen. Hinsichtlich des Zugmoduseinsatzes in Konstruktionsaufgaben kann festgehalten werden, dass dessen Verwendung nach Aufgabe II abnimmt und bei den Aufgaben III und V konstant ist. Hierbei ist die überwiegende Verwendung des *Zugmodus 2.Art* in Aufgabe VI vor dem *validierend abtestenden Ziehen* auffällig.

Im Bereich der explorativen Aufgaben sind die Probanden teilweise überfordert, da ihnen Verständnisschwierigkeiten in Bezug auf Begriffe der Aufgabenstellung nachgewiesen werden können. Es gelingt der Gruppe in keiner explorativen Aufgabe selbstständig, bewegliche Objekte auf höheren Komplexitätsstufen einzubinden und überwiegend an gebundenen Punkten zu ziehen. Ebenso sind die Bearbeitungen von unüberlegten Konstruktionen gekennzeichnet, die anschließend sehr zeitnah gelöscht und durch neue ersetzt werden. Im Bereich der Zugmodusverwendung dominiert die *explorative Untersuchung/das zielfokussierte Ziehen*, worauf das *Ziehen ohne mathematische Intention* folgt. Allgemein ist festzuhalten, dass die Probanden wenig miteinander kommunizieren, was die Auswertung und Kodierung von einzelnen Zugmodi erheblich erschwert. Bei dem Auffinden von Schnittfiguren gehen die Probanden meist experimentell vor, an mehreren Stellen sind die Probanden mit den Aufgaben überfordert.

Tabelle 31: Auswertungen der Gruppe BF

	Zugmodi	**schwarze B**	**expl. Aufg**		**Kaufgaben**		
Gruppe		**BF (I)**	**BF (IV)**	**BF (VI)**	**BF (II)**	**BF (III)**	**BF (V)**
HypoZ	1	0,0%	22,6%	6,8%	0,0%	0,0%	0,0%
ExpEK	2	0,0%	0,0%	0,0%	0,0%	0,0%	0,0%
ExpTF	3	0,0%	0,0%	0,0%	0,0%	0,0%	0,0%
ExpFkt	4	0,0%	0,4%	13,3%	0,0%	0,0%	0,0%
ExpUnt	5	66,7%	38,4%	38,3%	0,0%	0,0%	0,0%
ValFkt	6	0,0%	0,0%	1,9%	0,0%	0,0%	0,0%
ValTFr	7	0,0%	0,0%	0,0%	0,0%	0,0%	0,0%
ValabZ	8	30,5%	8,2%	0,0%	43,5%	94,3%	9,5%
AnpZ	9	0,0%	0,0%	6,8%	7,0%	0,0%	0,0%
ZomInt	10	1,1%	25,0%	18,2%	10,0%	5,7%	0,0%
AnbuZ	11	0,0%	0,0%	0,0%	0,0%	0,0%	0,0%
DemoE	12	1,7%	0,0%	0,0%	0,0%	0,0%	0,0%
ZM2.A	13	0,0%	5,5%	14,7%	39,5%	0,0%	90,5%
	14	0,0%	0,0%	0,0%	0,0%	0,0%	0,0%
	15	0,0%	0,0%	0,0%	0,0%	0,0%	0,0%
Bzeit min		26:00	31:30	42:00	39:00	21:20	14:30
Bzeit s		1560	1890	2520	2340	1280	870
ZM s		174	784	483	200	53	42
ZM min		2:54	13:04	8:03	3:20	0:53	0:42
Anteil Zzeit		**11%**	**41%**	**19%**	**9%**	**4%**	**5%**
Bem					Hilfe	Hilfe	

Gruppe	Artefakt	BF (I)	BF (IV)	BF (VI)	BF (II)	BF (III)	BF (V)
SysG	1	55,7%	81,6%	83,6%	43,0%	0,0%	40,5%
Geb	2	44,3%	18,4%	1,4%	43,5%	69,8%	52,4%
Ind	3	0,0%	0,0%	0,0%	0,0%	0,0%	0,0%
kZm	4	0,0%	0,0%	0,0%	17,0%	30,2%	7,1%

Gruppe	Kstufe	BF (I)	BF (IV)	BF (VI)	BF (II)	BF (III)	BF (V)
GK	1	0,0%	22,6%	33,7%	x	x	x
K1	2	0,0%	66,8%	56,1%	x	x	x
K2	3	0,0%	0,0%	4,8%	x	x	x
K3	4	0,0%	0,0%	0,0%	x	x	x
K4	5	100,0%	0,0%	6,2%	x	x	x

10.1.3 Auswertungen der Gruppe BW

Die Bearbeitungen der Gruppe BW zeichnen sich durch eine gute Werkzeugkompetenz aus, wobei bis zur letzten Sitzung keine Lotgeradenkonstruktionen in einer Ebene nachgewiesen werden können. Die Probanden benutzen stattdessen Lotebenenkonstruktionen, für deren Erstellung die Benutzung der *Ctrl*-Taste nicht erforderlich ist.

Weiterhin sind relevante Bearbeitungsmerkmale wie die Kreiskonstruktion und ein *Eltern-Kind-Verständnis* bereits bei der Bearbeitung von Aufgabe II nachzuweisen. Darüber hinaus besitzt die Gruppe schon in Aufgabe II eine Präferenz für Kugel- im Vergleich zu Kreiskonstruktionen. Hinsichtlich der Zugmodusverwendung nimmt diese von Aufgabe II zu Aufgabe III leicht ab und steigt dann ungewöhnlicherweise wieder an. Auch wird das *validierend abtestende Ziehen* in Aufgabe V verwandt, in Aufgabe III jedoch nicht. Dieses Ergebnis ist dadurch zu erklären, dass der unerfahrenere Proband 2 in Aufgabe VI die Maus führt, während in den übrigen Aufgaben die Ausführung der Konstruktionen von Proband 1 übernommen werden. Auffällig ist ebenso die Analyse des *Eltern-Kind-Verständnisses*, das eigentlich schon in Untersuchung 1 nachgewiesen werden kann. Trotzdem ist bei Proband 2 in Untersuchung 3 festzustellen, dass sein *Eltern-Kind-Verständnis* nicht gefestigt ist, wohingegen Proband 1 die Schwierigkeiten erklärt und somit bei diesem Probanden ein ausgeprägtes *Eltern-Kind-Verständnis* anzunehmen ist. Bei der Bearbeitung von Aufgabe VI benutzt die Gruppe ausschließlich Kugeln, um äquidistante Abstände abzutragen, Kreise kommen nicht mehr vor.

Hinsichtlich der Bearbeitungen der explorativen Aufgaben ist festzuhalten, dass eine Implementierung von kontrolliert zu bewegenden Schnittebenen in Aufgabe IV nicht gelingt, jedoch Schnittebene und Doppelkegel unabhängig voneinander bewegt werden können. Eine kontrollierte Bewegung der Schnittebene, wobei höhere Komplexitätsstufen bei der Implementierung erreicht werden, gelingt in Aufgabe VI, in Aufgabe IV jedoch nicht. Bezüglich der Verwendung des Zugmodus dominiert die *explorative Untersuchung/das zielfokussierte Ziehen* vor der Benutzung des *Zugmodus 2.Art.* Der Anteil der Zugzeit bei den Aufgaben IV und VI liegt konstant bei ca. 20%. In Aufgabe VI werden „schwierigere“ Schnittfiguren experimentell mithilfe des Zugmodus gefunden, während „einfache“ Schnittfiguren mit festen Ebenen konstruiert werden.

Insgesamt besitzt die Gruppe gute Werkzeugkompetenzen, wobei sie meist ein experimentelles Vorgehen wählt, teilweise jedoch auch statische Betrachtungen durchführt. Auffällig sind die Unterschiede der Probanden hinsichtlich des Verständnisses von *Eltern-Kind-Beziehungen* und jeweilig nachweisbarer Werkzeugkompetenzen.

Tabelle 32: Auswertungen der Gruppe BW

	Zugmodi	**schwarze B**	**expl. Aufg**		**Kaufgaben**		
Gruppe		**BW (I)**	**BW (IV)**	**BW (VI)**	**BW (II)**	**BW (III)**	**BW (V)**
HypoZ	1	6,4%	0,0%	0,0%	0,0%	0,0%	0,0%
ExpEK	2	0,0%	0,0%	0,0%	16,7%	0,0%	0,0%
ExpTF	3	0,0%	0,0%	0,0%	0,0%	0,0%	0,0%
ExpFkt	4	0,0%	3,0%	7,3%	0,0%	0,0%	0,0%
ExpUnt	5	49,0%	60,7%	71,9%	0,0%	0,0%	0,0%
ValFkt	6	4,4%	1,3%	0,0%	16,7%	0,0%	0,0%
ValTFr	7	0,0%	0,0%	0,0%	0,0%	0,0%	0,0%
ValabZ	8	27,7%	7,9%	0,0%	55,6%	0,0%	63,6%
AnpZ	9	0,0%	3,2%	0,0%	11,1%	0,0%	0,0%
ZomInt	10	7,2%	0,0%	1,4%	0,0%	0,0%	0,0%
AnbuZ	11	0,0%	0,0%	0,0%	0,0%	0,0%	0,0%
DemoE	12	1,6%	0,0%	0,0%	0,0%	0,0%	0,0%
ZM2.A	13	3,6%	23,8%	19,4%	0,0%	100,0%	36,4%
	14	0,0%	0,0%	0,0%	0,0%	0,0%	0,0%
	15	0,0%	0,0%	0,0%	0,0%	0,0%	0,0%
Bzeit min		33:45	47:00	42:40	19:25	14:30	08:20
Bzeit s		2025	2820	2560	1165	870	500
ZM s		249	529	509	54	10	22
ZM min		4:09	8:49	8:29	0:54	0:10	0:22
Anteil Zzeit		**12%**	**19%**	**20%**	**5%**	**1%**	**4%**
Bem							

Gruppe	Artefakt	BW (I)	BW (IV)	BW (VI)	BW (II)	BW (III)	BW (V)
SysG	1	79,5%	76,2%	18,1%	0,0%	0,0%	36,4%
Geb	2	20,5%	23,8%	81,1%	48,1%	100,0%	31,8%
Ind	3	0,0%	0,0%	0,0%	0,0%	0,0%	0,0%
kZm	4	0,0%	0,0%	0,8%	24,1%	0,0%	31,8%

Gruppe	Kstufe	BW (I)	BW (IV)	BW (VI)	BW (II)	BW (III)	BW (V)
GK	1	3,6%	26,3%	21,8%	x	x	x
K1	2	0,0%	50,9%	0,6%	x	x	x
K2	3	0,0%	1,9%	16,5%	x	x	x
K3	4	0,0%	0,0%	34,2%	x	x	x
K4	5	90,0%	21,0%	26,9%	x	x	x

10.1.4 Auswertungen der Gruppe DK1

Die Gruppe wirkt zu Beginn der Untersuchungen noch sehr unsicher beim Umgang mit der Software. Eine stetige Erweiterung von Werkzeugkompetenzen und Kenntnissen ist während des Verlaufs der Studie jedoch erkennbar. So kann ein *Eltern-Kind-Verständnis* in Aufgabe V nachgewiesen werden, die Erstellung einer Lotgeraden in einer Ebene gelingt in Aufgabe III. Eine nicht zu überwindende Schwierigkeit stellt die Kreiskonstruktion mithilfe von Kreisebene, Mittelpunkt und Randpunkt dar, deren Durchführung trotz mehrerer Versuche in keiner Untersuchung festzustellen ist. Schließlich erfolgt die Konstruktion eines Kreises in Aufgabe III mithilfe der Kreisachse und einem Randpunkt. Diese Möglichkeit der Konstruktion wird während der folgenden Aufgaben beibehalten. Der Zugmodusgebrauch nimmt von Aufgabe II an ab, bei den Aufgabenbearbeitungen III und V ist er nahezu konstant. Hierbei sind die Zeiten der Verwendung im Vergleich zu den übrigen Probanden im höheren Bereich anzusiedeln. Zusätzlich überwiegt sowohl in Aufgabe III als auch in Aufgabe VI der *Zugmodus 2.Art*, der das *validierend abtestende Ziehen* übertrifft, was noch auf Unsicherheiten in der Computerumgebung hindeutet. In den Konstruktionsaufgaben III und V wird die Funktion „Messen“ zur Überprüfung von Abständen verwandt, während sie während des Lösungsprozesses von Aufgabe I eine eher explorative Funktion erfüllt.

Bei der Bearbeitung von explorativen Aufgaben ist festzuhalten, dass eine unabhängige Implementierung des Zugmodus sowie ein überwiegend kontrolliertes Ziehen mit einer Einbindung von beweglichen Objekten auf höheren Komplexitätsstufen in Aufgabe IV nicht gelingen. In Aufgabe VI sind diese Eigenschaften der Bearbeitung jedoch zu identifizieren, wobei auch ein experimentelles Vorgehen beim Auffinden von Schnittfiguren bevorzugt wird. Hierbei sind jedoch die zusätzlichen Hinweise des Dozenten bei der Bearbeitung von Aufgabe VI zu berücksichtigen. Die prozentuale Verwendungszeit des Zugmodus ist mit 23% und 25% konstant. In Aufgabe VI messen die Probanden keine Winkel oder Strecken, obwohl sie bei der Identifizierung von vorliegenden Schnittfiguren unsicher sind. Die *experimentelle Untersuchung/das zielfokussierte Ziehen* bestimmt in beiden Aufgaben IV und VI die Bearbeitungen, wobei der *Zugmodus 2.Art* an zweiter Stelle folgt.

Insgesamt betrachtet erarbeitet sich die Gruppe ausgehend von geringen Kenntnissen ein zum Umgang mit der Software ausreichendes Handlungsspektrum, obwohl auch gegen Ende der Untersuchungen noch Hinweise auf leichte Unsicherheiten vorliegen. Ein experimentelles Vorgehen wird in explorativen Aufgaben präferiert, wobei eine Verwendung der *Shift*-Taste in keiner Aufgabenbearbeitung nachgewiesen werden kann.

Tabelle 33: Auswertungen der Gruppe DK1

Gruppe	**Zugmodi**	**schwarze B DK1 (I)**	**expl. Aufg DK1 (IV)**	**DK1 (VI)**	**Kaufg. DK1 (II)**	**DK1 (III)**	**DK1 (V)**
HypoZ	1	0,0%	0,0%	0,0%	0,0%	0,0%	0,0%
ExpEK	2	0,0%	0,0%	0,0%	0,0%	0,0%	0,0%
ExpTF	3	0,0%	0,0%	0,0%	0,0%	0,0%	0,0%
ExpFkt	4	0,0%	16,2%	5,7%	0,0%	0,0%	0,0%
ExpUnt	5	55,9%	44,8%	68,1%	2,7%	0,0%	0,0%
ValFkt	6	0,0%	0,6%	0,0%	6,9%	0,0%	0,0%
ValTFr	7	0,0%	0,0%	0,0%	0,0%	0,0%	0,0%
ValabZ	8	13,2%	0,0%	0,0%	13,3%	30,0%	40,0%
AnpZ	9	0,0%	3,8%	0,0%	19,7%	0,0%	0,0%
ZomInt	10	3,7%	2,5%	0,0%	9,6%	0,0%	0,0%
AnbuZ	11	0,0%	0,0%	0,0%	0,0%	0,0%	0,0%
DemoE	12	0,0%	0,0%	0,0%	0,0%	0,0%	0,0%
ZM2.A	13	27,2%	32,2%	26,2%	47,9%	70,0%	60,0%
	14	0,0%	0,0%	0,0%	0,0%	0,0%	0,0%
	15	0,0%	0,0%	0,0%	0,0%	0,0%	0,0%
Bzeit min		40:40	50:00	40:00	22:20	16:20	09:50
Bzeit s		2440	3000	2400	1340	980	590
ZM s		136	692	592	188	40	30
ZM min		2:16	11:32	9:52	3:08	0:40	0:30
Anteil Zzeit		**6%**	**23%**	**25%**	**14%**	**4%**	**5%**
Bem							

	Artefakt						
Gruppe		**DK1 (I)**	**DK1 (IV)**	**DK1 (VI)**	**DK1 (II)**	**DK1 (III)**	**DK1 (V)**
SysG	1	55,7%	44,4%	17,1%	7,4%	0,0%	60,0%
Geb	2	44,3%	57,7%	82,9%	90,4%	92,5%	20,0%
Ind	3	0,0%	0,0%	0,0%	0,0%	0,0%	0,0%
kZm	4	0,0%	0,0%	0,0%	2,1%	7,5%	20,0%

	Kstufe						
Gruppe		**DK1 (I)**	**DK1 (IV)**	**DK1 (VI)**	**DK1 (II)**	**DK1 (III)**	**DK1 (V)**
GK	1	27,2%	20,4%	26,7%	x	x	x
K1	2	0,0%	44,9%	0,0%	x	x	x
K2	3	0,0%	13,3%	73,5%	x	x	x
K3	4	0,0%	0,0%	0,0%	x	x	x
K4	5	72,8%	23,4%	0,0%	x	x	x

10.1.5 Auswertungen der Gruppe DK2

Die Probanden konstruieren schnell und lösen die Aufgaben stets korrekt. Sie führen alle Konstruktionen in kurzer Zeit aus, obwohl ihnen die Kreiskonstruktion mithilfe der Angabe von Kreisebene, Mittelpunkt und Randpunkt während der gesamten Studie nicht gelingt. Aus diesem Grund verwenden sie in der Folge ausschließlich Kugeln zur Konstruktion äquidistanter Strecken. In Aufgabe III gelingt die Konstruktion einer Lotgeraden in der Ausgangsebene. Jedoch äußern sich die Probanden negativ über die Notwendigkeit der Benutzung der *Ctrl*-Taste. Wohl aus diesem Grund verwenden sie in allen sich anschließenden Aufgaben Lotebenenkonstruktionen und bilden anschließend die Schnittgerade von Lotebene und Ausgangsebene, um die eigentliche Lotgerade in der Ebene zu erhalten. Besonders auffällig ist die Tatsache, dass die Gruppe in den Konstruktionsaufgaben III und V den Zugmodus überhaupt nicht verwendet. Aufgrund der geringen Verwendungszeit des Zugmodus kann auch kein *Eltern-Kind-Verständnis* direkt nachgewiesen werden, obwohl ein solches aufgrund einer rein subjektiven Einschätzung aufgebaut wird.

Hinsichtlich der Bearbeitung der explorativen Aufgabe IV gelingt der Gruppe eine unabhängige Implementierung der Schnittebene sowie die Durchführung eines überwiegend kontrollierten Ziehens mit einer Präferenz für das Ziehen an gebundenen Punkten, die überwiegend auf höheren Komplexitätsstufen eingebunden sind. Ein vergleichbares Vorgehen ist nur der Gruppe AL zu attestieren. Das überwiegende Erreichen von höheren Komplexitätsstufen und ein kontrolliertes Ziehen kann ebenso in Aufgabe VI nachgewiesen werden, wobei während dieser Bearbeitung statische Betrachtungen ein experimentelles Vorgehen dominieren und zusätzlich der Würfel nicht bewegt wird. Auch in Aufgabe I benutzen die Probanden den Zugmodus nur in zwei Teilaufgaben zur Validierung, in allen anderen Fällen reicht ihnen ein Aufleuchten des konstruierten Punktes als Bestätigung der Lösung aus. Die Verwendung des Zugmodus nimmt im Vergleich der Aufgaben IV und VI von 21% auf 16% ab, wobei in Aufgabe IV *die explorative Untersuchung/das zielfokussierte Ziehen* und in Aufgabe VI der *Zugmodus 2.Art* das Vorgehen bestimmen.

Der Gruppe DK2 sind identifizierte Bearbeitungsmerkmale wie ein *Eltern-Kind-Verständnis* und die Kreiskonstruktion nicht direkt nachzuweisen, trotzdem arbeitet die Gruppe schneller als die meisten anderen Gruppen und erreicht bereits in Aufgabe IV hohe Komplexitätsstufen der Implementierung von beweglichen Objekten. Sie präferiert ein eher statisches Vorgehen, was besonders in den Aufgabenbearbeitungen I und VI belegt werden kann, so ist der Einsatz der *Shift*-Taste in Aufgabe I noch nachzuweisen, in weiteren Aufgaben tritt dessen Verwendung jedoch nicht mehr auf.

Tabelle 34: Auswertungen der Gruppe DK2

Gruppe	Zugmodi	schwarze B DK2 (I)	expl. Aufg DK2 (IV)	DK2 (VI)	Kaufg. DK2 (II)	DK2 (III)	DK2 (V)
HypoZ	1	**9,8%**	0,0%	0,0%	0,0%	0,0%	0,0%
ExpEK	2	0,0%	0,0%	0,0%	0,0%	0,0%	0,0%
ExpTF	3	0,0%	0,0%	0,0%	0,0%	0,0%	0,0%
ExpFkt	4	0,0%	0,0%	0,0%	0,0%	0,0%	0,0%
ExpUnt	5	60,2%	66,1%	26,4%	13,8%	0,0%	0,0%
ValFkt	6	0,0%	0,0%	0,0%	0,0%	0,0%	0,0%
ValTFr	7	0,0%	0,0%	0,0%	0,0%	0,0%	0,0%
ValabZ	8	14,8%	0,0%	0,0%	22,4%	0,0%	0,0%
AnpZ	9	0,0%	27,7%	8,2%	0,0%	0,0%	0,0%
ZomInt	10	1,1%	0,0%	0,0%	0,0%	0,0%	0,0%
AnbuZ	11	0,0%	0,0%	0,0%	0,0%	0,0%	0,0%
DemoE	12	0,0%	0,0%	0,0%	0,0%	0,0%	0,0%
ZM2.A	13	14,2%	6,2%	65,3%	63,8%	0,0%	0,0%
	14	0,0%	0,0%	0,0%	0,0%	0,0%	0,0%
	15	0,0%	0,0%	0,0%	0,0%	0,0%	0,0%
Bzeit min		46:05	30:00	42:40	13:20	09:45	05:40
Bzeit s		2765	1800	2560	800	585	340
ZM s		379	386	401	58	0	0
ZM min		6:19	6:26	6:41	0:58	0:00	0:00
Anteil Zzeit		**14%**	**21%**	**16%**	**7%**	**0%**	**1%**
Bem							

	Artefakt						
Gruppe		**DK2 (I)**	**DK2 (IV)**	**DK2 (VI)**	**DK2 (II)**	**DK2 (III)**	**DK2 (V)**
SysG	1	71,5%	9,8%	65,3%	63,8%	0,0%	0,0%
Geb	2	28,5%	90,2%	34,7%	27,6%	0,0%	0,0%
Ind	3	0,0%	0,0%	0,0%	0,0%	0,0%	0,0%
kZm	4	0,0%	0,0%	0,0%	8,6%	0,0%	100,0%

	Kstufe						
Gruppe		**DK2 (I)**	**DK2 (IV)**	**DK2 (VI)**	**DK2 (II)**	**DK2 (III)**	**DK (V)**
GK	1	14,2%	6,2%	65,3%	x	x	x
K1	2	0,0%	0,0%	0,0%	x	x	x
K2	3	0,0%	76,9%	8,2%	x	x	x
K3	4	0,0%	0,0%	26,4%	x	x	x
K4	5	85,8%	17,9%	0,0%	x	x	x

10.1.6 Auswertungen der Gruppe FH

Zu Beginn der Untersuchungen sind die Werkzeugkompetenzen und die allgemeinen Kenntnisse hinsichtlich des Softwaregebrauchs als gering einzuschätzen. So erfolgt auch in Aufgabe II der Versuch einer Tetraederkonstruktion mithilfe des Zugmodus, was die Unerfahrenheit der Gruppe belegt. In Aufgabe I kann die Kreiskonstruktion mithilfe von Kreisebene, Mittelpunkt und Randpunkt nachgewiesen werden, jedoch gelingt dieses Vorgehen trotz mehrerer Versuche in keiner der folgenden Konstruktionsaufgaben, sodass im weiteren Verlauf in selbstständig durchgeführten Bearbeitungen ausschließlich Kugeln verwandt werden. Ein Verständnis von *Eltern-Kind-Beziehungen* kann in Aufgabe III aufgrund einer Diskussion der beiden Probanden verifiziert werden. Die Konstruktion einer Lotgeraden in einer Ebene gelingt erst in Aufgabe V, sodass die Probanden in Aufgabe III gezwungen sind, die „Grundfläche" des Oktaeders senkrecht zur Ausgangsebene zu konstruieren, um die Probleme der Lotgeradenkonstruktion in einer Ebene zu umgehen. Der Anteil der Verwendungszeit des Zugmodus ist bei den Aufgaben II und III nahezu konstant (4% und 5%) und steigt in Aufgabe V auf 11% stark an, was durch die kurze Bearbeitungszeit von ca. sechs Minuten im Vergleich zu den übrigen Probanden zu erklären ist. Bei allen Konstruktionsaufgaben dominiert der *Zugmodus 2.Art* vor dem *validierend abtestenden Ziehen.*

Hinsichtlich der Bearbeitung von explorativen Aufgaben gelingt in Aufgabe IV kein überwiegend kontrolliertes Ziehen an gebundenen Punkten in Verbindung mit der Implementierung von beweglichen Objekten auf höheren Komplexitätsstufen. Diese Fähigkeiten können jedoch in Aufgabe VI nachgewiesen werden, wobei auch ein experimentelles Vorgehen beim Auffinden neuer Schnittfiguren zu konstatieren ist. Der Zugmodus wird zur Validierung in Aufgabe I bei vier von fünf Teilaufgaben benutzt, wobei auch in Aufgabe IV die Verwendung der *Shift*-Taste zum Ziehen in der dritten Dimension verwandt wird und somit die relativ häufige Verwendung des Zugmodus bestätigt werden kann. Des Weiteren fallen die Probanden durch lange Verwendungszeiten des Zugmodus auf. Bei den Bearbeitungen der Aufgaben IV und VI dominieren jeweils die *explorative Untersuchung/das zielfokussierte Ziehen* vor der Verwendung des *Zugmodus 2.Art*, wobei in der Bearbeitung von Aufgabe IV zusätzlich das *anpassende Ziehen* einen Anteil von ca. 23% der Zugzeit einnimmt.

Insgesamt zeichnet sich die Gruppe durch ein präferiertes experimentelles Vorgehen und lange Verwendungszeiten des Zugmodus aus, sodass ein dynamischer Zugang zur Problemlösung bei den Bearbeitungen im Vordergrund steht. Die Entwicklung der Werkzeugkompetenzen erfolgt vergleichsweise langsam.

Tabelle 35: Auswertungen der Gruppe FH

Gruppe	Zugmodi	schwarze B FH (I)	expl. Aufg FH (IV)	FH (VI)	Kaufg. FH (II)	FH (III)	FH (V)
HypoZ	1	12,2%	3,7%	0,0%	0,0%	0,0%	0,0%
ExpEK	2	0,0%	0,0%	0,0%	0,0%	10,9%	0,0%
ExpTF	3	0,0%	0,0%	0,0%	0,0%	0,0%	0,0%
ExpFkt	4	0,0%	0,0%	0,0%	0,0%	0,0%	0,0%
ExpUnt	5	65,7%	56,2%	91,6%	0,0%	0,0%	0,0%
ValFkt	6	0,0%	0,0%	0,0%	0,0%	0,0%	0,0%
ValTFr	7	0,0%	0,0%	0,0%	0,0%	0,0%	0,0%
ValabZ	8	13,6%	0,0%	0,0%	27,6%	23,4%	7,1%
AnpZ	9	0,0%	23,2%	2,7%	0,0%	7,8%	0,0%
ZomInt	10	0,8%	5,3%	1,6%	19,0%	0,0%	0,0%
AnbuZ	11	0,0%	0,0%	0,0%	0,0%	0,0%	0,0%
DemoE	12	0,0%	0,0%	0,0%	0,0%	0,0%	0,0%
ZM2.A	13	7,7%	7,8%	4,1%	53,4%	57,8%	92,9%
	14	0,0%	3,7%	0,0%	0,0%	0,0%	0,0%
	15	0,0%	0,0%	0,0%	0,0%	0,0%	0,0%
Bzeit min		53:55	43:00	42:20	21:30	19:30	06:15
Bzeit s		3235	2580	2540	1290	1170	375
ZM s		507	617	629	58	64	42
ZM min		8:27	10:17	10:29	0:58	1:04	0:42
Anteil Zzeit		**16%**	**24%**	**25%**	**4%**	**5%**	**11%**
Bem							

	Artefakt						
Gruppe		**FH (I)**	**FH (IV)**	**FH (VI)**	**FH (II)**	**FH (III)**	**FH (V)**
SysG	1	81,1%	93,7%	4,1%	24,1%	28,1%	26,2%
Geb	2	18,3%	6,3%	95,9%	56,9%	71,9%	73,8%
Ind	3	0,0%	0,0%	0,0%	0,0%	0,0%	0,0%
kZm	4	0,0%	0,0%	0,0%	19,0%	0,0%	0,0%

	Kstufe						
Gruppe		**FH (I)**	**FH (IV)**	**FH (VI)**	**FH (II)**	**FH (III)**	**FH (V)**
GK	1	7,7%	8,8%	5,2%	x	x	x
K1	2	0,0%	85,4%	40,4%	x	x	x
K2	3	0,0%	1,1%	2,4%	x	x	x
K3	4	0,0%	0,0%	52,0%	x	x	x
K4	5	92,3%	4,7%	0,0%	x	x	x

10.2 Formulierung einer Nutzertypologie

Die bereits erarbeiteten Typologien $\mathcal{T}_K$, $\mathcal{T}_{E,Kegel}$ und $\mathcal{T}_{E,Würfel}$ für Konstruktions- sowie explorative Aufgaben sind im vorliegenden Abschnitt zu kombinieren, um zunächst gemeinsame Merkmale von Gruppen zu konstatieren, welche aufgabenübergreifend interpretiert werden können. Nach der Beschreibung dieser globalen Sichtweise erfolgt im Anschluss die Erarbeitung einer Nutzertypologie, die keine direkte Zuordnung zu den im Datenmaterial aufgefundenen Typen erfordert, sondern stattdessen auf formaler Ebene von bereits gewonnener materialer Theorie abstrahiert.

10.2.1 Stellung von formaler Theorie innerhalb der Grounded Theory

Glaser und Strauss fordern am Ende des Forschungsprozesses die Generierung von formaler Theorie mit universellem Geltungsanspruch, großer Reichweite und der Aufhebung von raumzeitlichen Beschränkungen (vgl. Lamnek & Krell [2010, S. 105]), wobei die bereits generierte materiale Theorie als *„ein strategisches Verbindungsstück bei der Formulierung und Generierung von formaler Grounded Theory“* gesehen wird, vgl. Glaser et al. [2008, S. 85]. Hierbei bemängeln sie das Vorgehen einiger Soziologen, welche eine Umformulierung von materialer Theorie nur zu einer um einen Grad abstrakteren materialen Theorie durchführen, jedoch keine erneute komparative Analyse zum Aufbau von formalen Zusammenhängen vorweisen:

> „Alles was sie [die Forscher, M.H.] damit erreichen ist, das konzeptuelle Niveau ihrer Arbeit mechanisch anzuheben, ohne aber die Reichweite ihrer Theorie auf formalem Niveau mittels komparativer Forschung über verschiedene Sachbereiche auszudehnen.“ [Glaser et al., 2008, S. 87]

An dieser Stelle muss betont werden, dass die bereits generierten Typologien $\mathcal{T}_K$, $\mathcal{T}_{E,Kegel}$ und $\mathcal{T}_{E,Würfel}$ die im Datenmaterial verankerte materiale Theorie bilden. Im Folgenden wird nicht der im strengen Sinn von Glaser und Strauss geforderte Übergang zu formaler Theorie mit universellem Geltungsanspruch und hohem Allgemeinheitsgrad ausgeführt, da die Generierung von formaler Theorie mit den soeben explizierten Bedingungen als zu weitreichend für die Verwendung im vorliegenden Zusammenhang erscheint. Lamnek & Krell [2010, S. 105] führen zu den von Glaser und Strauss formulierten und für die

Anwendung in der Soziologie konzipierten Forderungen an formale Theorie zusammenfassend aus:

> „Die Hypothesen, die Bestandteil einzelner formaler Theorien sind, haben den Charakter von Gesetzeshypothesen, weil sie einen universellen Geltungsanspruch besitzen. Im Gegensatz zu den bereichsspezifisch bezogenen Hypothesen auf niedrigerer Allgemeinheitsstufe richten sie sich auf Sozialbeziehungen unterschiedlichster Art."

Eine Generierung von formaler Theorie im soeben beschriebenen Sinn kann im mathematikdidaktischen Kontext am aktuell vorliegenden Forschungsprojekt nicht durchgeführt werden, sodass eine Betrachtung der bereits identifizierten Typologien auf zusammenfassender und abstrahierender Ebene als geeignete Verallgemeinerung im Forschungskontext anzusehen ist.

10.2.2 Aufgabenunabhängige materiale Typologie

Es erfolgt zunächst die wiederholte Darlegung der bereits generierten Typologien $\mathcal{T}_K$, $\mathcal{T}_{E,Kegel}$ und $\mathcal{T}_{E,Würfel}$, um den aufgabenübergreifenden Ansatz im Kontext der Genese besser einordnen zu können. Die einzelnen Merkmale mit den jeweiligen Ausprägungen werden ebenfalls nochmals aufgeführt. Hierbei muss beachtet werden, dass die Merkmale $\mathcal{A}$ und $\mathcal{B}$ Bearbeitungsmerkmale von Konstruktionsaufgaben darstellen und die übrigen Merkmale im Kontext von explorativen Aufgaben erkannt wurden. Folgende Merkmale konnten identifiziert und zur Generierung der im Anschluss nochmals aufgeführten Typologien genutzt werden:

$\mathcal{A}$ mit den Ausprägungen:

- $\mathcal{A}_1$: schnelle Konstruktion, prozentual geringe Verwendung des Zugmodus, kleine Anzahl verschiedener Zugmdodi
- $\mathcal{A}_2$: langsame Konstruktion, prozentual höhere Verwendung des Zugmodus, größere Anzahl verschiedener Zugmodi

$\mathcal{B}$ mit den Ausprägungen:

- $\mathcal{B}_1$: frühes *Eltern-Kind-Verständnis*, frühe Kreiskonstruktion
- $\mathcal{B}_2$: späteres *Eltern-Kind-Verständnis*, spätere bzw. keine Kreiskonstruktion

$\mathcal{C}$ mit den Ausprägungen:

$\mathcal{C}_1$: überwiegend kontrolliertes Ziehen, Erreichen höherer Komplexitätsstufen, überwiegendes Ziehen an gebundenen Punkten

$\mathcal{C}_2$: überwiegend unkontrolliertes Ziehen, Erreichen niedrigerer Komplexitätsstufen, überwiegendes Ziehen an systemgebundenen Punkten

$\mathcal{D}$ mit den Ausprägungen:

$\mathcal{D}_1$: überwiegend kontrolliertes Ziehen an gebundenen Punkten, Erreichen hoher Komplexitätsstufen, Dominanz von experimentellem Vorgehen

$\mathcal{D}_2$: überwiegend unkontrolliertes Ziehen an systemgebundenen Punkten, Erreichen niedrigerer Komplexitätsstufen, Dominanz von statischen Betrachtungen

$\mathcal{E}$ mit den Ausprägungen:

$\mathcal{E}_1$: Bewegen von Würfel und Schnittebene

$\mathcal{E}_2$: Bewegen der Schnittebene bei unbeweglichem Würfel

Tabelle 36: Typisierung $\mathcal{T}_K$

$\mathcal{T}_K$		Merkmal $\mathcal{B}$	
		$\mathcal{B}_1$	$\mathcal{B}_2$
Merkmal $\mathcal{A}$	$\mathcal{A}_1$	AL BW	-
	$\mathcal{A}_2$	-	DK1 FH

Die erarbeiteten Typologien $\mathcal{T}_K$, $\mathcal{T}_{E,Kegel}$ und $\mathcal{T}_{E,Würfel}$ beinhalten ausschließlich Realtypen, welche faktisch gegeben und tatsächlich in der Realität auffindbar sind, vgl. Kluge [1999]. Anhand dieser Typologien sind übergreifend drei Kategorien von Probandengruppen zu identifizieren.

Tabelle 37: Typisierung $\mathcal{T}_{E,Kegel}$

$\mathcal{T}_{E,Kegel}$	Merkmal $\mathcal{C}$	
	$\mathcal{C}_1$	$\mathcal{C}_2$
	AL DK2	BF BW (DK1) FH

Tabelle 38: Typisierung $\mathcal{T}_{E,Würfel}$

$\mathcal{T}_{E,Würfel}$		Merkmal $\mathcal{D}$	
		$\mathcal{D}_1$	$\mathcal{D}_2$
Merkmal $\mathcal{E}$	$\mathcal{E}_1$	AL BW	-
	$\mathcal{E}_2$	DK1 FH	-

Die erste Kategorie bilden die bei der Softwarekonzeption bedachten Nutzer, die ein „dynamisches“ Vorgehen präferien und von den Gruppen AL, BW, DK1 und FH repräsentiert werden. Die zweite Kategorie bildet die Gruppe DK2 mit einer Präferenz für „statische“ Betrachtungen. Die Gruppe BF repräsentiert die dritte Kategorie der Nutzer, für die eine Verwendung von dynamischer Geometrie keine Bereicherung des Handlungsspektrums bedeutet, da gewisse mathematische Voraussetzung zur Handhabung nicht gegeben sind. Die drei Kategorien werden im Folgenden näher beschrieben.

Charakterisierung der „dynamischen“ Nutzer

Diese Gruppen verbindet eine Präferenz für ein experimentelles Vorgehen und die dynamische Verwendung der Computersoftware. Die Probanden nutzen bevorzugt bewegliche Implementierungen von Objekten. Des Weiteren gelingt ihnen der Einstieg in die Computerumgebung, in der sie Werkzeugkompetenzen ausbauen und ihr Vorgehen über einen längeren Zeitraum an die neue Umgebung anpassen.

Diese Gruppen unterscheiden sich hinsichtlich des Zeitpunktes von nachweisbaren Kompetenzen und Verhaltensweisen, sodass Bearbeitungsmerkmale wie schnelleres Konstruieren bzw. ein Verständnis von *Eltern-Kind-Beziehungen* bei den Gruppen AL und BW im Allgemeinen früher konstatiert werden können als bei den Gruppen DK1 und FH. Ebenso verhält es sich bei der Implementierung von beweglichen Objekte auf höheren Komplexitätsstufen, welche bei Gruppe AL bereits in Aufgabe IV nachgewiesen werden kann, die übrigen Gruppen weisen diese Kompetenz erst in Aufgabe VI nach. Innerhalb dieses Typs ist die Gruppe AL als prototypisch zu betrachten, da sie die Charakteristika eines fortgeschrittenen Nutzers von 3D-DGS mit einer Präferenz für ein experimentelles Vorgehen in nahezu perfekter Form verkörpert, zum Begriff des „Prototyps" vgl. Kluge [1999] bzw. Lamnek & Krell [2010, S. 206]. Mithilfe der an Gruppe AL nachgewiesenen Bearbeitungsmerkmale lassen sich diese als Entwicklungsstufen für einen kompetenten Umgang mit einem 3D-DGS deuten, die vom Nutzer zu erarbeiten sind. Hierbei dienen diese Teilkompetenzen der Gruppe AL in den jeweiligen Aufgaben als zu erreichendes Ziel, wenn Fähigkeiten wie die Kreiskonstruktion, die Lotgeradenkonstruktion in einer Ebene, die Verwendung der *Shift*-Taste usw. betrachtet werden. Ebenso ist bei der Bearbeitung von Konstruktionsaufgaben die kurze Verwendung des *validierend abtestenden Ziehens* für den fortgeschrittenen Nutzer charakteristisch, der problemadäquat konstruiert und sich der Richtigkeit der Bearbeitung voll bewusst ist. Hinsichtlich dieser Verwendung ist die Gruppe AL ebenso den anderen Gruppen BW, DK1 und FH voraus, die auch in Aufgabe VI noch unnötig viele verschiedene Zugmodi benutzen und diese über einen längere Zeitraum als die Gruppe AL verwenden. Darüber hinaus sind die von dieser Gruppe erreichten höheren Komplexitätsstufen bei der Implementierung von Schnittebenen als fortgeschrittene Kompetenz einzustufen, ebenso wie das überwiegende Ziehen an gebundenen Punkten in explorativen Aufgaben, was mit einer komplexeren Implementierung von beweglichen Objekten in Verbindung steht und bei den Gruppen BW, DK1 und FH erst zu einem späteren Zeitpunkt (Aufgabe VI) nachgewiesen werden kann.

Charakterisierung der „statischen" Nutzer

Die Gruppe DK2 ist nicht mit den Eigenschaften der „dynamischen" Nutzer zu beschreiben, da bei ihr in Konstruktionsaufgaben eine extrem niedrige Verwendungszeit des Zugmodus nachzuweisen ist und sich die Gruppe auch in anderen Aufgaben eher durch ein statisches Vorgehen auszeichnet. So benutzen die Probanden den Zugmodus nach Bearbeitung von Aufgabe II (Tetraederkonstruktion) nicht mehr bei Konstruktionsaufgaben. Es erfolgt auch kein *validierendes abtestendes Ziehen* am Ende der Aufgabenlösung. Weiterhin beherrscht die Gruppe den Einsatz der *Ctrl*-Taste zur Konstruktion einer Lotgeraden in einer Ebene, benutzt diese aber absichtlich nicht und präferiert die Konstruktion einer Lotebene mit anschließender Bildung der Schnittgeraden, ein Vorgehen, das bei keiner anderen Gruppe identifiziert werden kann. Das vorwiegend statische Arbeiten der Gruppe ist neben den Betrachtungen in Aufgabe VI (Würfelschnitte) mit unbeweglichem Würfel und statischer Schnittebene auch in Aufgabe I (*Schwarze Boxen*) nachzuweisen, in der die Gruppe nur zwei von fünf Aufgaben mithilfe des Zugmodus validiert, sodass sowohl in Konstruktionsaufgaben als auch in explorativen Aufgaben eine eher statische Nutzung des DGS konstatiert werden kann. In Konstruktionsaufgaben ist dieses Vorgehen eventuell mit einer gewissen Selbstsicherheit der Probanden zu interpretieren, die sich der korrekten Ausführung sicher sind und eine Validierung für überflüssig betrachten. In den explorativen Aufgaben sind die statischen Betrachtungen eventuell mit einem guten Raumvorstellungsvermögen zu erklären, das nicht unbedingt der dynamischen Unterstützung bedarf.

Charakterisierung der überforderten Nutzer

Die Gruppe BF ist mit den übrigen Gruppen nicht zu vergleichen, da bei ihr gewisse Voraussetzungen zur adäquaten Bedienung der Software nicht gegeben sind. Die Probanden sind mit einigen Aufgabenstellungen überfordert, da der Begriff „Schnittfigur“ Probleme bereitet und offensichtlich nicht gebildet ist. Zudem ist ein gewisses mathematisches Basiswissen hinsichtlich von Konstruktionen wie beispielsweise eines gleichseitigen Dreiecks oder eines Quadrates nicht vorhanden bzw. in den speziellen Situationen nicht umsetzbar, sodass eine selbstständige und problemadäquate Bedienung des 3D-DGS häufig scheitert. Auch ist die Beschäftigung mit nichtmathematischen Dingen während der Aufgabenbearbeitung mit einer Überforderung zu deuten. Gawlick [2002] beobachtet ein ähnliches Verhalten bei überforderten Kindern, die das DGS als „Spielzeug“ verwenden.

Zwar können die Werkzeugkompetenzen zur Konstruktion von Kreis und Lotgeraden in Aufgabe III nachgewiesen werden, jedoch bedarf es zur Umsetzung dieser Werkzeugkompetenzen im Problemkontext meist der Hilfe von außen. Da sich die Gruppe weder ein *Eltern-Kind-Verständnis* im Laufe der Untersuchungen erarbeiten kann noch eine überwiegend kontrollierte Implementierung von beweglichen Objekten gelingt, separiert sie sich von den übrigen Probandengruppen. Bei allen anderen Gruppen sind diese Kompetenzen spätestens in Aufgabe VI nachzuweisen, sodass die Gruppe BF auch aufgrund der qualitativen Betrachtungen als Extremgruppe bezeichnet werden muss. Die häufige und sehr kurze Verwendung des Zugmodus, welche eher einem „Ausprobieren“ gleicht, ist ebenso charakteristisch für diese Gruppe. Vergleichbar hierzu sind die Ergebnisse von Kittel [2007, S. 280], der ein ähnliches Verhalten bei Schülern konstatiert, welches er als Ersatzhandlung interpretiert, um von einer aktuell vorliegenden Ideenlosigkeit abzulenken.

Im Sinne einer Analyse, welche auf Extremtypen abzielt und in der die unterschiedlichsten Merkmalsausprägungen gegenübergestellt werden, um maximale Differenzen von gegenüberstehenden Polen zu betonen (vgl. Kluge [1999] bzw. Lamnek & Krell [2010, S. 206]), wären die Gruppen AL und BF aus dem vorhandenen Datenmaterial auszuwählen.

10.2.3 Aufgabenunabhängige abstrakte Typologie

Die aufgefundenen Typologien im konkret vorhandenen Datenmaterial geben Hinweise für die Generierung von drei abstrakten Nutzertypen, welche im Folgenden charakterisiert werden. Diese abstrakten Nutzertypen sind nicht in genau dieser Form im Datenmaterial wiederzufinden, sie orientieren sich jedoch an der materialen Theorie der bereits gebildeten Typen. Der eigentliche Nutzen des Abstraktionsprozesses besteht darin, die Nutzertypen als idealtypisch im Sinne Webers zu beschreiben, um sich Eigenarten von Zusammenhängen der Wirklichkeit

> „...an einem Idealtypus pragmatisch veranschaulichen und verständlich machen [zu] können. Diese Möglichkeit kann sowohl heuristisch wie für die Darstellung von Wert, ja unentbehrlich sein. Für die Forschung will der idealtypische Begriff das Zurechnungsurteil schulen: er ist keine Hypothese, aber er will der Hypothesenbildung die Richtung weisen. Er ist nicht Darstellung des Wirklichen, aber er will der Darstellung eindeutige Ausdrucksmittel verleihen.“
> [Weber & Winckelmann, 1982, S. 190]

Dieses Vorgehen erlaubt eine Beschreibung von „idealen“ Nutzertypen der drei Kategorien, sodass die Einordnung bzw. der Vergleich von empirisch gefundenen Typen erleichtert wird. Die im Folgenden zu charakterisierenden Typen erlauben somit für neu empirisch gewonnenes Material die Festlegung der Abweichung vom Idealtyp, sodass neue Daten hinsichtlich des Idealtyps aber auch untereinander besser vergleichbar werden. Einige Eigenschaften sind dabei deutlich betont bzw. zugespitzt, um eine möglichst ideale Darstellung des jeweiligen Typs zu erlauben.

> „Er [der Idealtyp M.H.] wird gewonnen durch einseitige Steigerung eines oder einiger Gesichtspunkte und durch Zusammenschluss einer Fülle von diffus und diskret, hier mehr, dort weniger, stellenweise gar nicht, vorhandenen Einzelerscheinungen, die sich jenen einseitig herausgehobenen Gesichtspunkten fügen, zu einem in sich einheitlichen Gedankengebilde."
> [Weber & Winckelmann, 1982, S. 191]

Rückblickend gibt es Hinweise zum Vorkommen von Nutzern mit Präferenzen für „dynamische" und „statische" Betrachtungen bereits in Studie 2, in der Gruppen identifiziert wurden, welche ein experimentelles Vorgehen präferierten, während andere eher statische Konfigurationen zur Lösungsfindung benutzten.

Idealtypische Nutzer mit einer Präferenz für dynamische Betrachtungen

Dieser Nutzer gebraucht ein 3D-DGS in der Art, dass er ein experimentelles Vorgehen bevorzugt verwendet und die Software als Hilfsmittel benutzt, um sich Sachverhalte im dreidimensionalen Raum zu visualisieren. Dieses Vorgehen dient der kognitiven Entlastung beim Operieren im 3D-Raum im Sinne der *Cognitive Load Theory*, vgl. Sweller [1994].

Zur problemadäquaten Benutzung der Software sind sowohl Werkzeugkompetenzen als auch mathematische Grundkenntnisse und Vorstellungen erforderlich. Der hier beschriebene Nutzertyp verfügt über ausreichende Kenntnisse, um sich der Werkzeuge zu bedienen, deren Handhabung jedoch erst erlernt werden muss. Zu Beginn der Arbeit in 3D-Umgebungen sind Bearbeitungen von Konstruktionsaufgaben zunächst durch Verwendung von mehreren verschiedenen Zugmodi sowie Schwierigkeiten bei der Implementierung von Kreisen und Lotgeraden in Ebenen gekennzeichnet. Auch Probleme bei der Festlegung von Freiheitsgraden treten auf Seiten der Anwender auf. Der Benutzer eignet sich über längere Phasen der Arbeit mit dem 3D-DGS grundlegende Werkzeugkompetenzen an und entwickelt während dieser Arbeitsphasen ein Verständnis für *Eltern-Kind-Beziehungen.*

Der erfahrene und kompetente Benutzer verwendet in Konstruktionsaufgaben den Zugmodus nur gegen Ende, um mit einem kurzen Einsatz des *validierenden abtestenden Ziehens* die durchgeführte Konstruktion zu überprüfen.

Bei der Lösung von explorativen Aufgaben benutzt der Anwender den Zugmodus durchgehend. Der zusätzliche Einsatz der *Shift*-Taste, um Punkte in der dritten Dimension bewegen zu können, bereitet jedoch noch Schwierigkeiten. Bei der Implementierung von beweglichen Objekten werden beim unerfahrenen Benutzer frei im Raum liegende Punkte benutzt. Hierbei dominiert die Bewegung von systemgebundenen Punkten, sodass ein kontrolliertes Ziehen von mehrdimensionalen mathematischen Objekten nicht erfolgt. Im weiteren Verlauf der Bearbeitungen gelingt jedoch die Einbindung beweglicher Objekte auf höheren Komplexitätsstufen, zunächst bei einfacheren Aufgaben, die bereits geeignete Strecken bzw. Geraden bereitstellen, an welche Punkte gebunden werden können. Später gelingt ebenso die selbstständige Einbindung von Trägerobjekten, auf denen Punkte bewegt werden können. Zwischenzeitlich tritt die Schwierigkeit auf, dass zwar Trägerobjekte definiert werden, das eigentliche Ziel des kontrollierten Ziehens von Punkten auf den Trägerobjekten jedoch nicht erreicht wird, da anstelle der auf den Trägerobjekten gebundenen Punkten an den die Trägerobjekte definierenden Punkte gezogen wird.

Weiterhin werden zunächst äquidistante Abstände mit Kreisen konstruiert, wobei sich dieses Vorgehen dahingehend entwickelt, dass sowohl Kreis- als auch Kugelkonstruktionen flexibel eingesetzt werden. Sind Probleme in der Ebene zu lösen, so werden Kreise benutzt, da Kugelkonstruktionen aufgrund ihrer Raumeinnahme die Übersicht der Konstruktion negativ beeinflussen. Sind jedoch Abstände im Raum abzutragen, so werden vom fortgeschrittenen Benutzer Kugeln verwandt, da diese mit Mittelpunkt und Randpunkt wesentlich einfacher zu definieren sind.

Sowohl der Gebrauch der *Shift*-Taste zum Ziehen von Punkten in der dritten Dimension als auch die Benutzung der *Ctrl*-Taste zur Konstruktion einer Lotgeraden in einer Ebene bedürfen der Gewöhnung und finden nicht von Beginn der Bearbeitungen an statt. Ähnlich verhält es sich mit der Fähigkeit zur Konstruktion eines Kreises mithilfe von Kreisebene, Mittelpunkt und Randpunkt. Sie ist einerseits als Werkzeugkompetenz zu betrachten, andererseits erfordert sie die Einsicht in die Tatsache, dass zur Definition eines Kreises im Raum die Angabe von Mittelpunkt und Randpunkt unzureichend ist. Mit dieser Erkenntnis einher geht eine Sensibilität für festzulegende Freiheitsgrade bestimmter mathematischer Objekte im Raum, zu deren Bestimmung in der Ebene weniger Angaben erforderlich sind.

Zusammenfassend können verschiedene Bearbeitungsmerkmale als Entwicklungsstufen gedeutet werden, welche vom „dynamischen“ Nutzer im konstruktivistischen Sinn zu erarbeiten sind. Folgende Vorstellungen bzw. Fähigkeiten sind vom erfahrenen und kompetenten „dynamischen“ Nutzer aufzubauen:

- eine allgemein ausgeprägte Werkzeugkompetenz für Grundkonstruktionen
- ein *Eltern-Kind-Verständnis*
- die Werkzeugkompetenz zur Lotgeradenkonstruktion (*Ctrl*-Taste) in einer Ebene
- die Werkzeugkompetenz zur Kreiskonstruktion mithilfe von Kreisebene, Mittelpunkt und Randpunkt
- ein flexibler Gebrauch von Kreis- und Kugelkonstruktionen
- die Benutzung der *Shift*-Taste zur Bewegung von Punkten in der dritten Dimension
- ein Aufbau eines Verständnisses von Freiheitsgraden mathematischer Objekte im Raum
- ein adäquater Einsatz des Zugmodus zur Validierung von Konstruktionen
- ein adäquater Einsatz des Zugmodus zur explorativen Erkundung
- ein angemessenes Repertoire weiterer Verwendungsweisen des Zugmodus
- ein Verständnis für eine Implementierung von beweglichen Objekten
- eine Kompetenz zur Einbindung von Trägerobjekten für bewegliche Objekte
- die Fähigkeit zum kontrollierten und flexiblen Bewegen mathematischer Objekte auf höheren Komplexitätsstufen

Idealtypische Nutzer mit einer Präferenz für statische Betrachtungen

Dieser Nutzertyp zeichnet sich dadurch aus, dass er statische Betrachtungen bevorzugt und dynamische Einbindungen von Objekten vermieden werden. Kann der Nutzer die Aufgabe auch ohne Einbindung beweglicher Objekte lösen, wird er diese Möglichkeit bevorzugen. Der Einsatz des Zugmodus beschränkt sich auf Situationen, in denen ohne ein dynamisches Vorgehen eine Lösung der Aufgabe nicht möglich ist. In diesem Fall besteht kein Hindernis in der unzureichenden Werkzeugkompetenz zur Implementierung von beweglichen Objekten auf Seiten des Nutzers. Allein die Strategie der Lösungsfindung ist eine andere als beim zuvor beschriebenen Nutzertyp, wobei sich die Lösungen der Nutzertypen hinsichtlich ihrer „Qualität" nicht unterscheiden müssen. Die statische Vorgehensweise ist nicht an Werkzeugkompetenzen gebunden sondern von diesen unabhängig. Ebenso ist die Präferenz für statische Lösungen in einem gewissen Sinn aufgabenunabhängig. So validiert der statische Nutzer die Lösung von Konstruktionsaufgaben nicht mithilfe des Zugmodus und benutzt diesen auch während der Konstruktion nicht. Auch bei explorativen Aufgaben, die einen Zugang zur Lösung mithilfe von statischen Überlegungen erlauben, wird der Zugmodus im Normalfall nicht verwandt.

Idealtypische Nutzer mit unzureichenden Voraussetzungen

Diesem Nutzer gelingt es nur schwer, sich in die Computerumgebung einzufinden und dort Aufgaben zu bearbeiten. Eine Entwicklung erfolgt beim Erlernen von Werkzeugkompetenzen, wobei insbesondere Konstruktionen, die einen Vorstellungsumbruch zur zweidimensionalen Implementierung erfordern, dauerhaft problematisch sind und eventuell nicht umgesetzt werden können. Hierzu zählt beispielsweise die Kreiskonstruktion mithilfe von Kreisebene, Mittelpunkt und Randpunkt. Der Zugmodus wird sowohl in Konstruktionsaufgaben als auch in explorativen Aufgaben sehr häufig, allerdings wenig zielgerichtet, eingesetzt, sodass dieses Ziehen eher als ein „Probieren" in Ermangelung eines brauchbaren Zugangs zur Aufgabe anzusehen ist. Zudem sind die Zeiten der einzelnen Zugmodusverwendungen extrem kurz und dauern nicht länger als zwei Sekunden an. Als intervenierende Bedingungen sind bei diesem Nutzertyp Probleme des Begriffsverständnisses als auch das Fehlen einer gewissen mathematischen Grundkompetenz vorhanden. Diese Grundkompetenz betrifft sowohl das theoretische Wissen über geometrische Grundkonstruktionen als auch deren konkrete Durchführung. Des Weiteren liegen keine Strategien zur Problemlösung in DGS-Umgebungen vor, die ein heuristisches Vorgehen anhand verschiedener Zugänge erlauben. Einige der Entwicklungsstufen, welche beim „dynamischen" definiert wurden, werden vom soeben beschriebenen Nutzertyp auch über einen längeren Zeitraum der Arbeit in der Softwareumgebung nicht aufgebaut. So gelingt es nicht, wichtige Werkzeugkompetenzen wie die Kreis- bzw. die Lotgeradenkonstruktion durchzuführen. Weiterhin können auch keine alternativen Konstruktionen implementiert werden, welche zum gleichen Ergebnis wie die ursprünglich durchzuführende Konstruktion führen würden. Die Einbindung beweglicher Objekte erfolgt durch Auswahl von systemgebundenen Punkten, sodass weder ein überwiegend gebundenes noch kontrolliertes Ziehen gelingt und dabei die Komplexitätsstufe 1 der Implementierung beweglicher Objekte nicht überschritten wird.

11 Fazit

Im abschließenden Fazit sind zunächst wichtige Ergebnisse des gesamten Forschungsprozesses subsumiert, wobei diese Ergebnisse im Zusammenhang ihres Entstehens dargestellt werden, um den prozesshaften Charakter des Forschungsvorhabens nachzuzeichnen. Im Anschluss werden Forschungsdesiderate auf ihre direkte Verwertbarkeit in der Lehre und hinsichtlich ihres schulpraktischen Nutzens reflektiert, wobei insbesondere auf spezielle Hürden während des Lernprozesses im Umgang mit 3D-Umgebungen hingewiesen wird. Möglichkeiten der konkreten Umsetzung in der Lehre stehen dabei ebenso im Fokus. Der folgende Abschnitt knüpft direkt an die Problematik von Nutzerschwierigkeiten im Umgang mit 3D-DGS an. Hierbei werden Forschungsdesiderate im Hinblick auf deren Berücksichtigung und Einbindung in zukünftigen Entwicklungen im Softwarebereich diskutiert. Das zusammenfassende Kapitel schließt mit einem Ausblick auf unterschiedliche Möglichkeiten der Verwertbarkeit und weiter zu verfolgenden Fragestellungen aufgrund der neu vorhandenen Erkenntnisse im Bereich der zukünftigen Lehr- und Lernforschung in DGS-Umgebungen.

11.1 Zusammenfassung von Ergebnissen

Am Beispiel der vorliegenden Dissertation kann nachgewiesen werden, dass auch in heterogenen Forschungszweigen wie der Mathematikdidaktik eine Kombination quantitativer und qualitativer Ansätze sinnvoll durchgeführt und methodisch abgesichert erfolgen kann. Der Zugang zum Forschungsfeld war zunächst im methodisch qualitativen Paradigma verortet, wobei die *Grounded Theory* als dominierende Auswertungsmethode gewählt wurde. Im Verlauf der Studien, deren Konzeptionen mehrmals den sich ändernden bzw. präzisierten Fragestellungen angepasst werden mussten, ergab sich die Notwendigkeit, qualitative und quantitative Methoden zu kombinieren, um den Forschungsprozess möglichst optimal voranzutreiben.

Am Ende des Projektes stehen Typologien, welche anhand von identifizierten Bearbeitungsmerkmalen während des Lösungsprozesses von Aufgaben erstellt wurden. Diese entscheidenden Bearbeitungsmerkmale konnten nur durch die Kombination verschiedener Zugänge und Daten erarbeitet werden. Ausgehend von den aus dem Datenmaterial generierten Typen, welche als materiale Theorie im Sinne der *Grounded Theory* zu verstehen sind, erfolgte im letzten Schritt eine Verallgemeinerung der gebildeten Typologien auf einer abstrakten Ebene. Hierbei findet der Idealtyp im Sinne Webers (vgl. Weber & Winckelmann [1982, S. 191]) Verwendung, um einen möglichst reinen Typ zu generieren, der so nicht im Datenmaterial vorkommt. Durch dessen Verwendung als Referenztyp erlaubt er eine fundiertere Vergleichbarkeit von zukünftig gewonnenem Datenmaterial.

Hierbei sind drei Nutzertypen zu identifizieren, wobei Typ A eher experimentell vorgeht und verschiedene Entwicklungsstufen hinsichtlich von Werkzeugkompetenzen und Anpassungen an die 3D-Umgebung durchläuft. Typ B präferiert statische Betrachtungen bei Aufgabenlösungen und verwendet ein DGS nur dann im dynamischen Sinn, wenn er keine andere Möglichkeit der Aufgabenlösung erkennt. Typ C ist dadurch charakterisiert, dass er aufgrund der intervenierenden Bedingung eines unzureichenden mathematischen Verständnisses ein DGS kaum in ökonomischer Weise verwenden kann. Es fehlen Grundkompetenzen im mathematischen Bereich, welche ein Erlernen von schlichten Werkzeugkompetenzen zwar zulassen, deren Anwendung im Problemkontext jedoch meist nicht gelingen. Ein mangelndes Begriffsverständnis ist bei Nutzertyp C als zweite intervenierende Bedingung charakteristisch.

Im Folgenden wird der Forschungsverlauf, der in den soeben formulierten Ergebnissen resultiert kurz nachgezeichnet, um den prozessbezogenen Charakter des Vorgehens darzulegen.

Zunächst stand das Interesse am Verhalten von unerfahrenen Nutzern in 3D-DGS und den damit verbundenen Verwendungen des Zugmodus im Vordergrund des Interesses, wobei die Studierenden auf Vorkenntnissen in 2D-Umgebungen aufbauen konnten. Als wichtiges Ergebnis ist die aus Studie 1 gewonnene Erkenntnis festzuhalten, dass gelegentliche Vorerfahrungen in 2D-DGS nicht genügen, um einen problemlosen Übergang in 3D-Umgebungen zu ermöglichen. Obwohl die Probanden der ersten Studie, wenn auch ein Semester zuvor, mit einem 2D-DGS gearbeitet hatten, gelang die adäquate Nutzung des Zugmodus in einer 3D-Umgebung nur in Ausnahmefällen. Rein statische Betrachtungen dominierten das Vorgehen der Probanden, das in Studie 1 eindeutig auf die mangelnde Vertrautheit mit dynamischen Systemen zurückzuführen war. Neben der Verwendung des Zugmodus ergaben sich nicht nur in dieser Studie zusätzliche Schwierigkeiten, welche im Folgenden noch erläutert werden.

Neben den erwarteten Problemen hinsichtlich der Handhabung einer neuen Softwareumgebung während der ersten Studie, konnte die dominierende Verwendung eines realen Modells im Vergleich zur Softwareumgebung bei der Bearbeitung einer Schnittflächenaufgabe von Ebene und Würfel konstatiert werden. Diese Präferenz ist auf mangelnde Erfahrung mit der Software und bereits angeeignete Lösungsstrategien hinsichtlich dreidimensionaler Problemstellungen auf Probandenseite zurückzuführen. Darüber hinaus fiel die Verwendung des *Zugmodus 2.Art* in den Analysen auf, der zunächst nur selten nachzuweisen war.

Um den Einsatz des Zugmodus zu fördern, grundlegende Konstruktionen einzuüben und in Studie 1 beobachtete Schwierigkeiten zu thematisieren, wurde Studie 2 eine Einführungsveranstaltung zur jeweilig verwandten Software (*Cabri 3D* oder *Archimedes Geo 3D*) vorangestellt. Weiterhin konnte der explorative Charakter der zu bearbeitenden Aufgaben durch geringfügige Änderungen der Aufgabenstellungen erhöht werden. Im Fokus der Analyse stand anschließend die Beobachtung verschiedener Verwendungsweisen des Zugmodus und eine Sensibilität für Situationen, anhand derer, aufgrund des gesprochenen Wortes oder spezieller Vorgehensweisen in der Software auf ein Verständnis von *Eltern-Kind-Beziehungen* auf Seiten der Probanden geschlossen werden konnte.

Bei der Analyse war festzustellen, dass alle Gruppen den Zugmodus benutzten und die verschiedenen Verwendungsweisen mit teilweise existierenden aber auch neu definierten Begriffen theoretisch eingeordnet werden konnten, wobei wiederum der *Zugmodus 2.Art* zu identifizieren war. Bezüglich eines Verständnisses von *Eltern-Kind-Beziehungen* wurde dieses nur in Ausnahmefällen bei einzelnen Probanden nachgewiesen, die Mehrzahl der Teilnehmer war sich der vorliegenden Abhängigkeiten von Konstruktionsobjekten nicht bewusst. Hinsichtlich der Werkzeugkompetenzen waren große Unterschiede zwischen den Gruppen zu konstatieren. In diesem Zusammenhang konnten weiterhin besonders problematische Konstruktionen, wie die des Kreises im Raum identifiziert werden. Eine Präferenz für die Benutzung von Kreisen gegenüber Kugeln war darüber hinaus festzustellen, eine Tatsache, die aufgrund der fast ausnahmslosen Ausbildung der Probanden aus Schule und Universität in 2D-Umgebungen nicht verwundert.

Bei der weiteren Analyse des Datenmaterials konnten erste Hinweise bezüglich verschiedener Vorgehensweisen von Probanden bei explorativen Aufgabenstellungen aufgefunden werden. So arbeiteten manche Gruppen vorwiegend in eher statischen Umgebungen, während andere rein experimentell mithilfe beweglicher Objekte vorgingen. Die Implementierung von beweglichen Objekten war meist sehr einfach gehalten, sodass kontrollierte Bewegungen der eingebundenen Objekte nur in Ausnahmefällen möglich waren. Diese verschieden komplex ausgeführten Implementierungen gaben den Anstoß, um Entwicklungen solcher Einbindungen auf verschiedenen Komplexitätsstufen zu beobachten, welche im Anschluss definiert wurden.

Um die Entwicklungen hinsichtlich des Zugmodusgebrauchs, eines *Eltern-Kind-Verständnisses* und besonders problematischen Konstruktionen wie der Kreiskonstruktion im Raum bzw. allgemeinen Werkzeugkompetenzen beobachten zu können, fiel die Entscheidung, einen prozessbezogenen Ansatz für Studie 3 zu verwenden. Dieser erstreckte sich über den Zeitraum eines Semesters, währenddessen drei Untersuchungen durchgeführt wurden. Darüber hinaus sollte erarbeitet werden, inwiefern sich Bearbeitungsmerkmale verschiedener Probandengruppen aus einem prozessbezogenen Design gewinnen lassen.

Um diese Untersuchungen auf eine gemeinsame theoretische Basis zu stellen, wurden die aus den Studien 1 und 2 gewonnenen Daten zur Erstellung eines Analysierungsrasters für Aufgabenbearbeitungen in 3D-Umgebungen verwandt. Dieses Raster ermöglichte die Kodierung jedes einzelnen Zugvorgangs, wobei zusätzlich vermerkt wurde, welche Komplexitätsstufe eine von den Probanden gewählte Einbindung erfüllte und ob das Ziehen an systemgebundenen, gebundenen, nicht beweglichen oder bereits in der Aufgabenstellung vorhandenen Punkten erfolgte.

In allen drei Untersuchungen der letzten Studie wurden jeweils eine Konstruktionsaufgabe und eine explorative Aufgabe gestellt, um eine Entwicklung beobachten und Vergleichbarkeit zwischen den Untersuchungen und zusätzlich zu den zuvor durchgeführten Studien herstellen zu können. Die Auswertung der Daten aller Untersuchungen führte zu getrennten Analysen von Konstruktionsaufgaben und explorativen Aufgaben, in denen jeweils eine Fülle von Bearbeitungsmerkmalen anhand der Kombination von qualitativen und quantitativen Daten identifiziert werden konnten. Im Anschluss wurden die Gruppen im jeweiligen Merkmalsraum positioniert. Um trennscharfe und übersichtliche Typen zu erhalten, erfolgte eine Reduktion des Merkmalsraums und die Zusammenfassung von Bearbeitungsmerkmalen. Die erhaltenen Typen wurden im Anschluss konkret charakterisiert und schließlich auf einer abstrakten Ebene im idealtypischen Sinn beschrieben.

Im Folgenden werden abschließend einige Thesen zusammengestellt, welche interessante „Nebenprodukte" des durchgeführten Projektes beinhalten. Die für den praktischen Einsatz relevanten bzw. für die weitere wissenschaftliche Verwendung bedeutenden Aspekte sind in den folgenden Abschnitten zu diskutieren:

- Die Verwendung von 3D-DGS im Unterricht bzw. der universitären Lehre erfordert eine Vorbereitung bzw. Einführung in die jeweilige Umgebung, in der sowohl die Benutzung des Zugmodus allgemein als auch das Ziehen in der dritten Dimension erlernt werden muss.

- Die Benutzung einer zusätzlichen Taste der Tastatur zur jeweiligen Bewegung in der dritten Dimension stellt einen bedeutenden Unterschied zur Handhabung in 2D-Systemen dar, welche nur eine Eingabe mit der Maus bzw. des Touchpads erfordert. Dieser Gebrauch einer zusätzlichen Taste zur Bewegung von mathematischen Objekten ist zunächst ungewohnt für unerfahrene Benutzer und stellt eine erste Hürde bei der Verwendung eines 3D-DGS dar. Es kann beobachtet werden, dass Anfänger das Ziehen in der dritten Dimension völlig unterlassen und somit den Zugmodus tatsächlich nur in einer Ebene verwenden.

- In diesem Zusammenhang sind ebenso Konstruktionen zu nennen, bei deren Implementierung im Vergleich zur Erstellung der gleichen Konstruktionen in 2D-Umgebungen mehr Eingaben erforderlich sind. So genügt zur Definition eines Kreises in der Ebene die Angabe des Mittelpunktes und eines Punktes der Kreislinie. Im 3D-Raum ist eine solche Angabe zur vollständigen Definition eines Kreises nicht hinreichend, sodass wiederum abhängig von der Softwareumgebung die zusätzliche Angabe der Kreisebene bzw. der Kreisachse erforderlich ist. Hierbei handelt es sich nicht um eine, wie man zunächst vermuten könnte, einfach zu erlernende Werkzeugkompetenz, welche die Konstruktion von Kreisen in 3D-Umgebungen ermöglicht. Vielmehr geht es um ein konzeptuelles Verständnis der Tatsache, dass im Raum zu gegebenem Mittelpunkt und einem weiteren Punkt der Kreislinie unendlich viele Kreise mit diesen Eigenschaften existieren.

- Ein ähnlicher Sachverhalt ergibt sich bezüglich der Konstruktion einer Lotgerade g zu einer gegebenen Geraden h durch einen Punkt P von h. Bei einer vergleichbaren Konstruktion in einer 2D-Umgebung ist der Nutzer daran gewöhnt, die Gerade h und den Punkt P als Eingabeparameter zu wählen. Wiederum stellt sich das Problem, dass in 3D-Umgebungen zur Geraden h im Punkt P unendlich viele Lotgeraden existieren und die Angabe einer Ebene, in der die Gerade g liegen soll, erforderlich ist. Hierbei handelt es sich ebenfalls nicht um eine rasch umsetzbare Werkzeugkompetenz, sondern um eine Erweiterung von in 2D-Umgebungen aufgebauten Grundvorstellungen.

- Mit der Verwendung des Zugmodus auf Seiten der Nutzer eröffnet sich die Möglichkeit zur Beobachtung von Handlungen oder Gesprächen, welche auf ein eventuell vorhandenes *Eltern-Kind-Verständnis* hinweisen, das für den kompetenten Umgang mit einem DGS fundamental ist. Hierbei ist festzustellen, dass zu Beginn der Bearbeitung und auch nach dem Besuch einer Einführungsveranstaltung, also ersten Instruktionen, ein *Eltern-Kind-Verständnis* bei der Mehrzahl der Probanden nicht nachzuweisen ist.

- Ein ebenso bemerkenswertes Phänomen stellt bei Anfängern die Einbindung mehrdimensionaler beweglicher Objekte in eine 3D-DGS-Umgebung dar, deren Komplexität als Maß für einen kompetenten Umgang mit dem DGS dienen kann.

- Hinsichtlich der quantitativen Analyse des Gebrauchs verschiedener Verwendungsweisen des Zugmodus überrascht der häufige Gebrauch des *Zugmodus 2.Art* in der *Cabri 3D*-Umgebung. Diese Form der Nutzung wird sehr häufig und bei allen Probandengruppen und Aufgaben von Studie 3 konstatiert.

- Bei der Bearbeitung von Konstruktionsaufgaben nimmt der Anteil der benutzten Zugzeit mit zunehmender Vertrautheit mit der Software stark ab.

- Während des Lösungsprozesses von Konstruktionsaufgaben dominieren gruppenübergreifend die Verwendungsweisen des *validierend abtestenden Ziehens* und des *Zugmodus 2.Art* in der letzten Aufgabe. Die ersten Aufgaben sind differenzierter zu betrachten.

- Im Bereich der explorativen Aufgaben, in denen Kegelschnitte und Würfelschnitte zu erkunden waren, dominieren gruppen- sowie aufgabenübergreifend die *explorative Untersuchung/das zielfokussierte Ziehen*, der *Zugmodus 2.Art* und das *anpassende Ziehen*.

11.2 Praxisrelevanz für Lehrende

Die Einbindung eines DGSs bringt im Vergleich zur statischen Behandlung von geometrischen Fragestellungen Vorteile, wie etwa die Möglichkeit zur Überprüfung einer Konstruktion, die Generierung von heuristischen Ideen zur Problemlösung oder das Auffinden eines Zusammenhangs, welcher zur Beweisfindung genutzt werden kann. Diesen positiven Eigenschaften des Einsatzes stehen neue Probleme gegenüber, welche sich durch die Verwendung des neuen Mediums im Unterricht ergeben können. Diese Schwierigkeiten, wie beispielsweise das *Eltern-Kind-Verständnis* oder die geringe Bereitschaft zur Verwendung des Zugmodus, sind teilweise identifiziert, in 2D-Umgebungen bereits näher untersucht (vgl. hierzu Abschnitt 2.3.3) und den Lehrenden trotzdem nicht immer bewusst. Beim Übergang in ein 3D-DGS stellen sich neben den bekannten zusätzlich neue Probleme, welche auf die spezielle 3D-Umgebung zurückzuführen sind.

Die zunächst generell geringe Bereitschaft von Anwendern zur Benutzung des Zugmodus ist bekannt. Diese Problematik wird in 3D-Umgebungen dadurch verschärft, dass den Nutzern nicht nur die Verwendung des Zugmodus nahe gebracht werden muss, sondern zusätzlich auch dessen Erweiterung in die dritte Dimension mithilfe der Bedienung einer Taste des Keyboards anzusprechen ist. Die Analysen der Aufgabenbearbeitungen zeigen, dass das Ziehen in der dritten Dimension trotz der Thematisierung in Einführungsveranstaltungen von vielen Gruppen nicht verwandt wird und sich das „alte Muster" der Bewegung in zwei Dimensionen durchsetzt. Um eine Verwendung des Zugmodus in der dritten Dimension anzuregen, können neben Aufgaben nach dem Vorbild der *Schwarzen Boxen* auch Aufgaben gestellt werden, welche eine Validierung erfordern. Diese Konstruktionen sollen der Forderung genügen, dass sie einen Konstruktionsfehler enthalten, welcher nur durch eine Bewegung von beweglichen Punkten in allen Raumdimensionen zu entdecken ist. Ein solches Beispiel soll der Vermutung, dass ein Ziehen von beweglichen Punkten in einer Ebene zur Validierung ausreicht, vorbeugen und die Verwendung des Zugmodus in allen Dimensionen des Raumes motivieren.

Darüber hinaus ergeben sich weitere Schwierigkeiten, welche unerfahrenen Benutzern die Eingewöhnung in ein 3D-DGS erschweren und somit besonderer pädagogischer Hilfestellung bzw. Aufgabenstellung bedürfen.

Immer dann, wenn ähnlich wie beim Zugvorgang in der dritten Dimension zusätzliche Tasten des Keyboards bedient werden müssen, um eine Funktion zu nutzen, ergeben sich Schwierigkeiten. Die Anwender sind es aus 2D-Umgebungen gewohnt, dass sie alle Funktionen des DGSs ohne zusätzliche Nutzung der Tastatur aufrufen und verwenden können. Die Konstruktion von Lotgeraden in festgelegten Ebenen zu bestimmten Geraden ist ein weiteres Beispiel für die Problematik der zusätzlichen Verwendung der Tastatur. Diese Konstruktion gelingt teilweise auch fortgeschrittenen Benutzern eines 3D-DGSs nicht, sodass speziell bei Konstruktionen, die eine Einbindung des Keyboards aufgrund der Softwarekonzeption erfordern, mehrmalige Wiederholungen des Vorgehens unumgänglich sind. Da die Lotgeradenkonstruktion in Ebenen eine sehr nützliche und häufig gebrauchte Konstruktion darstellt, sollte deren Umsetzung auch beherrscht werden. Fortgeschrittenen Benutzern gelingt es, diese direkte Konstruktion der Lotgerade durch einen „Umweg" mithilfe einer Lotebenenkonstruktion, die nicht den zusätzlichen Einsatz der Tastatur erfordert, einzubinden. Es ist sicher sinnvoll, die Gleichwertigkeit beider Konstruktionen im Unterricht aufzugreifen und die beiden Vorgehensweisen gegenüberzustellen. Trotzdem sollte die einschrittige Lotgeradenkonstruktion von Anwendern beherrscht werden, da sie weniger Konstruktionsschritte erfordert und die gesamte Zeichnung übersichtlicher bleibt, vgl. hierzu Abbildung 50. Aufgrund der Erfahrungen mit Studierenden ist ei-

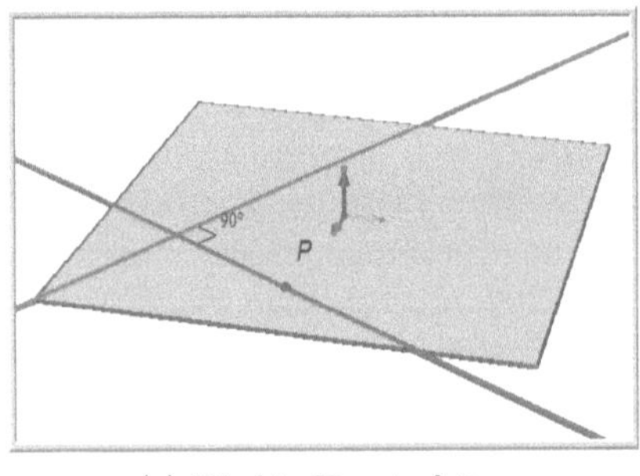

(a) Direkte Konstruktion

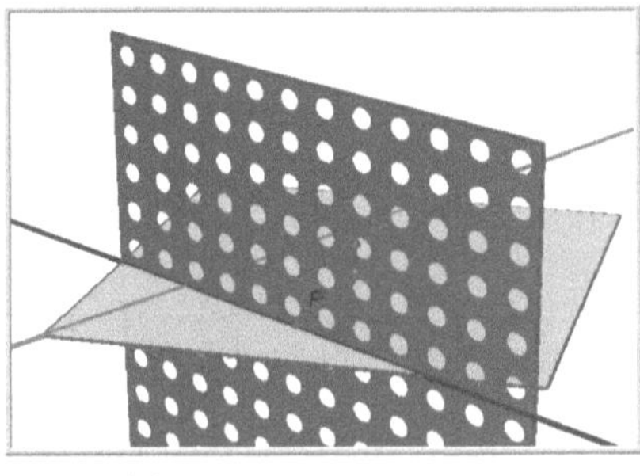

(b) Mithilfe einer Lotebene

Abbildung 50: Möglichkeiten der Lotgeradenkonstruktion zur grünen Geraden durch P

ne mehrmalige Wiederholung dieser speziellen Konstruktion anzuraten, bzw. auf deren mehrmaliges Auftreten bei der Konzeption von Aufgabenstellungen zu achten.

Einen weiteren wichtigen Aspekt bei der Verwendung von DGSen stellt die explizite Thematisierung und Gegenüberstellung verschiedener Verwendungsweisen des Zugmodus dar. Hierbei soll keine so detaillierte Unterscheidung durchgeführt werden, wie sie in Studie 3 stattgefunden hat. Jedoch stellt die tatsächliche Verfügbarkeit grundsätzlich verschiedener und flexibler Formen des Zugmodus eine Bereicherung des Handlungsspektrums des Nutzers dar. Hierzu sind Aufgabenstellungen erforderlich, welche unterschiedliche Verwendungsweisen des Zugmodus einfordern und dessen Nutzen auch deutlich erkennen lassen. Als Repertoire für eine eigenständige und sinnvolle Nutzung eines 3D-DGSs sollten mindestens die folgenden Zugmodi in verschiedenen Anwendungssituationen thematisiert werden, wobei deren begriffliche Trennung nicht unbedingt erforderlich ist:

- *das hypothesengenerierende Ziehen*
- *die explorative Eltern-Kind-Untersuchung*
- *das anpassende Ziehen* und
- *das validierend abtestende Ziehen*

Gelingt es, die genannten Verwendungsweisen in das natürliche Handlungsspektrum des Anwenders zu implementieren, so sind wesentliche Voraussetzungen für den kompetenten Umgang mit einem DGS gegeben. Stehen diese Verwendungen zur Verfügung, so ist der Anwender in der Lage, mithilfe des *hypothesengenerierenden Ziehens* in gegebenen Konstruktionen auf Regelmäßigkeiten und Invarianten bzw. Relationen von mathematischen Objekten zu achten und diese eventuell im Anschluss näher zu untersuchen. Ebenso ist die Untersuchung von *Eltern-Kind-Beziehungen* mit dem gleichlautenden Zugmodus möglich, welcher die Analyse von Abhängigkeiten mathematischer Objekte erlaubt. Diese Verwendung bildet die notwendige Voraussetzung für einen verständnisbasierten Einsatz des *validierenden abtestenden Ziehens* innerhalb von Konstruktionen. Ohne die Einsicht in bestehende Abhängigkeiten von mathematischen Objekten ist eine verständnisbasierte Validierung von Konstruktionen nicht möglich. Sind die bestehenden Abhängigkeiten dem Anwender nicht bewusst, läuft die Validierung einer Konstruktion Gefahr, zum ritualisierten „Herumziehen" zu werden, welches seinen eigentlichen Nutzen verliert. Auch im Zusammenhang mit Konstruktionsaufgaben ist das *anpassende Ziehen* zu thematisieren und dessen nicht zielführende Verwendung bei der Lösung reiner Konstruktionsaufgaben anzusprechen. Abzugrenzen hiervon ist der Gebrauch des Zugmodus in anderen, eher explorativen Aufgabenstellungen, in denen er ein wertvolles Werkzeug darstellen kann. Als weitere Verwendung des Zugmodus wird in den vorliegenden Untersuchungen noch bezüglich der *explorativen Untersuchung/des zielfokussierten Ziehens* differenziert, was in der konkreten Lehre mit DGS nicht anzuraten ist. Da die Übergänge zwischen *anpassendem Ziehen*, *hypothesengenerierendem Ziehen* und der *exporativen Untersuchung/des zielfokussierten Ziehens* fließend sind, sollten keine zu differenzierten Verwendungen thematisiert, sondern diese eventuell unter einem Oberbegriff behandelt werden. Die explizite Thematisierung des *anpassenden Ziehens* ist jedoch hinsichtlich der inadäquaten Verwendung in Konstruktionsaufgaben unumgänglich.

Ähnliche Probleme, die auch bereits in anderen Computerumgebungen bzw. bei der Arbeit mit Taschenrechnern aufzufinden waren, lassen sich auch in 3D-DGSen verifizieren. In diesem Kontext sei die Autorität des Computers genannt, dessen Ausgaben häufig vom Nutzer als absolute Wahrheiten angenommen und nicht hinterfragt werden. Als Beispiel soll eine Konstruktion dienen, welche in ähnlicher Form bei verschiedenen Probandengruppen in Studie 1 auftrat. Hierbei ist zu erkunden, ob die Schnittfigur eines gleichschenkligrechtwinkligen Dreiecks zwischen Würfel und Ebene existiert. Aus dieser Fragestellung resultiert die in Abbildung 51 dargestellte Konstruktion, welche die Nutzer zur Bestätigung der Existenz der beschriebenen Figur veranlasst. Eine Reflexion über die Tatsache, dass bei tatsächlich existierendem Schnittwinkel

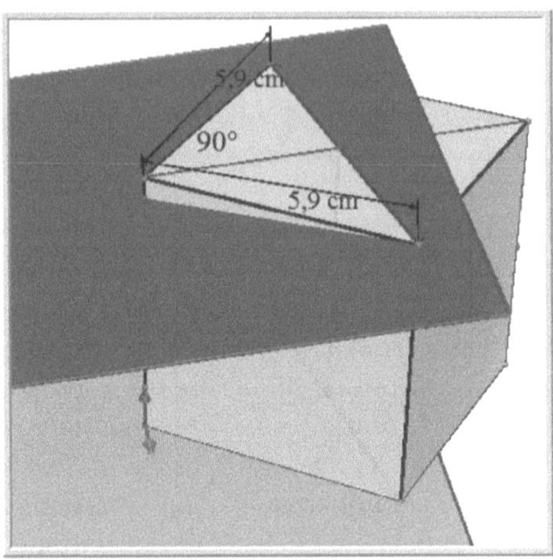

Abbildung 51: Einfluss von gerundeten Messungen

von 90° die Schnittfigur ein Quadrat sein müsste, erfolgt bei einer Gruppe. Dieser richtige Einwand wird jedoch aufgrund der Autorität des Computers als falsch betrachtet und die Existenz des gleichschenklig-rechtwinkligen Dreiecks auch aufgrund des rein visuellen Eindrucks als Schnittfigur bestätigt. Dieses Beispiel dient zur Illustration einer weiteren Schwierigkeit beim Umgang mit DGS, welche das Messen von Längen, Flächen, Winkeln oder Volumina betrifft. Die Thematisierung von gerundeten Ergebnissen beim Messprozess und die Werkzeugkompetenz zur Veränderung der gerundeten Nachkommastellen sollten in der Lehre nicht ausbleiben, um den kompetenten Umgang mit dem DGS zu fördern.

Besondere Aufmerksamkeit muss der Konstruktion von Objekten gewidmet werden, deren Implementierung im Raum sich von der Einbindung in einer 2D-Umgebung unterscheidet. Die Gerade stellt dabei kein Problem dar und muss daher auch nicht eingehender thematisiert werden, da zu deren eindeutiger Definition sowohl in der Ebene als auch im Raum die Angabe zweier Punkte hinreichend ist. Als problematisches Beispiel dient der Kreis, zu dessen Konstruktion die Angabe von Mittelpunkt und Randpunkt in 3D-Umgebungen nicht genügen. Diese Tatsache stellt Anfänger vor kognitive Konflikte, wenn die Konstruktion auch nach mehrmaligen Versuchen nicht gelingt. Die gesammelten Erfahrungen bei der Arbeit in 2D-Umgebungen erweisen sich hierbei als Hindernis, das von vielen Probanden zunächst nicht alleine überwunden werden kann. Die Novizen vermuten teilweise einen Softwarefehler, der für die fehlgeschlagene Konstruktion verantwortlich sein könnte. Aus diesem Grund empfiehlt sich die Thematisierung von festzulegenden Freiheitsgraden verschiedener mathematischer Objekte eventuell auch außerhalb der Softwareumgebung bzw. innerhalb der 3D-Umgebung mithilfe geeigneter Aufgaben, die genau diesen Konflikt ansprechen.

Ein ähnliches Problem konnte auch in einer anderen Aufgabe beobachtet werden, in der die Studierenden davon ausgingen, dass durch einen Punkt P einer gegebenen Geraden g im Raum eine eindeutige Gerade h existiert, die in P auf g senkrecht steht. Dieses Problem ist ebenfalls auf nicht adaptierte und in 2D-Umgebungen aufgebaute Vorstellungen zurückzuführen, welche beim Übergang in den Raum unbedingt anhand von geeigneten Aufgabenstellungen expliziert werden müssen.

Für bereits fortgeschrittene Benutzer stellt das einfache Bewegen von Objekten meist keine Schwierigkeit mehr dar. Allerdings ist die eigene Implementierung von beweglichen Objekten in verschiedenen Konstruktionen eine deutlich schwierigere Aufgabe, die sowohl mehr Werkzeugkompetenzen als auch eine höhere Vertrautheit mit der dynamischen Geometrie an sich und der dahinter stehenden Mathematik erfordert. In Abhängigkeit von der vorgegebenen Konstruktion und der speziellen Aufgabenstellung bieten sich verschiedene Formen der Implementierung von beweglichen Objekten an. Das Anbinden von Punkten an bereits existierende mathematische Objekte sollte hierbei thematisiert und die Vorteile des gebundenen Ziehens erfahrbar gemacht werden. Besonders bei Aufgabenstellungen, welche präzise Bewegungen von Punkten erfordern, führt eine Implementierung von nicht gebundenen Objekten oft nicht zum Ziel bzw. ist die Präzision der Bewegung nicht mit gebundenen Formen vergleichbar. Es konnte beobachtet werden, dass manche Probanden zwar Punkte an mathematische Objekte wie Kreise oder Kugeln binden, zu deren Bewegung dann jedoch die definierenden Punkte der Kreise bzw. Kugeln, also der Trägerobjekte, anstatt der eigentlichen Punkte verwenden. So führte die zunächst sinnvoll erscheinende Implementierung von beweglichen Punkten zu einer Bewegung, welche keine bessere Kontrollierbarkeit als ohne die Einbindung der zusätzlichen Trägerobjekte erlaubt. Ebenfalls konnte festgestellt werden, dass bei einer unzureichend kontrollierbaren Einbindung von beweglichen Objekten die Probanden schnell demotiviert sind und die Lösungsversuche der Aufgabe einstellen, falls sie über keine geeigneten Strategien zur besseren Implementierung verfügen. Sollen Lernende zur selbstständigen Problemlösung angeleitet und auch deren Fähigkeit zur Untersuchung komplexerer Konstruktionen gefördert werden, so ist eine Thematisierung der eigenständigen Einbindung von beweglichen Punkten auf geeigneten Trägerobjekten zwingend erforderlich.

11.3 Ideen für konzeptionelle Entwicklungen

Anhand der durchgeführten Untersuchungen konnten verschiedene Aspekte erkannt werden, welche für die zukünftige Konzeption von Softwareumgebungen hilfreich sein und den Einstieg für unerfahrene Nutzer in 3D-Umgebungen eventuell erleichtern können. Bereits in Studie 1 trat mehrmals das Problem auf, dass Probanden Schnittgebilde von mathematischen Objekten erzeugen möchten, welche sich rein visuell nicht schneiden, was auf deren begrenzte Darstellung zurückzuführen ist. Eine begrenzte Darstellung von Ebenen ist sicherlich zunächst sinnvoll, um die Übersichtlichkeit in einer Konstruktion zu erleichtern, jedoch kann diese auch Fehlvorstellungen hinsichtlich einer sich scheinbar nicht unendlich ausdehnenden Ebene fördern. Besonders die Tatsache, dass eine Schnittgerade zweier Ebenen nach entsprechendem Befehl in der Software erstellt wird, sich gleichzeitig jedoch die beiden Ebenen rein visuell gar nicht schneiden, führt besonders bei Anfängern nicht selten zu kognitiven Konflikten. Eventuell wäre eine Einbindung von Ebenen möglich, welche zunächst begrenzt dargestellt sind, deren optische Ausdehnung sich jedoch dann erweitert, wenn sie mit anderen Objekten geschnitten werden, sodass die Durchdringung zweier Objekte auch rein visuell vom Nutzer wahrgenommen werden kann.

Anhand der Bearbeitungen von Konstruktionsaufgaben ergaben sich Möglichkeiten zur indirekten Beobachtung eines *Eltern-Kind-Verständnisses* während der Ausführung von Lösungsversuchen. Aufgrund der Tatsache, dass ein Verständnis dieser Beziehungen für einen kompetenten Umgang mit einem DGS besonders wichtig ist, sollte die Unterscheidung von abhängigen und unabhängigen Objekten visuell wahrnehmbar sein. Die Tatsache der verschiedenen Darstellungen von Punkten kann bereits Gesprächsanlässe bieten, die diese unterschiedlichen Darstellungsarten wie beispielsweise „rund“ und „eckig“ thematisieren und so, wenn auch indirekt, auf das Thema der *Eltern-Kind-Beziehungen* führen. In den Untersuchungen konnte festgestellt werden, dass Probanden oft nach den beweglichen Punkten zur Verifikation der Konstruktion suchen und verschiedene Punkte ausprobieren müssen. Eine optische Unterscheidung von direkt beweglichen und konstruierten Punkten würde diese Suche erleichtern und zudem auf die konzeptionellen Unterschiede der Punktarten indirekt hinweisen.

Weiterhin geht aus den Daten hervor, dass der Gebrauch der *Ctrl*-Taste zur Implementierung einer Lotgerade zu einer gegebenen Gerade in einer Ebene in der *Cabri 3D*-Umgebung von manchen Benutzern über einen längeren Zeitraum nicht vorgenommen werden kann, obwohl eine Unterweisung in diese Art der Verwendung zuvor stattfand. Diese Probleme können von fortgeschrittenen Benutzern durch die einfachere Implementierung einer Lotebene mit anschließender Konstruktion der Schnittgeraden von Lotebene und Ausgangsebene eventuell umgangen werden. Es stellt sich jedoch die Frage, wie Anfänger mit geringen geometrischen Kenntnissen mit diesem Problem umgehen und inwiefern eine Bereitstellung eines eigenen Befehls für die spezielle Konstruktion von Vorteil sein könnte.

In Bezug auf die Implementierung des Zugmodus wäre eine Möglichkeit der dreidimensionalen Einbindung und somit voller Variabilität wünschenswert. Denkbar wären hier die Benutzung von Datenhandschuhen, wobei sich hinsichtlich der Benutzung in Schulen und somit „einfachen“ Computerumgebungen Grenzen der möglichen Umsetzung ergeben. Vielleicht können in späterer Zukunft Synergien verschiedener Entwicklungen im Softwarebereich genutzt werden, um praktikable Alltagslösungen hinsichtlich einer tatsächlich dreidimensionalen Einbindung des Zugmodus zu ermöglichen, die beispielsweise eine stetige Bewegung auf einer Schraubenlinie ohne die Verwendung zusätzlicher Tasten erlauben.

11.4 Zukünftige Fragestellungen

Im Laufe der Untersuchungen wiesen verschiedene Indikatoren auf spezielle Probleme hin, die beim Übergang von 2D- zu 3D-Umgebungen hinsichtlich der Bildung von Begriffen auftreten. Aus intuitiver Sicht existieren auch für den Bereich der Geometrie *Grundvorstellungen* zu mathematischen Sachverhalten bzw. Begriffen im Sinne von vom Hofe [1995], welche vom Lernenden im Idealfall aufgebaut werden und auf die bei einer Problemlösung zurückgegriffen werden kann. Die Analyse der erhobenen Daten aus Studie 2 erlaubte bereits die Hypothese, dass speziell beim Übergang in den 3D-Raum die in 2D-Umgebungen aufgebauten Grundvorstellungen zur Definition eines Kreises bzw. zur Definition einer Lotgeraden hinderlich sein können. Im Sinne der Theorie zu Grundvorstellungen müssen diese an das Vorhandensein einer dritten Dimension angepasst bzw. erweitert werden.[1] Aufgrund einer nicht vorhandenen theoretischen Basis des speziellen Bereichs der Geometrie und des gewählten Forschungsdesigns von Studie 3 konnte diese Fragestellung im Rahmen der vorliegenden Dissertation nicht weiter verfolgt werden.

Weder zu Grundvorstellungen der ebenen noch der räumlichen Geometrie existieren wissenschaftliche Untersuchungen bzw. Theorien, welche zur speziellen Analyse des Übergangs der beiden Umgebungen genutzt werden können.

[1] Als Beispiel diene die Grundvorstellung, dass das Dividieren den Dividenden immer verkleinert, welche in der Primarstufe aufgebaut wird. Diese Grundvorstellung muss beim Rechnen mit rationalen Zahlen aufgegeben bzw. erweitert werden.

Die Untersuchung von wünschenswerten Grundvorstellungsumbrüchen beim Übergang von 2D- zu 3D-Umgebungen generiert einen Untersuchungsgegenstand, welcher weiter zu verfolgen ist. Um diesen Übergang zunächst adäquat beschreiben und eine lösbare Forschungsfrage konkret formulieren zu können, sind theoretische Rahmenbedingungen zu Grundvorstellungen sowohl in der Ebene als auch im Raum zu erarbeiten. Hierzu sind mehrere Vorgehensweisen denkbar. Anhand der bereits existierenden allgemeinen Theorie hinsichtlich von Grundvorstellungen ist eine rein theoretische Formulierung dieser im Bereich der Geometrie möglich. Ein solch theoretischer Zugang wäre mithilfe empirischer Untersuchungen im Anschluss zu überprüfen.

Ebenso ist ein qualitatives Vorgehen zur Theoriegenerierung denkbar, in dem anhand von empirisch vorhandenem Datenmaterial eine Identifikation des Aufbaus von Grundvorstellungen zu verschiedenen Begriffen durchgeführt werden kann. Erst nach der Identifikation dieser Grundvorstellungen sowohl in 2D- als auch in 3D-Umgebungen ist eine theoretisch abgesicherte und empirisch verankerte Untersuchung von Übergängen und dabei stattfindenden Grundvorstellungsumbrüchen sinnvoll.

Als weitere Option der produktiven Verwendung erhaltener Forschungsdesiderate bieten sich quantitative Analysen auf Basis der erhaltenen Typologien von einzelnen Aufgaben an. Als Ergebnis der vorliegenden Untersuchungen stehen verschiedene Bearbeitungsmerkmale zu bestimmten Aufgabentypen wie Konstruktionsaufgaben und explorativen Aufgaben zur Verfügung. Hierbei ist anzumerken, dass sowohl die Bearbeitungsmerkmale als auch die daraus gebildeten Typologien auf den Datensätzen von sechs verschiedenen Gruppen beruhen und die grundsätzliche Ausrichtung des Vorgehens im qualitativen Forschungsparadigma verortet ist. Somit sind beispielsweise die erhaltenen Resultate hinsichtlich von Bearbeitungsmerkmalen, benutzten Zugmodi und erarbeiteten Typologien als Hypothesen zu deuten, deren Validität weiter zu überprüfen ist. Mithilfe der erhaltenen Ergebnisse ist nun jedoch eine weiterführende Untersuchung quantitativer Art möglich, welche sich der gebildeten Typologien und Kategorien bedient, um diese zu verifizieren bzw. zu falsifizieren. So kann in einer quantitativen Untersuchung mit einer höheren Probandenzahl die Ladung von ausgewählten Kategorien bestimmt und somit ein weiterer Beitrag hinsichtlich einer Untersuchung mit größeren Fallzahlen geleistet werden. Erst Untersuchungen quantitativer Art erlauben eine Verifikation der gefundenen Kategorien bzw. der in der Studie 3 generierten Bearbeitungsmerkmale und aufgestellten Typologien.

Weiterhin konnte in der vorliegenden Arbeit festgestellt werden, dass der *Zugmodus 2.Art* in *Cabri 3D* eine bedeutende und nicht erwartete Stellung im Vergleich zu anderen Verwendungsweisen des Zugmodus einnimmt. Es stellt sich die Frage, inwiefern sich die Möglichkeit zur Nutzung des *Zugmo-*

dus 2.Art auf den Umgang mit dem 3D-System bzw. dessen Handhabung im Vergleich zu Systemen auswirkt, welche die Möglichkeit dieser Verwendung des Zugmodus nicht anbieten. Hierzu wären unterschiedliche Systeme zu wählen und speziell der Umgang mit dieser Verwendungsweise näher zu beleuchten, bzw. jene Strategien zu untersuchen, die anstelle des *Zugmodus 2.Art* zur Problemlösung dienen.

Die bereits mehrfach angesprochene Verwendung einer zusätzlichen Taste zur Konstruktion von Lotgeraden in Ebenen bei der Software *Cabri 3D* könnte dahingehend untersucht werden, inwiefern ein eigener Befehl in der Softwareumgebung, der die zusätzliche Verwendung dieser Taste nicht erfordert, sich auf das Nutzerverhalten auswirkt. Anhand der gewonnenen Daten ließe sich die Hypothese aufstellen, dass ein eigener Befehl zur Einbindung einer Lotgeraden in einer Ebene von den Nutzern präferiert wird und sich dadurch die Nutzerergonomie des Programms verbessert.

Weitere interessante Fragestellungen ergeben sich im Vergleich von herkömmlichen 3D-DGSen mit Systemen unter Verwendung von *Augmented Reality*[2] wie bspw. *Construct 3D*, in denen Nutzer dreidimensionale Objekte direkt wahrnehmen und diese greifbaren virtuellen Objekte verändern können, vgl. hierzu Kaufmann [2010] und Kaufmann [2004]. Forschung wird auf diesem Gebiet seit dem Jahr 2000 bereits durchgeführt und vorliegende Ergebnisse sind sehr vielversprechend. Die Umsetzung im Schuleinsatz ist momentan jedoch noch mit einem zu hohen finanziellen Aufwand verbunden. Es stellt sich die Frage, inwiefern der Mehrgewinn von *Construct 3D* im Vergleich zu 3D-DGS einzuschätzen ist und ob sich Synergien beider Konzeptionen ergeben, um möglichst effektive und kostengünstige Werkzeuge zur Arbeit im 3D-Raum zur Verfügung stellen zu können.

[2] erweiterter Realität

Literaturverzeichnis

Arzarello, F., Olivero, F., Paola, D., & Robutti, O. (2002). A cognitive analysis of dragging. *Zentralblatt für Didaktik der Mathematik, 34*(3), 66–71.

Baccaglini-Frank, A. & Mariotti, M.-A. (2010). Generating Conjectures in Dynamic Geometry: The Maintaining Dragging Model. *International Journal for Computers in Mathematics Learning (in press).*

Bakó, M. (2003). Different Projecting Methods in Teaching Spatial Geometry: Proceedings of the 3rd Conference of the European Society for Research in Mathematics Education, CERME 3 (http://www.dm.unipi.it/ didattica/CERME3/proceedings/Groups/TG7/TG7_Bako_cerme3.pdf, abgerufen am 15.12.2010).

Barzel, B., Hußmann, S., & Leuders, T. (2005). *Computer, Internet und Co. im Mathematik-Unterricht.* Neue Medien im Fachunterricht. Berlin: Cornelsen.

Baum, M., Lind, D., Schermuly Hartmut, Weidig, I., & Zimmermann, P. (2007). *Analytische Geometrie mit linearer Algebra: Mathematisches Unterrichtswerk für das Gymnasium: Ausgabe A, Grundkurs.* Stuttgart: Klett.

Béguin, P. & Rabardel, P. (2000). Designing for instrumented-mediated Activity. *Scandinavian Journal of Information Systems, 12*(1-2), 173–190.

Bellemain, F. & Capponi, B. (1992). Specificities of the Organization of a Teaching Sequence using the Computer. *Educational Studies in Mathematics, 23*(1), 59–97.

Bender, P. (1985). *Operative Genese der Geometrie.* Schriftenreihe Didaktik der Mathematik, Band 12. Wien: Hölder-Pichler-Tempsky.

Bergmann, J. R. (2009). Ethnomethodologie. In U. Flick, E. v. Kardorff, & I. Steinke (Eds.), *Qualitative Forschung* (pp. 118–135). Reinbek bei Hamburg: Rowohlt.

Besuden, H. (1990). Räumliche Orientierung - Die rechts/links - Beziehung. *Mathematik in der Schule, 28*(7/8), 461–474.

Bikner-Ahsbahs, A. (2003). Empirisch begründete Idealtypenbildung: Ein methodisches Prinzip zur Theoriekonstruktion in der interpretativen mathematikdidaktischen Forschung. *Zentralblatt für Didaktik der Mathematik, 35*(5), 208–223.

Blumer, H. (1954). What is wrong with Social Theory? *American Sociological Review, 19*, 3–10.

Bortz, J., Döring, N., & Bortz-Döring (2009). *Forschungsmethoden und Evaluation: Für Human- und Sozialwissenschaftler.* Heidelberg: Springer.

Bretscher, N. (2010). Dynamic Geometry Software: The Teacher's Role in Facilitating instrumental Genesis: Working Group 7: Technologies and resources in mathematical education. In F. Arzarello, V. Durand-Guerrier, & S. Soury-Lavergne (Eds.), *Proceedings of the 6th Congress of the European Society for Research in Mathematics Education, CERME 6* (pp. 1340–1348). Lyon, France: Institut National de Recherche Pédagogique.

Capponi, B. & Sträßer, R. (1992). Cabri-géomètre in a college classroom: Teaching and learning the cosine - function with Cabri-géomètre. *Zentralblatt für Didaktik der Mathematik, 24*(5), 165–171.

Centre informatique pédagogique (1996). *Apprivoiser la géométrie avec Cabri-Géomètre Monographie du CIP: La modélisation par la manipulation directe, en apprenant la géométrie avec CABRI un outil au service de l'enseignant.* Genève, Suisse: CIP.

Cha, S. (2001). Investigating Students' Understanding of locus with dynamic Geometry. In British Society for Research into Learning Mathematics (Ed.), *Proceedings of the day conference held at the University of Southampton on 16-17 November 2001*, volume 21.

Denzin, N. K. (2009). Symbolischer Interaktionismus. In U. Flick, E. v. Kardorff, & I. Steinke (Eds.), *Qualitative Forschung* (pp. 136–150). Reinbek bei Hamburg: Rowohlt.

Dowling, P. & Brown, A. (2009). *Doing research reading research: Re-interrogating education.* New York: Routledge.

Drijvers, P., Doorman, M., Boon, P., van Gisbergen, S., & Reed, H. (2009). Teachers using Technology: Orchestration and Profiles. In M. Tzekaki, M. Kaldrimidou, & H. Sakonidis (Eds.), *Proceedings of the 33rd Conference of the International Group for the Psychology of Mathematics Education; PME 33*, volume 2 (pp. 481–488). Thessaloniki, Greece: Aristotie Univ. of Thessaloniki & Univ. of Macedonia.

Drijvers, P., Kieran, C., & Mariotti, M.-A. (2010). Integrating Technology into Mathematics Education: Theoretical Perspectives. In C. Hoyles & J.-B. Lagrange (Eds.), *Mathematics Education and Technology-Rethinking the Terrain*, volume 13 of *New ICMI study series.* Boston, MA: Springer US.

Drijvers, P. & Trouche, L. (2008). From Artifacts to Instruments: A Theoretical Framework behind the Orchestra Metaphor. In M. K. Heid & W. B. Glendon (Eds.), *Research on Technology and the Teaching and Learning of Mathematics*, volume 2 (pp. 363–391). Charlotte, North Carolina: Information Age Publishing.

Eagle, S., Manches, A., O'Malley, C., Plowman, L., & Sutherland, R. (2008). From Research to Design: Perspectives on early Years and digital Technologies: Publication 1 from the Futurelab PhD Studentship Network. (www.futurelab.org.uk/openingeducation, abgerufen am 20.11.2010).

Engeström, Y. (Ed.). (1999). *Perspectives on activity theory: chiefly selected contributions from the Second International Congress for Research on Activity Theory, held in 1990 in Lahti, Finland.* Learning in doing. Cambridge: Cambridge University Press.

Euclides & Thaer, C. (2005). *Die Elemente: Bücher I - XIII: Ostwald's Klassiker der exakten Wissenschaften, Band 235.* Frankfurt am Main: Deutsch.

Fleischhauer, J., Rogge, C., Riemeier, C., & von Aufschnaiter, C. (2009). Argumentationsprozesse von Schülern beim Lernen von Physik. In D. Höttecke (Ed.), *Chemie- und Physikdidaktik für die Lehramtsausbildung* (pp. 295–297). Münster: LIT.

Flick, U. (2008). *Triangulation: Eine Einführung.* Wiesbaden: VS Verlag für Sozialwissenschaften.

Flick, U. (2009). Konstruktivismus. In U. Flick, E. v. Kardorff, & I. Steinke (Eds.), *Qualitative Forschung* (pp. 150–163). Reinbek bei Hamburg: Rowohlt.

Flick, U. (2010). *Qualitative Sozialforschung: Eine Einführung.* Reinbek bei Hamburg: Rowohlt.

Flick, U., Kardorff, E. v., & Steinke, I. (2009). Was ist qualitative Forschung? Einleitung und Überblick. In U. Flick, E. v. Kardorff, & I. Steinke (Eds.), *Qualitative Forschung* (pp. 13–29). Reinbek bei Hamburg: Rowohlt.

Franke, M. (2007). *Didaktik der Geometrie in der Grundschule.* Heidelberg: Spektrum.

Gawlick, T. (2001). Zur mathematischen Modellierung des dynamischen Zeichenblatts. In H.-J. Elschenbroich (Ed.), *Zeichnung - Figur - Zugfigur* (pp. 55–67). Hildesheim: Franzbecker.

Gawlick, T. (2002). On Dynamic Geometry Software in the regular Classroom. *Zentralblatt für Didaktik der Mathematik, 34*(3), 85–92.

Girtler, R. (1984). *Methoden der qualitativen Sozialforschung: Anleitung zur Feldarbeit.* Wien: Böhlau.

Glaser, B. G. & Strauss, A. L. (1967). *The discovery of grounded theory: Strategies for qualitative research.* New York: Aldine.

Glaser, B. G. & Strauss, A. L. (1971). *The discovery of grounded theory: Strategies for qualitative research* (4. ed.). New York: Aldine.

Glaser, B. G., Strauss, A. L., & Paul, A. T. (2008). *Grounded theory: Strategien qualitativer Forschung.* Bern: Huber.

Göbel, A. (2006). Dynamische Raumgeometriesoftware - ein ideales Werkzeug zum Experimentieren in der Geometrie. In T. Leuders (Ed.), *Experimentieren im Geometrieunterricht* (pp. 27–36). Hildesheim: Franzbecker.

Gomes, A. S. & Vergnaud, G. (2004). On the Learning of geometric concepts using dynamic Geometry Software. *Novas Tecnologias na Educacao, 2*(1), 1–20.

Graumann, G., Hölzl, R., Krainer, K., Neubrand, M., & Struve, H. (1996). Tendenzen der Geometriedidaktik der letzten 20 Jahre. *Journal für Mathematikdidaktik, 17*(3/4), 163–237.

Griesel, H. (2007). *Leistungskurs Lineare Algebra, Analytische Geometrie mit Orientierungswissen Stochastik: Elemente der Mathematik, Leistungskurs 2, Schülerband.* Hannover: Schroedel.

Harris, L. J. (1978). Sex differences in spatial ability: possible environmental, genetic, and neurological factors. In M. Kinsbourne (Ed.), *Asymmetrical function of the brain* (pp. 465–522). Cambridge: Cambridge University Press.

Hattermann, M. (2008a). Der Zugmodus in dreidimensionalen dynamischen Geometriesystemen. In E. Vasarhélyi (Ed.), *Beiträge zum Mathematikunterricht 2008* (pp. 445–448). Münster: WTM.

Hattermann, M. (2008b). The dragging process in three dimensional dynamic geometry environments (DGE). In O. Figueras, J. L. Cortina, S. Alatorre, T. Rojano, & A. Sepúlveda (Eds.), *Proceedings of the Joint Meeting of PME 32 and PME-NA XXX*, volume 3 (pp. 129–136). Morelia, Mexico: Cinvestav-UMSNH.

Hattermann, M. (2009a). L'utilisation du déplacement dans des logiciels de la géométrie dynamique 3D. *Repères, 76*, 41–59.

Hattermann, M. (2009b). Neue Zugmodi in 3D-dynamischen Geometriesystemen. In M. Neubrand (Ed.), *Beiträge zum Mathematikunterricht 2009* (pp. 305–308). Münster: WTM.

Hattermann, M. (2010a). A first application of new theoretical terms on observed dragging modalities in 3D-dynamic-geometry-environments. In M. F. Pinto & T. F. Kawasaki (Eds.), *Proceedings of the 34th Conference of the International Group for the Psychology of Mathematics Education*, volume 3 (pp. 57–64). Belo Horizonte, Brazil: PME.

Hattermann, M. (2010b). The drag-mode in three dimensional dynamic geometry environments - two studies. In F. Arzarello, V. Durand-Guerrier, & S. Soury-Lavergne (Eds.), *Proceedings of the 6th Congress of the European Society for Research in Mathematics Education, CERME 6* (pp. 786–795). Lyon, France: Institut National de Recherche Pédagogique.

Hattermann, M. & Sträßer, R. (2006). Mathematik zum Anfassen: Geometrie-Werkzeuge erschließen eine faszinierende Welt. *c't magazin für computertechnik, 13*, 174–182.

Haug, R. (2006). Produktives Üben des räumlichen Vorstellungsvermögens - virtuelle Räume neu entdecken. *Praxis der Mathematik, 48*(12), 32–36.

Haug, R. (2008). Problemlösen Lernen mit interaktiven Lernumgebungen Eine empirische Studie zur Förderung heuristischer Strategien durch den Einsatz Dynamischer Geometrie-Software (DGS). In E. Vasarhélyi (Ed.), *Beiträge zum Mathematikunterricht 2008* (pp. 449–452). Münster: WTM.

Healy, L. (2000). Identifying and explaining geometrical relationship: Interactions with robust versus soft Cabri constructions. In T. Nakahara & M. Koyama (Eds.), *Proceedings of the 24th Conference of the International group for the Psychology in Mathematics Education*, volume 1 (pp. 103–117). Hiroshima, Japan: Nishiki Print.

Heberlein, C. (2007). Dynamische Arbeitsblätter für Cabri 3D v2: Schriftliche Hausarbeit zur Ersten Staatsprüfung für das Lehramt an Gymnasien. Friedrich-Alexander-Universität, Erlangen-Nürnberg.

Heilbron, J. L. (2003). *Geometry civilized: History, culture and technique.* Oxford: Clarendon Press.

Heintz, B. (2000). *Die Innenwelt der Mathematik: Zur Kultur und Praxis einer beweisenden Disziplin.* Wien: Springer.

Herget, W. (Ed.). (2001). *Lernen im Mathematikunterricht mit neuen Medien: Bericht über die 18. Arbeitstagung des Arbeitskreises Mathematikunterricht und Informatik in der Gesellschaft für Didaktik der Mathematik e. V. vom 22. bis 24. September 2000 in Soest.* Hildesheim: Franzbecker.

Hildenbrand, B. (2009). Anselm Strauss. In U. Flick, E. v. Kardorff, & I. Steinke (Eds.), *Qualitative Forschung* (pp. 32–42). Reinbek bei Hamburg: Rowohlt.

Hischer, H. (Ed.). (1993). *Mathematikunterricht und Computer: neue Ziele oder neue Wege zu alten Zielen? Bericht über die 11. Arbeitstagung des Arbeitskreises "Mathematikunterricht und Informatik" in der Gesellschaft für Didaktik der Mathematik e. V. vom 8. bis 10. Oktober 1993 in Wolfenbüttel.* Hildesheim: Franzbecker.

Hischer, H. (Ed.). (1997). *Computer und Geometrie: Neue Chancen für den Geometrieunterricht? Bericht über die 14. Arbeitstagung des Arbeitskreises "Mathematikunterricht und Informatik" in der Gesellschaft für Didaktik der Mathematik e. V. vom 20. bis 23. September 1996 in Wolfenbüttel.* Hildesheim: Franzbecker.

Hischer, H. (Ed.). (1998). *Geometrie und Computer: Suchen, Entdecken, Anwenden, Bericht über die 15. Arbeitstagung des Arbeitskreises "Mathematikunterricht und Informatik" in der Gesellschaft für Didaktik der Mathematik e.V. vom 24. bis 27. September 1997 in Wolfenbüttel.* Hildesheim: Franzbecker.

Hohenwarter, M., Jarvis, D., & Lavicza, Z. (2011). Linking Geometry, Algebra, and Mathematics Teachers: GeoGebra Software and the Establishment of the International GeoGebra Institute. *International Journal for Technology in Mathematics Education, (in press).*

Holland, G. (2007). *Geometrie in der Sekundarstufe: Entdecken - Konstruieren - Deduzieren, didaktische und methodische Fragen.* Hildesheim: Franzbecker.

Hollebrands, K., Laborde, C., & Sträßer, R. (2008). Technology and the Learning of Geometry at the Secondary Level. In M. K. Heid & W. B. Glendon (Eds.), *Research on Technology and the Teaching and Learning of Mathematics*, volume 1 (pp. 155–205). Charlotte, North Carolina: Information Age Publishing.

Hölzl, R. (1994). *Im Zugmodus der Cabri-Geometrie: Interaktionsstudien und Analysen zum Mathematiklernen mit dem Computer.* Weinheim: Deutscher Studien Verlag.

Hölzl, R. (1995). Eine empirische Untersuchung zum Schülerhandeln mit Cabri-géomètre. *Journal für Mathematikdidaktik, 16*(1/2), 79–113.

Hölzl, R. (2001). Using Dynamic Geometry Software to add Contrast to Geometric Situations - A Case Study. *International Journal of Computers for Mathematical Learning, 6*(1), 63–86.

Hoyles, C. & Jones, K. (1998). Proof in Dynamic Geometry Contexts. In C. Mammana & V. Villani (Eds.), *Perspectives on the teaching of geometry for the 21st century*, volume 5 of *New ICMI studies series* (pp. 121–128). Dordrecht: Kluwer Academic Publishers.

Iranzo, N., Fortuny, J. M., & Gutiérrez, A. (2010). Development of operational and deductive Competences in a Dynamic Geometry Environment. In M. F. Pinto & T. F. Kawasaki (Eds.), *Proceedings of the 34th Conference of the International Group for the Psychology of Mathematics Education, PME 34*, volume 2 (pp.~46). Belo Horizonte, Brazil: PME.

Jahn, A. P. (2002). "Locus" and "Trace" in Cabri géomètre: relationships between geometric and functional aspects in a study of transformation. *Zentralblatt für Didaktik der Mathematik, 34*(3), 78–84.

Janzen, E. A. (2010). Zielgerichtete Hilfen beim Beweisen mit DGS. In A. Lindmeier & S. Ufer (Eds.), *Beiträge zum Mathematikunterricht 2010* (pp. 449–452). Münster: WTM.

Kadunz, G. (2002). Macros and Modules in Geometry. *Zentralblatt für Didaktik der Mathematik, 34*(3), 73–77.

Kadunz, G. & Sträßer, R. (2007). *Didaktik der Geometrie in der Sekundarstufe I.* Hildesheim: Franzbecker.

Kasten, S. E. & Sinclair, N. (2010). Using Dynamic Geometry Software in the Mathematics Classroom: A Study of Teachers' Choices and Rationales. *International Journal for Technology in Mathematics Education, 16*(4), 133–143.

Kaufmann, H. (2004). Geometry Education with Augmented Reality: Dissertation. Technische Universität Wien, Wien.

Kaufmann, H. (2010). *Applications of Mixed Reality: Anwendungen von Mischrealitäten.* Wien: Holzhausen.

Kelle, U. (2008). *Die Integration qualitativer und quantitativer Methoden in der empirischen Sozialforschung: Theoretische Grundlagen und methodologische Konzepte.* Wiesbaden: VS Verlag für Sozialwissenschaften.

Kelle, U. & Kluge, S. (2010). *Vom Einzelfall zum Typus: Fallvergleich und Fallkontrastierung in der qualitativen Sozialforschung.* Qualitative Sozialforschung, Band 15. Wiesbaden: VS Verlag für Sozialwissenschaften.

Kessler, R. (1989). Räumliche Gebilde im Geometrieunterricht der Primarstufe - eine Auswahl. *Mathematische Unterrichtspraxis, 10*(3), 1–8.

Kimiho, C., Morozumi, T., Hitoshi, A., Fumihiro, O., Yuichi, O., & Mikio, M. (2007). The Effects of "Spatial Geometry Curriculum with 3D-DGS" in lower secondary School Mathematics. In J. H. Woo, H. C. P. K. S. Lew, & D. Y. Seo (Eds.), *Proceedings of the 31st Conference of the International Group for the Psychology of Mathematics Education, PME 31*, volume 2 (pp. 137–144). Seoul, Korea: PME.

Kittel, A. (2007). *Dynamische Geometrie-Systeme in der Hauptschule: Eine interpretative Untersuchung an Fallbeispielen und ausgewählten Aufgaben der Sekundarstufe.* Texte zur mathematischen Forschung und Lehre, Band 60. Hildesheim: Franzbecker.

Kluge, S. (1999). *Empirisch begründete Typenbildung: Zur Konstruktion von Typen und Typologien in der qualitativen Sozialforschung.* Opladen: Leske + Budrich.

Knapp, O. (2010). *Entwicklung und Evaluation interaktiver Instruktionsvideos für das geometrische Konstruieren im virtuellen Raum.* Münster: WTM.

Koepsell, A. & Tönnies, D. (2007). *Dynamische Geometrie im Mathematikunterricht der Sekundarstufe I.* Köln: Aulis.

Kortenkamp, U. (1999). Foundations of Dynamic Geometry: Dissertation. ETH Zürich, Zürich.

Kortenkamp, U. & Kreis, Y. (2010). Konstruktionsbeschreibungen und DGS. In A. Lindmeier & S. Ufer (Eds.), *Beiträge zum Mathematikunterricht 2010* (pp. 501–504). Münster: WTM.

Laborde, C. (2001a). Integration of technology in the design of geometry tasks with Cabri-Geometry. *International Journal of Computers for Mathematical Learning, 6*(3), 283–317.

Laborde, C. (2001b). Zwischen Zeichnung und Theorie - Geometrielernen mit DGS. In H.-J. Elschenbroich (Ed.), *Zeichnung - Figur - Zugfigur* (pp. 145–160). Hildesheim: Franzbecker.

Laborde, C. (2005). The Hidden Role of Diagrams in Students' Construction of Meaning in Geometry. In J. Kilpatrick, C. Hoyles, O. Skovsmose, & P. Valero (Eds.), *Meaning in Mathematics Education*, volume 37 of *Mathematics education library* (pp. 159–179). Boston, MA: Springer Science+Business Media Inc.

Laborde, C., Kynigos, C., Hollebrands, K., & Sträßer, R. (2006). Teaching and Learning Geometry with Technology. In A. Gutiérrez & P. Boero (Eds.), *Handbook of research on the psychology of mathematics education* (pp. 275–304). Rotterdam: Sense Publishers.

Laborde, C. & Sträßer, R. (2010). Place and Use of new Technology in the Teaching of Mathematics: ICMI Activities in the past 25 Years. *ZDM-The International Journal on Mathematics Education, 42*(1), 121–133.

Laborde, J.-M. (1997). Exploring non-euclidean geometry in a dynamic geometry environment like Cabri-géomètre. In J. R. King & D. Schattschneider (Eds.), *Geometry turned on*, volume 41 of *MAA notes* (pp. 185–192). Washington, DC: Mathematical Association of America.

Laborde, J.-M. (2001c). Zur Begründung der dynamischen Geometrie. In H.-J. Elschenbroich (Ed.), *Zeichnung - Figur - Zugfigur* (pp. 161–172). Hildesheim: Franzbecker.

Labs, O. (2008). Dynamische Geometrie: Grundlagen und Anwendungen: Skript zu einer zweistündigen Vorlesung im Rahmen der Reihe Elementarmathematik vom höheren Standpunkt, gehalten an der Universität des Saarlandes im Wintersemester 2007/08.

Lagrange, J.-B., Artigue, M., Laborde, C., & Trouche, L. (2003). Technology and mathematics education: a multidimensional overview of recent research and innovation. In A. J. Bishop (Ed.), *Second international handbook of mathematics education*, Kluwer international handbooks of education (pp. 239–271). Dordrecht: Kluwer Academic Publishers.

Lamnek, S. (2008). *Qualitative Sozialforschung* (4. ed.). Weinheim: Beltz.

Lamnek, S. & Krell, C. (2010). *Qualitative Sozialforschung* (5. ed.). Weinheim: Beltz.

Leontiev, A. N. & Hall, M. J. (1978). *Activity, consciousness, and personality.* Englewood Cliffs, London: Prentice-Hall.

Lincoln, Y. S. & Guba, E. G. (1985). *Naturalistic inquiry.* London: SAGE Publications.

Linn, M. C. & Petersen, A. C. (1985). Emergence and Characterization of Sex Differences in Spatial Ability: A Meta-Analysis. *Child Development*, *56*(6), 1479–1498.

Linn, M. C. & Petersen, A. C. (1986). A Meta-Analysis of Gender Differences in Spatial Ability: Implications for Mathematics and Science Achievement. In J. S. Hyde & M. C. Linn (Eds.), *The Psychology of Gender - Advances through a meta-analysis* (pp. 67–101). Baltimore: The Johns Hopkins University Press.

Lu, Y.-W. A. (2008). Linking Geometry and Algebra: A multiple-case study of upper-secondary mathematics teachers' conceptions and practices of GeoGebra in England and Taiwan: Thesis submitted for the degree of

Master of Philosophy in Educational Research. University of Cambridge, Cambridge.

Luig, K. (2008). Einsatz von Cabri 3D in der Sekundarstufe. Eine Fallstudie zu ausgewählten Aspekten der Raumvorstellung: Wissenschaftliche Hausarbeit zur Erlangung des Ersten Staatsexamens für das Lehramt an Realschulen. Justus-Liebig-Universität Gießen, Gießen.

Maier, P. H. (1999). *Räumliches Vorstellungsvermögen: Ein theoretischer Abriß des Phänomens räumliches Vorstellungsvermögen.* Donauwörth: Auer.

Mammana, C. & Villani, V. (Eds.). (1998). *Perspectives on the teaching of geometry for the 21st century: An ICMI study*, volume 5 of *New ICMI studies series.* Dordrecht: Kluwer Academic Publishers.

Mann, M. (2008). *Lernerunterstützung durch interaktive Lernumgebungen für den Geometrieunterricht: Entwicklung und empirische Studien.* Texte zur mathematischen Forschung und Lehre, Band 63. Hildesheim: Franzbecker.

Mariotti, M. A. (2000). Introduction to proof: The mediation of a dynamic software environment. *Educational Studies in Mathematics, 44*(1-2), 25–53.

Maschietto, M. & Trouche, L. (2010). Mathematics Learning and Tools from theoretical, historical and practical points of view: The productive notion of mathematics laboratories. *ZDM-The International Journal on Mathematics Education, 42*(1), 33–47.

Mayring, P. (2002). *Einführung in die qualitative Sozialforschung: Eine Anleitung zu qualitativem Denken.* Weinheim: Beltz.

Mayring, P. (2008). *Qualitative Inhaltsanalyse: Grundlagen und Techniken.* Weinheim: Beltz.

Mithalal, J. (2010). 3D Geometry and Learning of mathematical Reasoning: Working Group 5: Geometrical Thinking. In F. Arzarello, V. Durand-Guerrier, & S. Soury-Lavergne (Eds.), *Proceedings of the 6th Congress of the European Society for Research in Mathematics Education, CERME 6* (pp. 796–805). Lyon, France: Institut National de Recherche Pédagogique.

Möbs, D. (1999). Einsatz des Computerprogramms "BAUWAS" im Geomtrieunterricht zur Förderung der Raumvorstellung bei Grundschulkindern: Wissenschaftliche Hausarbeit im Rahmen der Ersten Staatsprüfung für das Lehramt an Grundschulen im Fach Mathematik. Justus-Liebig-Universität Gießen, Gießen.

Müller, T. (2006). Die Bedeutung neuer Medien in der Fachdidaktik für den Unterrichtsgegenstand Darstellende Geometrie: Dissertation. Technische Universität Wien, Wien.

Neubrand, M. (1998). Tendencies in the Changes on a German Textbook Page. In C. Mammana & V. Villani (Eds.), *Perspectives on the teaching of geometry for the 21st century*, volume 5 of *New ICMI studies series* (pp. 208–213). Dordrecht: Kluwer Academic Publishers.

Noss, R. & Hoyles, C. (1996). *Windows on mathematical meanings: Learning cultures and computers*. Dordrecht: Kluwer Academic Publishers.

Olivero, F. (2002). *The Proving Process within a Dynamic Geometry Environment*. PhD thesis, University of Bristol, Bristol.

Olivero, F. & Robutti, O. (2007). Measuring in dynamic geometry environments as a tool for conjecturing and proving. *International Journal for Computers in Mathematics Learning*, *12*(2), 135–156.

Parzysz, B. (1988). "Knowing" vs "Seeing" Problems of the plane Representation of Space Geometry Figures. *Educational Studies in Mathematics*, *19*(1), 79–92.

Patsiomitou, S. & Emvalotis, A. (2010). The Development of Students geometrical Thinking through a DGS Reinvention Process. In M. F. Pinto & T. F. Kawasaki (Eds.), *Proceedings of the 34th Conference of the International Group for the Psychology of Mathematics Education*, volume 4 (pp. 33–40). Belo Horizonte, Brazil: PME.

Piaget, J. & Beth, E. W. (1961). *Epistémologie mathématique et psychologie: Essai sur les relations entre la logique formelle et la pensée réelles*. Études d'épistemologie génétique 14. Paris: Presses universitaires de France.

Pinkernell, G. (2003). *Räumliches Vorstellungsvermögen im Geometrieunterricht: Eine didaktische Analyse mit Fallstudien*. Texte zur mathematischen Forschung und Lehre, Band 25. Hildesheim: Franzbecker.

Pittalis, M. & Christou, C. (2010). Types of reasoning in 3D geometry thinking and their relation with spatial ability. *Educational Studies in Mathematics*, *75*(2), 191–212.

Probst, B. (2008). Computer-Eignung von Aufgaben zur Raumgeometrie: Entwicklung einer den hessischen Lehrplan kennzeichnenden Aufgabensammlung und Tauglichkeitstest von schulgeeigneten 3D-Programmen:

Wissenschaftliche Hausarbeit zur Erlangung des Ersten Staatsexamens für das Lehramt an Realschulen. Justus-Liebig-Universität Gießen, Gießen.

Rabardel, P. (1995). Les hommes et les technologies: une approche cognitive des instruments contemporains (http://ergoserv.psy.univ-paris8.fr/Site/default.asp?Act_group=1, abgerufen am 20.11.2010).

Rabardel, P. (2002). People and Technology a cognitive approach to contemporary instruments: Les Hommes et les Technologies une approche cognitive des instruments contemporains: Translated by Heidi Wood (http://ergoserv.psy.univ-paris8.fr/Site/default.asp?Act_group=1, abgerufen am 20.11.2010).

Reichertz, J. (2009). Abduktion, Deduktion und Induktion in der qualitativen Forschung. In U. Flick, E. v. Kardorff, & I. Steinke (Eds.), *Qualitative Forschung* (pp. 276–285). Reinbek bei Hamburg: Rowohlt.

Restrepo, A. M. (2008). Genèse instrumentale du Déplacement en Géométrie dynamique chez des élèves de 6ème: Thèse pour obtenir le grade de docteur. Université Joseph Fourier, Grenoble.

Rezat, S. (2009). *Das Mathematikschulbuch als Instrument des Schülers: Eine empirische Untersuchung zur Schulbuchnutzung in den Sekundarstufen.* Wiesbaden: Vieweg + Teubner.

Rolet, C. (1996). Dessin et figure en géométrie: analyse des conceptions de futurs enseignants dans le contexte Cabri-géomètre: Thèse pour obtenir le grade de docteur. Université de Lyon 1, Lyon.

Rommevaux, M.-P. (1991). Le premier pas dans l'espace. *Annales de didactique et de sciences cognitives, 4*, 85–123.

Roth, J. (2005). *Bewegliches Denken im Mathematikunterricht.* Texte zur mathematischen Forschung und Lehre, Band 44. Hildesheim: Franzbecker.

Ruthven, K. (2010). An investigative Lesson with Dynamic Geometry: A Case Study of Key Structuring Features of Technology Integration in Classroom Practice: Working Group 7: Technologies and resources in mathematical education. In F. Arzarello, V. Durand-Guerrier, & S. Soury-Lavergne (Eds.), *Proceedings of the 6th Congress of the European Society for Research in Mathematics Education, CERME 6* (pp. 1369–1378). Lyon, France: Institut National de Recherche Pédagogique.

Ruthven, K., Hennessy, S., & Brindley, S. (2004). Teacher representations of the successful use of computer-biased tools and resources in secondary-school English, Mathematics and Science. *Teaching and Teacher Education, 20*(3), 259–275.

Ruthven, K., Hennessy, S., & Deany, R. (2008). Constructions of dynamic geometry: A study of the interpretative flexibility of educational software in classroom practice. *Computers and Education, 51*(1), 297–317.

Sandner, S. (2003). "Man kann ja nicht dahinter sehen": Würfelgebäude - Bauen mit BAUWAS. *Die Grundschulzeitschrift, 167*, 34–37.

Schimpf, F. & Spannagel, C. (2010). Wer suchet, der findet – Zur Oberflächenreduktion in DGS. In A. Lindmeier & S. Ufer (Eds.), *Beiträge zum Mathematikunterricht 2010* (pp. 751–754). Münster: WTM.

Schröder, M. (2003). *Maßstab.* (Hauptschule Hessen) Hannover: Schroedel.

Schubring, G. (2010). Historical Comments on the Use of Technology and Devices in ICMEs and ICMI. *ZDM-The International Journal on Mathematics Education, 42*(1), 5–9.

Schumann, H. (2007). *Schulgeometrie im virtuellen Handlungsraum: Ein Lehr- und Lernbuch der interaktiven Raumgeometrie mit Cabri 3D.* Hildesheim: Franzbecker.

Scriba, C. J. & Schreiber, P. (2005). *5000 Jahre Geometrie: Geschichte, Kulturen, Menschen.* Vom Zählstein zum Computer. Berlin: Springer.

Sinclair, M. P. (2003). Some implications of the results of a case study for the design of pre-constructed, dynamic geometry sketches and accompanying materials. *Educational Studies in Mathematics, 52*(3), 289–317.

Sinclair, N., Moss, J., & Jones, K. (2010). Developing geometric Discourses using DGS in K-3. In M. F. Pinto & T. F. Kawasaki (Eds.), *Proceedings of the 34th Conference of the International Group for the Psychology of Mathematics Education*, volume 4 (pp. 185–192). Belo Horizonte, Brazil: PME.

Sourie-Lavergne, S. (1998). Étayage et explication dans le préceptorat distant, le cas de TéléCabri: Thèse pour obtenir le grade de docteur. Université Joseph Fourier, Grenoble.

Sträßer, R. (1992). Didaktische Perspektiven auf Werkzeugsoftware im Geometrieunterricht der Sekundarstufe I. *Zentralblatt für Didaktik der Mathematik*, *24*(5), 197–201.

Sträßer, R. (2002). Research on Dynamic Geometry Software (DGS) - an introduction. *Zentralblatt für Didaktik der Mathematik*, *34*(3), 65.

Sträßer, R. (2007). Didactics of Mathematics: More than Mathematics and School! *ZDM-The International Journal on Mathematics Education*, *39*(1-2), 165–171.

Sträßer, R. (2009). Instruments for Learning and Teaching Mathematics. An Attempt to theorise about the Role of Textbooks, Computers and other Artefacts to teach and learn Mathematics. In M. Tzekaki, M. Kaldrimidou, & H. Sakonidis (Eds.), *Proceedings of the 33rd Conference of the International Group for the Psychology of Mathematics Education; PME 33*, volume 1 (pp. 67–81). Thessaloniki, Greece: Aristotie Univ. of Thessaloniki & Univ. of Macedonia.

Strauss, A. & Corbin, J. (2010). *Grounded theory: Grundlagen qualitativer Sozialforschung*. Weinheim: Beltz.

Strehl, R. (2003). *Sehen - Zeichnen - Konstruieren: Darstellende Geometrie Raumvorstellung und Wahrnehmung*. Hildesheim: Franzbecker.

Strunz, K. (1951). Zur Methodologie der psychologischen Typenforschung. *Studium Generale*, *4*, 402–415.

Stylianides, G. J. & Stylianides, A. J. (2005). Validation of Solutions of Construction Problems in Dynamic Geometry Environments. *International Journal of Computers for Mathematical Learning*, *10*(1), 31–47.

Sutherland, R. (2007). *Teaching for learning mathematics*. Maidenhead: Open University Press.

Sutherland, R. (2009). *Improving classroom learning with ICT*. Improving learning TLRP. Milton Park Abingdon Oxon, New York NY: Routledge.

Sweller, J. (1994). Cognitive Load Theory, Learning Difficulty, and instructional Design. *Learning and Instruction*, *4*(4), 295–312.

Tabaghi, S. G. & Sinclair, N. (2010). Shifts of Attention in DGE to learn Eigen Theory. In M. F. Pinto & T. F. Kawasaki (Eds.), *Proceedings of the 34th Conference of the International Group for the Psychology of Mathematics Education*, volume 3 (pp. 25–32). Belo Horizonte, Brazil: PME.

Talmon, V. & Yerushalmy, M. (2004). Understanding dynamic behavior: Parent-child relations in Dynamic Geometry Environments. *Educational Studies in Mathematics, 57*(1), 91–119.

Thurstone, L. L. (1938). *Primary Mental Abilities.* New Impression 1969. Chicago: University of Chicago Press.

Thurstone, L. L. (1949). *Mechanical aptitude III - Analysis of group tests.* Chicago: University of Chicago Press.

Thurstone, L. L. (1950). *Some primary abilities in visual thinking.* Chicago: University of Chicago Press.

Trgalova, J., Sourie-Lavergne, S., & Jahn, A. P. (2010). Quality Process for Dynamic Geometry Resources: The Intergeo Project: Working Group 7: Technologies and resources in mathematical education. In F. Arzarello, V. Durand-Guerrier, & S. Soury-Lavergne (Eds.), *Proceedings of the 6th Congress of the European Society for Research in Mathematics Education, CERME 6* (pp. 1161–1170). Lyon, France: Institut National de Recherche Pédagogique.

Trouche, L. (2000). La Parabole du gaucher et de la casserole à bec verseur: étude des processus d'apprentissage dans un environnement de calculatrices symboliques. *Educational Studies in Mathematics, 41*(1), 239–264.

Trouche, L. (2003). From artifact to instrument: mathematics teaching mediated by symbolic calculators: From Computer Artefact to Instrument for Mediated Activity. *Interacting with Computers, 15*(6), 783–800.

Ulshöfer, K. (1986). Man kann im Grundkurs "Darstellende Geometrie" das Raumanschauungsvermögen der Schüler nachweisbar verbessern. *Lehren und Lernen, 3*, 73–80.

van Hiele, P. M. (1986). *Structure and insight: A theory of mathematics education.* Developmental psychology series. Orlando: Academic Press.

van Hiele, P. M., van Hiele-Geldorf, D., & Eisenhut, R. U. (1959). Die Bedeutung der Denkebenen im Unterrichtssystem nach der deduktiven Methode: La signification des niveaux de pensée dans l'enseignement par la méthode déductive (Originaltitel). *Mathematica et Paedagogica, 16*, 25–34.

Vergnaud, G. (1996a). Au fond de l'action, la conceptualisation. In J. M. Barbier (Ed.), *Savoirs théoriques et savoirs d'action.* Paris: Presses universitaires de France.

Vergnaud, G. (1996b). Au fond de l'apprentissage, la conceptualisation. In R. Noirfalise & M. J. Perrin (Eds.), *Actes de l'école d'été de didactique des mathématiques* (pp. 174–185). Institut de Recherche sur l'Enseignement des Mathématiques, Clermont-Ferrand, France: Université de Clermont-Ferrand II.

vom Hofe, R. (1995). *Grundvorstellungen mathematischer Inhalte.* Texte zur Didaktik der Mathematik. Heidelberg: Spektrum.

vom Hofe, R. (2003). Grundbildung durch Grundvorstellungen. *mathematik lehren, 118*, 4–8.

Vygotski, L. (1978). *Mind in Society: The development of higher psychological process.* Cambridge: Harvard University Press.

Vygotski, L. (1980). Die instrumentelle Methode in der Psychologie: Arbeiten zu theoretischen und methodischen Problemen der Psychologie Band 1. In J. Lompscher (Ed.), *Lew Wygotsky. Ausgewählte Schriften* (pp. 309–317). Berlin: Volk und Wissen.

Vygotski, L. (1992). La méthode instrumentale en psychology (The instrumental method in psychology). In B. Schneuwly & J. P. Bronckart (Eds.), *Vygotsky aujourd'hui* (pp. 39–47). Neufchâtel: Delachaux & Niestle.

Weber, M. (1988). Der Sinn der "Wertfreiheit" der soziologischen und ökonomischen Wissenschaften. In J. Winckelmann (Ed.), *Gesammelte Aufsätze zur Wissenschaftslehre* (pp. 489–540). Tübingen: Mohr.

Weber, M. & Winckelmann, J. (1982). *Gesammelte Aufsätze zur Wissenschaftslehre.* Tübingen: Mohr.

Weigand, H.-G. (2009). *Didaktik der Geometrie für die Sekundarstufe I.* Mathematik Primar- und Sekundarstufe. Heidelberg: Spektrum.

Weigand, H.-G. & Weth, T. (2002). *Computer im Mathematikunterricht: Neue Wege zu alten Zielen.* Heidelberg: Spektrum.

Wertsch, J. V. (1998). *Mind as action.* New York: Oxford University Press.

Wishart, D. (1987). *Clustan User Manual: Cluster Analysis Software.* St. Andrews: University of St. Andrews.

Wittmann, E. C. (2002). *Grundfragen des Mathematikunterrichts.* Braunschweig: Vieweg.

Wußing, H. (2008). *6000 Jahre Mathematik: Eine kulturgeschichtliche Zeitreise - 1. Von den Anfängen bis Leibniz und Newton.* Berlin, Heidelberg: Springer.

Yourgrau, P., Geginnen, K., & Kuhlmann-Krieg, S. (2005). *Gödel, Einstein und die Folgen: Vermächtnis einer ungewöhnlichen Freundschaft.* München: Beck.

Inhaltsverzeichnis des Anhangs im OnlinePLUS Programm

Zeitfracht Medien GmbH
Ferdinand-Jühlke-Straße 7
99095 Erfurt, Deutschland
produktsicherheit@kolibri360.de